1+X 证书制度试点培训用书

工业机器人操作与运维教程

谭志彬　主编

電子工業出版社
Publishing House of Electronics Industry
北京 · BEIJING

内 容 简 介

本教材的编写以《工业机器人操作与运维职业技能等级标准》为依据，围绕工业机器人的人才需求与岗位能力进行内容设计。本教材包括工业机器人操作安全、工业机器人基础与典型应用、工业机器人安装、工业机器人操作、工业机器人编程、工业机器人外围设备、工业机器人系统维护与维修7个章节，涵盖“工业机器人安全操作规范”“工业机器人技术基础”“工业机器人现场编程”“工业机器人维修维护”等核心课程。本教材以模块化的结构组织章节，以任务驱动的方式安排内容，以工业机器人搬运码垛、抛光打磨、焊接等典型应用为教学案例。

本教材可作为 1+X 证书制度试点工作中的工业机器人操作与运维职业技能等级标准的教学和培训的教材，也可作为期望从事工业机器人操作与运维工作的人员的自学参考书。

图书在版编目（CIP）数据

工业机器人操作与运维教程 / 谭志彬主编. —北京：电子工业出版社，2019.10
ISBN 978-7-121-37870-6

Ⅰ. ①工… Ⅱ. ①谭… Ⅲ. ①工业机器人—教材 Ⅳ. ①TP242.2

中国版本图书馆 CIP 数据核字（2019）第 244610 号

责任编辑：胡辛征　　特约编辑：田学清
印　　刷：三河市良远印务有限公司
装　　订：三河市良远印务有限公司
出版发行：电子工业出版社
　　　　　北京市海淀区万寿路 173 信箱　邮编：100036
开　　本：787×1 092　1/16　印张：19　字数：451 千字
版　　次：2019 年 10 月第 1 版
印　　次：2025 年 1 月第 15 次印刷
定　　价：65.00 元

凡所购买电子工业出版社图书有缺损问题，请向购买书店调换。若书店售缺，请与本社发行部联系，联系及邮购电话：（010）88254888，88258888。

质量投诉请发邮件至 zlts@phei.com.cn，盗版侵权举报请发邮件至 dbqq@phei.com.cn。

本书咨询联系方式：（010）88254361，hxz@phei.com.cn。

前言

2019 年，国务院正式发布了《国家职业教育改革实施方案》，该方案要求把职业教育摆在教育改革创新和经济社会发展中更加突出的位置，对接科技发展趋势和市场需求，完善职业教育和培训体系，优化学校、专业布局，深化办学体制改革和育人机制改革，鼓励和支持社会各界特别是企业积极支持职业教育，着力培养高素质劳动者和技术技能人才，为促进经济社会发展和提高国家竞争力提供优质人才资源支撑。

实施职业技能等级证书制度培养复合型技术技能人才，是应对新一轮科技革命和产业变革带来的挑战、促进人才培养供给侧和产业需求侧结构要素全方位融合的重大举措；是促进职业院校加强专业建设、深化课程改革、增强实训内容、提高师资水平、全面提升教育教学质量的重要着力点；是促进教育链、人才链与产业链、创新链有机衔接的重要途径；对深化产教融合、校企合作，健全多元化办学体制，完善职业教育和培训体系有重要意义。

新一轮科技革命和产业变革的到来，推动了产业结构调整与经济转型升级新业态的出现。在战略性新兴产业爆发式发展的同时，新一轮科技革命和产业变革也对新时代产业人才的培养提出了新的要求与挑战。工业和信息化部教育与考试中心在 2018 年发布的《工业机器人应用人才现状与需求调研报告》中提出，目前我国工业机器人应用产业开始加速发展，工业机器人已广泛应用于汽车及汽车零部件制造业、机械加工行业、电子电气行业、橡胶及塑料工业、食品工业、木材与家具制造业等领域，弧焊机器人、点焊机器人、分拣机器人、装配机器人、喷涂机器人及搬运机器人等工业机器人都已被大量采用。工业机器人标准化、模块化、网络化和智能化的程度越来越高，功能也越来越强，正向着成套技术和装备的方向发展。随着工业机器人应用领域的不断拓宽，出现了人才短缺与发展不均衡的问题，目前工业机器人本体制造企业、系统集成企业、应用企业对工业机器人操作与运维人才的需求量较大。

工业和信息化部教育与考试中心多年来致力于工业和信息通信业的人才培养和选拔工作，在实施工业和信息化人才培养工程的基础上，依据教育部有关落实《国家职业教育改革实施方案》的相关要求，以客观反映现阶段行业的水平和对从业人员的要求为目标，在遵循有关技术规程的基础上，以专业活动为导向，以专业技能为核心，组织了以企业工程师、高职和本科院校的学术带头人为主的专家团队，开发了《工业机器人操作与运维教程》

教材。本教材由谭志彬、龚玉涵、蒋作栋、刘庆伟、王水发、朱道萌、张红梅、许钟丹、田静等参与编写，得到了北京奔驰汽车有限公司的大力支持，以《工业机器人操作与运维职业技能等级标准》的职业素养、职业专业技能等内容为依据，以工作项目为模块，依照工作任务进行组编。

工业机器人操作与运维初级、中级、高级人员主要是围绕现阶段智能制造工业机器人行业应用技术发展水平；以工业机器人本体制造企业、系统集成企业、应用企业3种不同类型企业对从业人员的要求为目标；培养具有良好的安全生产意识、节能环保意识，遵循工业安全操作规程和职业道德规范，精通工业机器人基本结构，能够依据工业机器人应用方案、机械装配图、电气原理图和工艺指导文件指导并完成工业机器人系统的安装、调试及标定，能够对工业机器人进行复杂程序（抛光打磨、焊接）的操作及调整，能够发现工业机器人的常规及异常故障并进行处理，能够进行预防性维护的技能型人才。

本教材的主要内容包括工业机器人操作安全、工业机器人基础与典型应用、工业机器人安装、工业机器人操作、工业机器人编程、工业机器人外围设备、工业机器人系统维护与维修7个章节。

本教材突出案例教学，在全面、系统介绍各章内容的基础上，以实际工业生产中的现场典型工作任务为案例，将理论知识和案例结合起来。教材内容全面，由浅入深，详细介绍了工业机器人在应用中涉及的核心技术和技巧，并重点讲解了读者在学习过程中难以理解和掌握的知识点，降低了读者的学习难度。本教材主要用于1+X证书制度试点教学、中高职院校工业机器人专业教学、工业和信息化信息技术人才培训、工业机器人应用企业内训等。

编　者

2019年9月

目 录

第1章 工业机器人操作安全

本章主要介绍工业机器人安全操作规程、安全防范措施、安全标识等，让读者了解操作注意事项，掌握工业机器人安全操作规程，树立安全规范的操作意识。

知识目标

- 掌握工业机器人安全操作规程。
- 熟悉现场安全防范措施。
- 熟悉现场安全标识。
- 熟悉工业机器人系统标识。

学习内容

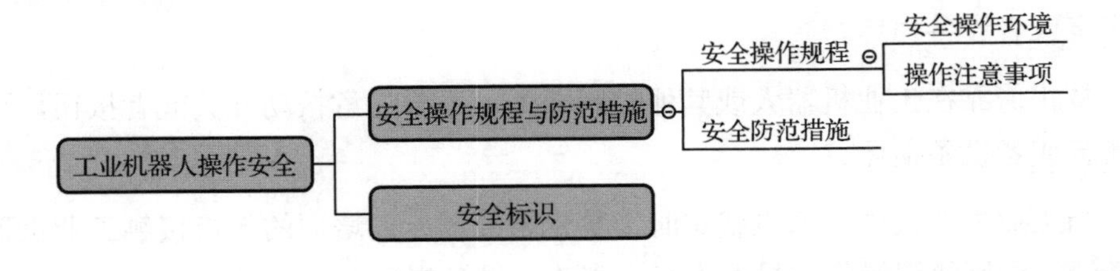

1.1 安全操作规程与防范措施

1.1.1 安全操作规程

1. 安全操作环境

操作人员在操作工业机器人时，不仅要考虑工业机器人的安全，还要保证整个工业机器人系统的安全。在操作工业机器人时必须具备安全护栏及其他安全措施。错误操作可能会导致工业机器人系统的损坏，甚至造成操作人员和现场人员的伤亡。工业机器人不得在下列任何一种情况下使用。

（1）燃烧的环境。

（2）可能发生爆炸的环境。

（3）有无线电干扰的环境。

（4）水中或其他液体中。

（5）以运送人或动物为目的情况。

（6）操作人员攀爬在工业机器人上或悬吊于工业机器人下。

2. 操作注意事项

只有经过专门培训的人员才能操作工业机器人，操作人员在操作工业机器人时需要注意以下事项。

（1）禁止在工业机器人周围做出危险行为，接触工业机器人或周围机械有可能造成人身伤害。

（2）在工厂内，为了确保安全，必须注意"严禁烟火""高电压""危险"等标识。当电气设备起火时，应使用二氧化碳灭火器灭火，切勿使用水或泡沫灭火器灭火。

（3）为防止发生危险，操作人员在操作工业机器人时必须穿戴好工作服、安全鞋、安全帽等安全防护设备。

（4）安装工业机器人的场所除操作人员以外，其他人员不能靠近。

（5）接触工业机器人控制柜、操作盘、工件及其他夹具等，有可能造成人身伤害。

（6）禁止强制扳动工业机器人、悬吊于工业机器人下、攀爬在工业机器人上，以免造成人身伤害或者设备损坏。

（7）禁止倚靠在工业机器人或其他控制柜上，不要随意按动开关或者按钮，否则会造成人身伤害或者设备损坏。

（8）当工业机器人处于通电状态时，禁止未经过专门培训的人员接触工业机器人控制柜和示教器，否则错误操作会导致人身伤害或者设备损坏。

1.1.2 安全防范措施

操作人员在作业区工作时，为了确保操作人员及设备安全，需要执行下列安全防范措施。

（1）在工业机器人周围设置安全栅栏，防止操作人员与已通电的工业机器人发生意外的接触。在安全栅栏的入口处张贴"远离作业区"的警示牌。安全栅栏的门必须安装可靠的安全锁链。

（2）工具应该放在安全栅栏外的合适区域。若由于操作人员疏忽把工具放在夹具上，与工业机器人接触则有可能造成工业机器人或夹具的损坏。

（3）当向工业机器人上安装工具时，务必先切断控制柜及所装工具的电源并锁住其电源开关，同时在电源开关处挂一个警示牌。

示教工业机器人前必须先检查工业机器人在运动方面是否有问题，以及外部电缆绝缘保护罩是否有损坏，如果发现问题，则应立即纠正，并确定其他所有必须做的工作均已完成。示教器使用完毕后，务必挂回原来的位置。如果示教器遗留在工业机器人、系统夹具或地面上，则工业机器人或安装在工业机器人上的工具将会碰撞到它，从而可能造成人身伤害或者设备损坏。当遇到紧急情况，需要停止工业机器人时，请按下示教器、控制器或控制面板上的急停按钮。

1.2　安全标识

安全标识是指使用招牌、颜色、照明标识、声信号等方式表明存在的信息或指示危险。

工业机器人系统上的标识（所有铭牌、说明、图标和标记）都与工业机器人系统的安全有关，不允许更改或去除。

（1）危险标识如图 1-1 所示。

（2）转动危险标识如图 1-2 所示。

图 1-1　危险标识

图 1-2　转动危险标识

（3）叶轮危险标识如图 1-3 所示。

（4）螺旋危险标识如图 1-4 所示。

IMPELLER BLADE
HAZARD
警告:叶轮危险
检修前必须断电

图 1-3　叶轮危险标识

图 1-4　螺旋危险标识

（5）旋转轴危险标识如图 1-5 所示。

（6）卷入危险标识如图 1-6 所示。

图 1-5　旋转轴危险标识

图 1-6　卷入危险标识

（7）夹点危险标识如图 1-7 所示。

（8）伤手危险标识如图 1-8 所示。

图 1-7　夹点危险标识

图 1-8　伤手危险标识

（9）移动部件危险标识如图 1-9 所示。

（10）旋转装置危险标识如图 1-10 所示。

图 1-9　移动部件危险标识

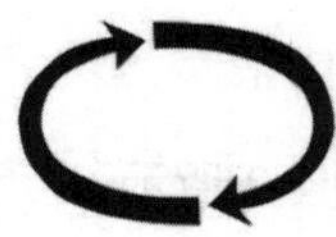

图 1-10　旋转装置危险标识

（11）加注机油标识如图 1-11 所示。

（12）加注润滑油标识如图 1-12 所示。

图 1-11　加注机油标识

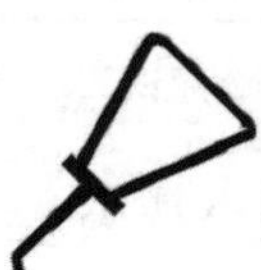

图 1-12　加注润滑油标识

（13）加注润滑脂标识如图 1-13 所示。

（14）禁止拆解警告如图 1-14 所示。

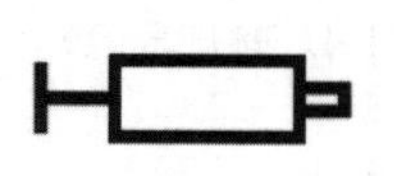

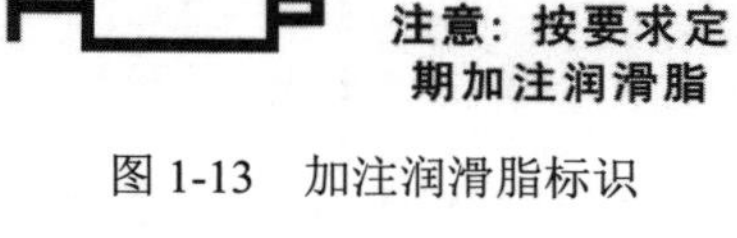

图 1-13　加注润滑脂标识

图 1-14　禁止拆解警告

（15）禁止踩踏警告如图 1-15 所示。

（16）防烫伤标识如图 1-16 所示。

图 1-15　禁止踩踏警告

图 1-16　防烫伤标识

第2章 工业机器人基础与典型应用

本章通过介绍不同种类的工业机器人的典型工作领域，工业机器人各部件的功能，工业机器人的结构、型号、主要参数及指标、应用场景等，使读者了解不同工业机器人的功能与应用领域，掌握工业机器人系统的结构及其主要技术参数。

知识目标

- 了解工业机器人的分类及应用。
- 掌握工业机器人系统的构成。
- 熟悉搬运码垛工作站、抛光打磨工作站、焊接工作站的构成。
- 了解搬运码垛工作站、抛光打磨工作站、焊接工作站的应用场景。

学习内容

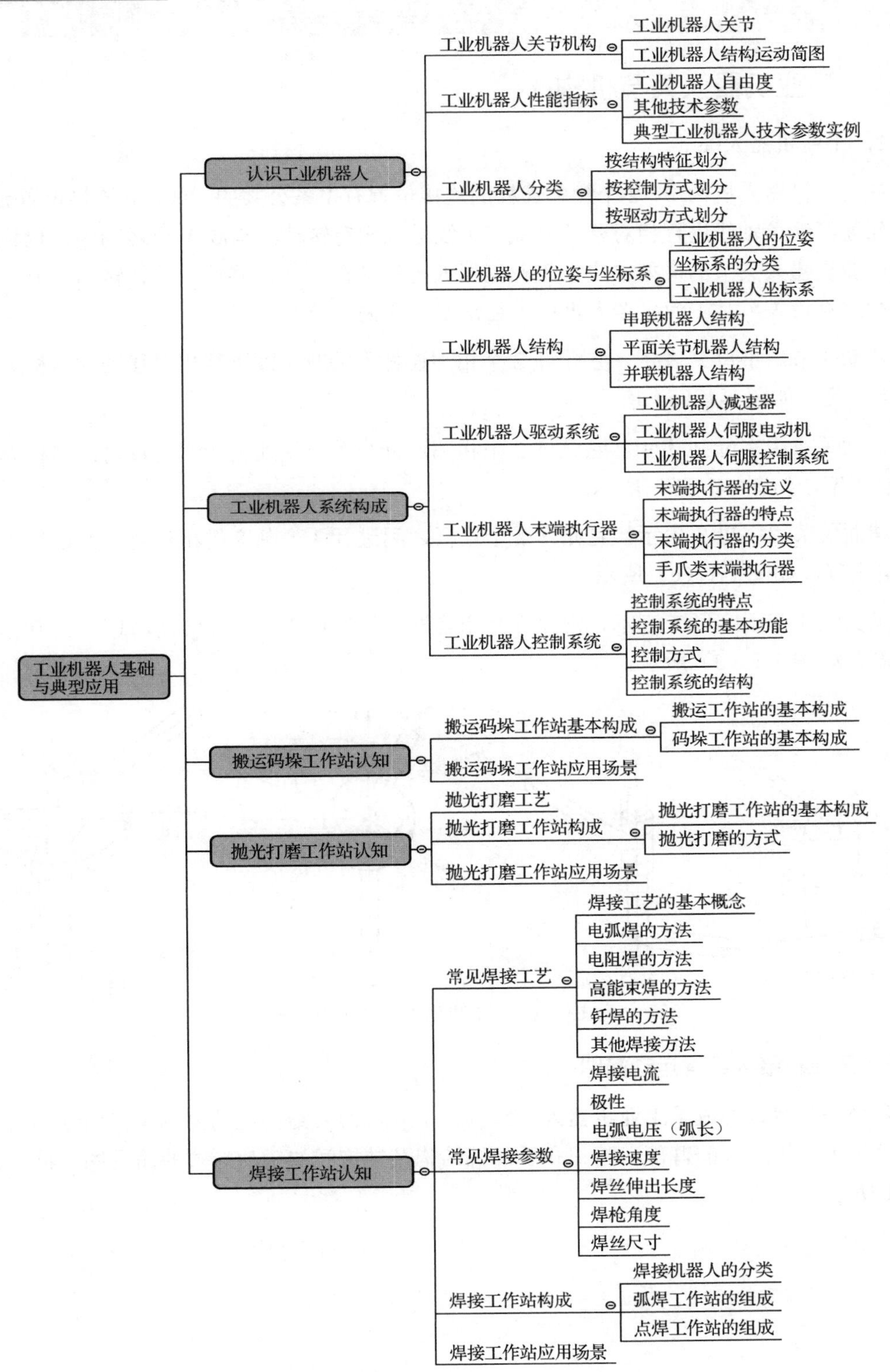
工业机器人基础与典型应用
认识工业机器人
工业机器人关节机构
工业机器人关节
工业机器人结构运动简图
工业机器人性能指标
工业机器人自由度
其他技术参数
典型工业机器人技术参数实例
工业机器人分类
按结构特征划分
按控制方式划分
按驱动方式划分
工业机器人的位姿与坐标系
工业机器人的位姿
坐标系的分类
工业机器人坐标系
工业机器人系统构成
工业机器人结构
串联机器人结构
平面关节机器人结构
并联机器人结构
工业机器人驱动系统
工业机器人减速器
工业机器人伺服电动机
工业机器人伺服控制系统
工业机器人末端执行器
末端执行器的定义
末端执行器的特点
末端执行器的分类
手爪类末端执行器
工业机器人控制系统
控制系统的特点
控制系统的基本功能
控制方式
控制系统的结构
搬运码垛工作站认知
搬运码垛工作站基本构成
搬运工作站的基本构成
码垛工作站的基本构成
搬运码垛工作站应用场景
抛光打磨工作站认知
抛光打磨工艺
抛光打磨工作站构成
抛光打磨工作站的基本构成
抛光打磨的方式
抛光打磨工作站应用场景
焊接工作站认知
常见焊接工艺
焊接工艺的基本概念
电弧焊的方法
电阻焊的方法
高能束焊的方法
钎焊的方法
其他焊接方法
常见焊接参数
焊接电流
极性
电弧电压（弧长）
焊接速度
焊丝伸出长度
焊枪角度
焊丝尺寸
焊接工作站构成
焊接机器人的分类
弧焊工作站的组成
点焊工作站的组成
焊接工作站应用场景

2.1 认识工业机器人

2.1.1 工业机器人关节机构

1. 工业机器人关节

在工业机器人机构中，2 个相邻连杆的连接位置有 1 条公共的轴线，此连接位置允许 2 个相邻连杆沿该轴线进行相对移动或绕该轴线进行相对转动，构成 1 个运动副，也称为关节。工业机器人关节的类型决定了工业机器人的运动自由度，移动关节、转动关节、球面关节和虎克铰关节是工业机器人机构中经常使用的关节类型。

移动关节用字母 P 表示，它允许 2 个相邻连杆沿关节轴线进行相对移动，这种关节有 1 个自由度，如图 2-1（a）所示。

转动关节用字母 R 表示，它允许 2 个相邻连杆绕关节轴线进行相对转动，这种关节有 1 个自由度，如图 2-1（b）所示。

球面关节用字母 S 表示，它允许 2 个连杆之间进行 3 个独立的相对转动，这种关节有 3 个自由度，如图 2-1（c）所示。

虎克铰关节用字母 T 表示，它允许 2 个连杆之间进行 2 个相对转动，这种关节有 2 个自由度，如图 2-1（d）所示。

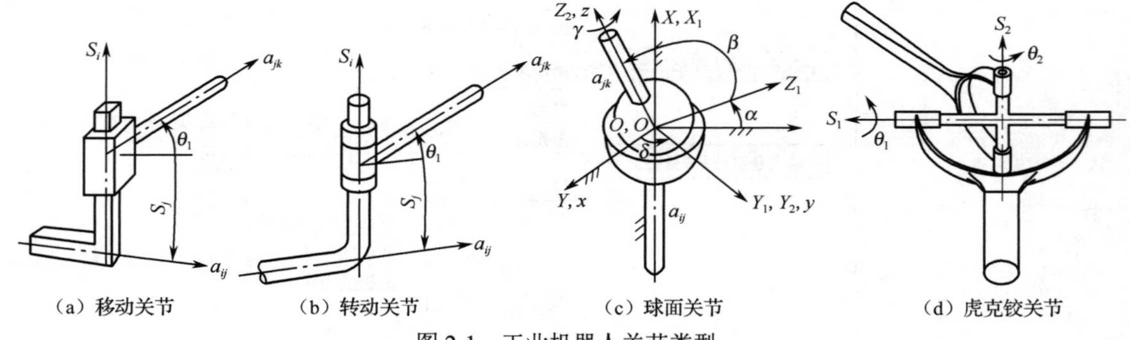

（a）移动关节　（b）转动关节　（c）球面关节　（d）虎克铰关节

图 2-1　工业机器人关节类型

2. 工业机器人结构运动简图

多个关节组合构成了工业机器人的结构，工业机器人结构运动简图是指用结构与运动符号表示工业机器人的臂部、腕部和手部等结构及结构间的运动形式的简易图形符号，如表 2-1 所示。

表 2-1　工业机器人结构运动简图

序号	运动和结构机能	结构与运动符号	图 例 说 明	备　注
1	移动 1	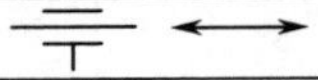	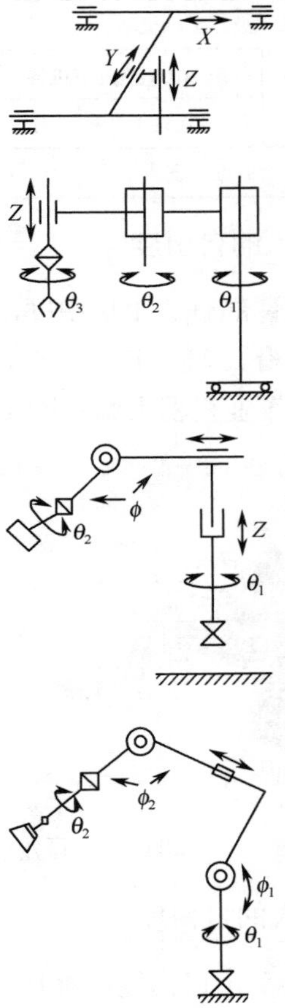	
2	移动 2			
3	摆动 1	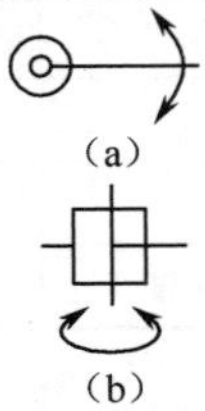 (a) (b)		(a) 绕摆动轴旋转，角度小于 360°； (b) 是 (a) 的侧向图形符号
4	摆动 2	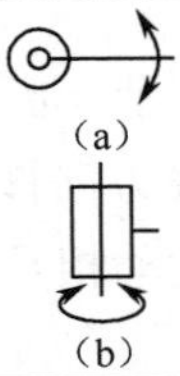 (a) (b)		(a) 可绕摆动轴 360° 旋转； (b) 是 (a) 的侧向图形符号
5	旋转 1	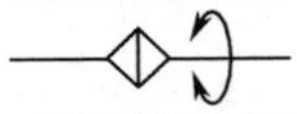		一般用于表示腕部的旋转
6	旋转 2			一般用于表示机身的旋转
7	夹持式手爪	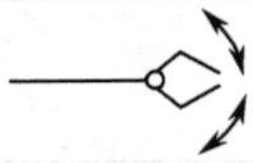		
8	磁吸附手爪	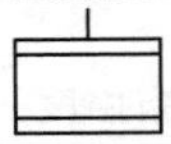		
9	气吸附手爪			
10	行走机构	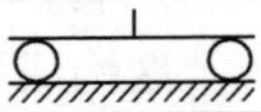		
11	底座固定			

2.1.2　工业机器人性能指标

1．工业机器人自由度

工业机器人具有的独立的单位动作组合数称为自由度，是工业机器人的技术指标，可以反映工业机器人动作的灵活性，用轴的直线移动、摆动或旋转动作的数目表示，不包括末端执行器的动作。常见工业机器人的自由度数量如表 2-2 所示，下面详细介绍各类工业机器人的自由度。

表 2-2　常见工业机器人的自由度数量

序　号	工业机器人类型		自由度数量	移动关节数量	转动关节数量
1	直角坐标机器人		3	3	0
2	圆柱坐标机器人		5	2	3
3	球（极）坐标机器人		5	1	4
4	关节机器人	SCARA 型关节机器人	4	1	3
		六轴关节机器人	6	0	6
5	并联机器人		需要计算		

1）直角坐标机器人的自由度

直角坐标机器人的臂部有 3 个自由度，如图 2-2 所示。直角坐标机器人各移动关节的轴线相互垂直，可使臂部沿 *X* 轴、*Y* 轴、*Z* 轴 3 个自由度方向移动，构成直角坐标机器人的 3 个自由度。这种类型的工业机器人结构刚度大、关节运动相互独立，但是操作灵活性差。

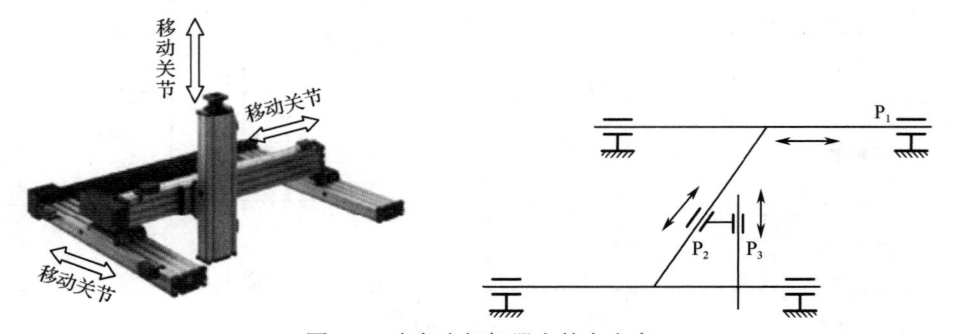

图 2-2　直角坐标机器人的自由度

2）圆柱坐标机器人的自由度

圆柱坐标机器人有 5 个自由度，如图 2-3 所示。它的臂部既可沿自身轴线伸缩移动，又可绕机身垂直轴线回转，还可沿机身轴线上下移动，这构成了圆柱坐标机器人的 3 个自由度；另外，臂部和腕部之间，以及腕部和末端执行器之间均采用 1 个转动关节连接，这构成了圆柱坐标机器人的 2 个自由度。

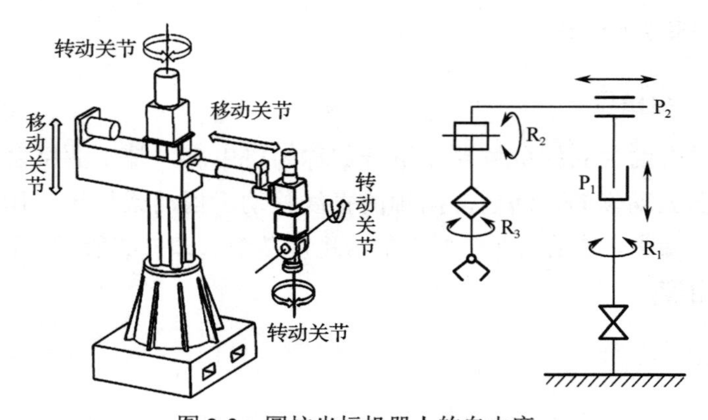

图 2-3　圆柱坐标机器人的自由度

3）球（极）坐标机器人的自由度

球（极）坐标机器人有 5 个自由度，如图 2-4 所示。它的臂部可沿自身轴线伸缩移动，可绕机身垂直轴线回转，也可在垂直平面上下摆动，这构成了球（极）坐标机器人的 3 个自由度；另外，臂部和腕部之间，以及腕部和末端执行器之间均采用 1 个转动关节连接，这构成了球（极）坐标机器人的 2 个自由度。这种类型的工业机器人灵活性好，工作空间大。

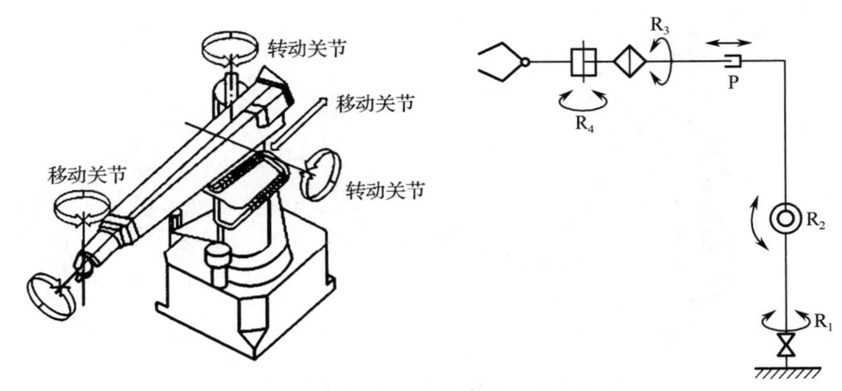

图 2-4　球（极）坐标机器人的自由度

4）关节机器人的自由度

关节机器人的自由度与关节机器人的轴数和关节类型有关，下面以常见的 SCARA（Selective Compliance Assembly Robot Arm，选择顺应性装配机器手臂）型关节机器人和六轴关节机器人为例进行说明。

a．SCARA 型关节机器人

SCARA 型关节机器人有 4 个自由度，如图 2-5 所示。SCARA 型关节机器人的大臂与机身间的关节、大臂与小臂间的关节都为转动关节，有 2 个自由度；小臂与腕部间的关节为移动关节，有 1 个自由度；腕部和末端执行器间的关节为转动关节，有 1 个自由度，可以实现末端执行器绕垂直轴线的旋转。这种类型的工业机器人适用于平面定位，可在垂直方向进行装配作业。

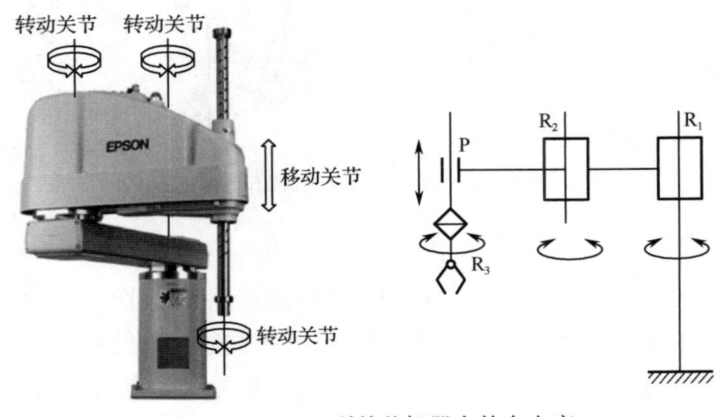

图 2-5　SCARA 型关节机器人的自由度

b．六轴关节机器人

六轴关节机器人有 6 个自由度，如图 2-6 所示。六轴关节机器人的机身与底座间的腰关节、大臂与机身间的肩关节、大臂与小臂间的肘关节，以及小臂、腕部和手部三者间的 3 个腕关节，都是转动关节，因此该六轴关节机器人有 6 个自由度。这种类型的工业机器人动作灵活、结构紧凑。

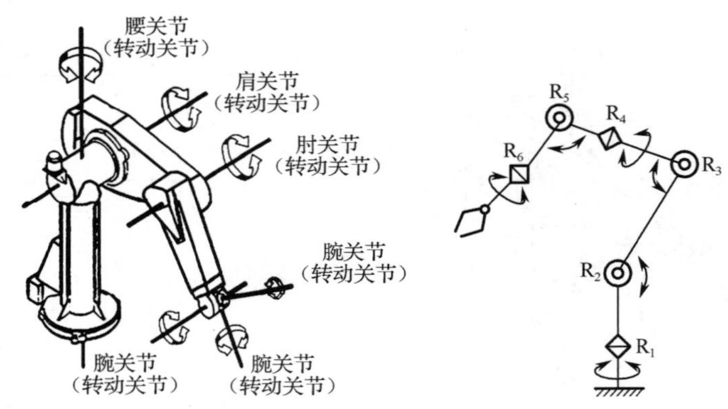

图 2-6　六轴关节机器人的自由度

5）并联机器人的自由度

并联机器人（Parallel Mechanism，PM）是由并联方式驱动的闭环机构组成的工业机器人。除常见的 Delta 构型外，Gough-Stewart 并联机构和由此机构组成的工业机器人也是典型的并联机器人，如图 2-7 所示。与串联式的开链结构不同，并联机器人的闭环机构的自由度不能直接通过结构关节自由度的数量得出，需要经过计算得出。计算自由度的方法有很多种，但大部分都有适用条件限制或者有若干注意事项（如需要区别公共约束、虚约束、环数、链数、局部自由度等）。

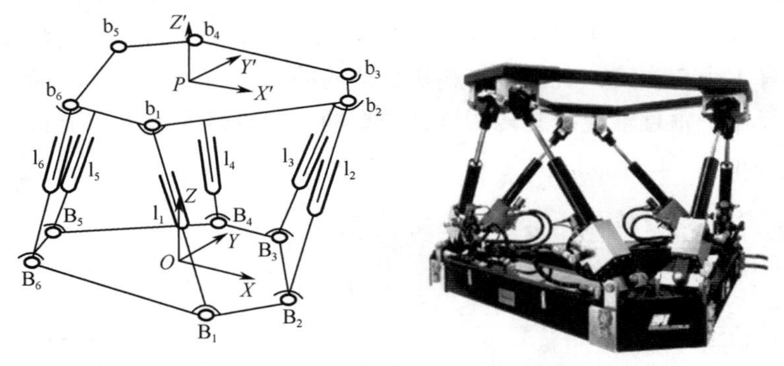

图 2-7　Gough-Stewart 并联机构和并联机器人

2．其他技术参数

工业机器人的技术参数反映了工业机器人的适用范围和工作性能，是在设计、选择、应用工业机器人时必须考虑的问题。工业机器人的主要技术参数有自由度、工作精度、工作空间、最大工作速度、工作载荷、分辨率等。工业机器人的自由度如上所述，下面介绍其他几种技术参数。

1）工作精度

工作精度包括定位精度和重复定位精度，它们是工业机器人的两个精度指标。定位精度（也称绝对精度）是指工业机器人末端执行器的实际位置与目标位置之间的偏差，由机械误差、控制算法与系统分辨率等部分组成。重复定位精度（简称重复精度）是指在同一环境、同一条件、同一目标动作、同一命令下，工业机器人连续重复运动若干次时，工业机器人位置的分散情况，是关于精度的统计数据。绝对精度与重复精度示意图如图 2-8 所示。

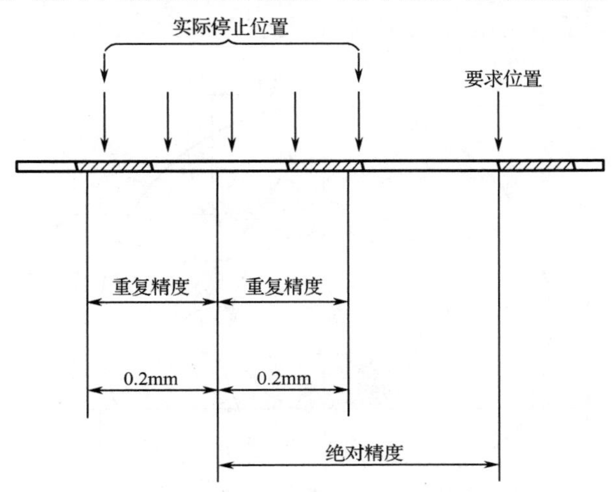

图 2-8 绝对精度与重复精度示意图

工业机器人具有绝对精度低、重复精度高的特点。一般而言，工业机器人的绝对精度要比重复精度低 1～2 个数量级，造成这种情况的主要原因是工业机器人的控制系统根据工业机器人的运动学模型确定工业机器人末端执行器的位置，然而这个理论上的工业机器人的运动模型和实际工业机器人的物理模型之间存在一定的误差。产生误差的主要原因是工业机器人本身的制造误差、工件加工误差，以及工业机器人与工件的定位误差等。重复精度因不受工作载荷变化的影响，常作为衡量示教-再现工业机器人水平的重要指标。目前，工业机器人的重复精度可达 ±（0.01～0.5）mm。依据作业任务和额定负载不同，工业机器人的重复精度亦不同，工业机器人典型行业应用的工作精度如表 2-3 所示。

表 2-3 工业机器人典型行业应用的工作精度

作 业 任 务	额定负载/kg	重复精度/mm
搬运	5～200	±（0.2～0.5）
码垛	50～800	±0.5
点焊	50～350	±（0.2～0.3）
弧焊	3～20	±（0.08～0.1）
喷涂	5～20	±（0.2～0.5）
装配	2～5	±（0.02～0.03）
	6～10	±（0.06～0.08）
	10～20	±（0.06～0.1）

2）工作空间

工作空间是指工业机器人在运动时手臂末端或手腕中心能到达的所有点的集合，也称为工作区域，不同本体结构的工业机器人的工作空间如图 2-9 所示。末端执行器的形状和尺寸是多种多样的，为了真实反映工业机器人的特征参数，工作空间是指工业机器人未装末端执行器时的工作空间。工作空间的大小不仅与工业机器人各连杆的尺寸有关，还与工业机器人的总体结构形式有关。由于工业机器人在执行某项作业任务时可能会因手部不能到达的盲区而不能完成任务，所以工作空间的形状和大小是十分重要的。

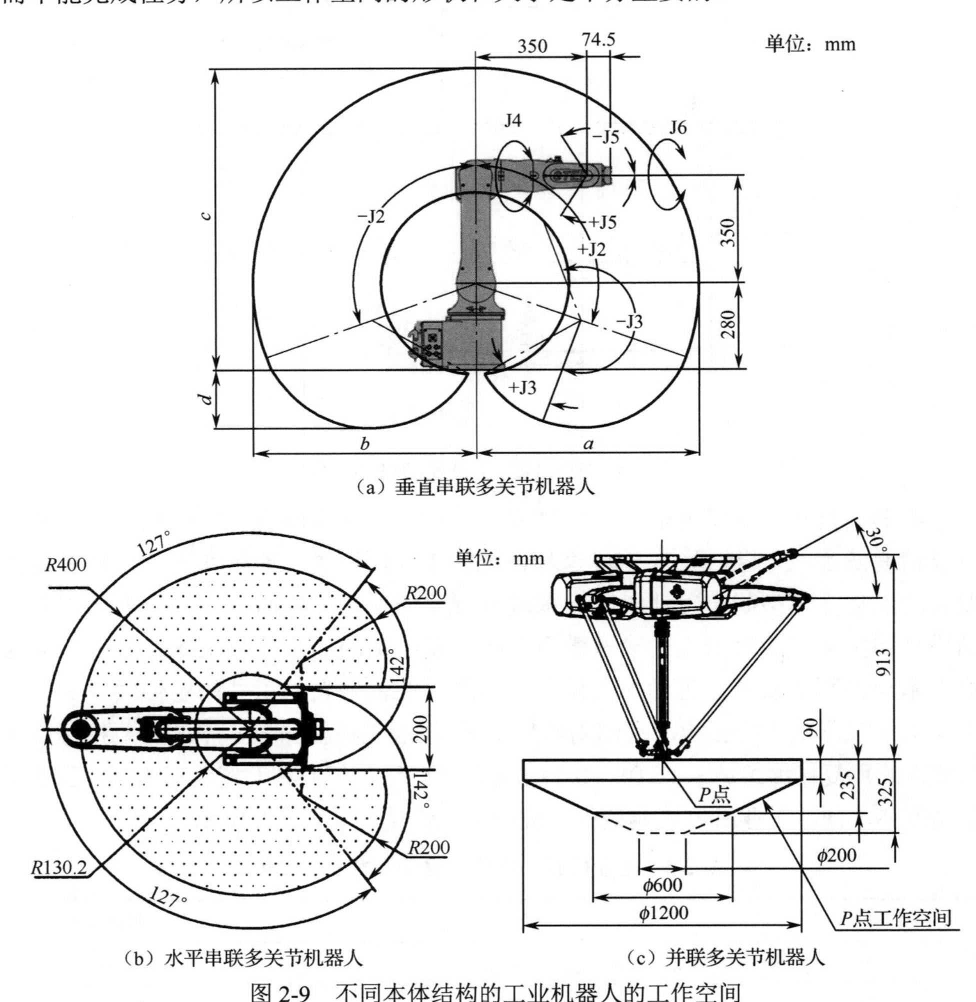

图 2-9　不同本体结构的工业机器人的工作空间

3）最大工作速度

由于生产工业机器人的厂家不同，所以对最大工作速度的定义也不同，有的厂家将其定义为工业机器人在主要自由度上最大的稳定速度，有的厂家将其定义为臂部末端最大的合成速度，该信息通常会在技术参数中进行说明。最大工作速度越高，工业机器人的工作效率就越高。要提高工业机器人的最大工作速度，就要花费更多的时间进行加速或减速，或者对工业机器人的最大加速率或最大减速率的要求就更高。以 FANUC（发那科）小型高速机器人 R-1000iA/80F 为例，其 J1 轴的最大旋转速度为 170° /s，J2 轴的最大旋转速度为 140° /s。

4）工作载荷

工作载荷是指工业机器人在工作空间内的任何位置能够承受的最大质量。工作载荷的大小不仅取决于负载的质量，还与工业机器人的运行速度和运行加速度的大小和方向有关。为了保证安全，工作载荷这一技术参数被确定为工业机器人在高速运行时的工作载荷。通常，工作载荷不仅包括负载的质量，还包括工业机器人末端执行器的质量。例如，FANUC 小型高速机器人 R-1000iA/80F 手部的工作载荷为 80kg。

5）分辨率

分辨率是指工业机器人每根轴能完成的最小移动距离或最小转动角度。

除上述几项技术参数外，还应注意工业机器人的控制方式、驱动方式、安装方式、存储容量、插补功能、语言转换功能、自诊断及自保护功能、安全保障功能等。

3．典型工业机器人技术参数实例

不同型号的工业机器人的技术参数均可通过查询生产厂商给出的技术手册来得知，以汽车冲压行业中常用的工业机器人为例，其技术参数如表 2-4 所示。

表 2-4　工业机器人技术参数

	机械结构	垂直多关节型
	自由度数量	6
	重复精度	0.05mm
	工作载荷	200kg
	安装方式	落地式
	电源电压	200～600V，50/60Hz
	功耗	ISO-Cube 2.85kW
工作空间		单位：mm 3065 282 1150 911 1859 2601

续表

最大工作空间	轴 1 旋转	±170°
	轴 2 手臂	+85° ～-65°
	轴 3 手臂	+70° ～-180°
	轴 4 手腕	±300°
	轴 5 弯曲	±130°
	轴 6 翻转	±360°
最大工作速度	轴 1 旋转	110°/s
	轴 2 手臂	
	轴 3 手臂	
	轴 4 手腕	190°/s
	轴 5 弯曲	150°/s
	轴 6 翻转	210°/s

2.1.3 工业机器人分类

工业机器人的种类有很多，它们的功能、特征、驱动方式、应用场合等不尽相同。关于工业机器人的分类，国际上没有制定统一的标准。从不同的角度，会有不同的分类方法。

1．按结构特征划分

工业机器人的结构形式多种多样，典型工业机器人的运动特征用其坐标特性来描述。按结构特征划分，工业机器人通常可以分为直角坐标机器人、柱面坐标机器人、球面坐标机器人、多关节机器人、并联机器人、双臂机器人、AGV 移动机器人（Automated Guided Vehicle，AGV）等。

1）直角坐标机器人

直角坐标机器人以直线运动为主，各运动轴对应直角坐标系中的 X 轴、Y 轴和 Z 轴。在大多数情况下直角坐标机器人的各运动轴之间的夹角为直角，如图 2-10 所示。

图 2-10 直角坐标机器人

直角坐标机器人主要由直线运动单元、驱动电动机、控制系统和末端执行器组成。针对不同的应用场景，可以方便、快速地组合成不同维数、不同行程和不同工作载荷的壁挂式、悬臂式、龙门式或倒挂式等形式的直角坐标机器人。从简单的二维机器人到复杂的五维机器人有上百种结构形式成功应用的案例。在食品生产、汽车装配等各行各业的自动化生产线中，都有各式各样的直角坐标机器人和其他设备同步协调工作。

直角坐标机器人结构简单、绝对精度高、空间轨迹易于求解，但是它的工作空间相对较小、设备的空间利用率低，与其他类型的工业机器人相比，完成相同的动作时直角坐标机器人机体本身的体积较大。

2）柱面坐标机器人

柱面坐标机器人是指能够形成圆柱坐标系的机器人，如图 2-11 所示。柱面坐标机器人具有由 1 个旋转底座形成的转动关节和垂直移动、水平移动 2 个移动关节。

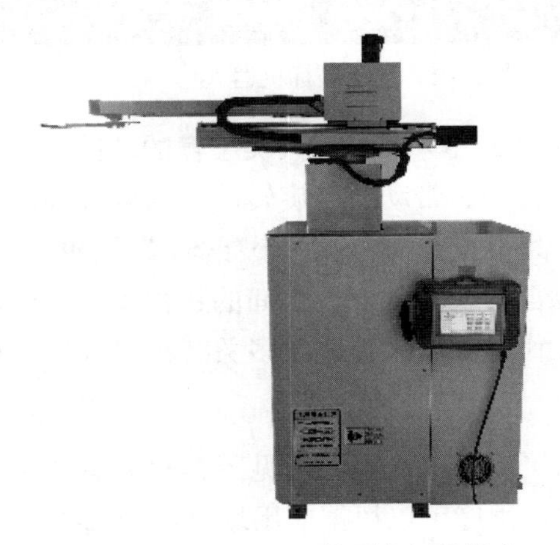

图 2-11　柱面坐标机器人

柱面坐标机器人具有空间结构小、工作空间大、末端执行器速度高、控制简单、运动灵活等优点。它的缺点是在工作时，必须有沿转动关节轴线前后方向的移动空间，因此空间利用率低。目前，柱面坐标机器人主要用于重物的装卸、搬运等工作。

3）球面坐标机器人

球面坐标机器人有 1 个移动关节和 2 个转动关节，工作空间是球面的一部分，如图 2-12 所示。球面坐标机器人的机械手能够前后伸缩移动、在垂直平面内摆动，以及绕底座在水平面内转动。其特点是结构紧凑，所占空间体积小于直角坐标机器人和柱面坐标机器人，但仍大于多关节机器人。

4）多关节机器人

多关节机器人由多个旋转关节和摆动关节构成。这类工业机器人结构紧凑、工作空间大，其动作最接近人类的动作，对多种作业任务（涂装、装配、焊接等）都有良好的适应性，应用范围广。不少著名的工业机器人都采用了这种结构形式，其摆动方向主要有垂直方向和水平方向，因此，这类工业机器人又可分为垂直多关节机器人和水平多关节机器人。SCARA 型机器人是一种典型的水平多关节机器人。目前工业界装机最多的工业机器人是垂直串联六关节机器人和 SCARA 型机器人。

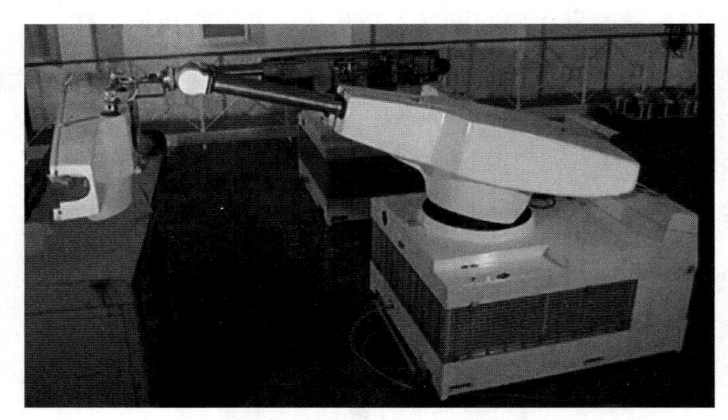

图 2-12　球面坐标机器人

（1）垂直多关节机器人（见图 2-13）模拟了人类手臂的功能，有垂直于地面的腰部旋转轴、相当于大臂旋转的肩部旋转轴、带动小臂旋转的肘部旋转轴，以及小臂前端的腕部等。腕部通常有 2～3 个自由度。其工作空间近似一个球体，所以也称为多关节球面机器人。垂直多关节机器人的优点是可以自由地实现三维空间的各种姿态，可以生成各种复杂形状的轨迹；相对于安装面积，其工作空间很大。垂直多关节机器人的缺点是结构刚度较低、动作的绝对精度较低。

（2）水平多关节机器人。水平多关节机器人（见图 2-14）有 2 个串联配置的能够在水平面内进行旋转的臂部，臂部的自由度可以根据应用场景进行选择，自由度的数量为 2～4 个。水平多关节机器人的工作空间为圆柱体。

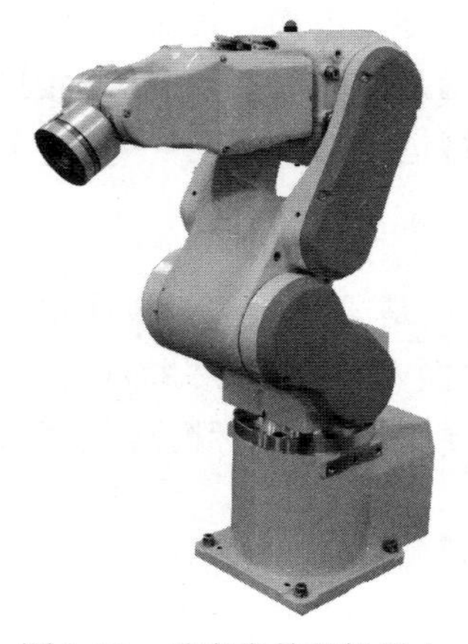

图 2-13　垂直多关节机器人

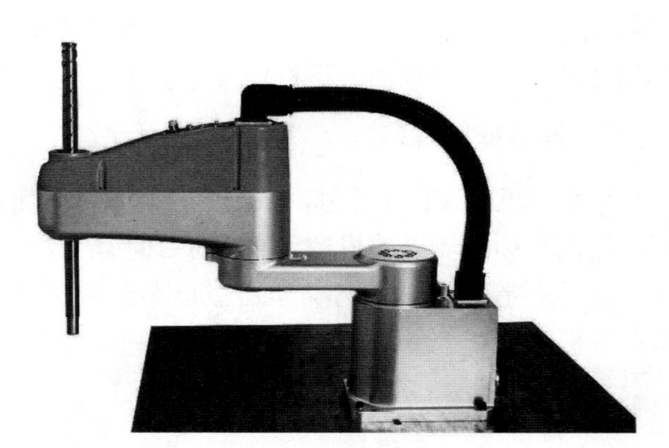

图 2-14　水平多关节机器人

水平多关节机器人的特点是工作空间与安装面积较大、使用方便，在垂直方向上的刚性好，可以方便地实现二维平面的动作，适合平面装配作业。

5）并联机器人

并联机器人是一种以并联方式驱动的闭环机构，动平台和定平台至少通过 2 个独立的运动链进行连接，机构具有 2 个或 2 个以上自由度。并联机器人的结构形式多样，常见的并联机器人多为 Delta 并联结构，图 2-15 为一种常见的并联机器人。并联机器人具有高刚度、高负载（惯性比）等优点，但其工作空间相对较小、结构较复杂。因为并联机器人的优点同串联机器人形成互补，所以扩大了工业机器人的选择及应用范围。

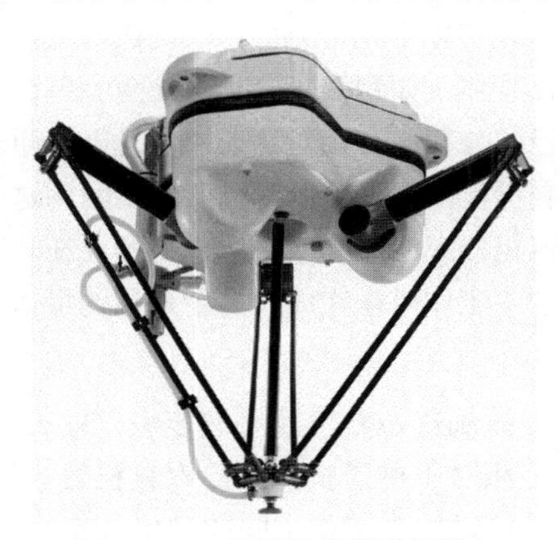

图 2-15　一种常见的并联机器人

并联机器人被广泛应用于装配、搬运、上下料、分拣、打磨、雕刻等需要高刚度、高精度或者高载荷而不需要很大工作空间的场景。

6）双臂机器人

在某种程度上可以将双臂机器人看作两个单臂机器人组成的双机协作机器人（见图 2-16）。

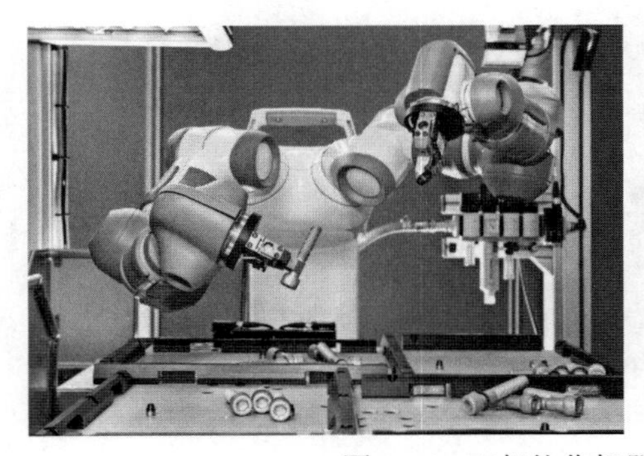

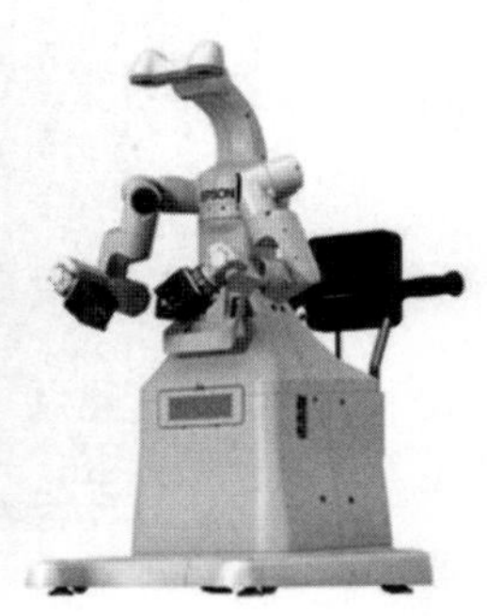

图 2-16　双机协作机器人

当把其他工业机器人的影响当作未知源的干扰时，双机协作机器人中的一个工业机器人就独立于另一个工业机器人。但双臂机器人作为一个完整的工业机器人系统，它的两臂之间存在依赖关系。两臂共享传感数据，通过一个共同的连接形成物理耦合，最重要的是两臂控制器之间的通信，使得一个臂对另一个臂的反应能够进行对应的动作、轨迹规划和决策，也就是说两臂之间具有协调关系。这在某种程度上类似于人类双臂的协调动作，在同一个躯体中的 2 个单臂分别对应 1 个高水平的控制器。如果把协调所有动作作为一个基准，那么双臂机器人两臂的动作过程就包含复杂的机械系统、躯体反馈、视觉反馈、肤体接触、滑移检测，以及脑力等数据源，并且需要用预先获取的数据确认这些数据资料的储存能力与处理能力。这正是双臂机器人区别于两个单臂机器人组成的双机协作机器人的关键。

双臂机器人的特点主要表现在以下几个方面：一是在末端执行器与臂部无相对运动的情况下，双臂机器人在搬运刚性物体（如钢棒等）时，比两个单臂机器人完成相应动作的控制要简单很多。二是在末端执行器与臂部有相对运动的情况下，通过两臂间的较好配合能对柔性物体（如薄板等）进行控制操作，而两个单臂机器人要做到这一点是比较困难的。三是双臂机器人能够避免由两个单臂机器人组成的双机协作机器人在一起工作时产生的碰撞。四是双臂机器人的两臂能够各自独立工作可以完成对多个目标的操作与控制，如将螺母放到螺栓上的配合操作。

多工业机器人的协同作业是制造业发展的必然要求，双臂机器人就是为满足这一要求而开发出的新型工业机器人。相对于单臂机器人，双臂机器人可以大大增强工业机器人对复杂装配任务的适应性，同时可以提高工作空间的利用效率。

7）AGV

AGV（Automated Guided Vehicle）是指装备有电磁学或光学等自动导引装置，能够沿规定的导引路径行驶，具有安全保护及各种移载功能的运输车，它以可充电蓄电池作为动力来源，是工业应用中不需要驾驶员的搬运车，如图 2-17 所示。

图 2-17　AGV

一般通过计算机控制 AGV 的行进路线及行为，或利用电磁轨道（electromagnetic path-following system）设计其行进路线，电磁轨道固定在地面上，AGV 则根据电磁轨道传递的信息进行移动与动作。

AGV 以轮式移动为特征，与步行、爬行或其他非轮式的移动机器人相比，它具有行动快捷、工作效率高、结构简单、可控性强、安全性好等优势。与物料输送中常用的其他设备相比，AGV 的活动区域不需要铺设电磁轨道、支座架等固定装置，不受场地、道路和空间的限制。

2. 按控制方式划分

按照工业机器人的控制方式可以把工业机器人分为非伺服控制机器人和伺服控制机器人。

1）非伺服控制机器人

非伺服控制机器人的工作能力有限，它们往往涉及“终点”式机器人、“抓放”式机器人、“开关”式机器人及“有限顺序”式机器人。非伺服控制机器人按照预先编写好的程序进行工作，使用终端限位开关、终端制动器、插销板和定序器控制工业机器人机械手的运动。非伺服控制机器人的工作原理图如图 2-18 所示。插销板用于预先规定非伺服控制机器人的工作顺序，而且工作顺序往往是可调的。定序器是一种定序开关或步进装置，它能够按照预定的工作顺序接通驱动装置的能源。驱动装置接通能源后，将带动非伺服控制机器人的臂部、腕部和末端执行器等装置运动。当这些装置移动到由限位开关规定的位置时，限位开关切换工作状态，给定序器发送一个工作任务（或规定运动）已完成的信号，并通过终端制动器切断驱动装置的能源，使机械手停止运动。

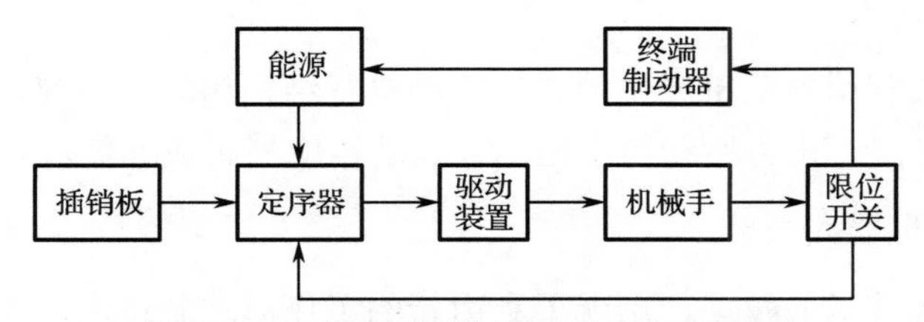

图 2-18　非伺服控制机器人的工作原理图

2）伺服控制机器人

与非伺服控制机器人相比，伺服控制机器人具有更强的工作能力，因此伺服控制机器人价格较贵，但在某些情况下其不如简单的工业机器人可靠。伺服控制机器人的工作原理图如图 2-19 所示。伺服系统的被控制量（输出）可以是工业机器人末端执行器（或工具）的位置、速度、加速度和力等。反馈传感器取得的反馈信号和来自给定装置（如给定电位器）的综合信号，经过比较器进行比较后，得到误差信号，误差信号经过放大器放大后用以激发伺服控制机器人的驱动装置，进而带动末端执行器以一定规律运动，从而使末端执行器到达规定的位置或速度等。显然，这是一个反馈控制系统。

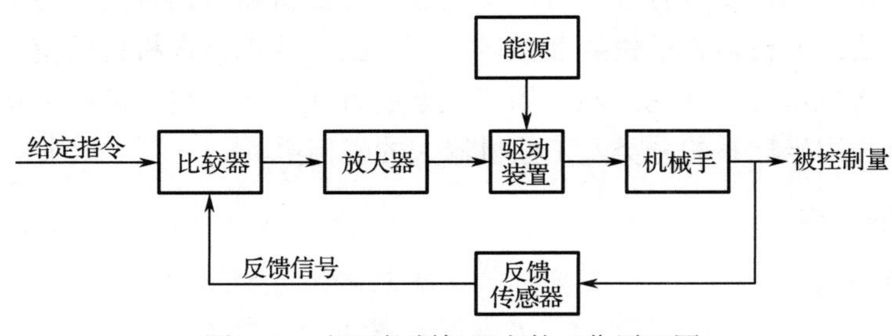

图 2-19　伺服控制机器人的工作原理图

伺服控制机器人又可细分为点位控制机器人和连续轨迹控制机器人。点位控制机器人的运动轨迹为点到点的直线运动；连续轨迹控制机器人的运动轨迹为空间中的任意连续曲线。

3．按驱动方式划分

根据能量转换方式的不同，工业机器人的驱动方式可以划分为液压驱动机器人、气压驱动机器人、电力驱动机器人和新型驱动器机器人 4 种类型。

1）液压驱动机器人

液压驱动机器人使用液体油液驱动执行机构运动。与气压驱动机器人相比，液压驱动机器人具有更大的工作载荷，其结构紧凑、传动平稳，但液体容易泄露，不宜在高温或低温的工作场景中作业。

2）气压驱动机器人

气压驱动机器人以压缩空气驱动执行机构运动。这种驱动方式的优点是空气来源广泛、动作迅速、结构简单；缺点是工作的稳定性与绝对精度不高、抓力较小，所以常用于负载较小的工作场景。

3）电力驱动机器人

电力驱动机器人利用电动机产生的力矩驱动执行结构运动。目前，越来越多的工业机器人采用电力驱动方式，电力驱动易于控制、运动精度高、成本低。

4）新型驱动器机器人

随着工业机器人技术的发展，出现了利用新的工作原理制造的新型驱动器，如静电驱动器、压电驱动器、形状记忆合金驱动器、人工肌肉驱动器及光驱动器等。

2.1.4 工业机器人的位姿与坐标系

1．工业机器人的位姿

工业机器人的位姿是指工业机器人的位置和姿态，运动学研究的主要内容是工业机器人的手部在空间的位姿与运动之间的关系，以及各关节的位姿与运动之间的关系，而动力学研究的主要内容是这些运动和作用力之间的关系。工业机器人的机构可以看作由一系列关节连接起来的连杆组成的多刚体系统，因此，工业机器人的位姿也属于空间几何学问题。

在对工业机器人的位姿进行分析时，要先建立工业机器人的位姿与运动的数学描述。当采用坐标系描述工业机器人的位姿参数时，可以把工业机器人机构的空间几何学问题归结成易于理解的代数形式的问题，然后用代数学的方法进行计算、证明，从而解决几何问题。因此，本节介绍坐标系的分类及工业机器人的坐标系。

2．坐标系的分类

1）直角坐标系

在平面上建立直角坐标系以后，可通过 1 个点到 2 条互相垂直的坐标轴的距离确定该点的位置，即平面内的点 P 与二维有序数组(a,b)一一对应。在空间中建立三维直角坐标系后，可通过 1 个点到 3 个互相垂直的坐标平面的距离确定该点的位置，即空间中的点 P 与三维有序数组(a,b,c)一一对应。如图 2-20 所示，取 3 条相互垂直的具有一定方向和度量单位的直线组成的坐标系，将其称为三维直角坐标系 $R3$ 或空间直角坐标系 $OXYZ$，也称右手坐标系（见图 2-21）。利用三维直角坐标系可以把空间中的点 P 与三维有序数组(a,b,c)建立起一一对应关系。

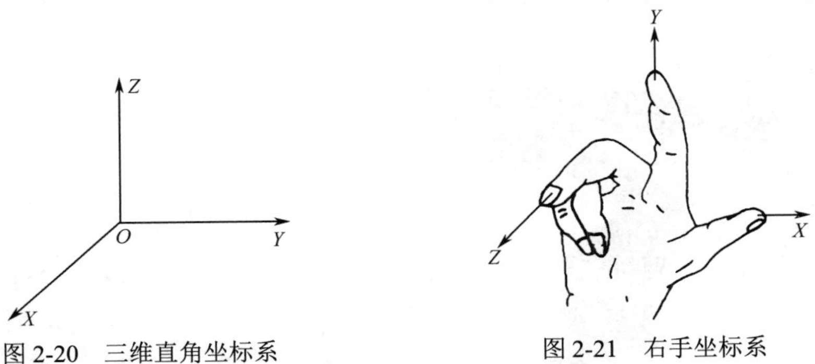

图 2-20　三维直角坐标系　　　　图 2-21　右手坐标系

2）柱面坐标系

设 $M(x,y,z)$为空间内一点，并设点 M 在 XOY 面上的投影 P 的极坐标为(r,θ)，则 r、θ、z 就组成了点 M 的柱面坐标，如图 2-22 所示。

3）球面坐标系

假设 $M(x,y,z)$为空间内一点，则点 M 的位置也可以用 3 个有次序的数(r,θ,φ)确定，其中，r 为原点 O 与点 M 之间的距离；θ为有向线段 OM 与 Z 轴正向的夹角；φ为从 Z 轴正向看，自 X 轴按逆时针方向旋转到 ON 处转过的角度，这里点 N 为点 M 在 XOY 平面上的投影，如图 2-23 所示。r、θ、φ 组成了点 M 的球面坐标。

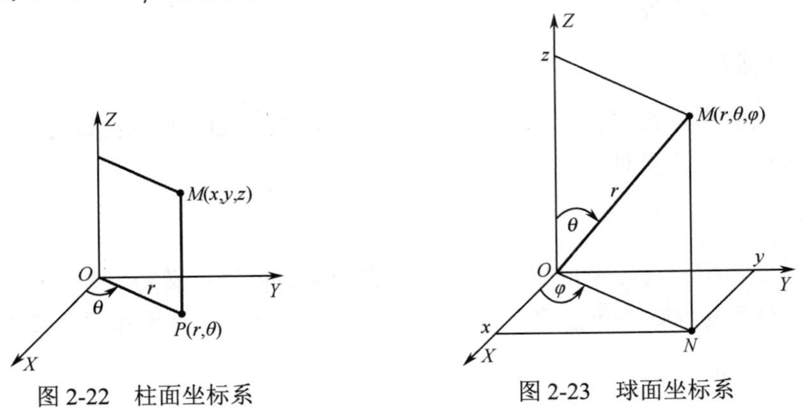

图 2-22　柱面坐标系　　　　图 2-23　球面坐标系

3．工业机器人坐标系

工业机器人的运动实质是根据不同作业任务和运动轨迹的要求，在各种坐标系下的运动。为了精确描述各连杆或物体之间的位姿关系，先定义一个固定的坐标系，并以它作为参考坐标系，所有静止或运动的物体就可以统一在同一个参考坐标系中进行比较。该坐标系通常被称为世界坐标系（大地坐标系）。基于此坐标系描述工业机器人自身及其周围物体是工业机器人在三维空间中工作的基础。通常，对每个连杆或物体都会定义一个本体坐标系又称局部坐标系，每个物体与附着在该物体上的本体坐标系是相对静止的，即其相对位姿是固定的。

工业机器人的坐标系主要包括：基坐标系、关节坐标系、工件坐标系、工具坐标系、世界坐标系及用户坐标系，如图 2-24 所示。

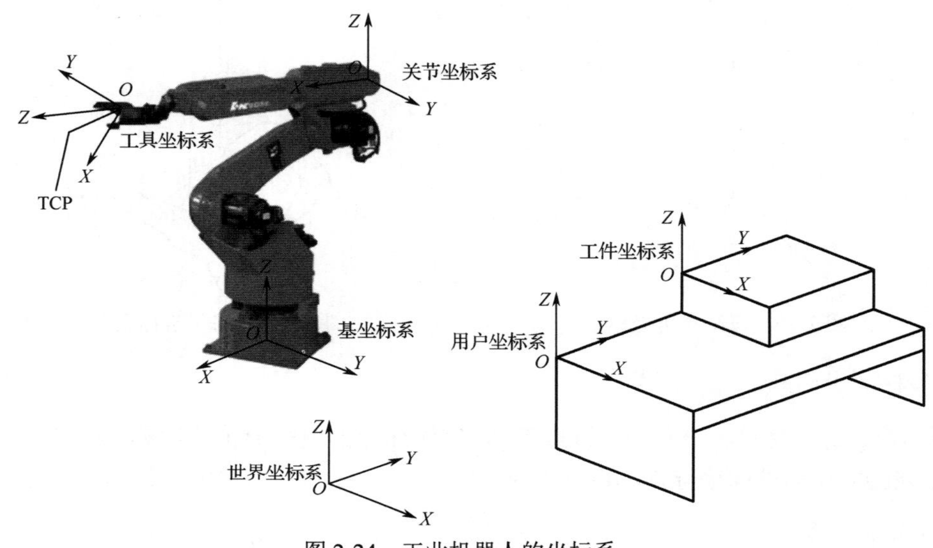

图 2-24 工业机器人的坐标系

1）基坐标系

基坐标系是工业机器人其他坐标系的参照基础，是工业机器人在示教与编程时经常使用的坐标系之一，其位置没有硬性的规定，一般定义该坐标系的原点在工业机器人的安装面与第一转动轴的交点处。

2）关节坐标系

关节坐标系的原点设置在工业机器人的关节中心点，反映了该关节处每个轴相对于该关节坐标系原点位置的绝对角度。

3）工件坐标系

工件坐标系是用户自定义的坐标系，用户坐标系也可以定义为工件坐标系，可根据需要定义多个工件坐标系，当配备多个工作台时，选择工件坐标系操作更为简单。

4）工具坐标系

工具坐标系是指原点设置在工业机器人末端执行器的工具中心点（Tool Center Point，TCP）处的坐标系，原点及坐标轴方向都随着末端执行器的位置与角度不断变化，该坐标系实际上是通过将基坐标系进行旋转及位移变化得到的。因为工具坐标系的移动以工具的有效方向为基准，与工业机器人的位姿无关，所以最适合用于相对于工件不改变工具姿态的平行移动。

5）世界坐标系

世界坐标系的原点设置在工作单元或工作站中的固定位置。这有助于处理工作站有若干个工业机器人或有外轴移动的工业机器人的情况。在默认情况下，世界坐标系与基坐标系是一致的。

6）用户坐标系

用户坐标系是用户对每个工作空间进行定义的直角坐标系。用户坐标系在尚未设定时，被世界坐标系替代，通过相对于世界坐标系坐标原点的位置（x、y、z）和 X 轴、Y 轴、Z 轴周围的回转角（w、p、r）定义。用户坐标系在设定和执行位置寄存器指令、位置补偿指令时使用。

2.2　工业机器人系统构成

2.2.1　工业机器人结构

1．串联机器人结构

垂直串联结构是工业机器人中最常见的结构形式，六轴关节机器人是典型的垂直串联机器人，它是由关节和连杆依次串联而成的，而每个关节都由一台伺服电动机驱动，因此，将六轴关节机器人分解，它便是由若干台伺服电动机经减速器减速后的驱动运动部件的机械运动机构的叠加和组合。

1）本体基本结构形式

常用的小规格、轻量六轴垂直串联机器人的基本结构如图 2-25 所示，它由基座、机身、臂部（大臂、小臂）、腕部和手部构成。基座作为最底层支撑部件，负责六轴垂直串联机器人整体的安装连接，有多种不同的结构形式。

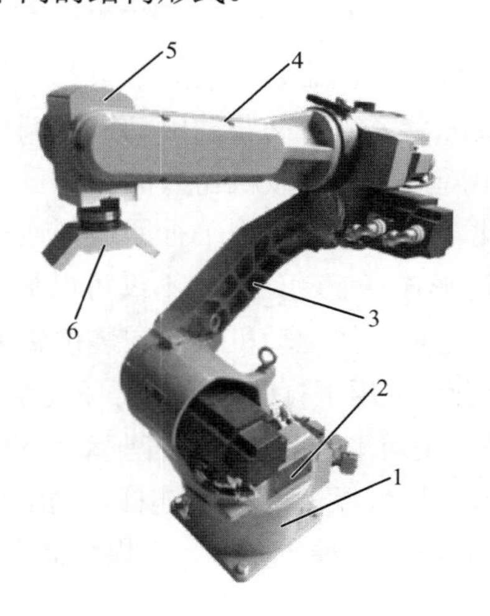

1—基座；2—机身；3—大臂；4—小臂；5—腕部；6—手部

图 2-25　六轴垂直串联机器人的基本结构

在垂直串联基本结构中，手部回转轴的驱动电动机直接安装在工具安装法兰后侧，这种结构的传动更直接，但它会增加手部的体积和质量，影响手部运动的灵活性，因此，在实际使用时，通常将驱动电动机安装在小臂内腔，然后，通过同步带、伞齿轮等传动部件传送至手部的减速器输入轴上，以减小手部的体积和质量。

2）本体其他结构形式

因为上述垂直串联基本结构中的腕摆动、手回转的电动机均安装在小臂前端，所以称之为前驱结构。前驱机器人除腕摆动轴、手回转轴可能会使用同步带传动外，其他所有轴的伺服电动机、减速器等驱动部件都需要安装在各自的回转部位或摆动部位，不需要其他中间传动部件，其传动系统结构简单、层次清晰、传动链短、零部件少、间隙小、精度高、防护性好，前驱机器人的安装、调试、运输等均十分方便。但是，安装驱动电动机和减速器需要有足够的空间，这导致前驱机器人关节部位的外形和质量均较大，小臂重心离回转中心较远，这不仅增加了前驱机器人的负载，且不利于前驱机器人高速运动；另外，由于前驱机器人内部空间紧凑、散热条件差，驱动电动机和减速器的输出转矩也将受到结构的限制，且其检测、维修、保养也较困难，因此，前驱机器人一般是工作载荷小于 10kg、工作空间小于 1m 的小规格轻量机器人。

为了保证工业机器人作业的灵活性和运动稳定性，应尽可能地减小小臂的体积和质量，大中型垂直串联机器人常采用腕部驱动电动机后置式结构，简称后驱。后驱机器人如图 2-26 所示。后驱结构的垂直串联机器人腕回转、腕弯曲和手回转的驱动电动机全部安装在小臂的后部，驱动电动机通过安装在小臂内腔的传动轴将动力传递至腕部前端，这不仅解决了前驱结构存在的驱动电动机和减速器安装空间紧凑、散热差，检测、维修、保养困难等问题，还可使小臂的结构紧凑、重心靠近回转中心，因此后驱机器人的重力平衡性更好、运动更稳定，这种结构形式广泛应用于加工、搬运、装配、包装等各种用途的工业机器人。但是，后驱机器人需要在小臂内部安装腕回转、腕弯曲和手回转驱动的传动部件，其内部结构较为复杂。

用于零件搬运、码垛的大型重载机器人，由于其负载质量和惯性大，驱动系统必须有足够大的输出转矩，所以需要配套大规格的驱动电动机和减速器；此外，为了保证大型重载机器人的运动稳定性，必须降低大型重载机器人的整体重心、提高其结构稳定性，并保证构件具有足够的刚性，因此，通常需要采用平行四边形连杆驱动结构。连杆驱动机器人如图 2-27 所示。采用平行四边形连杆驱动结构，不仅可以加长大臂、小臂和腕摆动的驱动力臂，放大驱动力矩，同时，还可以使驱动机构的安装位置下移，降低大型重载机器人的重心、提高其结构稳定性，因此，采用平行四边形连杆驱动结构的连杆驱动机器人工作载荷大、高速运动稳定性好。但是，采用平行四边形连杆驱动结构的连杆驱动机器人传动链长、传动间隙较大、定位精度较低，因此，平行四边形连杆驱动结构适用于工作载荷大于 100kg、对绝对精度要求不高的大型、重载、点焊、搬运、码垛机器人。

3）机身的结构及功能

机身是连接、支撑臂部及行走机构的部件，臂部的驱动装置或传动装置安装在机身上，具有升降、回转及俯仰 3 个自由度。关节机器人主体结构的 3 个自由度均为回转运动，这 3 个自由度构成了关节机器人的回转运动、俯仰运动和偏转运动。通常仅把回转运动归结为关节机器人机身的运动。

图 2-26　后驱机器人

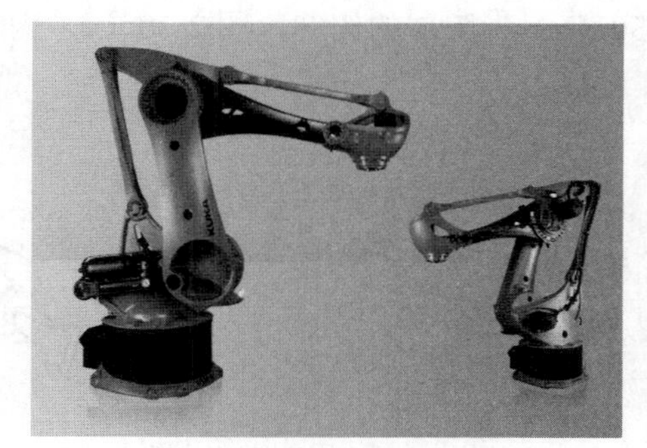

图 2-27　连杆驱动机器人

4）臂部的结构及功能

臂部是连接机身和腕部的部件，支撑腕部和手部，带动腕部和手部在空间运动，臂部的结构类型多、受力复杂。

臂部由动力型转动关节、大臂和小臂组成。关节型机器人以臂部各相邻部件的相对角位移为运动坐标，动作灵活、占用空间小、工作空间大，可以在狭窄空间内绕过障碍物。

5）腕部的结构及功能

腕部是连接臂部和手部的部件，起支撑手部和改变手部姿态的作用，关节机器人的腕部结构如图 2-28 所示，在这 3 种腕部结构中，RBR 型结构应用最广泛，它适用于各种工作场合，其他两种腕部结构的应用范围相对较窄，其中 3R 型的腕部结构主要应用于喷涂行业等。

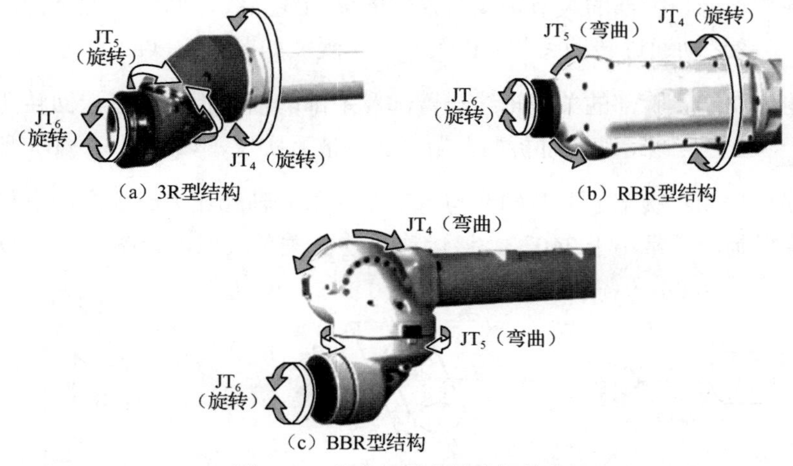

图 2-28　关节机器人的腕部结构

A．腕部的自由度

为了使手部可以处于空间中的任意方向，要求腕部可以实现对空间中的 *X*、*Y*、*Z* 3 个坐标轴的旋转运动（腕部坐标系如图 2-29 所示），这便是腕部运动的 3 个自由度，即偏转 Y（Yaw）、俯仰 P（Pitch）和翻转 R（Roll），并不是所有的腕部都必须具备这 3 个自由度，自由度的数量和类型是根据实际使用的工作性能要求确定的，图 2-30（a）为腕部的翻转，图 2-30（b）为腕部的俯仰，图 2-30（c）为腕部的偏转。

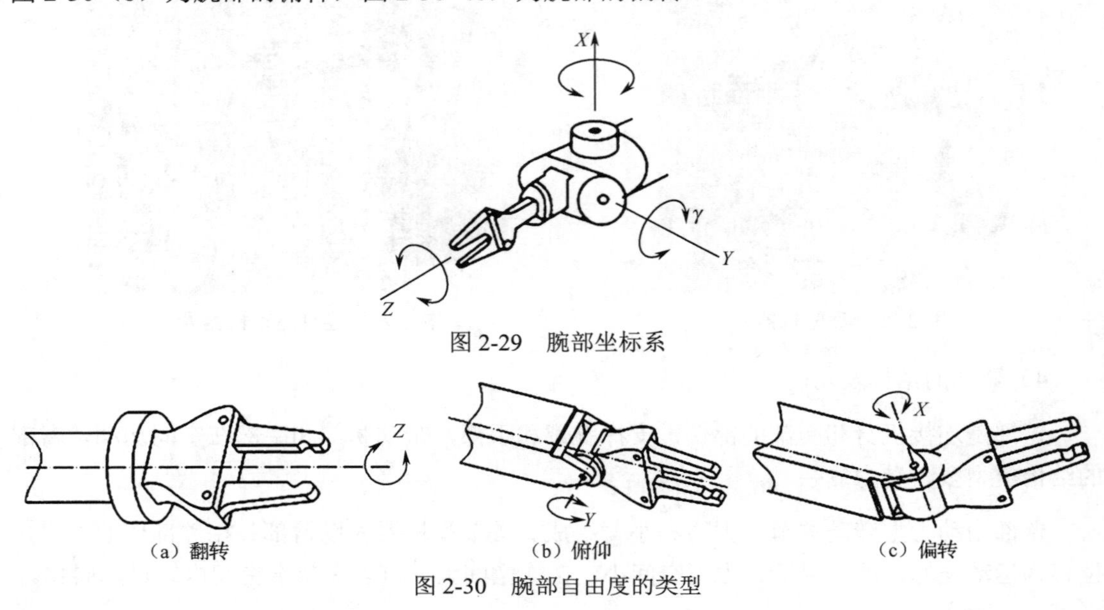

图 2-29 腕部坐标系

图 2-30 腕部自由度的类型

B．腕部的分类

a．按自由度分类

（1）单自由度腕部。腕部在空间中有 3 个自由度，可以具备以下单一功能。

单一的翻转功能。腕部的关节轴线与臂部的纵轴线共线，回转角度不受结构限制，可以大于 360°。该运动通过转动关节（R 关节）实现，如图 2-31（a）所示。

单一的俯仰功能。腕部的关节轴线与臂部及手部的轴线相互垂直，回转角度受结构限制，通常小于 360°。该运动通过折曲关节（B 关节）实现，如图 2-31（b）所示。

单一的偏转功能。腕部的关节轴线与臂部及手部的轴线在另一个方向上相互垂直，回转角度受结构限制，通常小于 360°。该运动通过 B 关节实现，如图 2-31（c）所示。

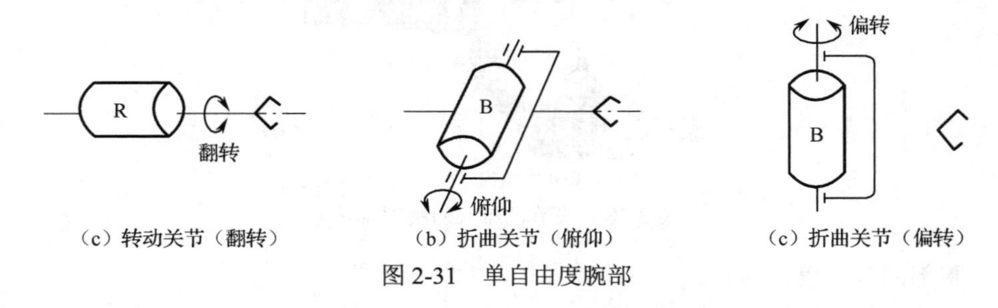

图 2-31 单自由度腕部

（2）二自由度腕部。二自由度腕部分为 BR 关节和 BB 关节，其中 BR 关节由 1 个 R 关节和 1 个 B 关节组成，如图 2-32（a）所示；BB 关节由 2 个 B 关节组成，如图 2-32（b）所示。但不能由 2 个 R 关节组成二自由度腕部，因为 2 个 R 关节的功能是重复的，只起到单自由度的作用。

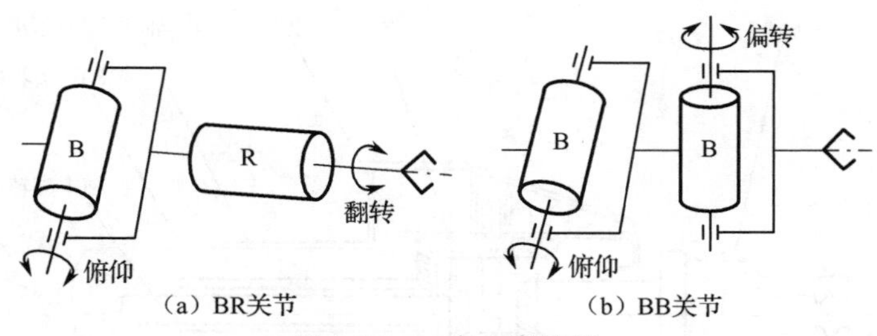

图 2-32　二自由度腕部

（3）三自由度腕部。由 R 关节和 B 关节组成的三自由度腕部实现翻转、俯仰和偏转功能的形式有多种，如图 2-33 所示。

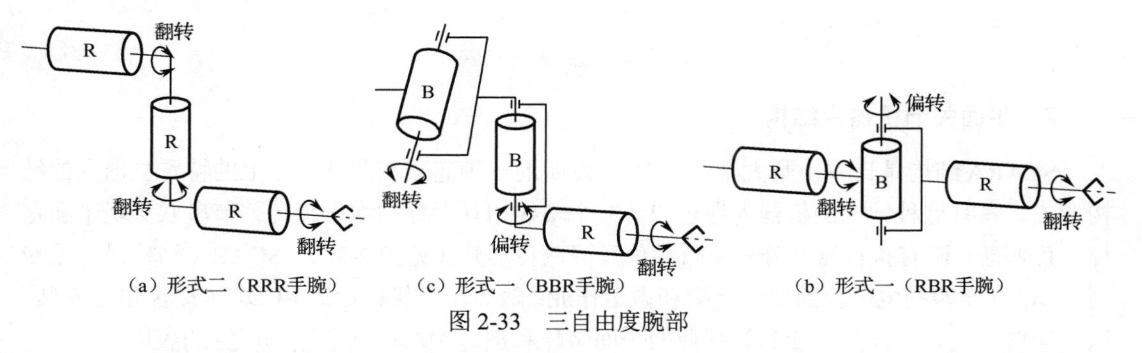

图 2-33　三自由度腕部

b．按腕部的驱动方式分类

（1）直接驱动腕部。驱动源直接安装在腕部（见图 2-34），这种直接驱动腕部的驱动方式的关键在于设计和加工出尺寸小、质量轻、驱动扭矩大、驱动性能好的驱动电动机或液压电动机。

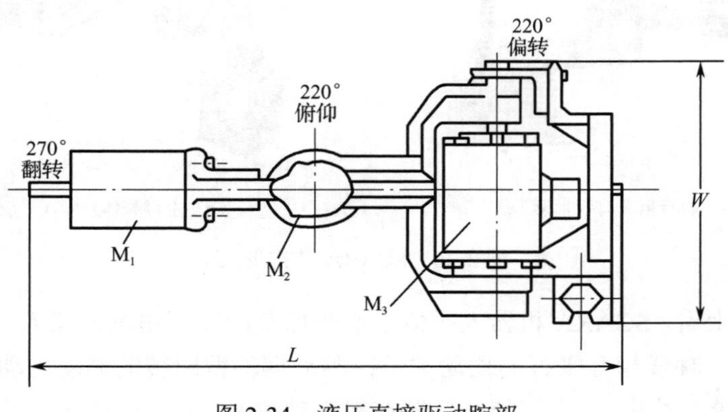

图 2-34　液压直接驱动腕部

（2）远距离传动腕部。为了保证驱动装置具有足够大的驱动力，或为了减轻腕部的质量，驱动装置的体积不能做到足够小，采用远距离传动腕部，可以实现 3 个自由度的运动，如图 2-35 所示。

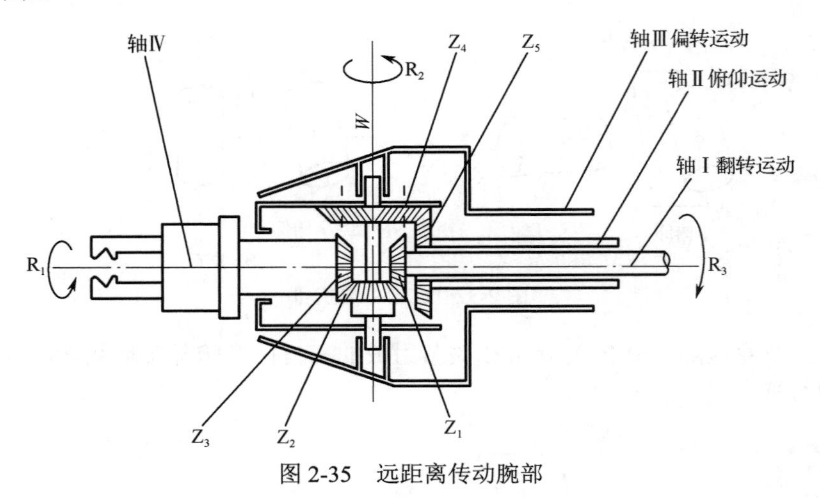

图 2-35　远距离传动腕部

2．平面关节机器人结构

SCARA 结构是日本山梨大学在 1978 年发明的一种建立在圆柱坐标上的特殊机器人的结构形式。具有这种结构的机器人通过 2～3 个轴线相互平行的水平旋转关节串联实现平面定位，其垂直升降有执行器升降和手臂整体升降两种形式（见图 2-36）。SCARA 结构最开始应用于 3C 行业印刷电路板的器件装配和搬运作业；随后在光伏行业的 LED、太阳能电池安装，以及塑料、汽车、药品、食品等行业的平面装配和搬运领域得到了较为广泛的应用。

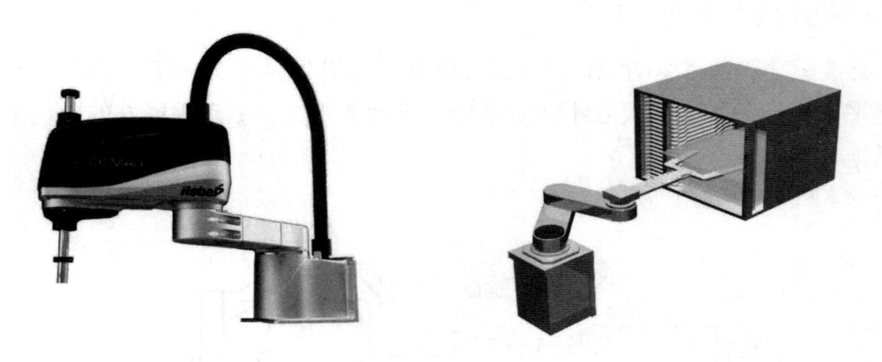

（a）执行器升降（前驱）　　（b）手臂整体升降（后驱）

图 2-36　SCARA 结构形式

从机械结构上看，SCARA 机器人类似于水平放置的垂直串联机器人，其手臂轴为沿水平方向串联延伸、轴线相互平行的摆动关节；驱动摆动臂回转的驱动电动机可前置在关节部位（前驱 SCARA 结构），也可统一后置在基座部位（后驱 SCARA 结构）。

1）前驱 SCARA 结构

前驱 SCARA 机器人的垂直升降多数采用执行器升降结构，它通常用于上部作业空间不受限制的平面装配、搬运和电气焊接等作业，其机械传动系统结构简单、层次清晰、装配方便、维修容易。但是，前驱 SCARA 机器人的悬伸摆臂需要承担驱动电动机的质量，对手臂的刚性有一定的要求，因此，多数前驱 SCARA 机器人采用 2 个水平旋转关节串联，其外形体积、手臂质量等均较大，整体结构相对松散。

2）后驱 SCARA 结构

后驱 SCARA 机器人的全部驱动电动机均安装在基座部位，其垂直升降一般通过手臂整体升降实现，悬伸摆臂均呈平板状，这种机器人除了工作空间外，几乎不需要额外的安装空间，它可在上部空间受限的情况下进行平面装配、搬运和电气焊接等作业。

3．并联机器人结构

目前，实际产品中使用的并联机器人结构以 Calvel 发明的 Delta 机器人为主。Delta 结构弥补了其他并联结构的诸多缺点，具有工作载荷大、运动耦合弱、力控制容易、驱动简单等优点，因而，Delta 机器人在电子电工、食品药品等行业的装配、包装、搬运等场景得到了较广泛的应用。

从机械结构上说，当前实用型的 Delta 机器人可分为回转驱动型（Rotary Actuated Delta）Delta 机器人和直线驱动型（Linear Actuated Delta）Delta 机器人两大类，如图 2-37 所示。

回转驱动型 Delta 机器人，如图 2-37（a）所示，其腕部安装平台的运动通过主动臂的摆动驱动。通过控制 3 个主动臂的摆动角度，就能使手腕安装平台在一定范围内运动与定位。回转型 Delta 机器人的控制简单、动态特性好，但其工作空间较小、工作载荷较小，故多用于高速、轻载的场景。

直线驱动型 Delta 机器人，如图 2-37（b）所示，其腕部安装平台的运动通过主动臂的伸缩或悬挂点的水平移动、倾斜移动、垂直移动等直线运动驱动，通过控制 3 个（或 4 个）主动臂的伸缩距离，同样可使腕部安装平台在一定范围内运动与定位。与回转型 Delta 机器人相比，直线驱动型 Delta 机器人具有工作空间大、工作载荷大等特点，但其操作和控制性能、运动速度等比回转型 Delta 机器人差，故多用于并联数控机床等场景。

由图 2-37 可知，Delta 机器人尽管控制复杂，但其机械系统的传动结构却非常简单。例如，回转驱动型 Delta 机器人的传动系统是 3 组完全相同的摆动臂，摆动臂的摆动由驱动电动机经减速器减速后驱动，无其他中间传动部件，故只需要根据不同的要求，选择类似垂直串联机器人机身、前驱 SCARA 机器人摆动臂等减速摆动机构便可实现；直线驱动型 Delta 机器人的传动系统则是 3 组完全相同的伸缩臂，它与 SCARA 机器人的垂直升降运动一样，通常可采用滚珠丝杠驱动，其传动系统结构与数控机床进给轴类似，在此不再赘述。

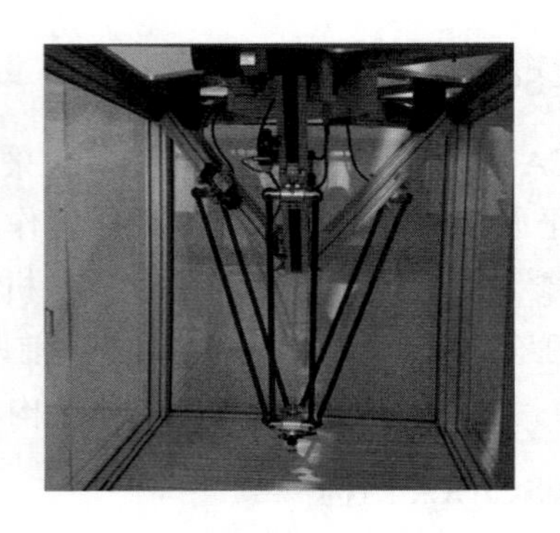

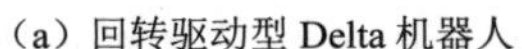

（a）回转驱动型 Delta 机器人　　（b）直线驱动型 Delta 机器人

图 2-37　Delta 机器人的结构

2.2.2　工业机器人驱动系统

驱动系统（也称驱动器）在工业机器人中的作用相当于“人体的肌肉”，如果把连杆及关节看作工业机器人的骨骼，那么驱动器与肌肉的作用相同，通过移动或转动连杆改变工业机器人的构型。驱动器必须具有足够的功率对连杆进行加速或减速并带动负载，同时，驱动器自身必须轻便、经济、精确、灵敏、可靠及便于维护。

不同驱动器可以满足不同工业机器人的工作要求，根据能量转换方式的不同，可将驱动器划分为液压驱动、气压驱动、电气驱动及新型驱动类型。前 3 种驱动系统的性能对比如表 2-5 所示。

表 2-5　3 种驱动系统的性能对比

项　目	液压驱动	气压驱动	电气驱动
输出功率	很大，压力为 50～140N/cm^2	大，压力为 48～60N/cm^2，最大可达 100N/cm^2	压力范围较大，介于前两者之间
控制性能	利用液体的不可压缩性，工作精度较高，输出功率大，可无级调速，反应灵敏，可实现连续轨迹控制	利用气体的可压缩性，工作精度低，阻尼效果差，低速不易控制，难以实现高速、高精度的连续轨迹控制	工作精度高，输出功率较大，能精确定位，反应灵敏，可实现高速、高精度的连续轨迹控制，伺服特性好，控制系统复杂
响应速度	很高	较高	很高
结构性能及体积	结构适当，执行机构可标准化、模拟化，易实现直接驱动。功率/质量比大，体积小，结构紧凑，密封问题较大	结构适当，执行机构可标准化、模拟化，易实现直接驱动。功率/质量比大，体积小，结构紧凑，密封问题较小	伺服电动机易于标准化，结构性能好，噪声低，除 DD 电动机（直驱电动机）外，电动机一般需要配置减速装置，难以直接驱动，结构紧凑，无密封问题
安全性	防爆性能较好，用液压油作为传动介质，存在火灾隐患	防爆性能好，在高于 1000kPa（10 个大气压）时应注意设备的抗压性	设备自身无爆炸和火灾危险，直流有刷电动机在换向时有火花，对环境的防爆性能较差
对环境的影响	液压系统易漏油，对环境有污染	在排气时有噪声	无

续表

项　目	液压驱动	气压驱动	电气驱动
在工业机器人中的应用范围	适用于重载机器人、低速驱动机器人，电液伺服系统适用于喷涂机器人、点焊机器人和托运机器人	适用于中小负载驱动，对精度要求较低的有限点位程序控制机器人，如冲压机器人和装配机器人	适用于中小负载驱动，对位置控制精度和轨迹控制精度要求较高、对速度要求较高的工业机器人，如AC伺服喷涂机器人、点焊机器人、弧焊机器人、装配机器人等
效率与成本	效率中等（0.3～0.6），液压元件成本较高	效率低（0.15～0.2），气源方便，结构简单，成本低	效率较高（0.5左右），成本高
维修及使用	方便，但油液对环境温度有一定要求	方便	较复杂

1. 工业机器人减速器

在工业机器人中，减速器是连接工业机器人动力源和执行机构的中间装置，是保证工业机器人到达目标位置精确度的核心部件。通过合理的选用减速器，可将机器人动力源的转速精确地降到工业机器人各部位需要的速度。

目前应用于工业机器人的减速器产品主要有谐波减速器和 RV 减速器，两种减速器的对比如表2-6所示。

表2-6　谐波减速器和RV减速器对比

序号	种　类	技术特点	应用位置	缺　点
1	谐波减速器	工作载荷大，传动精度高，传动比大，传动平稳，安装调整方便	小臂、腕部或手部等轻负载部位	对材质要求高，制造工艺复杂，产业化生产不足
2	RV减速器	传动比大，结构刚性好，输出转矩高，抗疲劳强度高	基座、大臂、肩部等重负载部位	结构复杂，维护、修理困难

1）谐波减速器

谐波减速器是利用行星齿轮传动原理开发出的一种新型减速器，其依靠柔性零件产生的弹性机械波传递动力和运动，是一种行星齿轮传动。谐波减速器由具有内齿的刚轮、具有外齿的柔轮和使柔轮发生径向变形的波发生器组成。与普通齿轮传动相比，行星齿轮传动具有精度高、工作载荷大、效率高、体积小、质量轻、结构简单等特点。该减速器广泛应用于航空、航天、工业机器人、机床微量进给、通信设备、纺织机械、化纤机械、造纸机械、差动机构、印刷机械、食品机械和医疗器械等领域。

a. 谐波减速器的特点

（1）谐波减速器结构简单、体积小、质量轻。与传动比相当的普通减速器相比，它的体积和质量均减小1/3左右，甚至更多。

（2）谐波减速器传动比范围大。单级谐波减速器的传动比为50～300，最优传动比为75～250；双级谐波减速器的传动比为3000～60 000；复波谐波减速器的传动比为200～140 000。

（3）谐波减速器同时啮合的齿数多，传动精度高，工作载荷大。

（4）谐波减速器运动平稳、无冲击、噪声小。谐波减速器齿轮间的啮入、啮出是随着柔轮的变形逐渐进入和逐渐退出刚轮的，在啮合过程中以齿面接触，滑移速度小，且无突然变化。

（5）谐波减速器传动效率高，可实现高增速运动。

（6）谐波减速器可实现差速传动。由于在谐波减速器的 3 个基本构件中，可以让任意 2 个基本构件主动、第 3 个基本构件从动，所以让波发生器、刚轮主动，柔轮从动，就可以构成一个差动传动机构，从而实现快速、慢速工作状况的转换。

b．谐波减速器的结构

谐波减速器由具有内齿的刚轮、具有外齿的柔轮和使柔轮发生径向变形的波发生器组成，如图 2-38 所示。通常波发生器为主动件，在刚轮和柔轮中选择一个为从动件，另一个为固定件。

（1）波发生器。波发生器与输入轴相连，对柔轮齿圈的变形起产生和控制的作用。它由一个椭圆形凸轮和一个薄壁的柔性轴承组成。柔性轴承与普通轴承不同，它的外环很薄，容易产生径向变形，外环在未装入凸轮之前为圆形，装入凸轮之后为椭圆形。

（2）柔轮。柔轮有薄壁杯形、薄壁圆筒形和平嵌式等多种类型。薄壁圆筒形柔轮的开口端外面有齿圈，随波发生器的转动产生变形，筒底部分与输出轴相连。

图 2-38　谐波减速器结构图

（3）刚轮。刚轮是一个刚性的内齿轮。双级谐波传动的刚轮通常比柔轮多两齿。谐波减速器多以刚轮固定，外部与箱体连接。

c．谐波减速器的工作原理

谐波减速器工作原理图如图 2-39 所示，当刚轮固定、波发生器为主动件、柔轮为从动件时，柔轮在椭圆形波发生器的作用下产生变形，在波发生器长轴两端处，柔轮轮齿与刚轮轮齿完全啮合；在波发生器短轴两端处，柔轮轮齿与刚轮轮齿完全脱开；在椭圆长轴两侧，柔轮轮齿与刚轮轮齿处于不完全啮合状态。波发生器长轴旋转的正方向一侧，称为啮入区；波发生器长轴旋转的反方向一侧，称为啮出区。波发生器的连续转动使得啮入、完全啮合、啮出、完全脱开这 4 种情况依次变化。由于柔轮比刚轮少 2 个齿，所以当波发生器转动一周时，柔轮要向相反方向转动 2 个齿的角度，从而提高了减速比。

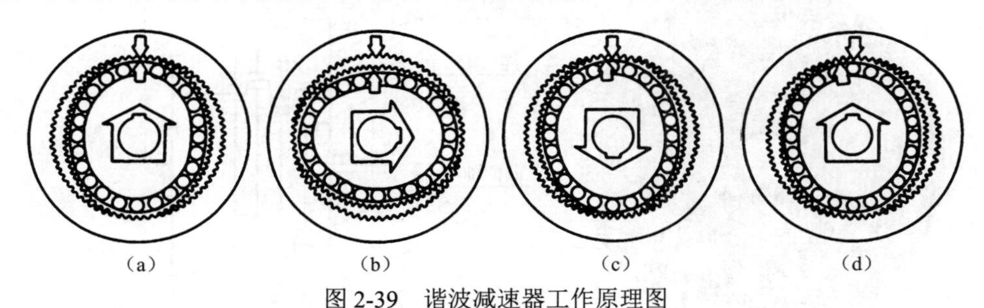

图 2-39　谐波减速器工作原理图

2）RV 减速器

RV 减速器的传动装置采用的是一种新型的二级封闭行星轮系，是在摆线针轮传动的基础上开发的一种新型传动装置，其不仅克服了一般摆线针轮传动的缺点，还具有体积小、重量轻、传动比范围大、寿命长、精度保持稳定、效率高、传动平稳等优点，因此受到广泛关注，在工业机器人领域占有主导地位。与工业机器人中常用的谐波减速器相比，RV 减速器具有较高的抗疲劳强度、刚度和较长的使用寿命，而且回差精度稳定，不像谐波减速器那样随使用时间增长，运动精度显著降低，因此世界上许多高精度机器人的传动装置多采用 RV 减速器。

a．RV 减速器的特点

RV 减速器具有如下特点。

（1）传动比范围大，传动效率高。

（2）扭转刚度大，远大于一般摆线针轮减速器的输出机构。

（3）在额定转矩下，弹性回差误差小。

（4）当传递相同转矩与功率时，RV 减速器比其他减速器的体积小。

b．RV 减速器的结构

RV 减速器主要由输入轴、行星轮、曲柄轴、摆线轮、针齿、输出轴、针齿壳等组成，如图 2-40 所示。

（1）输入轴：输入轴又称为渐开线中心轮，用于传递输入功率，且与渐开线行星齿轮互相啮合。

（2）行星轮：与曲柄轴相连，均匀分布在一个圆周上，有功率分流的作用，将输入轴输入的功率分流并传递给摆线针轮行星机构。

（3）曲柄轴：曲柄轴是摆线轮的旋转轴。它的一端与行星轮相连，另一端与支撑圆盘相连。曲柄轴既可以带动摆线轮公转，也可以使摆线轮自转。

（4）摆线轮：为了保证传动装置径向力的平衡，一般要在曲柄轴上安装 2 个完全相同的摆线轮，且 2 个摆线轮的偏心位置角度为 180° 。

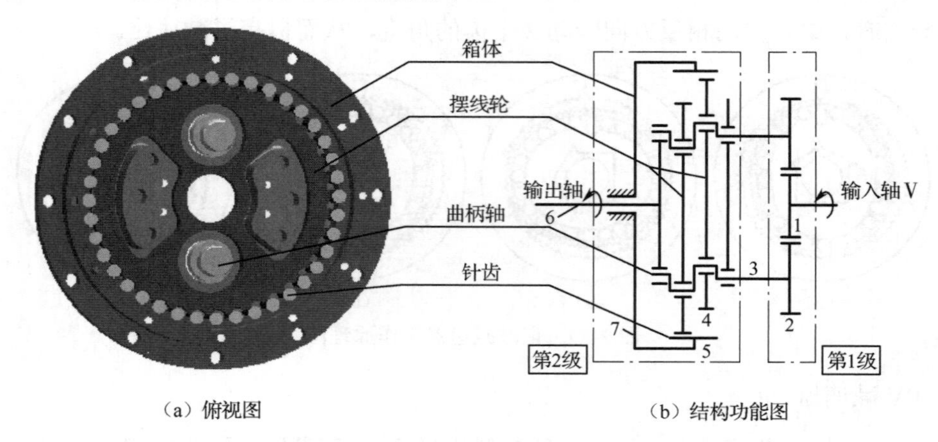

（a）俯视图　　（b）结构功能图

1—输入轴；2—行星轮；3—曲柄轴；4—摆线轮；5—针齿；6—输出轴；7—针齿壳

图 2-40　RV 减速器结构图

（5）针齿：多个针齿安装在针轮上，与针齿壳固定在一起，统称为针轮壳体。

（6）输出轴：输出轴是 RV 减速器与外界从动工作机连接的传动轴，可以输出运动或动力。

3）RV 减速器的工作原理

RV 减速器由渐开线圆柱齿传输线行星减速机构和摆线针轮行星减速机构两部分组成。如图 2-40 所示，行星轮与曲柄轴相连，作为摆线针轮传动的输入部分。如果渐开线中心齿轮顺时针方向旋转，那么行星轮在公转的同时进行逆时针方向的自转，并通过曲柄轴带动摆线针轮进行偏心运动，此时摆线针轮在其轴线公转的同时，还将在针齿的作用下反向自转，即顺时针转动，同时通过曲柄轴将摆线针轮的转动等速传给输出机构。

2．工业机器人伺服电动机

根据使用的电源性质不同，伺服电动机可分为直流伺服电动机和交流伺服电动机两大类。在实际生产应用中，大部分情况下使用的是交流伺服电动机，其特点是启动转矩大、运行范围大、无自转现象。伺服电动机组成示意图如图 2-41 所示。

工业机器人的伺服电动机一般需要满足以下要求。

（1）快速性。伺服电动机从获得指令信号到完成指令要求的工作状态的时间应尽可能短。

（2）启动转矩惯量比较大。在驱动负载的情况下，要求工业机器人的伺服电动机的启动转矩大、转动惯量小。

（3）控制特性的连续性和直线性。随着控制信号的变化，伺服电动机的转速性能可以连续变化，有时转速与控制信号需要成正比或近似成正比。

（4）调速范围宽、体积小、质量小、轴向尺寸短。

（5）能经受苛刻的运行条件，可进行十分频繁的正反向运动和加减速运动，并能承受短时间的过载。

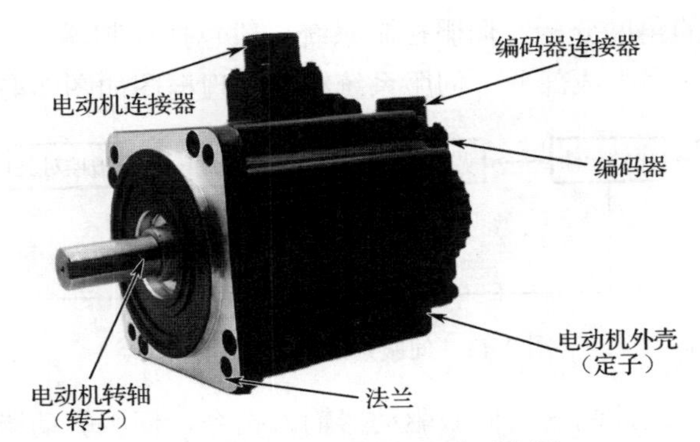

图 2-41　伺服电动机组成示意图

目前，高启动转矩、大转矩、低惯量的交流伺服电动机和直流伺服电动机在工业机器人中得到了广泛应用。一般负载在 1000N 以下的工业机器人大多采用电动机驱动系统，采用的电动机主要是交流伺服电动机、直流伺服电动机和步进电动机。其中，交流伺服电动机、直流伺服电动机均采用闭环控制，一般应用于高精度、高速度的工业机器人驱动系统中，交流伺服电动机由于采用了电子换向，没有换向火花，所以在易燃易爆环境中得到了广泛应用；步进电动机多应用于对精度、速度要求不高的小型简易机器人开环系统中。工业机器人电动机驱动原理图如图 2-42 所示。

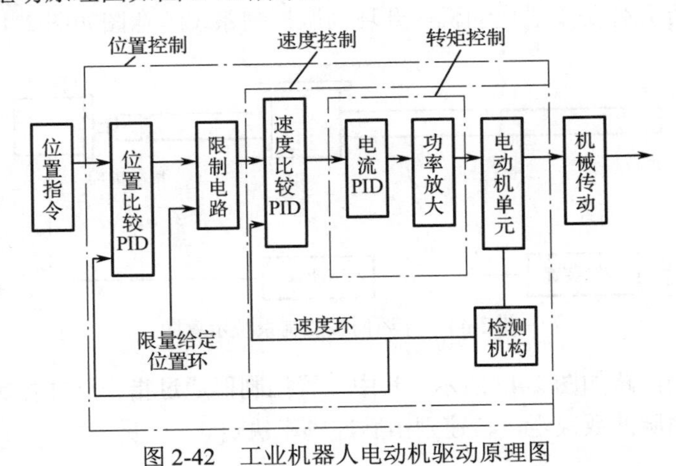

图 2-42　工业机器人电动机驱动原理图

3．工业机器人伺服控制系统

伺服控制系统是所有机电一体化设备的核心，工业机器人的伺服控制系统的一般结构为 3 个闭环控制，即电流环、速度环和位置环。伺服控制系统的基本设计要求是输出量能迅速而准确地响应输入指令的变化，在工业机器人控制系统中，伺服控制系统的目的是使机械手能够按照指定的轨迹运动。像这种输出量以一定准确度随时跟踪输入量（指定目标）变化的控制系统被称为伺服控制系统，因此伺服控制系统又称随动控制系统或自动跟踪控制系统。

1）伺服控制系统的组成

从自动控制理论的角度分析，伺服控制系统一般包括控制器、被控对象、执行环节、检测环节、比较环节 5 个组成部分。伺服系统组成原理框图如图 2-43 所示。

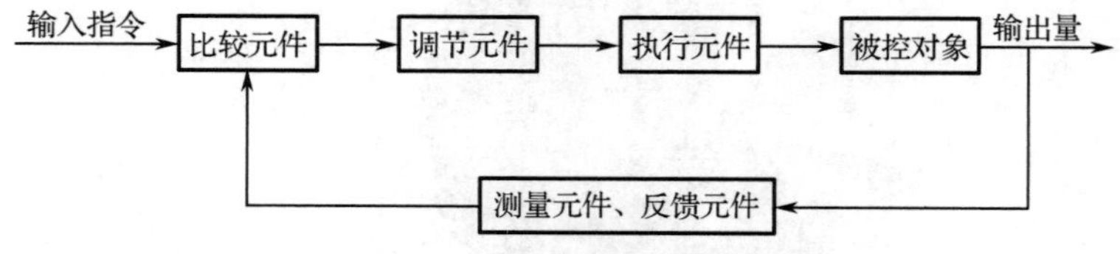

图 2-43　伺服系统组成原理框图

工业机器人一般由主控制器向伺服驱动器输入指令，伺服驱动器在接收反馈量的同时发送脉冲控制伺服电动机运转，伺服电动机的运转带动负载（也就是工业机器人的各轴）运动。伺服电动机在运转时，一般由光电编码器反馈电动机的实时脉冲量。

2）伺服控制系统的分类

根据控制方式不同可将伺服控制系统划分为开环伺服控制伺服系统（Open Loop）、半闭环伺服控制系统（Semi-Closed Loop）和闭环伺服控制系统（Full-Closed Loop）。下面对这 3 种伺服控制系统进行简单介绍。

（1）开环伺服控制系统。通过控制器输出指令驱动电动机按指令值位移并停在指定的位置，常用的执行元件是步进电动机。开环伺服控制系统示意图如图 2-44 所示。

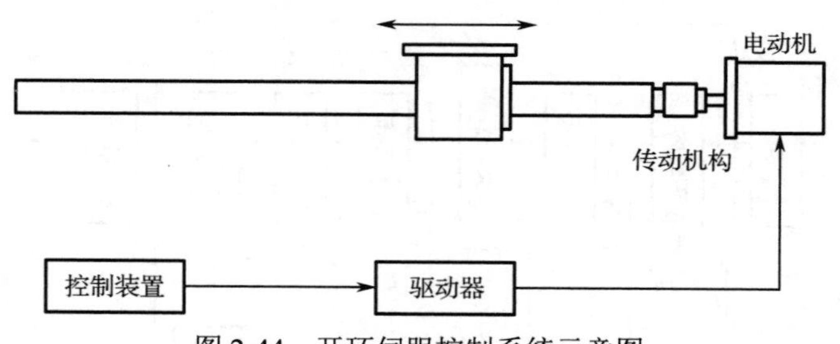

图 2-44　开环伺服控制系统示意图

开环伺服控制回路如图 2-45 所示，其中位置控制器通过指令脉冲控制步进电动机，步进电动机的位置由脉冲数决定，转速则由脉冲频率决定。

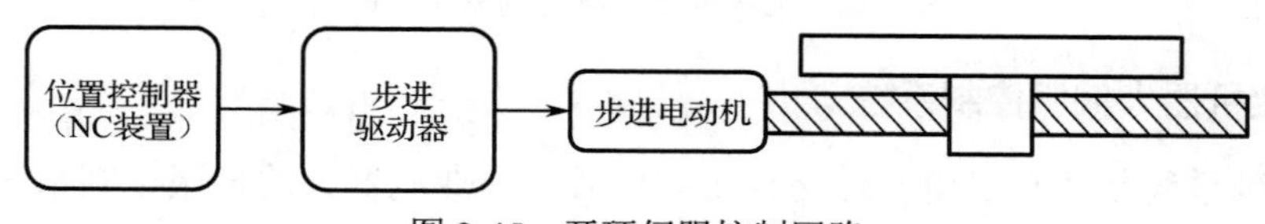

图 2-45　开环伺服控制回路

（2）半闭环伺服控制系统。将位置传感器或速度传感器安装在电动机轴上以取得位置反馈信号和速度反馈信号。半闭环伺服控制系统示意图如图 2-46 所示。

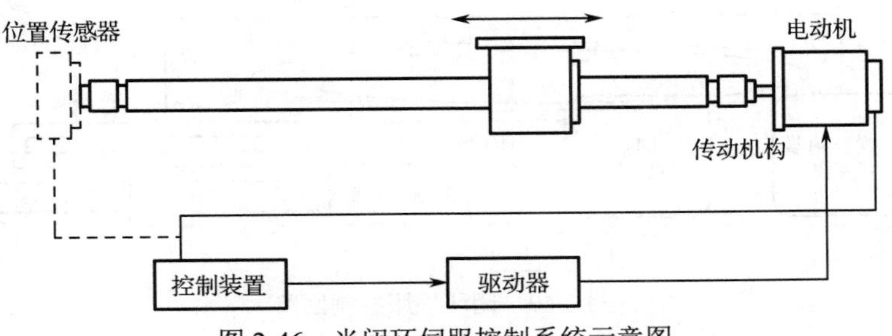

图 2-46　半闭环伺服控制系统示意图

半闭环伺服控制系统的绝对精度比闭环伺服控制系统稍差，但半闭环伺服控制系统结构比较简单，调整、维护也比较方便，稳定性好，所以被广泛应用于各种机电一体化设备。半闭环伺服控制回路如图 2-47 所示。

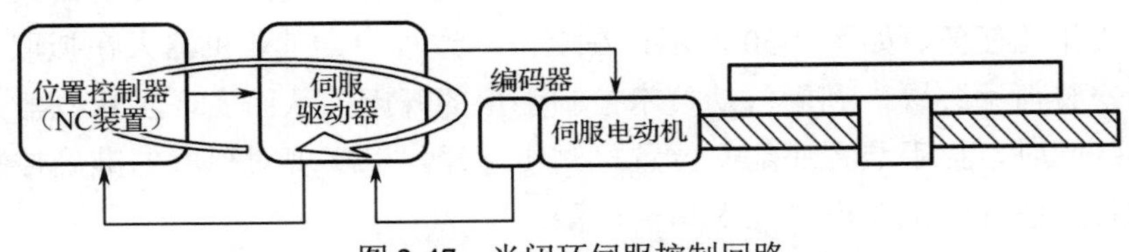

图 2-47　半闭环伺服控制回路

（3）闭环伺服控制系统。利用光栅尺等位置传感器，直接将物体的位移量同步反馈给闭环伺服控制系统。闭环伺服控制系统有正反馈（Positive Feedback）和负反馈（Negative Feedback），若反馈信号与系统给定值的信号相反，则称为负反馈；若反馈信号与系统给定值的信号相同，则称为正反馈，一般闭环伺服控制系统均采用负反馈。闭环伺服控制系统示意图如图 2-48 所示。

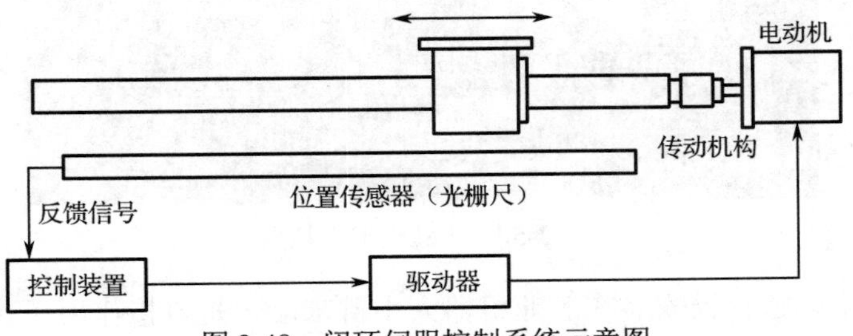

图 2-48　闭环伺服控制系统示意图

闭环伺服控制系统中的检测元件将被控对象移动部件的实际位置检测出来并转换成电信号反馈给比较环节，常见的检测元件有旋转变压器、感应同步器、光磁栅和编码器等。机械传动链的惯量、间隙、摩擦、刚性等非线性因素都会给伺服控制系统带来影响，从而使系统的控制和调试变得异常复杂，因此，闭环伺服控制系统主要用于高精密度的和大型的机电一体化设备。闭环伺服控制回路如图 2-49 所示。

从硬件来说伺服控制系统主要由伺服驱动器和伺服电动机组成。目前主流的伺服驱动器均将数字信号处理器（DSP）作为控制核心，可以实现比较复杂的控制算法，一般采用基于矢量控制的电流、速度、位置闭环控制算法。

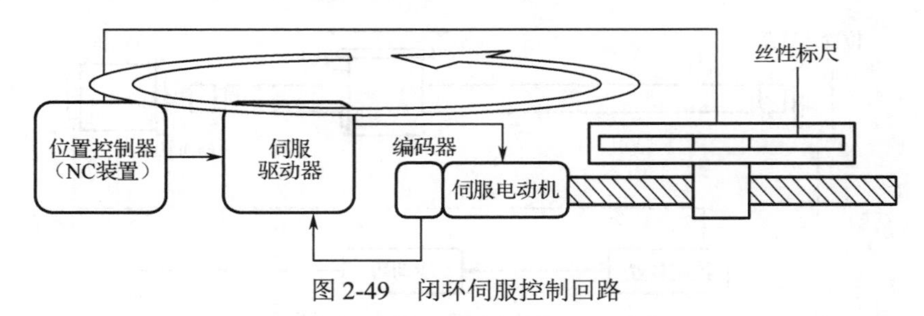

图 2-49　闭环伺服控制回路

2.2.3　工业机器人末端执行器

1．末端执行器的定义

工业机器人在执行作业任务时，需要根据作业内容的不同，在工业机器人末端安装相应的装置完成作业任务。如图 2-50 所示，在上下料过程中，工业机器人在抓取工件时，需要在其末端安装抓手装置，利用气动技术控制手爪的开闭，从而实现工业机器人对零件的抓取、放置；同时，抓手装置还配备位置检测传感器，以实现对抓取的准确控制。实现抓取的一系列装置被称为工业机器人末端执行器。

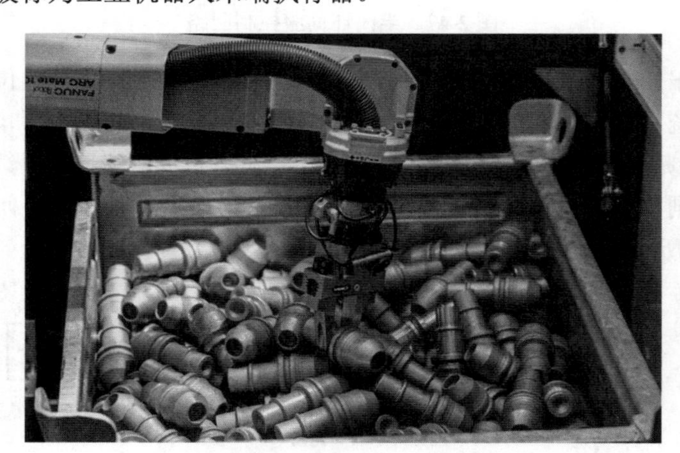

图 2-50　工业机器人抓取

工业机器人末端执行器安装在工业机器人小臂末端，是直接作用于作业对象的装置，其结构、重量、尺寸对工业机器人整体的运动学和动力学性能有直接、显著的影响。作为工业机器人与环境相互作用的最后环节和执行部件，末端执行器性能的优劣在很大程度上决定了整个工业机器人的工作性能。国家标准将其定义为一种为使机器人完成其任务而专门设计并安装在机械接口处的装置。根据实际应用中的不同描述，末端执行器有以下两种定义。

（1）工业机器人的末端执行器是一个安装在移动设备或者工业机器人腕部，使工业机器人能够拿起一个对象，并且使其具有处理、传输、夹持、放置和释放对象到一个准确的离散位置等功能的机构。

（2）末端执行器也叫工业机器人的手部，它是安装在工业机器人腕部可以直接抓握工件或执行作业的部件，包括从气动手爪等工业装置到弧焊和喷涂等应用的特殊工具。

2．末端执行器的特点

工业机器人的末端执行器既是主动感知工作环境信息的感知器，又是最后的执行器，是一个高度集成的、具有多种感知功能和智能化的机电系统，涉及机构学、仿生学、自动控制、传感器技术、计算机技术、人工智能、通信技术、微电子学、材料学等多个研究领域。工业机器人的末端执行器正由简单向复杂发展；由笨拙向灵巧发展。其中，仿人灵巧手已经发展到了可以与人手相媲美的程度。末端执行器的使用具有以下特点。

（1）手部与腕部连接处可拆卸。手部与腕部有机械接口，也可能有电接头、气接头、液接头。当工业机器人的作业对象不同时，可以方便地进行拆卸和更换手部。

（2）手部的通用性比较差。工业机器人的手部通常是专用的装置。例如，一种手爪往往只能抓握一种或几种在形状、尺寸、重量等方面接近的工件；一种工具只能执行一种作业任务。

（3）手部是一个独立的部件。如果把腕部归属于臂部，那么工业机器人机械系统的三大件就是机身、臂部和手部。手部对整个工业机器人来说是决定工业机器人完成作业好坏、作业柔性好坏的关键部件之一。具有复杂感知能力的智能化手爪的出现，增加了工业机器人作业的灵活性和可靠性。

3．末端执行器的分类

由于工业机器人的用途不同，所以要求末端执行器的结构和性能也不相同。按其功能，末端执行器可分成两大类，即手爪类和工具类。

工业机器人在进行物体的搬运和零件的装配时，一般采用手爪类末端执行器，其特点是可以握持或抓取物体。手爪类末端执行器常被称为手爪，它的主要功能是：抓住工件、握持工件或释放工件。抓住——在给定的目标位置和期望姿态上抓住工件，工件在手爪内必须具有可靠的定位，保持工件与手爪之间准确的相对位置，以保证工业机器人后续作业的准确性。握持——确保工件在搬运过程中或零件在装配过程中的位姿的准确性。释放——在指定位置结束手爪和工件之间的约束关系。

手爪类末端执行器可以分为夹持式手爪、吸附式手爪和仿人式手爪。夹持式手爪又分为回转式手爪、内撑式手爪、外夹式手爪、平移式手爪、勾托式手爪、弹簧式手爪等，产生夹紧力的驱动源有气动、液压、电动和电磁 4 种；吸附式手爪是无指手爪，分为气吸附手爪和磁吸附手爪两类。仿人式手爪分为柔性手和多指灵巧手。

在工具类末端执行器中，工具本身的运动和定位是由工业机器人臂部和腕部的运动实现的。例如，当焊接工件时，焊炬伸出的位置由工业机器人臂部的运动实现，而焊炬的姿态则由工业机器人腕部的运动实现。

末端执行器按其智能化程度可以分为普通式末端执行机构和智能化末端执行机构；普

通式末端执行机构是不具备传感器的末端执行机构；智能化末端执行机构具备一种或多种传感器，如力传感器、触觉传感器、滑觉传感器等。

4. 手爪类末端执行器

1）夹持式手爪

夹持式手爪与人手相似，是工业机器人常用的一种手部形式。一般由手指、驱动装置、传动机构和承接支架组成，如图 2-51 所示，可以通过控制手爪的开闭实现对工件的夹持。

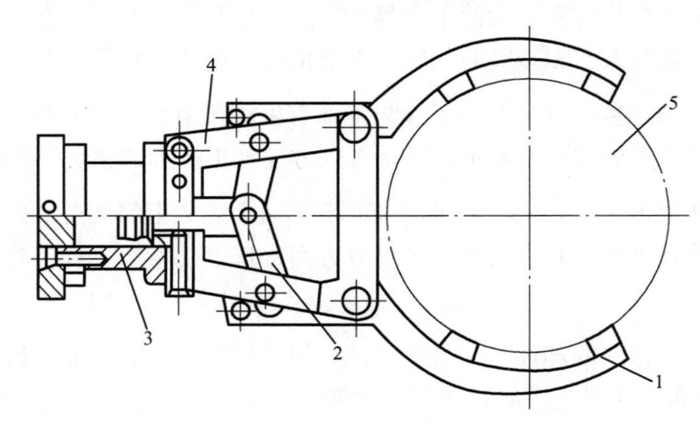

1—手指；2—传动机构；3—驱动装置；4—承接支架；5—工件

图 2-51　夹持式手爪

a. 回转式手爪

回转式手爪的手指是一对（或几对）杠杆同斜楔、滑槽、连杆、齿轮、蜗轮、蜗杆或螺杆等机构组成的复合式杠杆传动机构。复合式杠杆传动机构可以改变传力比、传动比和运动方向等，如图 2-52 所示。

b. 平移式手爪

平移式手爪通过手指的指面进行直线往复运动，或通过平面移动实现手爪的张开和闭合动作，常用于夹持具有平行平面的工件。平移式手爪可分为直线往复移动式手爪和平面平行移动式手爪两种类型。平面平行移动式手爪多通过驱动器和驱动元件带动平行四边形铰链机构实现手指平移，这种手爪较为复杂。可以实现直线往复移动的手爪有多种机构形式，常用的机构形式有斜楔传动、齿条传动、螺旋传动等。如图 2-53 所示，采用斜楔传动的平移式手爪，可以是双指或者三指的，通过压缩空气驱动活塞上下移动，斜楔结构的驱动面使手爪能够同步移动。

2）吸附式手爪

吸附式手爪通过吸附力取料，根据吸附力的不同，其可分为气吸附手爪和磁吸附手爪。吸附式手爪适用于抓取大平面（单面接触无法抓取）、易碎（玻璃、磁盘）、微小（不易抓取）的物体。

a．气吸附手爪

气吸附手爪是工业机器人中常用的一种吸持工件的装置，利用吸盘内的压力和大气压之间的压力差进行工作。它由吸盘（一个或几个）、吸盘架和进排气系统组成，具有结构简单、重量轻、使用方便、可靠等优点。在使用气吸附手爪时要求物体表面平整光滑、没有透气空隙。按照压力差形成方法的不同，气吸附手爪可分为真空吸盘吸附手爪、气流负压气吸附手爪、挤压排气负压气吸附手爪，它们的吸盘结构如图 2-54 所示。

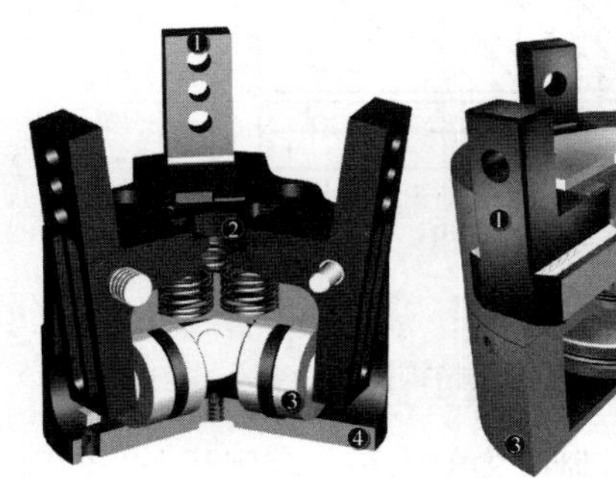

图 2-52　回转式手爪

图 2-53　平移式手爪

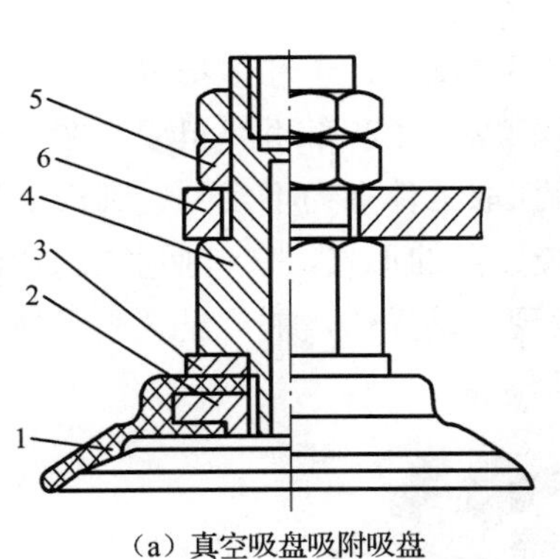

（a）真空吸盘吸附吸盘

1—橡胶吸盘；2—固定环；3—垫片；4—支撑杆；5—螺母；6—基板

（b）气流负压气吸附吸盘

1—橡胶吸盘；2—心套；3—透气螺钉；4—支撑架；5—喷嘴；6—喷嘴套

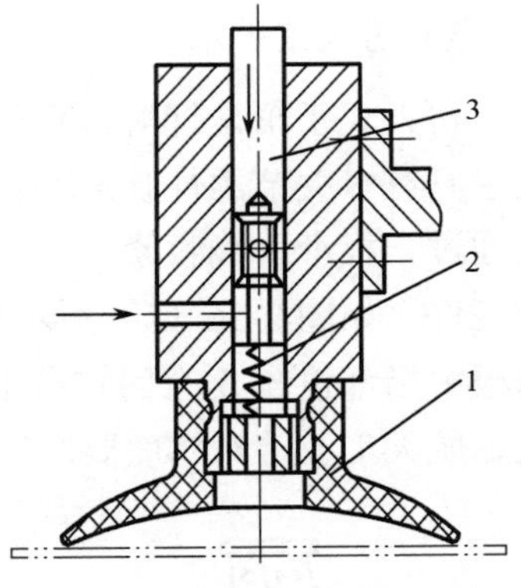

（c）挤压排气负压气吸附吸盘

1—橡胶吸盘；2—弹簧；3—拉杆

图 2-54　气吸附吸盘结构

b．磁吸附手爪

磁吸附手爪利用永久磁铁或电磁铁通电后产生的磁力吸取工件，常见的磁力吸盘分为永磁吸盘、电磁吸盘、电永磁吸盘等。

电磁吸盘利用内部激磁线圈通电产生磁力，工作原理如图 2-55（a）所示。线圈通电后，铁芯内外将产生磁场，磁力线穿过铁芯、空气隙，使衔铁被磁化，形成回路，衔铁受到电磁吸力的作用被铁芯牢牢吸住。在实际使用中，往往采用如图 2-55（b）所示的盘式电磁铁，它的衔铁是固定的，衔铁内用隔磁材料切断磁力线，当衔铁接触磁性物体时，零件被磁化，形成磁力线回路，并受到电磁吸力作用从而被铁芯吸住。

永磁吸盘利用磁力线通路的连续性及磁场叠加性工作，一般永磁吸盘的磁路为多个磁系，通过磁系之间的相互运动控制工作磁极面上的磁场强度，进而完成工件的吸附和释放动作。

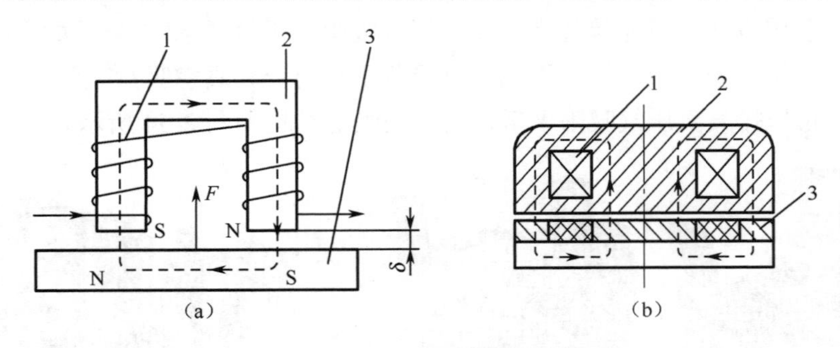

1—线圈；2—铁芯；3—衔铁

图 2-55　电磁吸盘工作原理图和盘式电磁铁结构图

电永磁吸盘利用永磁铁产生磁力，利用激磁线圈控制吸力的大小，起到开、关作用。电永磁吸盘结合了永磁铁吸盘和电磁吸盘的优点，应用前景广泛。

3）仿人式手爪

仿人式手爪是针对特殊外形工件设计的一类手爪，主要包括柔性手和多指灵巧手。柔性手具有多关节柔性腕部，它的每根手指都由多个关节链、摩擦轮和牵引线组成，在工作时通过一根牵引线收紧，另一根牵引线放松实现抓取，其抓取工件多为不规则、圆形等轻便工件，如图 2-56（a）所示。多指灵巧手是模仿人手的最完美的形式，它包括多根手指，每根手指都包含 3 个回转自由度且均为独立控制，可以实现精确操作，被广泛应用于核工业、航天工业等对精度要求高的领域，如图 2-56（b）所示。

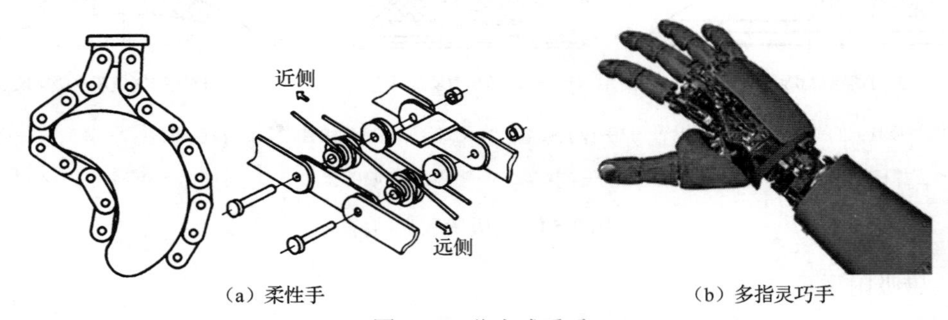

（a）柔性手　　（b）多指灵巧手

图 2-56　仿人式手爪

2.2.4　工业机器人控制系统

工业机器人控制系统是工业机器人的重要组成部分，其主要作用是根据操作人员的指令操作和控制工业机器人的执行机构使其完成作业任务的动作要求。整个工业机器人系统的性能主要取决于控制系统的性能。一个良好的控制系统要有便捷、灵活的操作方式，多种形式的运动控制方式和安全可靠的运行模式。工业机器人控制系统的要素主要有计算机硬件系统及操作控制软件、I/O 设备及装置、驱动系统、传感器系统。工业机器人控制系统的要素如图 2-57 所示。

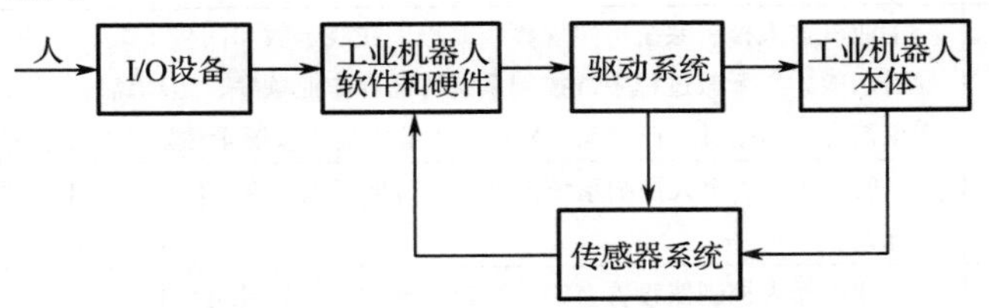

图 2-57　工业机器人控制系统的要素

1．控制系统的特点

工业机器人控制技术是在传统机械系统控制技术的基础上发展起来的，这两种技术的本质是相同的，由于工业机器人的结构是由连杆通过关节串联组成的空间开链结构，所以各关节的运动是相互独立的，为了精确实现末端点的运动轨迹，需要多个关节协调运动。工业机器人的控制虽然与机构运动学和动力学密切相关，但是比普通自动化设备的控制系统复杂很多。

1）复杂的运动描述

工业机器人的控制与机构运动学和动力学密切相关。工业机器人的状态可以在各种坐标下进行描述，应当根据需要，选择合适的参考坐标系，并进行适当的坐标变换。在这个过程中经常需求正向运动学和反向运动学的解，除此之外，还要考虑惯性力、外力（包括重力）、哥氏力、向心力的影响。

2）多自由度

一个简单的工业机器人至少有 3 个自由度，比较复杂的工业机器人有十几个甚至几十个自由度。每个自由度一般包含一个伺服机构，它们必须协调工作，共同组成一个多变量系统。

3）计算机控制

把多个独立的伺服控制系统有机地协调起来，使工业机器人按照人的意志行动，甚至赋予工业机器人一定的“智能”，这个任务只能由计算机完成。因此，工业机器人控制系统必须是一个计算机控制系统，而计算机软件担负着更艰巨的任务。

4）复杂的数学模型

描述工业机器人状态和运动的数学模型是一个非线性模型，随着状态的不同和外力的变化，其参数也在变化，而且各变量之间还存在耦合。因此，仅仅利用位置闭环是不够的，还要利用速度闭环甚至加速度闭环。工业机器人控制系统中经常用到重力补偿、前馈、解耦或自适应等控制方法。

2．控制系统的基本功能

工业机器人控制系统的主要任务是控制工业机器人在工作空间中的运动位置、姿态、轨迹、操作顺序及动作的时间等，表 2-7 列出了控制系统的基本功能。

表 2-7　控制系统的基本功能

基本功能	描　述
示教再现功能	工业机器人控制系统可实现离线编程、在线示教和间接示教，其中，在线示教包括示教器和导引示教。在示教过程中，控制系统可储存作业顺序、运动路径、运动方式、运动速度和与生产工艺有关的信息。在再现过程中，工业机器人按照示教好的加工信息执行特定的作业
坐标设置功能	一般的工业机器人控制系统设置了关节坐标系、直角坐标系、工具坐标系、用户坐标系 4 种坐标系
与外围设备联系功能	工业机器人控制器设置有输入接口、输出接口、通信接口、网络接口和同步接口，并具有示教器、操作面板及显示屏等人机接口。此外，还具有其他多种传感器的接口，如视觉传感器、触觉传感器、听觉传感器、力觉（或力矩）传感器等多种传感器接口
位置伺服功能	位置伺服功能不仅包括工业机器人多轴联动、运动控制、速度和加速度控制、动态补偿等，还可以实现在运行时监视系统状态、故障状态下的安全保护和故障自诊断

3．控制方式

工业机器人的控制方式到现在为止还没有一个统一的标准，控制方式的常见分类如表 2-8 所示。本书主要介绍按运动坐标控制方式分类和按运动控制分式的被控对象分类。

表 2-8　控制方式的常见分类

分类方式	类别
按运动坐标控制方式分类	关节坐标空间轨迹规划
	笛卡儿空间轨迹规划
按控制系统对工作环境变化的适应程度分类	程序控制系统
	适应性控制系统
	人工智能控制系统
按被控机器人的数量分类	单控系统
	群控系统
按运动控制方式的被控对象分类	位置控制
	力/力矩控制
	智能控制

1）按运动坐标控制方式分类

工业机器人中对运动坐标的控制实质上就是对工业机器人运动轨迹的规划和生成，也就是常说的轨迹规划，所以轨迹规划又可以按照对工业机器人运动参数进行计算时依据的空间坐标系的不同分为关节坐标空间轨迹规划和笛卡儿空间轨迹规划。

轨迹规划的目标是通过对工业机器人轨迹的规划，使工业机器人在运动过程中能够平稳快速地完成工作任务。大多轨迹的端点是在笛卡儿空间给出的，这样更方便观察末端执行器在运动过程中的状态。而工业机器人在运动时是靠关节的转动带动末端执行器运动的，此时既需要保证各关节运动的平稳性，又需要通过运动学逆解求解程序进行坐标转换得到关节坐标，即在两个坐标系下都需要进行轨迹规划。

a．关节坐标空间轨迹规划

关节坐标空间轨迹规划主要考虑对各关节处运动参数的规划，所以要对关节变量的时间函数及其二阶时间导数进行规划，使得工业机器人的每个关节在运动过程中都是连续稳定运动的。这样可以保证工业机器人的关节在运动过程中快速无冲击地到达目标点，使路径规划的计算简单化。同时，在关节坐标空间中进行轨迹规划时不会出现奇异解问题，只需要把给定点关节角度值拟合为一个光滑的函数即可。关节坐标空间插值曲线示意图如图 2-58 所示，由图 2-58 可以看出轨迹 3 的位移曲线最光滑，是最合适的插值法。

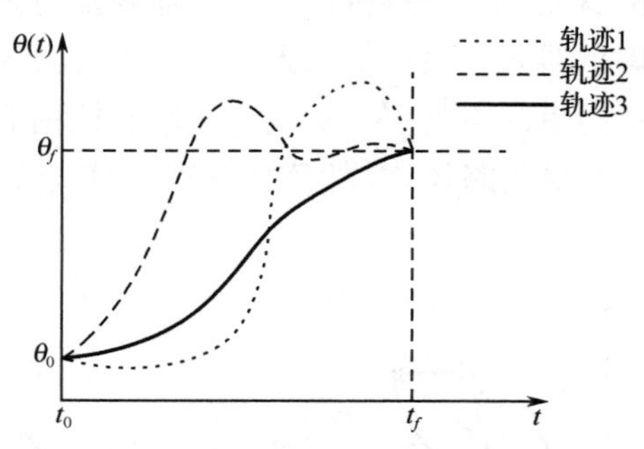

图 2-58　关节坐标空间插值曲线示意图

在关节坐标空间中进行轨迹规划时，需要给定工业机器人在起始点和目标点的末端执行器的位姿矩阵。在对关节进行插值时，应满足一定的约束条件，如在起始点与目标点对关节速度的要求。在满足所要求的约束条件下，可以选择不同类型的关节插值函数，生成不同的轨迹。关节轨迹插值的计算方法有很多，如线性插值、三次多项式插值、过路径点的三次多项式插值及高阶多项式插值等，它们分别应分别满足不同的约束条件。

b．笛卡儿空间轨迹规划

笛卡儿空间轨迹规划主要考虑对工业机器人末端执行器位姿的轨迹规划，同时根据末端执行器的位姿关于时间的函数对时间求导就可以确定末端执行器的速度和加速度。

在笛卡儿空间中，先通过工业机器人插补算法得到笛卡儿坐标系下的轨迹中间点位姿，再通过工业机器人逆运动学得到工业机器人各关节在此中间点的角度（θ_1，θ_2，θ_3，θ_4，θ_5，θ_6），然后根据这些角度控制各关节的转动，进而使工业机器人按照规定的轨迹运动。轨迹规划流程图如图 2-59 所示。

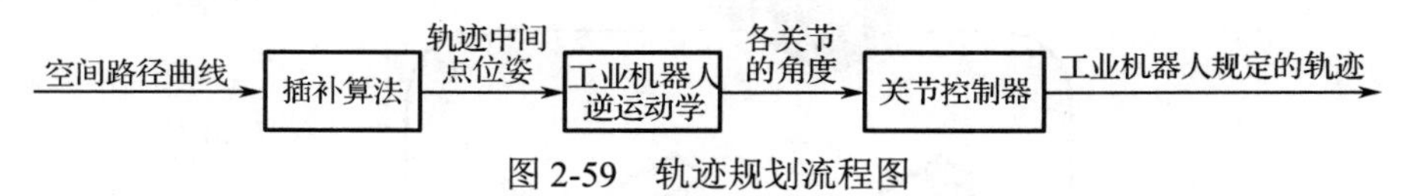

图 2-59　轨迹规划流程图

与关节坐标空间轨迹规划相比，笛卡儿空间轨迹规划的缺点是在工业机器人控制的实时性上不如直接使用工业机器人驱动关节角度进行轨迹规划容易；但是笛卡儿空间轨迹规划可以确定末端执行器的运动路径及其在运动过程中的位姿变化。操作人员在控制工业机器人时，需要根据实际情况选择相对合适的轨迹规划空间。

2）按运动控制方式的被控对象分类

按运动控制方式的被控对象的不同，控制方式可分为位置控制、力控制、力矩控制、智能控制等，实现工业机器人的位置控制是工业机器人的基本控制任务。

a．位置控制

工业机器人许多作业的实质是通过控制其末端执行器的位姿，实现对其运动轨迹的控制，主要分为点到点（point to point，PTP）控制和连续轨迹（continuous-path，CP）控制。点位作业机器人，如点焊机器人、上下料机器人，只需要描述它的起始状态和目标状态。连续轨迹控制针对的是弧焊机器人、喷漆机器人等，此类机器人的控制不仅要有起始点和目标点的信息，还要有路径约束。点到点控制是连续轨迹控制的基础，连续轨迹控制可以看作先在目标轨迹中取一定数目的路径点，然后把各点映射到关节坐标空间进行插值运算。位置控制示意图如图 2-60 所示。

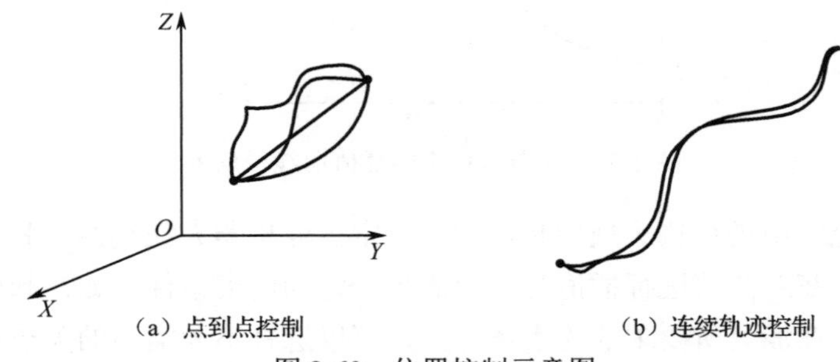

图 2-60　位置控制示意图

工业机器人连续轨迹控制以点到点控制为基础，通过在相邻两点间采用满足精度要求的直线轨迹或圆弧轨迹进行插补运算，即可实现轨迹的连续化。在工业机器人再现时，主控制器（上位机）先从存储器中逐点取出各示教点位姿的坐标值，通过对其进行直线/圆弧插补运算，生成相应的路径规划；然后通过运动学逆解运算把中间点位姿坐标值转换成工业机器人关节角度值，分别发送给工业机器人各关节或关节控制器（下位机）。连续轨迹控制示意图如图 2-61 所示。

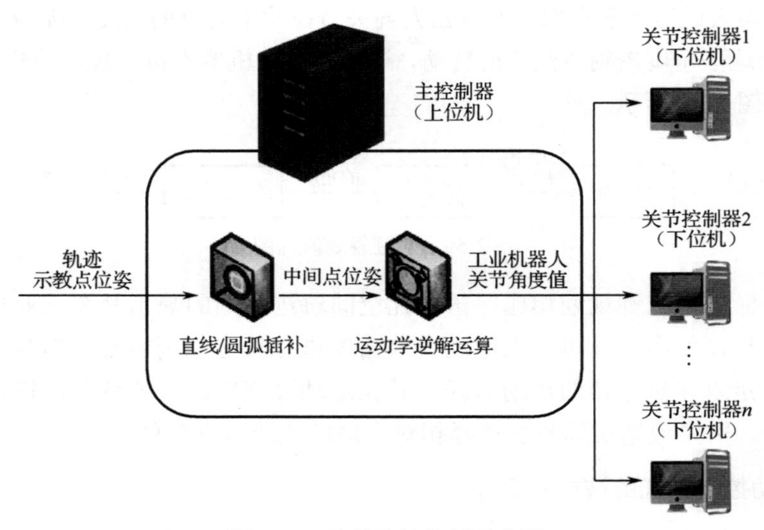

图 2-61　连续轨迹控制示意图

由于绝大多数工业机器人采用的是关节式运动，所以对工业机器人末端执行器的检测较难直接进行，只能对各关节进行控制，这属于半闭环控制。关节控制器（下位机）是执行计算机，负责伺服电动机的闭环控制及实现所有关节的动作协调。它在收到主控制器（上位机）发送来的各关节下一步期望达到的位姿后，再进行一次均匀细分，使运动轨迹更加平滑；然后将关节下一步的期望值逐点送给驱动电动机，同时检测光电码盘信号，直至准确到位，如图 2-62 所示。

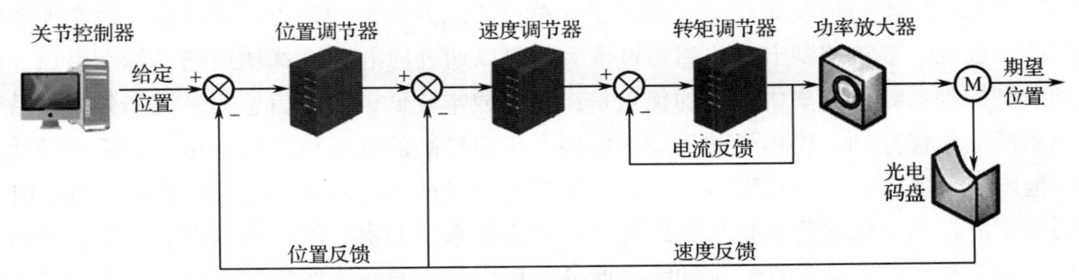

图 2-62　工业机器人的位置控制

b．力/力矩控制

力/力矩控制应用于工业机器人末端执行器与环境或与作业对象的表面有接触的场景，如用于装配、加工、抛光等作业的工业机器人，在工作过程中要求工业机器人的手爪与作业对象接触的同时保持一定的压力。力/力矩控制是对位置控制的补充，这种控制方式的控制原理与位置控制的控制原理基本相同，但是其输入量和反馈量不是位置信号，而是力/力矩信号。图 2-63 给出了关节的力/力矩控制示意图。由于关节的力/力矩不易直接测量，而关节电动机的电流却能够较好地反映电动机的力矩，所以常用关节电动机的电流表示关节当前的力/力矩的测量值。力控制器根据关节力/力矩的期望值与测量值之间的偏差控制关节电动机，使工业机器人的关节表现出期望的力/力矩特性。力/力矩控制的具体控制策略将在下一章进行讲述。

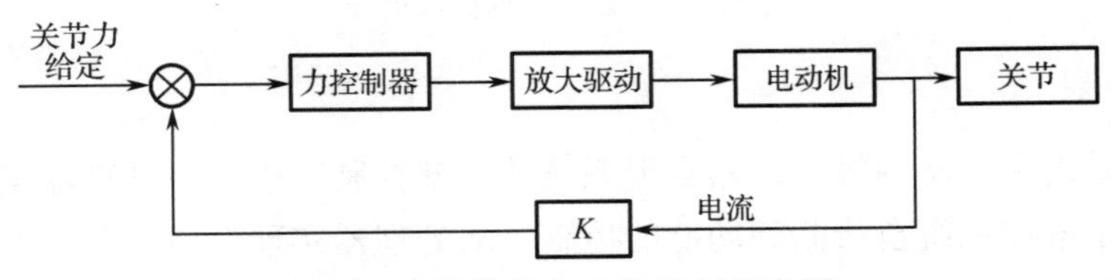

图 2-63　关节的力/力矩控制示意图

c．智能控制

实现智能控制的工业机器人可以通过传感器获得周围环境的信息，并根据自身的知识库进行相应的决策。采用智能控制技术可使工业机器人具有较强的环境适应性及自学能力。智能控制技术的发展依赖于近年来神经网络、基因算法、遗传算法、专家系统等人工智能技术的迅速发展。

4．控制系统的结构

工业机器人控制系统包括集中控制、主从控制和分布控制 3 种结构。

1）集中控制

集中控制仅通过一台计算机就可以实现全部控制功能，结构简单、成本低，但实时性差、难以扩展。在早期的工业机器人控制系统中经常采用这种结构，其构成框图如图 2-64 所示。计算机的集中控制系统充分利用了计算机资源开放性的特点，可以很好地实现集中控制的开放性，多种控制卡、传感器设备等都可以通过标准 PCI 插槽或通过标准串口、并口集成到控制系统中。集中控制的优点是：硬件成本较低、便于信息的采集和分析、易于实现系统的最优控制、整体性与协调性较好。集中控制的缺点也显而易见：缺乏灵活性，控制危险容易集中，一旦出现故障，影响面广，后果严重；由于工业机器人系统对实时性的要求很高，当系统进行大量数据运算时，会降低系统的实时性，所以系统对多任务的响应能力也会与系统的实时性发生冲突；此外，集中控制系统连线复杂会降低系统的可靠性与稳定性。

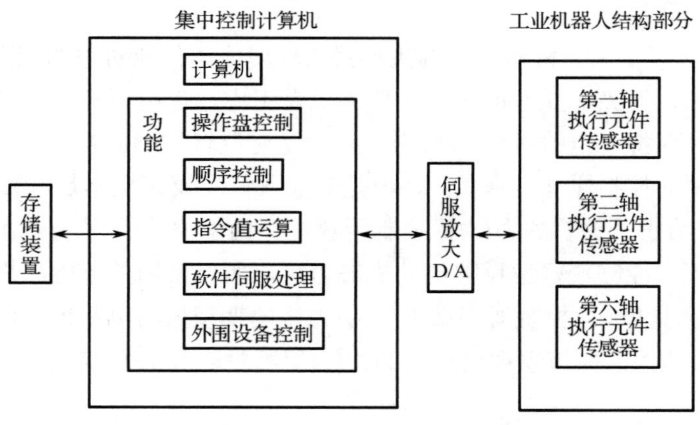

图 2-64　集中控制构成框图

2）主从控制

主从控制采用主、从两级处理器实现系统的全部控制功能。主处理器实现对管理、坐标变换、轨迹生成和系统自诊断等功能的控制；从处理器实现对所有关节的动作控制。主从控制构成框图如图 2-65 所示。主从控制系统的实时性较好，适用于高精度、高速度控制，但其系统的扩展性较差、维修困难。

3）分布控制

分布控制是按系统的性质和控制方式将系统控制分成几个模块，各模块有不同的控制任务和控制策略，各模块之间可以是主从关系，也可以是平等关系。分布控制的实时性好，易于实现高速、高精度控制，易于扩展，可实现智能控制，是目前流行的控制方式。分布控制构成框图如图 2-66 所示。其主要思想是“分散控制，集中管理”，即系统可以对其总体目标和任务进行综合协调和分配，并通过子系统的协调工作完成控制任务。整个系统在功能、逻辑和物理等方面都是分散的，所以分布控制系统又称集散控制系统或分散控制系统。在这种结构中，子系统由控制器和不同被控对象或设备组成，各子系统之间通过网络等相互通信。分布控制为工业机器人提供了一个开放、实时、精确的控制系统。分布控制系统中常采用两级控制方式。

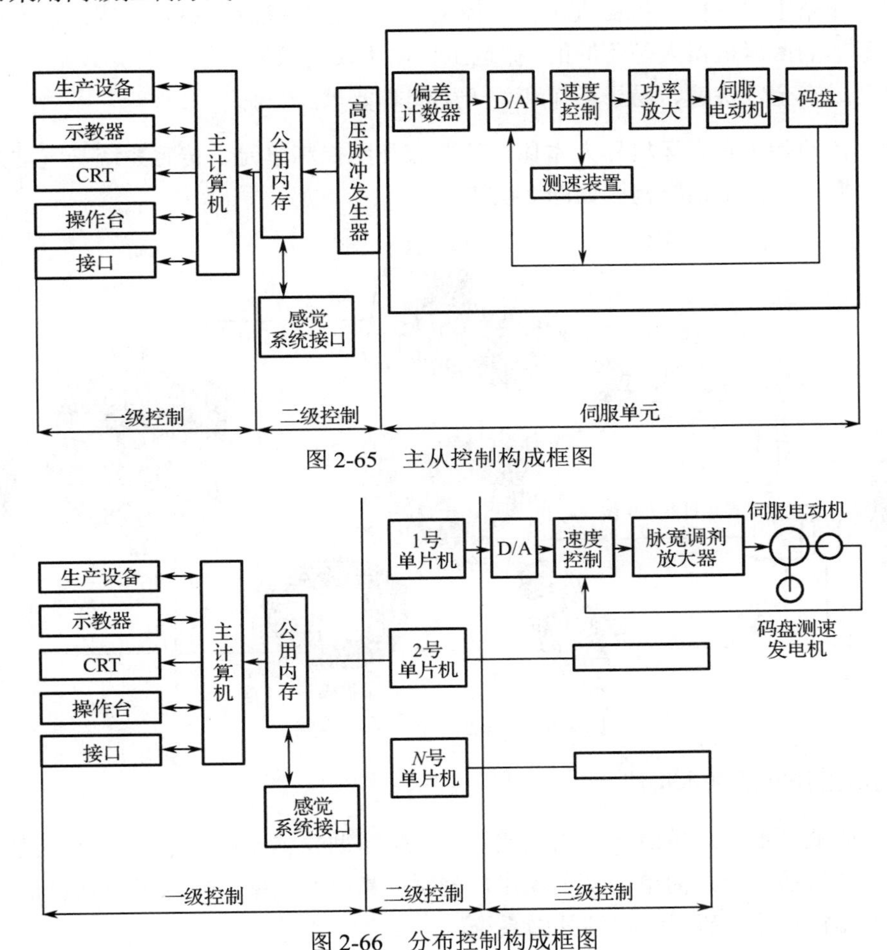

图 2-65　主从控制构成框图

图 2-66　分布控制构成框图

2.3　搬运码垛工作站认知

搬运码垛技术是随着物流、3C、食品等行业规模的不断扩大而兴起的一项新型技术，它代替了需要大量重复劳动力的搬运工作者，将人们从枯燥重复的工作中解脱出来。

2.3.1　搬运码垛工作站基本构成

1．搬运工作站的基本构成

搬运作业是指用一种设备握持工件，将工件从一个加工位置移动到另一个加工位置的工作。如果利用工业机器人完成这个任务，通过给搬运机器人安装不同的末端执行器，可以完成对不同形态和不同状态工件的搬运工作。

搬运作为工业机器人的一个重要应用，广泛应用于装配流水线、码垛搬运、集装箱自动搬运等场景，目前世界上使用的搬运机器人已超过 10 万台。

搬运工作站主要由搬运机器人本体、控制柜、编程线缆及示教器组成，但是搬运工作站只有最基本的搬运机器人是不够的。搬运工作站不仅要求搬运机器人能够完成工艺要求，同时还要完成安全、快速、易于操作和便于生产等要求。

搬运工作站除了有搬运机器人本体，还要有外围控制单元、传感系统、气动系统和安全系统等，搬运工作站系统构成如图 2-67 所示。

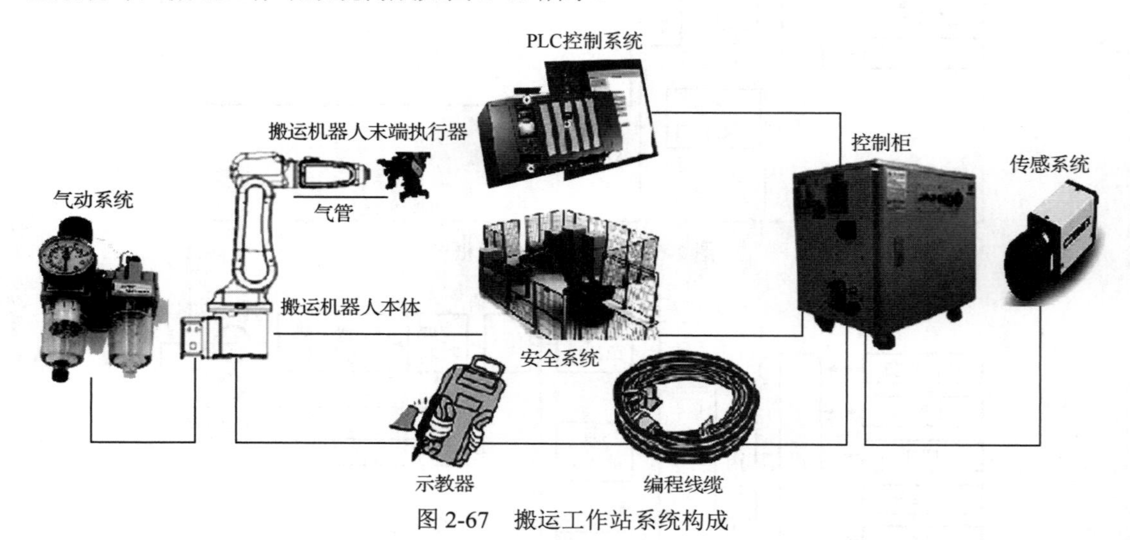

图 2-67　搬运工作站系统构成

2. 码垛工作站的基本构成

码垛作业就是把物体按照一定的模式码放，将零散物体集成化，这样可以使物体的存放、移动等物流活动变得简单、易于操作，进而提高生产效率。码垛工作站包括码垛机器人系统、末端执行器及码垛工作站外围系统。

1）码垛机器人系统

码垛机器人需要相应的辅助设备组成一个柔性化系统才能进行码垛作业。以串联式码垛机器人为例，常见的码垛机器人主要由码垛机器人本体、夹板式手爪、底座、控制系统（码垛机器人控制柜、示教器）、码垛系统（气体发生装置、真空发生装置）和安全保护装置组成，码垛机器人系统组成如图 2-68 所示。

串联式码垛机器人常见本体多为四轴码垛机器人，也有五轴码垛机器人、六轴码垛机器人，但在实际包装码垛物流线中五轴码垛机器人、六轴码垛机器人相对较少。码垛主要在物流线末端进行，码垛机器人安装在底座上，其位置高低根据实际应用决定，四轴码垛机器人足以满足日常码垛需求，可以节约成本、降低投入资金、提高效益。

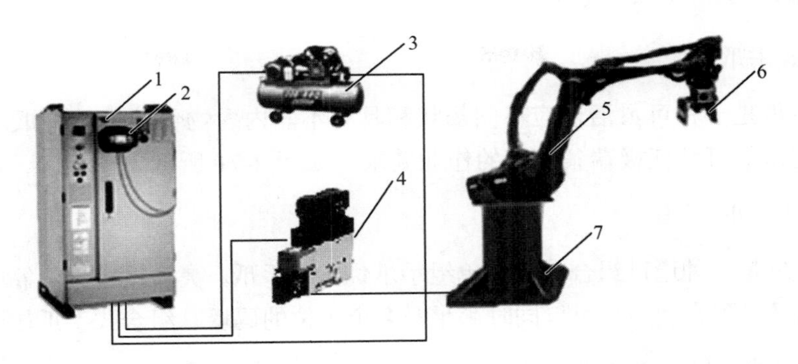

1—码垛机器人控制柜；2—示教器；3—气体发生装置；4—真空发生装置；5—码垛机器人本体；6—夹板式手爪；7—底座

图 2-68　码垛机器人系统组成

2）末端执行器

码垛机器人的末端执行器是一种夹持物体移动的装置，常见形式有吸附式手爪、夹板式手爪、抓取式手爪及组合式手爪。

a．吸附式手爪

吸附式手爪根据吸附力的不同可分为气吸附手爪和磁吸附手爪，在码垛过程中的吸附式手爪主要为气吸附手爪，吸附式手爪如图 2-69 所示。

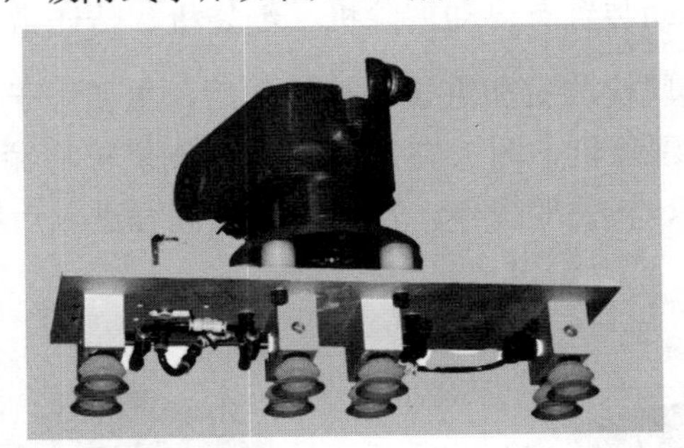

图 2-69　吸附式手爪

b．夹板式手爪

夹板式手爪是码垛过程中最常用的一类手爪，常见的有单板式手爪和双板式手爪，夹板式手爪如图 2-70 所示。

（a）单板式手爪

（b）双板式手爪

图 2-70　夹板式手爪

c．抓取式手爪

抓取式手爪是一种可灵活适应不同形状和具有不同内含物包装袋的手爪。抓取式手爪采用不锈钢制作，可胜任极端条件下的作业要求，如图 2-71 所示。

d．组合式手爪

组合式手爪是一种通过组合获得各单组手爪优势的手爪，灵活性较大，各单组手爪之间既可单独使用又可配合使用，可以同时满足对多个工位的码垛，组合式手爪如图 2-72 所示。

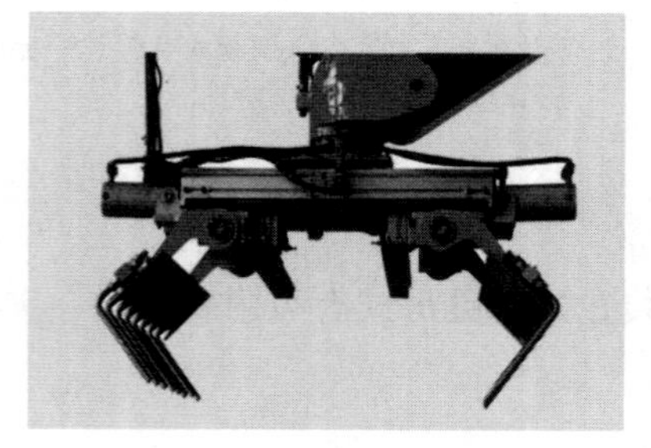

图 2-71 抓取式手爪

图 2-72 组合式手爪

3）码垛工作站外围设备

常见的码垛机器人辅助装置有自动剔除机、倒袋机、传送带、码垛系统等。

自动剔除机安装在金属检测机和重量复检机之后，主要用于剔除含金属异物的产品和重量不合格的产品，自动剔除机如图 2-73（a）所示。倒袋机将输送过来的袋装码垛物按照预定程序进行输送、倒袋、转位等操作，使码垛物按流程进入后续工序，倒袋机如图 2-73（b）所示。

（a）自动剔除机

（b）倒袋机

图 2-73 检测机构

传送带是自动化码垛生产线上必不可少的环节，针对不同的条件，可以选择多种形式的传送带，如图 2-74 所示。

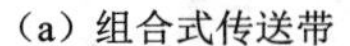

（a）组合式传送带　　（b）转弯式传送带

图 2-74　传送带

2.3.2　搬运码垛工作站应用场景

搬运码垛机器人的应用范围非常广泛，适用于化工、饮料、食品、啤酒、塑料、空调等生产企业对纸箱、袋装、罐装、盒装、瓶装等各种形状的物体进行搬运和码垛。

1）编织袋搬运码垛场景

搬运码垛机器人在高速搬运编织袋的过程中使用了高速编织袋手爪。搬运码垛机器人有 4 个自由度，本体较小、手臂细长且灵活。编织袋搬运码垛场景如图 2-75 所示。

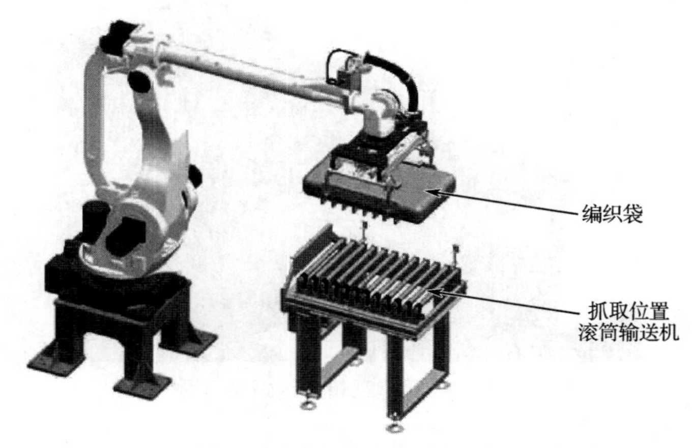

图 2-75　编织袋搬运码垛场景

2）轻型纸箱搬运码垛场景

在纸箱产品较轻的情况下，高速码垛机器人在搬运过程中使用了海绵吸盘手爪。在海绵吸盘中，海绵的适配性强，结实耐用，而且海绵吸盘在吸取不同箱子时不需要调整，对于粗糙或者不平整的表面同样适用。海绵吸盘的自动感应开关，使其不管是在抓取整层物体或者部分、单个物体时，都可以自动关闭未接触到的单向阀，这样就实现了同一套手爪的通用。轻型纸箱搬运码垛场景如图 2-76 所示。

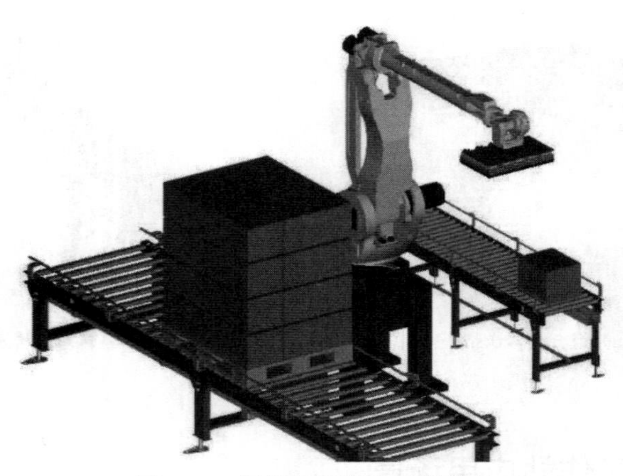

图 2-76　轻型纸箱搬运码垛场景

3）重型纸箱搬运码垛场景

在纸箱产品比较重的情况下，搬运码垛机器人使用的吸盘手爪自带底托，纸箱物体被吸取后，能够由底托支撑住，搬运码垛的安全性与可靠性得到了保障。重型纸箱搬运码垛场景如图 2-77 所示。

图 2-77　重型纸箱搬运码垛场景

2.4　抛光打磨工作站认知

抛光打磨工作站是现代工业机器人众多应用中的一种，用于替代传统人工进行工件的抛光打磨工作，主要用于工件的表面打磨、棱角去毛刺、焊缝打磨、内腔内孔、去毛刺、孔口螺纹口加工等工作。抛光打磨工作站可以在计算机的控制下实现连续轨迹控制和点位控制。经常应用在卫浴五金、汽车零部件、工业零件、医疗器械、木材建材、家具制造、民用产品等领域。通过集成力觉、视觉等传感器可以进一步提高抛光打磨的质量与一致性。

2.4.1　抛光打磨工艺

抛光打磨是一种表面改性技术，一般指借助粗糙物体（含有较高硬度颗粒的砂纸等）通过摩擦改变材料表面物理性能的加工方法，其主要目的是获取特定表面粗糙度。

根据目前对抛光打磨工艺的要求，抛光打磨工序可分为粗抛光打磨和精抛光打磨两个不同等级。粗抛光打磨主要针对铸件去毛刺、分型线、浇冒口、分模线等工作；精抛光打磨主要针对产品表面处理精抛等工作。

1）粗抛光打磨

粗抛光打磨常用于铸件去毛刺、分模线等工作。根据产品的公差尺寸和要求，抛光打磨机器人按照设定轨迹工作，对产品表面进行粗抛光打磨处理。恒定的抛光打磨速度配合大功率的抛光打磨工具，变轨迹速度保证了抛光打磨工具在接触到工件表面时，可以保持恒定的切削力，通过变速达到保护抛光打磨工具的目的。

2）精抛光打磨

根据工艺的要求，抛光打磨机器人对工件表面粗糙度进行加工。抛光打磨机器人以恒定的抛光打磨速度，根据抛光打磨表面接触力的大小，实时改变抛光打磨轨迹，使抛光打磨轨迹适应工件表面的曲率，很好地控制了材料除去量。

2.4.2　抛光打磨工作站构成

1．抛光打磨工作站的基本构成

抛光打磨工作站一般由抛光打磨机器人、打磨机具、力控制设备、末端执行器等外围设备、硬件系统和抛光打磨机器人力矩等软件系统组成，如图 2-78 所示。

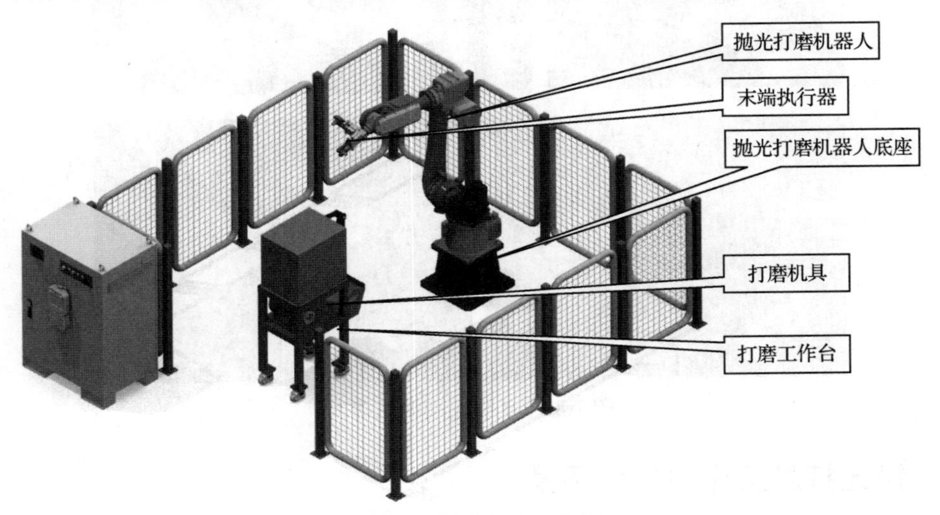

图 2-78　抛光打磨工作站

抛光打磨机器人的自动化系统集成，就是将组成抛光打磨机器人的各种软硬件系统集成为相互关联、统一协调的总控制系统，使抛光打磨机器人能够完成自动化打磨、抛光、去毛刺等工作。

2. 抛光打磨的方式

抛光打磨主要有两种方式，一种是抛光打磨机器人末端执行器夹持打磨工具，主动接触工件，工件的相对位置不动，因此这种抛光打磨机器人可称为工具主动型机器人，如图 2-79 所示；另一种是抛光打磨机器人末端执行器夹持工件，工件主动接触打磨工具，打磨工具的相对位置不动，因此这种抛光打磨机器人也称为工件主动型机器人，如图 2-80 所示。

图 2-79　工具主动型机器人

图 2-80　工件主动型机器人

2.4.3　抛光打磨工作站应用场景

随着工业机器人的发展及抛光打磨车间的恶劣环境，抛光打磨机器人可以让生产工人远离有害的工作环境，同时也有利于工厂提高抛光打磨工序的生产效率、降低工作强度、提升工厂的竞争力、提高产品的质量、促进产业转型和升级，更有助于提高整个社会生产水平的自动化水平。目前抛光打磨机器人在各大行业都有广泛应用，如汽车制造业、卫浴用品、厨房用品、五金家具、3C 产业等，如图 2-81、图 2-82 和图 2-83 所示。

图 2-81　汽车轮毂抛光打磨

图 2-82　水龙头抛光打磨

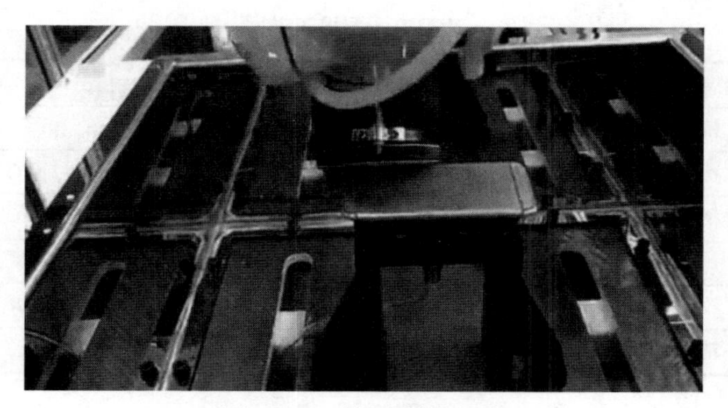

图 2-83　手机壳抛光打磨

2.5　焊接工作站认知

典型的焊接工作站主要包括：焊接机器人系统（本体、控制柜、示教器）、焊接电源系统（焊机、送丝机、焊枪、焊丝盘支架）、焊枪防碰撞传感器、变位机、焊接工装系统（机械、电控、气动/液压）、清枪器、控制系统（PLC 控制柜、HMI 触摸屏、操作台）、安全系统（围栏、安全光栅、安全锁）和排烟除尘系统（自净化除尘设备、排烟罩、管路）等。焊接工作站通常采用双工位或多工位设计，采用气动/液压焊接夹具，焊接机器人（焊接）与操作人员（上下料）在各工位间交替工作。操作人员将工件装夹固定好之后，按下操作台上的启动按钮，焊接机器人在完成一侧的焊接工作后，会马上自动转到已经装好待焊工件的工位上继续焊接，这种方式可以避免或减少焊接机器人的等候时间，提高生产率。

2.5.1　常见焊接工艺

1．焊接工艺的基本概念

焊接工艺是根据产品的生产性质、图样和技术要求，结合现有条件，运用现代焊接技术知识和先进生产经验，确定出的产品加工方法和程序，是焊接过程中的一整套技术规定。焊接过程包括焊前准备、焊接材料、焊接设备、焊接方法、焊接顺序、焊接操作的最佳选择，以及焊后处理等。制定焊接工艺是焊接生产的关键环节，其合理与否会直接影响产品质量、劳动生产效率和制造成本，而且是管理生产、设计焊接工装和焊接车间的主要依据。焊接是整个焊接过程的核心工序，从焊前准备到焊后处理的各工序都是为了获得符合焊接质量要求的产品。质量检验贯穿整个生产过程，可以控制和保证焊接产品的质量。每个工序的具体工作内容，由产品的结构特点、复杂程度、技术要求和生产量的大小等因素决定。

目前常见的焊接工艺有：电弧焊（如氩弧焊、手弧焊、埋弧焊、钨极气体保护电弧焊、等离子弧焊、熔化极气体保护焊等），电阻焊，高能束焊（电子束焊和激光焊），钎焊。各焊接工艺的对比，如表 2-9 所示。

表 2-9　焊接工艺

焊接工艺	精　度	变　形	热影响	焊接质量	焊　料	使用条件
激光焊	精密	小	很小	好	无	无
钎焊	精密	一般	一般	一般	需要	整体加热
电阻焊	精密	大	大	一般	无	需要电极
氩弧焊	一般	大	大	一般	需要	需要电极
等离子弧焊	较好	一般	一般	一般	需要	需要电极
电子束焊	精密	小	小	好	无	需要真空

根据热源的不同焊接工艺可分为以下几类。

（1）以电阻热为热源：电渣焊，高频焊。

（2）以化学能为热源：气焊、气压焊、爆炸焊。

（3）以机械能为热源：摩擦焊、超声波焊、扩散焊。

2．电弧焊的方法

电弧焊是目前应用最广泛的焊接方法。它包括手弧焊、埋弧焊、钨极气体保护电弧焊、等离子弧焊、熔化极气体保护焊、管状焊丝电弧焊等。绝大部分电弧焊以电极与工件之间燃烧的电弧作为热源，在形成接头时，可以采用也可以不采用填充金属。当使用的电极是在焊接过程中熔化的焊丝时，此电弧焊称为熔化极电弧焊，如手弧焊、埋弧焊、CO_2 气体保护电弧焊、管状焊丝电弧焊等；当使用的电极是在焊接过程中不熔化的碳棒或钨棒时，此电弧焊称为不熔化极电弧焊，如钨极气体保护焊、等离子弧焊等。

1）手弧焊

手弧焊是各种电弧焊方法中发展最早，目前仍然应用广泛的焊接方法。它将外部涂有涂料的焊条作为电极和填充金属，电弧在焊条的端部和被焊工件表面之间燃烧。涂料在电弧的热作用下一方面可以产生气体以保护电弧；另一方面可以产生熔渣覆盖在金属熔池表面，防止熔化金属与周围的气体发生反应。熔渣还有一个更重要的作用是与熔化金属产生物理化学反应或添加合金元素，改善焊缝的金属性能。手弧焊设备简单、轻便，操作灵活，可以用于维修及装配中的短缝的焊接，特别是可以用于其他焊接设备难以达到的部位的焊接。手弧焊使用相应的焊条可应用于大多数工业碳钢、不锈钢、铸铁、铜、铝、镍及其合金的焊接。

2）埋弧焊

埋弧焊以连续送进的焊丝作为电极和填充金属。在焊接时，在焊接区的表面覆盖一层颗粒状焊剂，电弧在焊剂层下燃烧，将焊丝端部和局部母材熔化，形成焊缝。在电弧的热作用下，焊剂层熔化产生的熔渣与熔化金属发生冶金反应。熔渣覆盖在金属熔池表面，一方面可以保护焊缝金属，防止空气的污染，熔渣与熔化金属产生物理化学反应，可以改善焊缝金属的性能；另一方面还可以使焊缝金属缓慢冷却。埋弧焊可以采用较大的焊接电流。与手弧焊相比，埋弧焊最大的优点是焊缝质量好，焊接速度快。因此，它特别适合焊接大型工件的直缝或环缝，而且多数采用机械化焊接。埋弧焊已广泛用于碳钢、低合金结构钢和不锈钢的焊接。由于熔渣可降低焊缝金属的冷却速度，所以某些高强度结构钢、高碳钢等也可采用埋弧焊进行焊接。

3）钨极气体保护电弧焊

钨极气体保护电弧焊是一种不熔化极电弧焊，利用电极和工件之间的电弧使金属熔化而形成焊缝。在焊接过程中钨极不熔化，只起到电极的作用，同时由焊炬的喷嘴送进氩气或氦气作为保护气体，还可以根据需要另外添加金属。钨极气体保护电弧焊在国际上通称为 TIG 焊。钨极气体保护电弧焊由于能很好地控制热输入，所以它非常适用于连接薄板金属和打底焊。这种焊接方法几乎可以应用于所有金属的焊接，尤其适用于焊接铝、镁等会形成难熔氧化物的金属，以及钛、锆等活泼金属。这种焊接方法的焊缝质量高，但与其他电弧焊相比，它的焊接速度较慢。

4）等离子弧焊

等离子弧焊也是一种不熔化极电弧焊。它利用电极和工件之间的压缩电弧（转发转移电弧）实现焊接。等离子弧焊使用的电极通常是钨极。产生等离子弧的等离子气体可用氩气、氮气、氦气或其中两者的混合气。同时还通过焊炬的喷嘴送进惰性气体进行保护。在焊接时可以外加填充金属，也可以不加填充金属。等离子弧焊在焊接时，由于其电弧挺直度好、能量密度大，所以电弧穿透能力强。等离子弧焊在焊接时产生的小孔效应，对于一定厚度范围内的大多数金属可以进行不开坡口对接，并能保证熔透和焊缝均匀一致。因此，等离子弧焊的生产率高、焊缝质量好。但等离子弧焊的设备（包括喷嘴）比较复杂，对焊接工艺参数的控制要求较高。钨极气体保护电弧焊可焊接的绝大多数金属，均可采用等离子弧焊进行焊接。对 1mm 以下的极薄的金属的焊接，采用等离子弧焊更合适。

5）熔化极气体保护电弧焊

熔化极气体保护电弧焊利用连续送进的焊丝与工件之间燃烧的电弧作为热源，由焊炬喷嘴喷出的气体保护电弧进行焊接。熔化极气体保护电弧焊常用的保护气体有：氩气、氦气、CO_2 或这些气体的混合气。当以氩气或氦气为保护气时，称为熔化极惰性气体保护电弧焊（在国际上简称为 MIG 焊）；当以惰性气体与氧化性气体（O_2，CO_2）的混合气为保护气体时，或者以 CO_2 为保护气时，或者以 CO_2 和 O_2 的混合气体为保护气时，统称为熔化极活性气体保护电弧焊（在国际上简称为 MAG 焊）。熔化极气体保护电弧焊的主要优点是可以方便地对各种位置进行焊接，焊接速度较快、熔敷率高。MAG 焊适用于大部分主要金属，包括碳钢、合金钢的焊接。MIG 焊适用于不锈钢、铝、镁、铜、钛、锆及镍合金的焊接。利用熔化极气体保护焊还可以进行电弧点焊。

6）管状焊丝电弧焊

管状焊丝电弧焊利用连续送进的焊丝与工件之间燃烧的电弧作为热源进行焊接，可以认为它是一种熔化极气体保护焊。管状焊丝电弧焊使用的焊丝是管状焊丝，管内装有各种组分的焊剂。在焊接时，外加保护气体主要是 CO_2。焊剂受热分解或熔化，有保护溶池、渗合金及稳弧等作用。管状焊丝电弧焊除了具有上述熔化极气体保护电弧焊的优点，由于受到管内焊剂的作用，使之在冶金上更具优点。管状焊丝电弧焊适用于大多数黑色金属的各种接头的焊接。管状焊丝电弧焊在一些工业先进的国家已得到广泛应用。

3．电阻焊的方法

电阻焊以电阻热为热源进行焊接，包括以熔渣电阻热为热源的电渣焊和以固体电阻热为热源的电阻焊。由于电渣焊具有独特的特点，所以放在下面介绍。这里主要介绍几种以固体电阻热为热源的电阻焊，主要包括有点焊、缝焊、凸焊及对焊等。电阻焊一般是使工件处于一定电极压力下，利用电流在通过工件时产生的电阻热将两个工件之间的接触面熔化从而实现连接的焊接方法，通常使用的电流较大。为了防止在接触面上产生电弧并且为了锻压焊缝金属，在焊接过程中始终要对工件施加压力。在进行这一类型的电阻焊时，被焊工件的表面获得稳定的焊接质量是头等重要的。因此，焊接前必须将电极与工件，以及工件与工件之间的接触面进行清理。点焊、缝焊和凸焊的优点在于焊接电流（单相）大（几千至几万安培）、通电时间短（几周波至几秒）、设备昂贵且复杂、生产率高，因此适用于大批量生产。主要用于焊接厚度小于 3mm 的薄板组件。各类钢材，铝、镁等有色金属及其合金，不锈钢等均可用这些焊接方式进行焊接。

4．高能束焊的方法

这一类焊接方法包括电子束焊和激光焊。

1）电子束焊

电子束焊以集中的高速电子束轰击工件表面产生的热能为热源进行焊接。电子束焊在焊接时，电子枪产生电子束并加速。常用的电子束焊有：高真空电子束焊、低真空电子束焊和非真空电子束焊。前两种方法都在真空室内进行焊接，因此焊接准备时间（主要是抽真空时间）较长，工件尺寸受真空室大小的限制。与电弧焊相比，电子束焊的主要特点是焊缝熔深大、熔宽小、焊缝金属纯度高。电子束焊既可以用于很薄材料的精密焊接，也可以用于很厚材料的（最厚达 300mm）焊接。所有用其他焊接方法能进行熔化焊的金属及合金都可以用电子束焊进行焊接。电子束焊主要用于要求高质量的产品的焊接，还能进行异种金属、易氧化金属及难熔金属的焊接，但不适用于焊接大批量工件。

2）激光焊

激光焊利用大功率相干单色光子流聚焦成的激光束为热源进行焊接。这种焊接方法包括连续功率激光焊和脉冲功率激光焊。激光焊的优点是不需要在真空中进行；缺点是穿透力不如电子束焊强。激光焊可以进行精确的能量控制，因此可以用于精密微型器件的焊接。它适用于多种金属，特别是能进行一些难焊金属及异种金属的焊接。

5．钎焊的方法

钎焊的热源可以是化学反应热，也可以是间接热能。钎焊利用熔点比被焊材料的熔点低的金属作钎料，经过加热使钎料熔化，靠毛细管作用将钎料吸入接头接触面的间隙内，使钎料润湿被焊金属表面，液相与固相之间相互扩散从而形成钎焊接头。因此，钎焊是一种固相兼液相的焊接方法。钎焊的加热温度较低，母材不会熔化，而且也不需要对工件施加压力。但焊前必须采取一定的措施清除被焊工件表面的油污、灰尘、氧化膜等，这是提高工件润湿性、确保接头质量的重要保证。当钎料的液相线温度高于 450℃但低于母材金属的熔点时，称为硬钎焊；当钎料的液相线温度低于 450℃时，称为软钎焊。根据热源或加热方法的不同钎焊可分为：火焰钎焊、感应钎焊、炉中钎焊、浸沾钎焊、电阻钎焊等。钎焊由于加热温度比较低，所以对工件材料的性能影响较小，焊件的应力变形也较小。但钎焊接头的强度一般比较低，耐热能力较差。钎焊可以用于焊接碳钢、不锈钢、高温合金、铝、铜等金属材料，还可以焊接异种金属、金属与非金属。钎焊适用于焊接工作载荷不大或在常温下工作的接头，对于精密的、微型的及复杂的多钎缝的焊件尤其适用。

6．其他焊接方法

下面这些焊接方法属于不同程度的专门化的焊接方法，适用范围较窄。主要包括以电阻热为热源的电渣焊、高频焊；以化学能为热源的气焊、气压焊、爆炸焊；以机械能为热源的摩擦焊、超声波焊、扩散焊。

1）电渣焊

如前面所述，电渣焊是以熔渣的电阻热为热源的焊接方法。焊接过程在立焊位置，在两个工件端面与两侧水冷铜滑块形成的装配间隙内进行。在焊接时利用电流通过熔渣产生的电阻热将工件端部熔化。根据焊接使用电极形状的不同，电渣焊分为丝极电渣焊、板极电渣焊和熔嘴电渣焊。电渣焊的优点是：可焊接的工件厚度范围大（从 30mm 到 1000mm）、生产率高。电渣焊主要用于在断面对接接头及丁字接头的焊接。电渣焊可用于各种钢结构的焊接，也可用于铸件的组焊。电渣焊接头由于加热及冷却均较慢，热影响区宽、显微组织粗大、韧性大，所以焊接以后一般需要进行正火处理。

2）高频焊

高频焊以固体电阻热为热源。在焊接时高频焊利用高频电流在工件内产生的电阻热使工件焊接区表层加热到熔化或接近熔化的塑性状态，随即施加（或不施加）顶锻力从而实现金属的结合。因此它是一种固相电阻焊。高频焊根据高频电流在工件中产生热的方式不同可分为接触高频焊和感应高频焊。在使用接触高频焊时，高频电流通过与工件的机械接触传入工件。高频电流通过工件外部感应圈的耦合作用在工件内产生感应电流。高频焊是专业化较强的焊接方法，要根据产品配备专用设备。高频焊的优点是生产率高、焊接速度可达 30m/min。高频焊主要用于在制造管子时对纵缝或螺旋缝的焊接。

3）气焊

气焊是一种以气体火焰为热源的焊接方法。作业中应用最多的是以乙炔气体作为燃料的氧-乙炔火焰。气焊的设备简单、操作方便，但气焊的加热速度及生产率较低，热影响区较大，且容易引起较大的变形。气焊可用于黑色金属、有色金属及合金的焊接，一般用于维修及单件薄板焊接。

4）气压焊

气压焊和气焊相同，以气体火焰为热源。在焊接时气压焊将两个对接工件的端部加热到一定温度，然后再施加足够的压力以获得牢固的接头。气压焊是一种固相焊接，焊接过程中不加填充金属，常用于铁轨焊接和钢筋焊接。

5）爆炸焊

爆炸焊也是一种以化学反应热为热源的固相焊接方法，但是它利用炸药爆炸产生的能量焊接金属。在爆炸波的作用下，两件金属通过不到一秒的时间即可被加速撞击实现金属的结合。在各种焊接方法中，爆炸焊可以焊接的异种金属的组合范围最广。爆炸焊可以将冶金上不相容的两种金属焊接为各种过渡接头。爆炸焊多用于表面积相当大的平板包覆，是制造复合板的高效方法。

6）摩擦焊

摩擦焊是一种以机械能为热源的固相焊接方法。它利用接触面间机械摩擦产生的热能焊接金属。摩擦焊的热量集中在接触面，因此热影响区窄。需要对接触面间施加压力，多数情况是在加热终止时增大压力使热态金属受顶锻而结合，一般结合面并不熔化。摩擦焊生产率较高，原理上几乎所有可以进行热锻的金属都可以用摩擦焊焊接。摩擦焊还可以用于异种金属的焊接，更适用于焊接横断面为圆形的最大直径为 100mm 的工件。

7）超声波焊

超声波焊也是一种以机械能为热源的固相焊接方法。在进行超声波焊时，被焊接工件处在较低的静压力下，将线框振动能量转变为工件间的摩擦功、形变能及有限的温升，接头间的冶金结合是在母材不发生熔化的情况下实现的一种固态焊接。超声波焊可以用于大多数金属材料之间的焊接，可以进行金属、异种金属及金属与非金属间的焊接；适用于金属丝、箔或厚度小于 3mm 的薄板金属接头的重复生产。

8）扩散焊

扩散焊是一种以间接热能为热源的固相焊接方法。通常在真空或保护气氛下进行焊接。在焊接时使两个被焊工件的表面在高温和较大压力下接触并保温一定时间，被焊工件表面的间距达到原子间距离，经过原子相互扩散而结合。焊前不仅需要清洗工件表面的氧化物等杂质，还要保证工件表面的粗糙度低于一定值，才能保证焊接质量。扩散焊几乎不会对被焊材料的性能产生有害作用。它可以焊接很多同种金属和异种金属，以及一些非金属材料，如陶瓷等。扩散焊可以焊接复杂结构及厚度相差很大的工件。

2.5.2 常见焊接参数

1. 焊接电流

当其他参数保持恒定时，焊接电流与送丝速度或熔化速度以非线性关系变化。当送丝速度增加时，焊接电流也随之增大。不同直径的焊丝在低电流时的曲线接近于线性，但是在高电流时，特别是当焊丝为细焊丝时，曲线变为非线性。随着焊接电流的增大，熔化速度以更高的速度增加，这种非线性关系将继续增大，这是焊丝伸出长度的电阻热引起的。

当焊丝直径增加时（保持相同的送丝速度），要求有更大的焊接电流。送丝速度与焊接电流的关系还受焊丝化学成分的影响。这一影响关系通过比较可以看出。碳钢、铝、不锈钢和铜焊丝的焊接电流与送丝速度的关系曲线，如图 2-84、图 2-85、图 2-86 和图 2-87 所示。金属熔点和电阻的不同使曲线在不同位置有不同的斜率，此外焊接电流还与焊丝伸出长度有关。

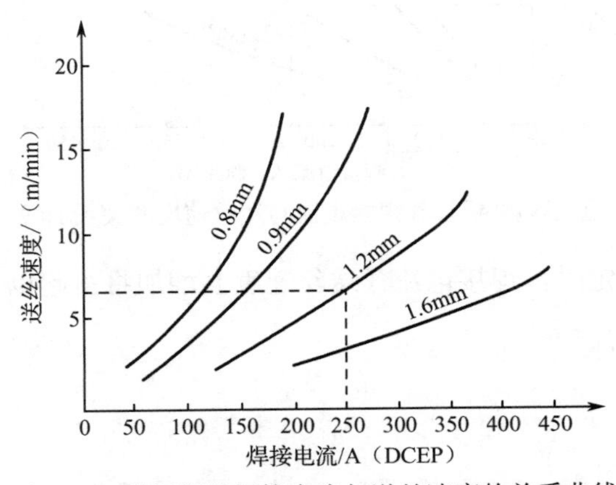

图 2-84 碳钢焊丝焊接电流与送丝速度的关系曲线

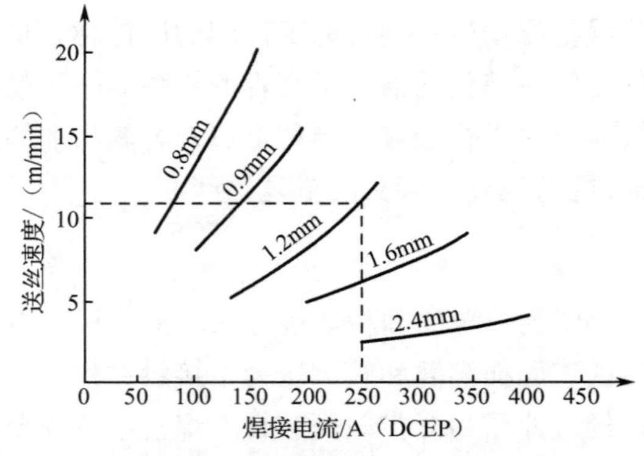

图 2-85　铝焊丝焊接电流与送丝速度的关系曲线

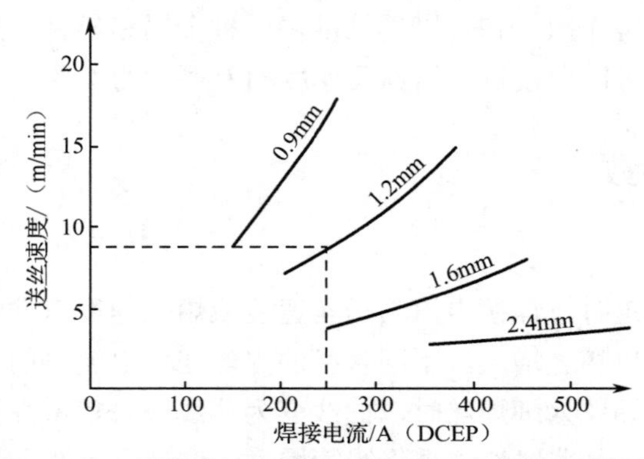

图 2-86　不锈钢焊丝焊接电流与送丝速度的关系曲线

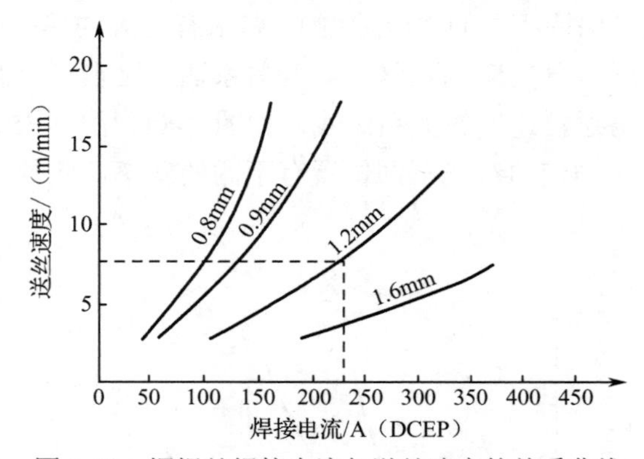

图 2-87　铜焊丝焊接电流与送丝速度的关系曲线

当其他参数保持恒定时，焊接电流（送丝速度）增加将引起以下变化。

（1）增加焊缝的熔深和熔宽。

（2）提高熔敷率。

（3）增大焊道的尺寸。

另外，脉冲喷射过渡焊是一种熔化极气体保护电弧焊工艺的形式。当脉冲电流的平均值小于或等于连续直流焊的临界电流值时可以得到射流过渡的特点。当脉冲平均电流减小时，则电弧力和焊丝熔敷率也减小，所以脉冲喷射过渡焊可用于全位置焊接和薄板焊接。同样还可以使用较粗的焊丝，在低电流下获得稳定的脉冲喷射过渡，从而降低成本。

2．极性

极性描述的是焊枪与直流电源输出端子的电气连接方式。当焊枪接正极端子时表示为直流电极正（DCEP），称为反接。相反，当焊枪接负极端子时表示为直流电极负（DCEN），称为正接。熔化极气体保护电弧焊大多采用 DCEP。这种极性的电弧稳定、熔滴过渡平稳、飞溅较小、焊缝成形较好、在较宽的电流范围内熔深较大。

DCEN 是很少采用的。因为不采取特殊的措施这种极性不可能实现轴向喷射过渡。DCEN 焊丝的熔敷率很高，但是熔滴过渡呈不稳定的大滴过渡形式，在实际使用过程中难以采用，因此在焊接时向氩气保护气体中加入超过 5%的氧气（要求向焊丝中加入脱氧元素以补偿氧化烧损）或者使用含有电离剂的焊丝（增加了焊丝的成本）改善熔滴过渡。在这两种情况下，熔效率下降，从而失去了改变极性的优越性。DCEN 已在表面工程上得到一些应用。

在熔化极气体保护电弧焊工艺中试图使用交流电，但总是失败。电流的周期变化使其在焊接时造成电弧熄灭和电弧不稳。对焊丝进行处理尽管可以对其有一定改善，但是却提高了成本。

3．电弧电压（弧长）

电弧电压和弧长经常被相互替代。需要指出的是，尽管这两个术语有关系，却是不同的。对于熔化极气体保护电弧焊，弧长的选择范围很窄，必须小心控制。例如，在 MIG 焊的喷射过渡工艺中，如果弧长太短，就会造成瞬时短路，这会影响气体的保护效果。空气卷入会导致焊缝生成气孔或因吸收氮而使焊缝金属硬化。如果电弧过长则容易发生飘移，从而影响熔深与焊道的均匀性和气体的保护效果。在 CO_2 气体保护电弧焊时，当弧长过长时电弧难以下潜，会引起电弧对焊丝端头熔滴的排斥，并产生飞溅。如果弧长过短，焊丝端部与熔池会发生短路从而引起电压不稳定，导致较大的飞溅和不良焊缝的成形。

弧长是一个独立的焊接参数，而电弧电压却不同。电弧电压不但与弧长有关．而且还与焊丝成分、焊丝直径、保护气体和焊接技术有关。此外，电弧电压是在电源的输出端子上测量的，所以它的影响因素还包括焊接电缆长度和焊丝伸出长度的电压降。

当其他参数保持不变时，电弧电压与弧长成正比。尽管应该控制弧长，但是电弧电压却是一个较易测量的焊接参数。因此在实际焊接过程中一般都要求给出电弧电压值。电弧电压值决定于焊丝材料、保护气体和熔滴过渡形式等，各种金属熔化极气体保护电弧焊典型电弧电压如表 2-10 所示。

在确定电弧电压之前，必须通过实验进行选择，以便得到最优的焊缝性能和焊造成形。在电流一定的情况下，当电弧电压增加时，焊道宽而平坦；当电弧电压过高时，将会产生气孔、飞溅和咬边；当电弧电压降低时，将会使焊道变窄变高，熔深减小；当电弧电压过低时，会产生焊丝插桩现象。

表 2-10 各种金属熔化极气体保护电弧焊典型电弧电压

金属材料	喷射过渡（焊丝直径 1.6mm）					短路过渡			
	Ar	He	25%Ar+ 75% He	$Ar+O_2$ ($1\%\sim5\%O_2$)	CO_2	Ar	$Ar+O_2$ ($1\%\sim5\%O_2$)	75%Ar+ 25% O_2	CO_2
铝	25	30	29	—	—	19	—	—	—
镁	26	—	28	—	—	16	—	—	—
碳钢	—	—	—	28	30	17	18	19	20
低合金钢	—	—	—	28	30	17	18	19	20
不锈钢	24	—	—	26	—	18	19	21	—
镍	26	30	28	—	—	22	—	—	—
镍铜合金	26	30	28	—	—	22	—	—	—
镍铬合金	26	30	28	—	—	22	—	—	—
钢	30	26	33	—	—	24	22	—	—
铜镍合金	28	32	30	—	—	23	—	—	—
硅青铜	28	32	30	28	—	23	—	—	—
铝铜	28	32	30	—	—	23	—	—	—
青铜	28	32	30	23	—	23	—	—	—

4．焊接速度

焊接速度是指电弧沿焊接接头运动的线速度。当其他条件不变时，中等焊接速度的熔深最大。当焊接速度降低时，单位长度焊缝上的熔敷金属增加。当焊接速度很慢时，焊接电弧冲击熔池，而不熔化母材，这样会降低有效熔深并加宽焊道。

相反，当焊接速度提高时，尽管在单位长度焊缝上电弧传递给母材的热量减少，但是电弧会排斥熔池金属并直接作用于熔池底部的母材上，使其受热增加。但是，当进一步提高焊接速度时，在单位长度焊缝上电弧向母材传递的热量减少。再提高焊接速度就会产生咬边倾向。其原因是在高速焊接时熔化金属不足以填充电弧熔化的路径，以及熔池金属在表面张力的作用下向焊缝中心聚集。当焊接速度更高时，还会产生驼峰焊道，这是因为液体金属熔池较长而发生失稳。

5．焊丝伸出长度

焊丝伸出长度是指导电嘴端头到焊丝端头之间的距离，如图 2-88 所示。随着焊丝伸出长度的增加，焊丝的电阻也增大。电阻热导致焊丝温度升高，同时也提高了焊丝的熔化率。另外，增大焊丝电阻，在焊丝伸出长度上将产生较大的电压，这一现象传感到电源，电源就会通过降低电流对此加以补偿，于是焊丝的熔化率也降低，使得电弧的物理长度变短，这样一来将得到窄而高的焊道。当焊丝伸出长度过大时，将使焊丝的指向性变差，焊道成形恶化。短路过渡合适的焊丝伸出长度是 6～13mm；其他熔滴过渡形式的焊丝伸出长度是 13～25mm。

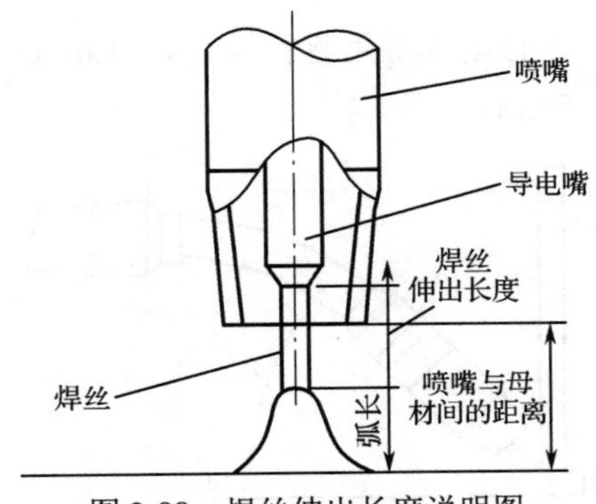

图 2-88　焊丝伸出长度说明图

6．焊枪角度

与所有的电弧焊方法相同，焊枪相对于焊接接头的方向影响着焊道的形状和熔深。这种影响比电弧电压或焊接速度的影响还要大。焊枪角度可以通过以下两个方面进行描述：焊丝轴线相对于焊接方向之间的角度（行走角）和焊丝轴线相对于相邻工作表面之间的角度（工作角）。当焊丝指向焊接方向的相反方向时，称为右焊法；当焊丝指向焊接方向时，称为左焊法。焊枪角度对焊道成形的影响如表 2-11 所示。

表 2-11　焊枪角度对焊道成形的影响

	左　焊　法	右　焊　法
焊枪角度	10°～15° 焊接方向	10°～15° 焊接方向
焊道断面形状		

当其他焊接条件不变，焊丝从垂直变为左焊法时，熔深减小而焊道变宽变平。在平焊位置采用右焊法时，熔池被电弧力吹向后方，因此电弧可以直接作用在母材上，从而获得较大熔深，焊道变窄并凸起，电弧较稳定、飞溅较小。对于不同焊接位置，焊丝的倾角大多为 10°～15°，这时可实现对熔池良好的控制和保护。

对某些材料（如铝）多采用左焊法，该法可提供良好的清理作用，在电弧力作用下，熔池中的熔化金属被吹向前方，促进了熔化金属对母材的润湿作用并可以减少氧化。另外在半自动焊时，采用左焊法容易观察到焊接接头的位置，便于确定焊接方向。

在焊接水平角焊缝时，焊丝轴线与水平板面间的角度为 45°（工作角），如图 2-89 所示。

7．焊丝尺寸

对不同成分和直径的焊丝都有一定的可用电流范围。熔化极气体保护电弧焊工艺中使用的焊丝直径为0.4～5mm，半自动焊多用直径为0.4～1.6mm的较细焊丝，而自动焊常采用较粗焊丝，其直径为1.6～5mm。

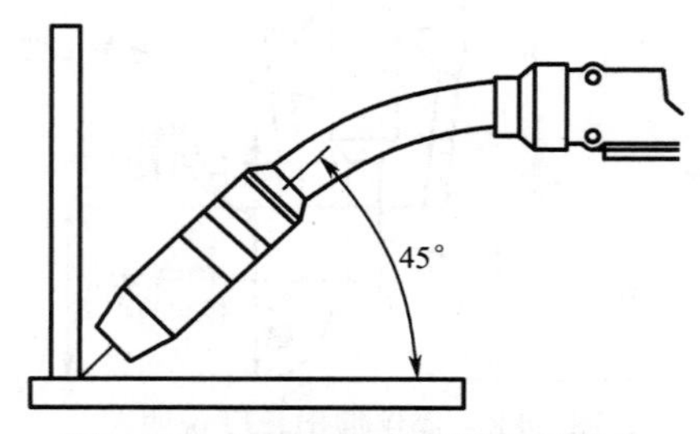

图2-89　焊接水平角焊缝的工作角

不同直径焊丝的适用电流范围如表2-12所示。可见，较细焊丝使用的电流较小，而较粗焊丝使用的电流较大。直径小于1.0mm的焊丝适用的电流范围较窄，主要采用短路过渡形式，而较粗焊丝适用的电流范围较宽。例如，使用直径为1.0～1.6mm焊丝的CO_2气体保护电弧焊的熔滴过渡形式可以采用短路过渡和脉冲射滴过渡。使用直径大于2mm粗焊丝的CO_2气体保护电弧焊却基本采用潜弧状态下的脉冲射滴过渡或射流过渡。当MAG焊采用直径小于1.0mm的细焊丝时以短路过渡为主，采用较粗焊丝时以射流过渡为主，其使用电流均大于临界电流，同时还可以采用脉冲射滴过渡。因此，细焊丝不但可用于水平焊，还可以用于全位置焊，而粗焊丝只能用于水平焊。在使用脉冲射滴过渡MAG焊时，可以采用较粗的焊丝进行全位置焊，如表2-13所示。表2-13中还列出了各种直径焊丝适用的可焊板的厚度范围和焊缝位置。细焊丝主要用于薄板和全位置焊，采用短路过渡和脉冲射滴过渡MAG焊，而粗焊丝多用于厚板，以提高焊接熔敷率、增加熔深。

表2-12　不同直径焊丝的适用电流范围

焊丝直径/mm	CO_2气体保护电弧焊的电流范围/A	MAG焊	
		直流电流范围/A	脉冲电流范围/A（平均值）
0.4	—	20～70	—
0.6	40～90	25～90	—
0.8	50～120	30～120	—
1.0	70～180	50～300（260）	—
1.2	80～350	60～440（320）	60～350
1.6	140～500	120～550（360）	80～500
2.0	200～550	450～650（400）	—
2.5	300～650	—	—
3.0	500～750	—	—
4.0	600～850	650～800（630）	—
5.0	700～1000	750～900（700）	

注：表中括号内的数字为临界电流。

表 2-13　焊丝直径的选择

焊丝直径/mm	熔滴过渡形式	可焊板的厚度范围/mm	焊缝位置
0.5～0.8	短路过渡 射滴过渡 脉冲射滴过渡	0.4～3.2 2.5～4 —	全位置 水平 —
1.0～1.4	短路过渡 射滴过渡（CO_2 气体保护电弧焊） 射流过渡（MAG 焊） 脉冲射滴过渡	2～8 2～12 >6 2～9	全位置 水平 水平 全位置
1.6	短路过渡 射滴过渡（CO_2 气体保护电弧焊） 射流过渡（MAG 焊） 脉冲射滴过渡（MAG 焊）	3～12 >8 >8 >3	全位置 水平 水平 全位置
2.5～5.0	短路过渡 射流过渡（MAG 焊） 脉冲射滴过渡（MAG 焊）	>10 >10 >6	水平 水平 水平

2.5.3　焊接工作站构成

1．焊接机器人的分类

焊接机器人主要包括焊接机器人和焊接设备两部分，是机电一体化的设备。世界各国生产的焊接机器人基本上都属于关节机器人，目前焊接机器人应用中比较普遍的主要有 3 种：弧焊机器人、点焊机器人和激光焊机器人。

1）弧焊机器人

弧焊机器人用于弧焊，由于弧焊工艺早已在诸多行业中得到普及，所以弧焊机器人在通用机械、金属结构等许多行业中得到了广泛应用。弧焊机器人主要有熔化极气体保护焊机器人和非熔化极气体保护焊机器人，其末端执行器是焊枪，如图 2-90 所示。

图 2-90　弧焊机器人

弧焊机器人是包括各种电弧焊附属装置的柔性焊接系统，而不是一台只以规划的速度和姿态携带焊枪移动的单机，因此对其性能有特殊的要求。在弧焊作业中，焊枪应跟踪工件的焊道运动，并不断填充金属形成焊缝。因此运动过程中速度的稳定性和轨迹精度是两项重要指标。

由于焊枪的姿态对焊缝质量也有一定影响，因此希望焊枪在跟踪焊道的同时，焊枪姿态的可调范围尽量大。其他基本性能要求如下所示。

（1）可设定焊接条件（电流、电压、速度等）。

（2）具有摆动功能。

（3）具有坡口填充功能。

（4）可进行焊接异常功能检测。

（5）具有焊接传感器（起始焊点检测、焊道跟踪）的接口。

2）点焊机器人

点焊机器人是用于点焊自动作业的工业机器人，其末端执行器是焊钳，如图 2-91 所示。实际上，工业机器人在焊接领域的应用最早就是从汽车装配生产线的电阻焊开始的，在装配每台汽车车体时，大约有 60%的焊点是由工业机器人完成的。

图 2-91　点焊机器人

最初，点焊机器人只用于增强焊接作业，即向已经拼接好的工件上增加焊点。后来，为了保证拼接精度，又让点焊机器人完成定位焊接作业。因此逐渐要求点焊机器人有更全的作业性能。点焊机器人不仅要有足够的负载能力，而且在点与点之间移位时的速度要快捷、动作要平稳、定位要准确，以减少移位时间、提高工作效率。基本性能要求如下所示。

（1）安装面积小，工作空间大。

（2）快速完成小节距的多点定位（如每 0.3～0.4s 移动 30～50mm 节距后定位）。

（3）定位精度高（±0.25mm），以确保焊接质量。

（4）持重大（50～150kg），以便携带内部安装变压器的焊钳。

（5）内存容量大，示教简单，节省工时。

（6）点焊速度与生产线速度匹配，同时安全可靠性良好。

3）激光焊机器人

激光焊早已成为一种成熟的、无接触的焊接方式，它的能量密度极高使得高速加工和低热输入量成为可能。与电弧焊机器人相比，激光焊机器人对焊缝跟踪精度的要求更高。基本性能要求如下所示。

（1）高精度轨迹（≤0.1mm）。

（2）持重大（30～50kg），以便携带激光加工头。

（3）可与激光器进行高速通信。

（4）机械臂刚性好，工作空间大。

（5）具备良好的振动抑制和控制修正功能。

2．弧焊工作站的组成

弧焊工作站一般由弧焊机器人、焊接电源、焊枪、送丝机构、变位机、清枪装置及焊接供气系统等组成。焊接工作站系统构成如图 2-92 所示。

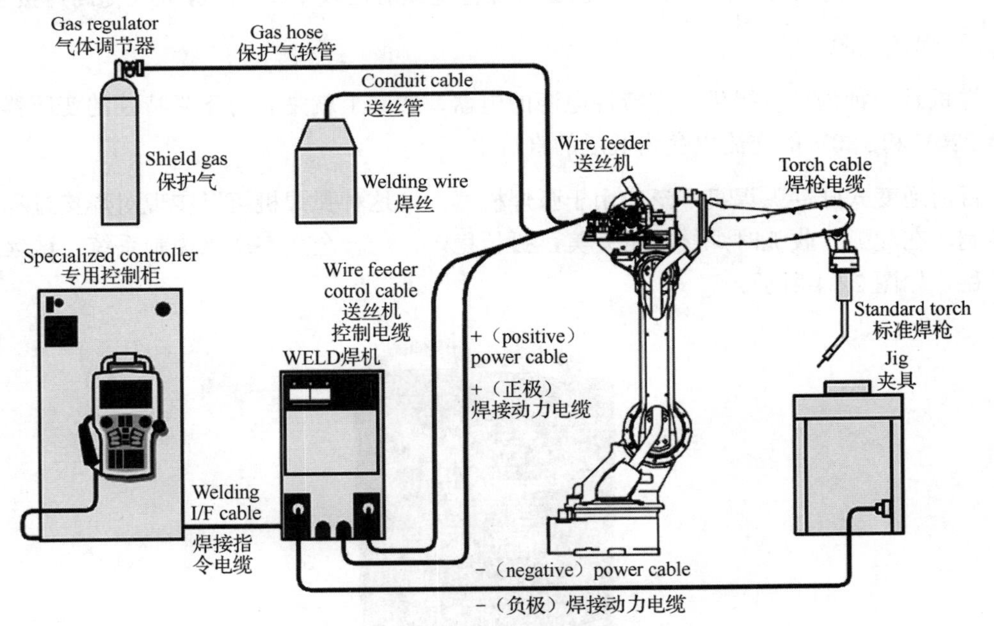

图 2-92　焊接工作站系统构成

1）弧焊机器人

弧焊机器人主要由本体、控制柜、示教器等组成，如图 2-93 所示。弧焊机器人一般臂长较长，活动范围较大，且带有专用焊接工艺包，可通过简单参数设置与外围设备组成弧焊工作站。

图 2-93　弧焊机器人

弧焊机器人的主要特点如下。

（1）具有更快的轴动作速度，减小了弧焊机器人启动和停止瞬间的振动，从而缩短了弧焊机器人的运行周期。

（2）可焊工件范围大，弧焊机器人将焊丝、焊接电缆藏于弧焊机器人臂部，消除了焊枪电缆与外围设备的干涉。

（3）送丝机构的安装位置使焊丝在送入焊枪电缆时比较平直，能够大大提高焊接质量。

2）焊接电源

焊机是一种为焊接提供一定特性电源的电器，实际上就是具有下降特性的变压器，可以将 220V 和 380V 的交流电变为低压的直流电。

目前逆变式脉冲弧焊机广泛应用于弧焊机器人，这种弧焊机可以实现对焊接过程的精准控制，在起弧、收弧时焊接质量完美，弧长稳定，配合全数字送丝控制系统，送丝精准且平稳，如图 2-94 所示。

图 2-94　逆变式脉冲弧焊机

3）焊枪

弧焊的焊接原理是在电极与焊接母材之间接上电源装置，通以低电压、大电流，在放电作用下产生电弧，电弧产生的巨大热量使母材（有时还包括焊接线材）熔化并连接在一起。弧焊的焊接强度高，焊缝的水密性和气密性好，可以减轻工件的质量。

焊枪将焊接电源的大电流产生的热量聚集在焊枪的终端熔化焊丝，熔化的焊丝渗透到需要焊接的部位，冷却后，被焊接的物体连接在一起。在选取焊枪时要充分考虑尺寸因素，使其满足焊接作业要求，外置焊枪基本结构如图 2-95 所示。

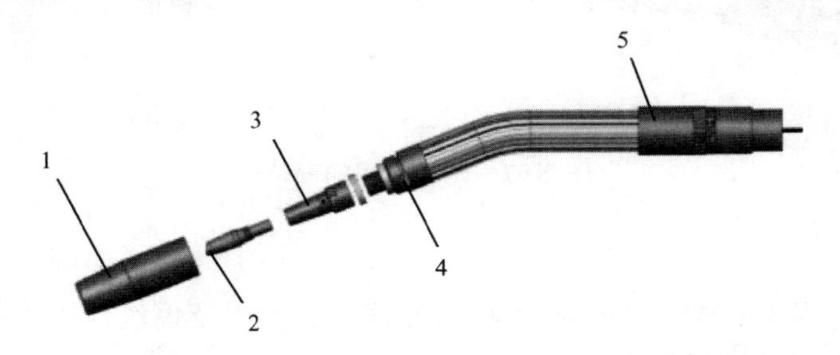

1—喷嘴；2—导电嘴；3—分流器；4—喷嘴座；5—焊枪枪颈组合

图 2-95 外置焊枪基本结构

4）送丝机构

送丝机构是专门向焊枪传送焊丝的装置，在弧焊机器人中主要采用推丝式单滚轮送丝方式。即在焊丝绕线架一侧设置传送焊丝滚轮，然后通过导管向焊枪传送焊丝，送丝机构如图 2-96 所示。

图 2-96 送丝机构

5）变位机

变位机是弧焊机器人生产线及焊接柔性加工单元的重要组成部分。根据实际工作的需要，变位机有多种形式，如单轴变位机和双轴变位机，如图 2-97 所示。在焊接前和焊接过程中，变位机通过夹具装夹和定位被焊工件。

变位机的安装必须使工件的变位均处于弧焊机器人的工作空间内，并需要合理分解弧焊机器人本体和变位机各自的职能，使两者按照统一的动作规划进行作业，弧焊机器人和本体之间的运动存在两种形式：协调运动和非协调运动。

（a）单轴变位机

（b）双轴变位机

图 2-97　两种常用的变位机

6）清枪装置

在焊接过程中弧焊机器人的焊枪喷嘴内外残留的焊渣及焊丝伸出长度的变化会影响到产品的焊接质量及其稳定性。

焊枪自动清枪站主要由焊枪清洗机、喷硅油/防飞溅装置和焊丝剪断装置组成，如图 2-98 所示。焊枪清洗机的主要功能是清除喷嘴内表面的飞溅，保证保护气体的通畅；喷硅油/防飞溅装置喷出的防溅液可以减少焊渣的附着，降低维护频率；焊丝剪断装置主要用于利用焊丝进行起始点检测的场合，保证焊丝的伸出长度一定，提高检出的精度和起弧的性能。

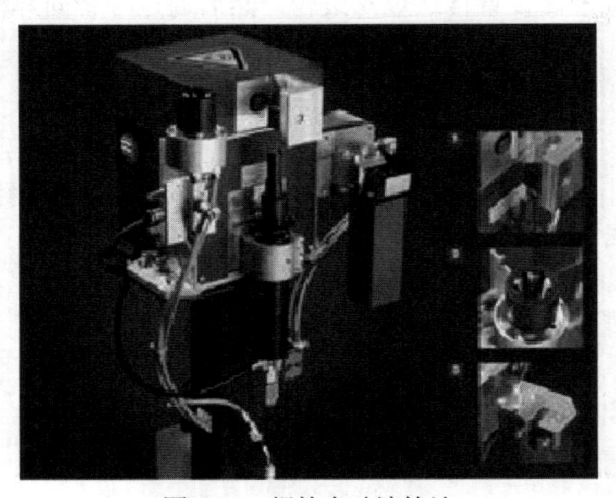

图 2-98　焊枪自动清枪站

7）焊接供气系统

熔化极气体保护电弧焊要求具有可靠的气体保护。焊接供气系统的作用是保证纯度合格的保护气体在焊接时以适宜的流量平稳地从焊枪喷嘴喷出。目前以钢瓶装供气为主，焊接供气系统如图 2-99 所示。

图 2-99 焊接供气系统

3．点焊工作站的组成

点焊工作站由点焊机器人、焊钳、电阻焊控制装置、变压器、冷却水系统、焊接工作台等组成。

1）点焊机器人

点焊机器人虽然有多种结构形式，但大体上可将其分为 3 大组成部分，即点焊机器人本体、点焊焊接系统及控制系统。

目前点焊机器人的主流机型为多用途的六轴垂直多关节机器人，如图 2-100 所示，这是因为其工作空间和安装面积的比值较大，工作载荷为 100kg 左右，还可以附加整机移动的自由度。

图 2-100 六轴垂直多关节机器人

2）焊钳

焊钳是夹持焊条并在焊接时传导焊接电流的器械，点焊机器人专用焊钳如图 2-101 所示。

点焊机器人的焊钳从用途上可分为 C 形和 X 形两种。C 形焊钳用于点焊垂直及接近垂直位置的焊缝，X 形焊钳则主要用于点焊水平及接近水平位置的焊缝。

从阻焊变压器与焊钳的结构关系上可将焊钳分为内藏式、分离式和一体式。

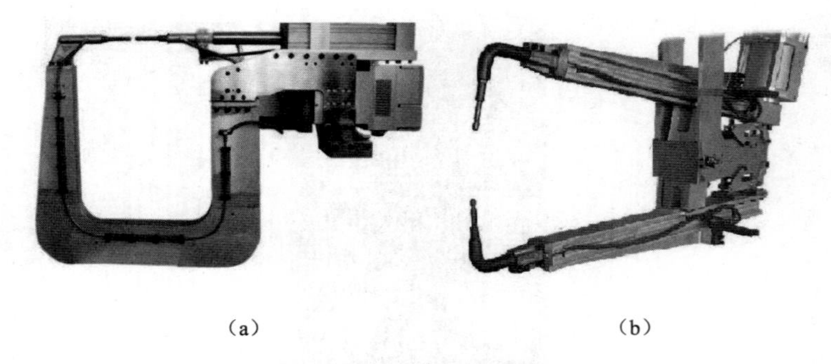

（a）　　（b）

图 2-101　点焊机器人专用焊钳

a．内藏式

这种结构是将阻焊变压器安装到点焊机器人的手臂内，使其尽可能地接近焊钳，变压器的二次电缆可以在内部移动。

b．分离式

该焊钳的特点是阻焊变压器与焊钳分离，焊钳安装在点焊机器人的臂部上，而阻焊变压器悬挂在点焊机器人的上方，可在轨道上沿点焊机器人腕部的移动方向进行移动，两者之间采用二次电缆连接。

c．一体式

所谓一体式就是将阻焊变压器和焊钳安装在一起，然后共同固定在点焊机器人手臂末端的法兰盘上。

3）电阻焊控制装置

电阻焊控制装置是合理控制时间、电流和压力这三大焊接条件的装置，综合了焊钳的各种动作控制、时间控制及电流调整的功能。电阻焊控制装置启动后点焊机器人就会自动进行一系列的焊接工序。

4）变压器

变压器为点焊机器人提供电源，变压器的参数为输入三相 380V，输出三相 220V。

5）冷却水系统

由于点焊是低压大电流焊接，在焊接过程中，导体会产生大量的热量，所以焊钳、阻焊变压器需要冷却水系统进行冷却。

2.5.4　焊接工作站应用场景

焊接机器人在汽车及零部件领域的应用最为广泛且成熟，在汽车生产的冲压、焊装、喷涂、总装四大生产工艺过程中都有广泛应用，而其中应用最多的是弧焊和点焊。在汽车及零部件制造、摩托车、工程机械等行业，焊接机器人亦有广泛的应用，如图 2-102 和图 2-103 所示。

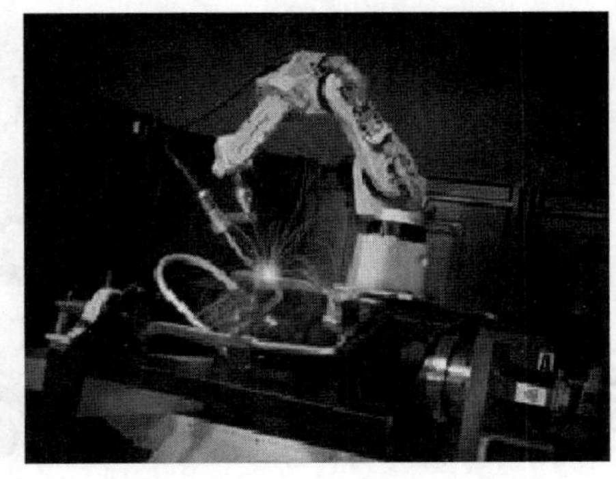

（a）座椅支架焊接场景

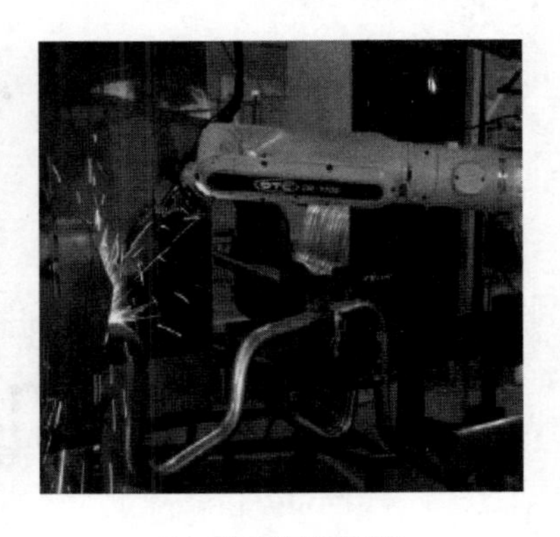

（b）消音器焊接场景

图 2-102　汽车零部件的弧焊机器人作业

图 2-103　工程机械的弧焊机器人作业

第3章 工业机器人安装

本章主要介绍工业机器人及其典型工作站的安装。通过对工具的使用、工作站技术文件识读、工业机器人工作站现场安装等知识点进行讲解，使读者了解和掌握工业机器人及其典型工作站的安装方法和流程。

知识任务

- 掌握常用安装工具、测量工具的使用方法。
- 熟悉机械装置拆装注意事项。
- 掌握机械图纸、电气图纸的基础知识。
- 掌握典型工业机器人工作站技术文件识读方法。
- 熟悉工业机器人安装环境要求。
- 掌握工业机器人本体安装和工业机器人本体与控制柜连接的方法。
- 熟悉工业机器人工作站的电气连接规范。
- 掌握典型工业机器人工作站的末端执行器和外围设备的安装方法。

学习内容

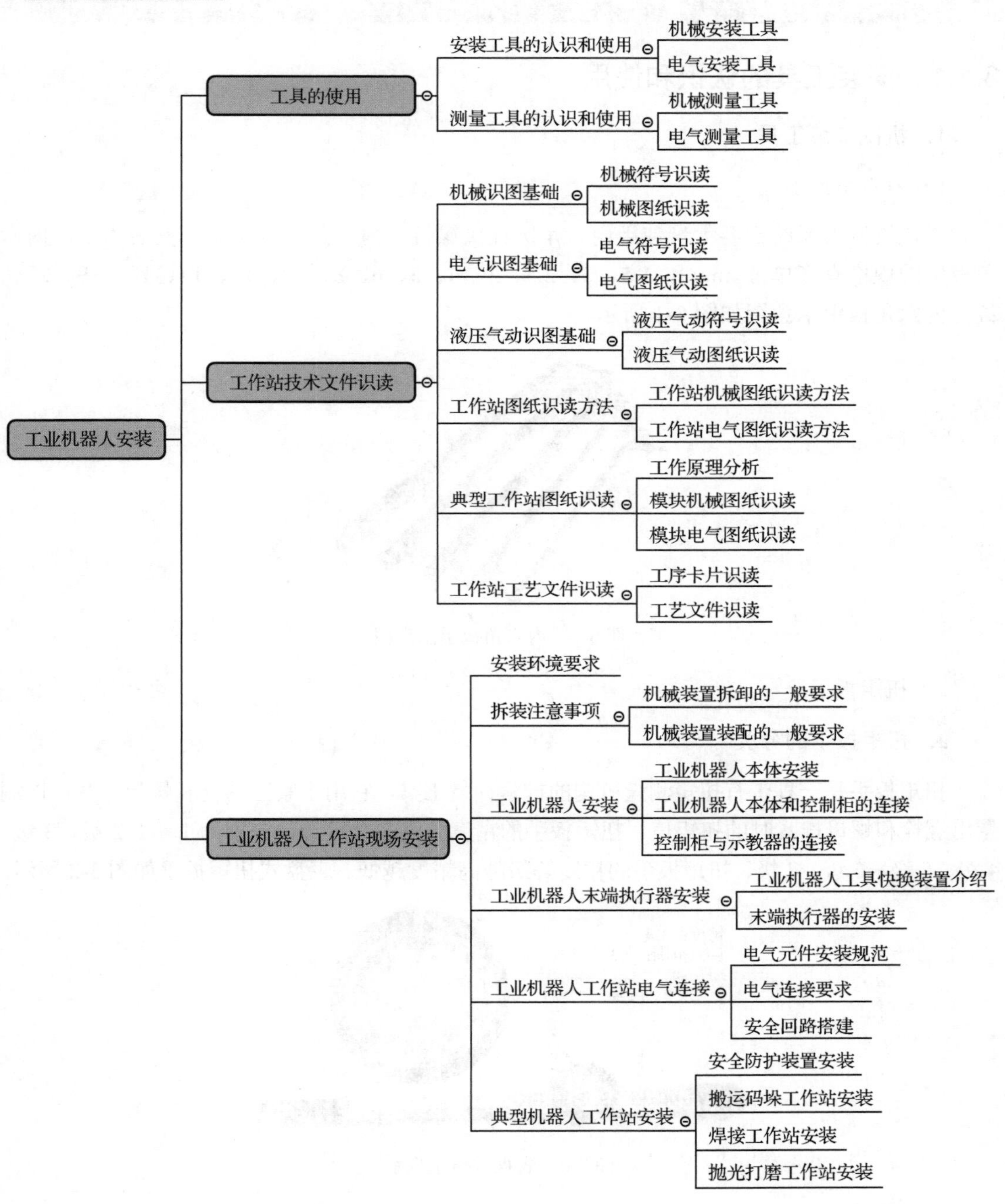
工业机器人安装
工具的使用
安装工具的认识和使用
机械安装工具
电气安装工具
测量工具的认识和使用
机械测量工具
电气测量工具
工作站技术文件识读
机械识图基础
机械符号识读
机械图纸识读
电气识图基础
电气符号识读
电气图纸识读
液压气动识图基础
液压气动符号识读
液压气动图纸识读
工作站图纸识读方法
工作站机械图纸识读方法
工作站电气图纸识读方法
典型工作站图纸识读
工作原理分析
模块机械图纸识读
模块电气图纸识读
工作站工艺文件识读
工序卡片识读
工艺文件识读
工业机器人工作站现场安装
安装环境要求
拆装注意事项
机械装置拆卸的一般要求
机械装置装配的一般要求
工业机器人安装
工业机器人本体安装
工业机器人本体和控制柜的连接
控制柜与示教器的连接
工业机器人末端执行器安装
工业机器人工具快换装置介绍
末端执行器的安装
工业机器人工作站电气连接
电气元件安装规范
电气连接要求
安全回路搭建
典型机器人工作站安装
安全防护装置安装
搬运码垛工作站安装
焊接工作站安装
抛光打磨工作站安装

3.1 工具的使用

3.1.1 安装工具的认识和使用

1．机械安装工具

1）内六角扳手

工业机器人系统需要大量使用内六角圆柱头螺钉、内六角半沉头螺钉安装固定。内六角扳手的规格有（单位 mm）：1.5、2、2.5、3、4、5、6、8、10、12、14、17、19、22、27，内六角扳手示意图如图 3-1 所示。

图 3-1　内六角扳手示意图

2）扭矩扳手

a．扭矩扳手的分类

扭矩扳手是一种带有扭矩测量机构的拧紧计量工具，它用于紧固螺栓和螺母，并可以测量出螺栓和螺母拧紧时的扭矩值。扭矩扳手的精度分为 7 个等级，分别为 1 级、2 级、3 级、4 级、5 级、6 级、7 级，扭矩扳手的精度等级越高精度越低。表盘式扭矩扳手如图 3-2 所示。

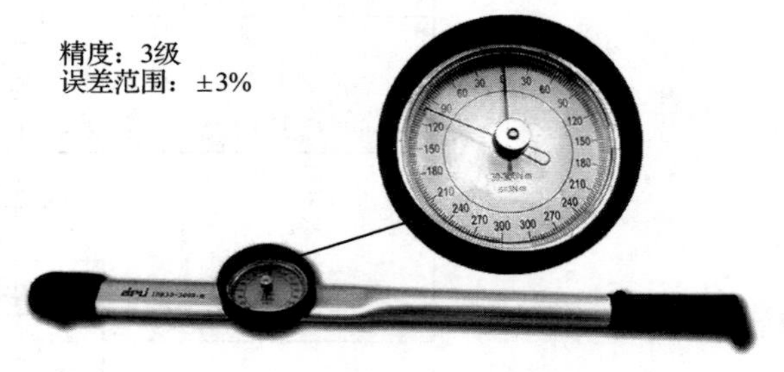

图 3-2　表盘式扭矩扳手

b．扭矩扳手的使用方法

（1）根据工件所需的扭矩值要求，确定预设扭矩值。

（2）在设定预设扭矩值时，先将扭矩扳手手柄上的锁定环拉下，同时转动手柄，调节标尺主刻度线和微分刻度线至所需扭矩值。调节好预设扭矩值后，松开锁定环，手柄自动锁定。

（3）在扭矩扳手方榫上安装相应规格的套筒，先用套筒套住紧固件，再逐渐施加外力。施加外力的方向必须与标明的箭头方向相同。拧紧时当听到“咔嗒”的一声时（工件的扭矩值已达到预设扭矩值），停止施加外力。

（4）在使用大规格扭矩扳手时，可外加接长套杆以节省操作人员的力气。

（5）扭矩扳手如长期不使用，应将标尺刻度线调节至扭矩最小处。

c．扭矩扳手使用警告

（1）除紧固螺母、螺栓外，不能用于其他用途。

（2）不要使用扭矩扳手松动螺栓，因为过大的扭矩值会造成扭矩扳手的损坏。

（3）保持手柄干净，不要沾上油污等杂质，防止在紧固时扭矩扳手打滑，引起事故。

（4）确保棘轮在正确位置，如果棘轮没有调节到正确位置，将造成棘轮的损坏。

（5）不要用接长套杆加长手柄，这将损坏扭矩扳手影响其准确度。

2．电气安装工具

1）尖嘴钳

尖嘴钳的钳柄上套有额定电压为500V的绝缘套管，是一种常用的钳形工具。其主要用途是剪切直径较小的单股导线与多股导线，以及给单股导线接头弯圈、剥塑料绝缘层等。尖嘴钳可以在狭小的工作空间操作，不带刃口的尖嘴钳只能进行夹捏工作，带刃口的尖嘴钳可以剪切细小零件，它是电工装配及修理工作的常用工具之一。尖嘴钳实物图如图3-3所示。

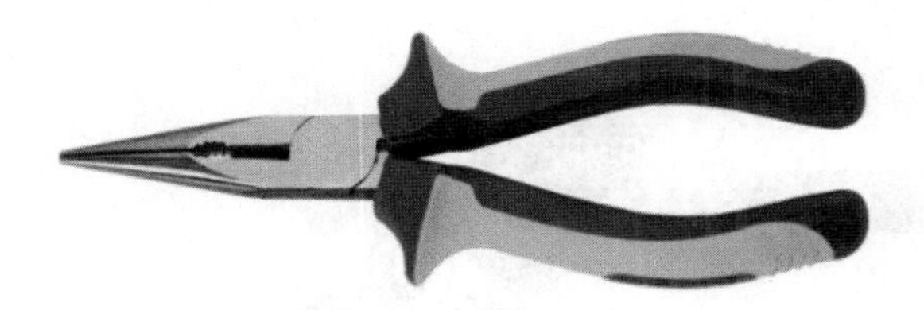

图3-3 尖嘴钳实物图

注意：在使用时不要让尖嘴钳的刃口对向自己，使用结束后将其放回原处，应放置在儿童不易接触到的地方，以免儿童受到伤害。

2）线号印字机

线号印字机又称线号打印机，简称线号机、打号机，全称线缆标志打印机。线号印字机采用热转印打印技术，打印精度可达300dpi。线号印字机实物图如图3-4所示。

线号印字机主要有以下用途。

（1）可在PVC套管、热缩管、不干胶标签等材料上打印字符，一般用于电控设备、配电设备的二次线标识，是电控设备、配电设备及综合布线工程配线标识的专用打印设备，可满足电厂、电气设备厂、变电站、电力行业区分电线的需要。

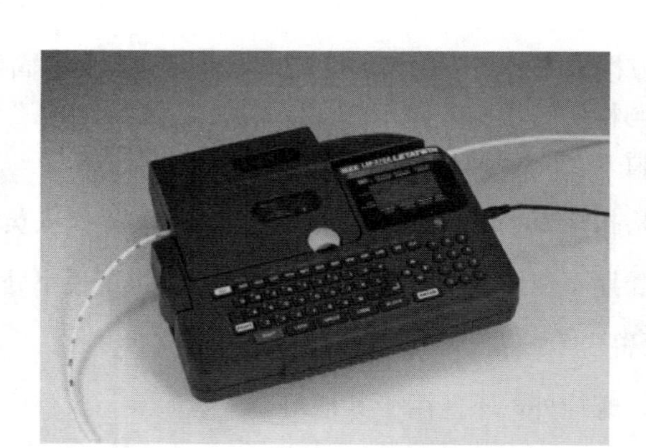

图 3-4　线号印字机实物图

（2）广泛应用于开关、机车、机床、电力、电信、医药、钢铁等行业标识的打印。

（3）可在 PET 标签、4mm 标志条、标牌、挂牌、端子标记号等材料上打印。线号打印机自身带有键盘和 LED 显示屏，是实验、生产、维修、维护的必备打印设备，小巧轻便，有多种机型可以选用，可以轻松实现各种线缆、管道、元器件及柜体的标识打印。

3）压线钳

a．常用压线钳

压线钳是一种用于剪切金属类材料的五金工具，也常被称为驳线钳。压线钳的功能齐全，可以用于剪切金属、剥离线类或进行压线。在实际应用中常见的压线钳主要有 3 种：针管型端子压线钳如图 3-5（a）所示；冷压端子压线钳如图 3-5（b）所示；网线钳如图 3-5（c）所示。

（a）针管型端子压线钳

（b）冷压端子压线钳

（c）网线钳

图 3-5　常见压线钳示意图

b．适用范围

压线钳主要用于各种绝缘连接头及压线等模块，可以有效保证压线处于标准状态。压线钳一般带有调节按钮，便于对不同标准的调节。压线钳的设计符合人体工学原理，可以在最大限度内节省使用者的力气，操作便捷。

3.1.2 测量工具的认识和使用

1. 机械测量工具

1）游标卡尺

游标卡尺一般用于测量厚度及深度，精度可达 0.1mm。游标卡尺巧妙地运用了游标尺与主尺的最小刻度之差，下面以 10 分度游标卡尺为例，说明游标卡尺的读数原理。游标卡尺功能示意图如图 3-6 所示。

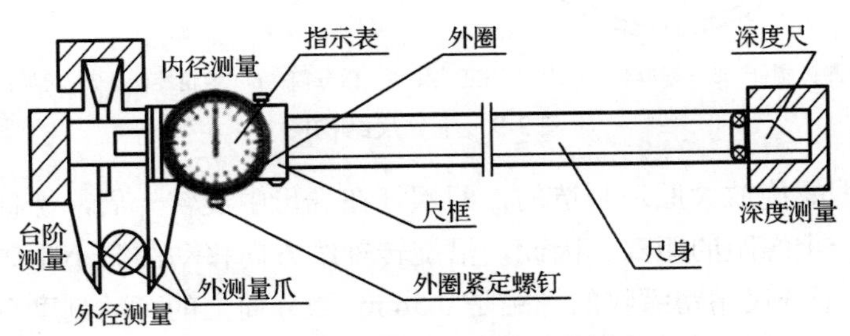

图 3-6 游标卡尺功能示意图

游标尺总长度为 9mm，游标尺每一小格长度为 9mm/10mm，由此可知主尺和游标尺的刻度每格相差 1−0.9=0.1mm（游标卡尺的精度也是 0.1mm），如图 3-7 所示。当测量长度小于 1mm 时，游标尺上第几条刻度线与主尺上的第几条刻度线对齐，那么主尺上的零刻度线与游标尺上的零刻度线的间距就是零点几毫米，被测量长度就是零点几毫米，如图 3-8 所示。

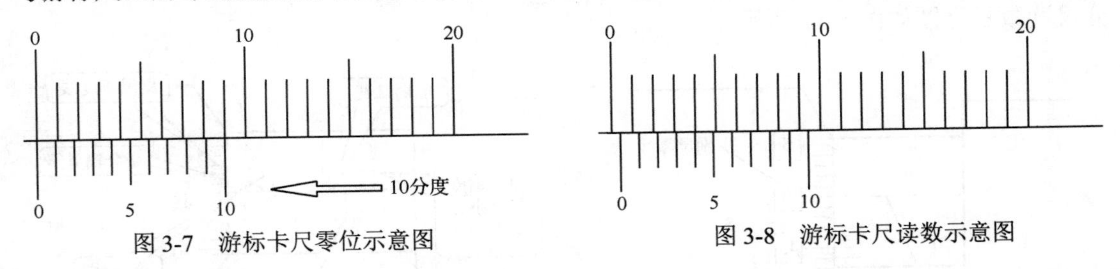

图 3-7 游标卡尺零位示意图

图 3-8 游标卡尺读数示意图

游标卡尺的读数可用公式表示：$x=a+n/b$，x 为被测量长度，a 为主尺读数，n 为游标尺与主尺重合的第 n 条刻度线，b 为游标尺上的刻度数。注意：读数 a 必须以 mm 为单位。

游标卡尺读数应注意以下几项。

（1）在测量前要看清楚游标卡尺的精度。

（2）在测量时应使测量爪轻轻夹住被测物体，不要夹得过紧，然后用紧固螺母将游标卡尺固定，再进行读数。

（3）测量物体上被测距离的连线必须与主尺平行。

2）千分尺

千分尺（micrometer）又称螺旋测微器、螺旋测微仪、分厘卡等，是比游标卡尺更精密的测量长度的工具，用它测量长度可以精确到 0.01mm，测量范围为几个厘米。千分尺结构图如图 3-9 所示。

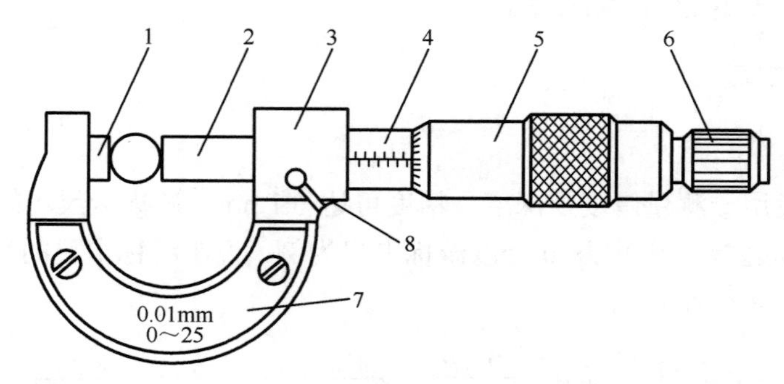

1—测砧；2—测微螺杆；3—螺母套管；4—固定套管；5—微分筒；6—棘轮旋柄；7—尺架；8—锁紧装置

图 3-9　千分尺结构图

千分尺是根据螺旋放大原理制造的，即螺杆在螺母中旋转一周，螺杆便沿着旋转轴线方向前进或后退一个螺距的距离。因此，沿旋转轴线方向移动的微小距离，就能用圆周上的读数表示出来。千分尺精密螺纹的螺距是 0.5mm，微分筒上的可动刻度有 50 个等分刻度，微分筒旋转一周，测微螺杆可前进或后退 0.5mm，因此微分筒旋转 1 个小分度，相当于测微螺杆前进或后退 0.5/50=0.01mm。可见，微分筒每个小分度表示 0.01mm，所以千分尺可精确到 0.01mm。由于还能再估读一位，可读到千分位，所以称为千分尺。千分尺零线示意图如图 3-10 所示。

千分尺的完整读数=主尺读数+（半刻度）+副尺读数（格数×0.01mm）+（估读值），千分尺读数示意图如图 3-11 所示。

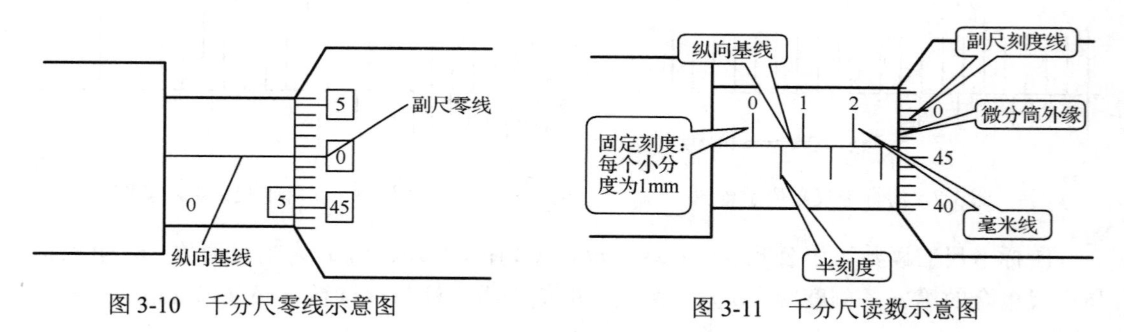

图 3-10　千分尺零线示意图

图 3-11　千分尺读数示意图

有的千分尺的微分筒上的可动刻度分为 100 等份，螺距为 1mm，其固定刻度上不需要半刻度，可动刻度的每个小分度仍表示 0.01mm；有的千分尺的微分筒上的可动刻度分为 50 等份，而固定刻度上无半刻度，只能用肉眼进行估计。

3）直角尺

直角尺是一种专业量具，简称角尺，在有些场合还被称为靠尺。它用于测量工件的垂直度及工件相对位置的垂直度，有时也用于划线。直角尺示意图如图 3-12 所示。

直角尺的规格有（单位 mm）：750×40、1000×50、1200×50、1500×60、2000×80、2500×80、3000×100、3500×100、4000×100 等。在使用直角尺时应注意以下几点。

（1）直角尺一般用于检验工件，分为两个等级：1 级用于检验精密工件；2 级用于检验一般工件。

图 3-12　直角尺示意图

（2）在使用前，应先检查直角尺的各工作面和边缘是否有破损。直角尺的长边的左面、右面和短边的上面、下面都是工作面（内外直角）。将直角尺的工作面和被测工件的工作面擦干净。

（3）在使用时，将直角尺靠放在被测工件的工作面上，用光隙法鉴别工件的角度是否正确。注意轻拿、轻靠、轻放，防止直角尺变形。

（4）为了得到精确的测量结果，可将直角尺翻转 180° 再测量一次，取两次读数的算术平均值为测量结果，可消除直角尺本身的偏差。

4）水平尺

水平尺是一种利用液面水平原理，用水准泡直接显示角位移，测量被测物体表面与水平位置、垂直位置、倾斜位置偏离程度的测量工具。主要用于测量建筑、装修、装饰行业中地面、墙面、门窗、玻璃幕墙的平整度、倾斜度、水平度、垂直度。水平尺示意图如图 3-13 所示。

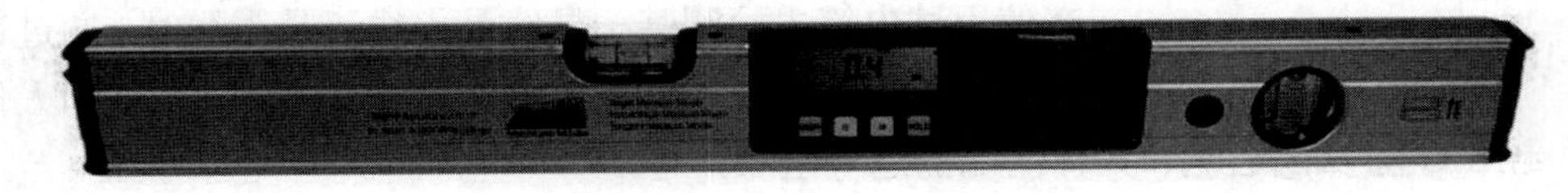

图 3-13　水平尺示意图

常见水平尺的精度为 0.02mm，水平尺的刻度上每格代表 0.02mm，即每有一格的偏差代表被测物体在 1m 的长度范围内有一头高出了 0.02mm。

一般水平尺都有 3 个玻璃管，每个玻璃管中有 1 个气泡。将水平尺放在被测物体上，水平尺中的气泡偏向哪一侧，则表示哪一侧偏高，即需要降低该侧的高度，或调高相反侧的高度，将水泡调整至水平尺中心时，就表示被测物体在该方向是水平的。原则上，当横向玻璃管和竖向玻璃管的水泡都在中心时，带角度玻璃管的水泡也自然在中心了。横向玻璃管用于测量水平面，竖向玻璃管用于测量垂直面，另外一个玻璃管一般用于测量 45° 角，

3 个玻璃管中水泡的作用都是测量被测面是否水平。水泡居中则被测面水平，水泡偏离中心则被测面不是水平的。

水平尺的零位误差（包括水平位置的零位误差、垂直位置的零位误差、倾斜位置的零位误差）与分度值误差是校准水平尺的重要项目。

校准器具由光学分度头和专用夹具组成，在校准时将专用夹具固定于光学分度头的主轴锥孔中，调整光学分度头使平板大致水平，将水平尺固定在平板上，然后逐项进行校准，如图 3-14 所示。

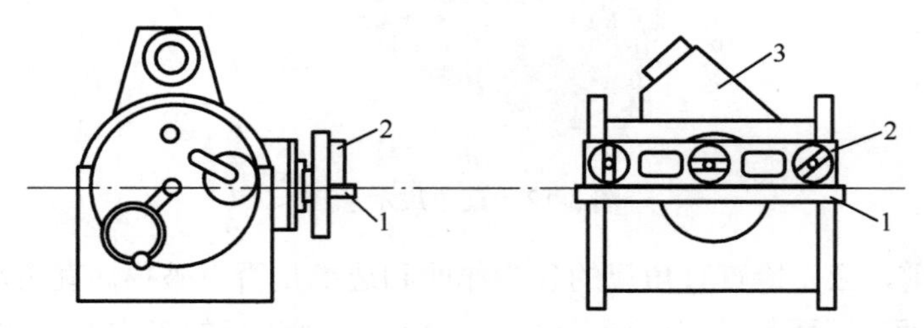

1—平板；2—水平尺；3—光学分度头

图 3-14　校准示意图

2. 电气测量工具

1）试电笔

试电笔也叫测电笔，简称电笔，是一种电工工具，用于检测导线中是否带电。试电笔的笔体中有 1 个氖泡，在测试时如果氖泡发光，则说明导线带电或为通路的火线。试电笔的笔尖、笔尾为金属材料，笔杆为绝缘材料，试电笔实物图如图 3-15 所示。在使用试电笔时，一定要用手触及试电笔尾端的金属部分，否则，因带电体、试电笔、人体与大地没有形成回路，试电笔中的氖泡不会发光，则会认为带电体不带电，造成误判。

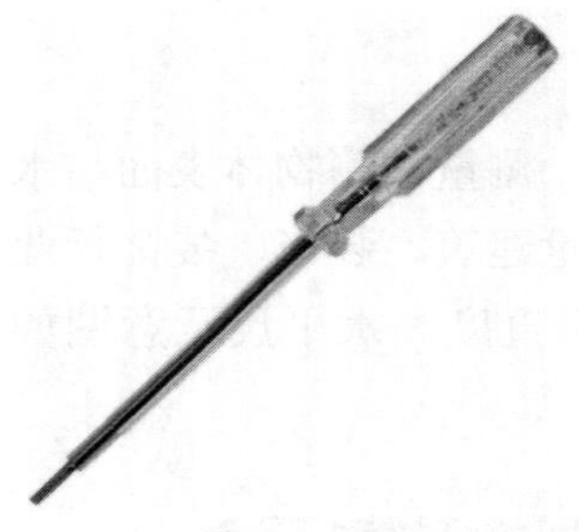

图 3-15　试电笔实物图

在使用试电笔去检测某一导线是火线还是零线时，通过试电笔的电流（也就是通过人体的电流）I 等于加在试电笔和人体两端的总电压 U 除以试电笔和人体两端的总电阻 R。

在测量火线时，照明电路、火线与大地之间的电压约为 220V，人体的电阻一般很小，通常只有几百到几千欧姆，而试电笔内部的电阻通常有几兆欧，通过试电笔的电流（也就是通过人体的电流）很小，通常不到 1mA，这样小的电流在通过人体时，对人体没有伤害，但是这样小的电流在通过试电笔的氖泡时，氖泡会发光。

在测量零线时，U=0，I=0，也就是说没有电流通过试电笔的氖泡，氖泡不发光。这样我们可以根据氖泡是否发光判断该导线是火线还是零线。

2）数字万用表

数字万用表可用于测量直流电压、交流电压、直流电流、交流电流、电阻、电容、频率、电池、二极管等。整体电路设计以大规模集成电路双积分 A/D 转换器为核心，并配以全过程过载保护电路，使数字万用表成为一台性能优越的工具仪表，是电工的必备工具之一。数字万用表实物图如图 3-16 所示。

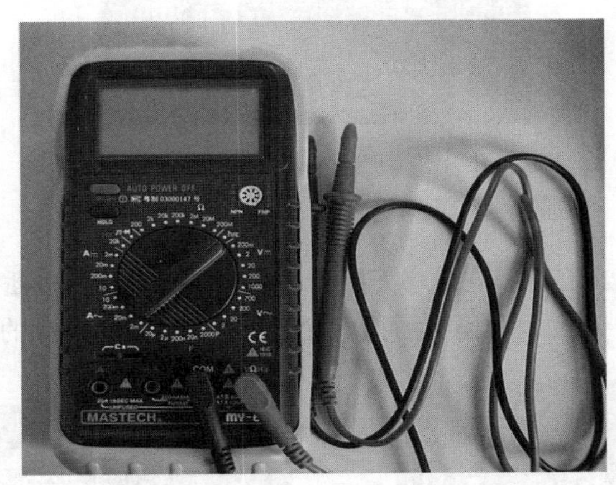

图 3-16　数字万用表实物图

a．电压档的使用

在测量电压时，必须把黑表笔插于 COM 孔，红表笔插于 V 孔，如图 3-17 所示。

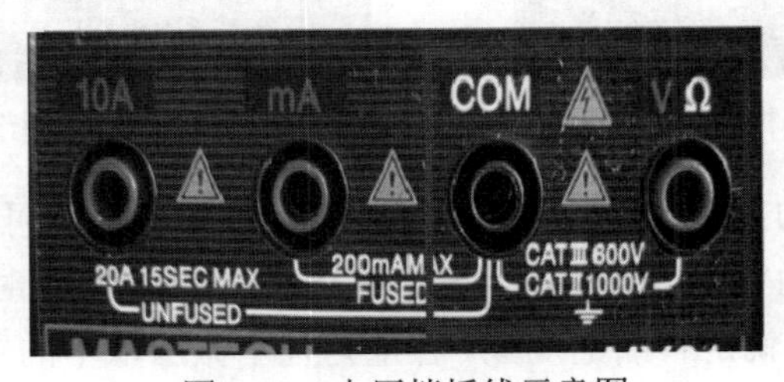

图 3-17　电压档插线示意图

在测量直流电压时，将数字万用表的指针打到直流电压档位，如图 3-18 所示。

图 3-18　直流电压档位范围

在测量交流电压时，将数字万用表的指针打到交流电压档位，如图 3-19 所示。

图 3-19　交流电压档位范围

b．电容档（F 档）的使用

电容档范围如图 3-20 所示。在数字万用表的档位左下方有两个插孔，如图 3-21 所示。插孔上方写的是 Cx，把待测的电容插到插孔里就可以测量了，有极性的电容要注意其正负极。

图 3-20　电容档范围

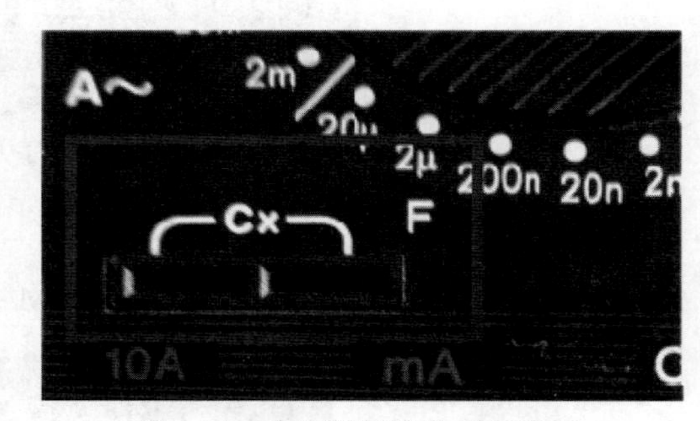

图 3-21　电容档插孔位置示意图

测量电容是否漏电的方法：对容量为 1000μF 以上的电容，可先用 R×10Ω档使其快速充电，并初步估测电容的容量，然后改到 R×1kΩ档继续测量，这时指针不应回返，而应停在或十分接近∞处，否则就是有漏电现象。容量为几十微法以下的定时电容或振荡电容（如彩电开关电源的振荡电容），对其漏电特性要求非常高，只要稍有漏电就不能使用，这时可用 R×1kΩ档使其充完电后再改用 R×10kΩ档继续测量，同样指针应停在或十分接近∞处而不应回返。

c．电流档的使用

电流档位示意图如图 3-22 所示，图 3-22（a）为交流电流档，图 3-22（b）为直流电流档。在测量电流时，必须将数字万用表的指针打到相应的档位上才能进行测量。

在测量电流时，若使用 mA 档进行测量，必须把数字万用表的黑表笔插于 COM 孔，把红表笔插于 mA 孔，如图 3-23 所示。

若使用 10A 档进行测量，则黑表笔不变仍插于 COM 孔，把红表笔拔出插于 10A 孔，如图 3-24 所示。

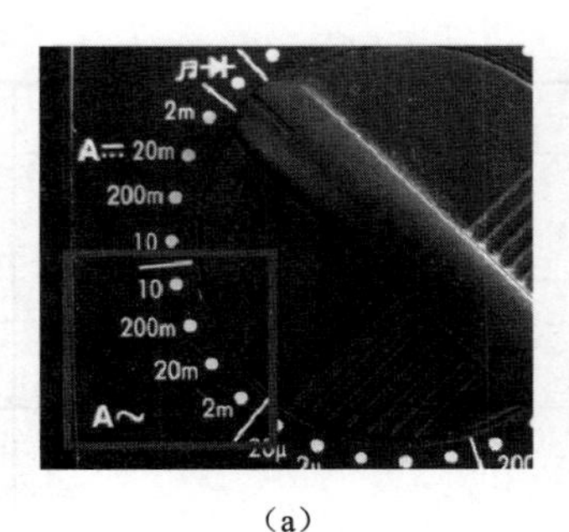

（a）

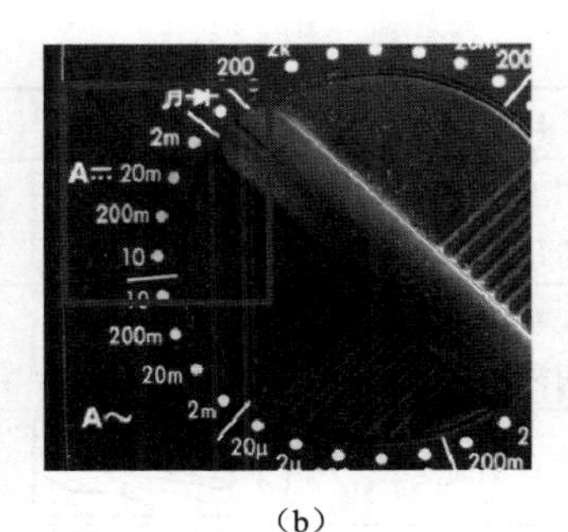

（b）

图 3-22　电流档位示意图

图 3-23　mA 档插线方法

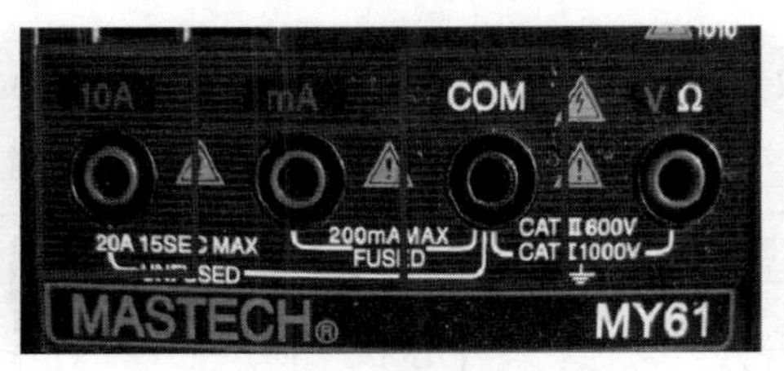

图 3-24　10A 档插线方法

3.2　工作站技术文件识读

工业机器人使用的零件和材料及装配方法等与现有的各种机械完全相同。下面将对机械安装与电气安装中使用到的图形符号进行讲解。

3.2.1　机械识图基础

1．机械符号识读

（1）剖面符号。

国家标准规定，剖切面与机件接触部分，即断面上应画上剖面符号。因为机件材料不同，所以剖面符号的画法也不同，规定的机械图样的剖面符号如表 3-1 所示，金属材料的剖面符号为与水平方向成 45° 的等距平行细实线，同一零件的所有剖面符号的剖面线方向及间隔要一致。

表 3-1　规定的机械图样的剖面符号

材　料	符　号	材　料	符　号
金属材料 （已规定剖面符号者除外）		木质胶合板	
线圈绕组元件		基础周围的泥土	
转子、电枢、变压器和电抗器的迭钢片		混凝土	
非金属材料		钢筋混凝土	

续表

材料		符号	材料	符号
型砂、填砂、粉末冶金、砂轮、陶瓷刀片、硬质合金刀片等			砖	
玻璃及供观察用的其他透明材料			格网（筛网、过滤网等）	
木材	纵剖面		液体	
	横剖面			

（2）尺寸标注常用的符号和缩写词如表 3-2 所示。

表 3-2　尺寸标注常用的符号和缩写词

名称	符号或缩写词	名称	符号或缩写词
直径	ϕ	45°倒角	C
半径	R	深度	↧
球直径	$S\phi$	柱形沉孔或锪平	⌴
球半径	SR	锥形沉孔	⌵
厚度	t 或 δ	均布	EQS
正方形	□	公制螺纹	M

（3）常见的孔标注如表 3-3 所示。

表 3-3　常见的孔标注

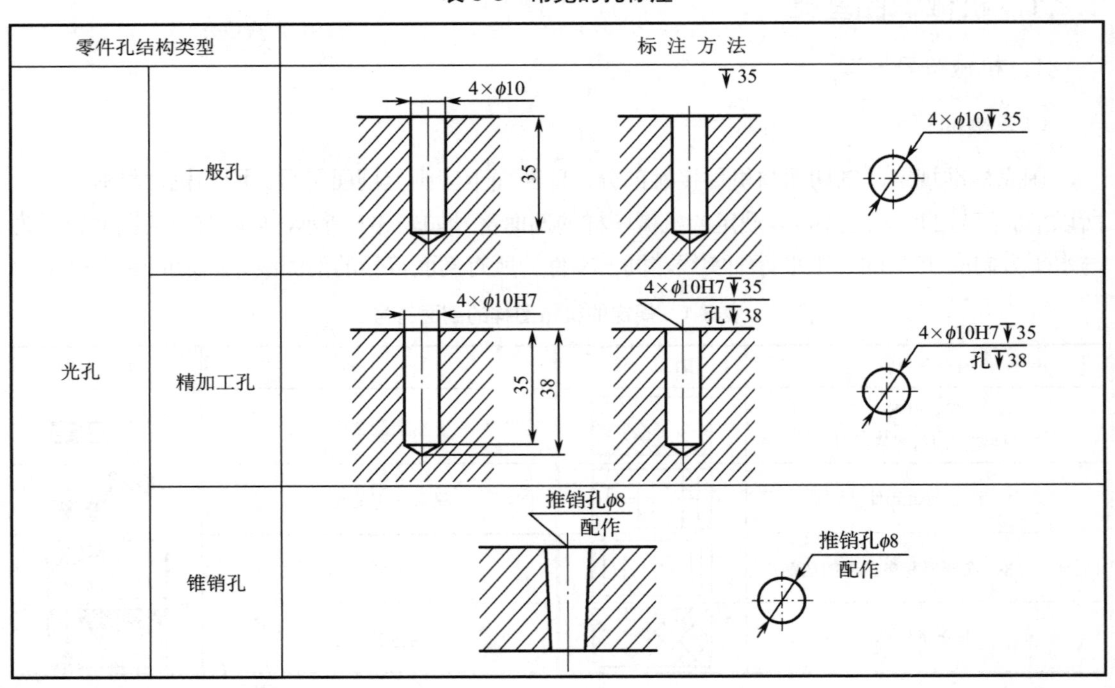

零件孔结构类型		标注方法
光孔	一般孔	
	精加工孔	
	锥销孔	

续表

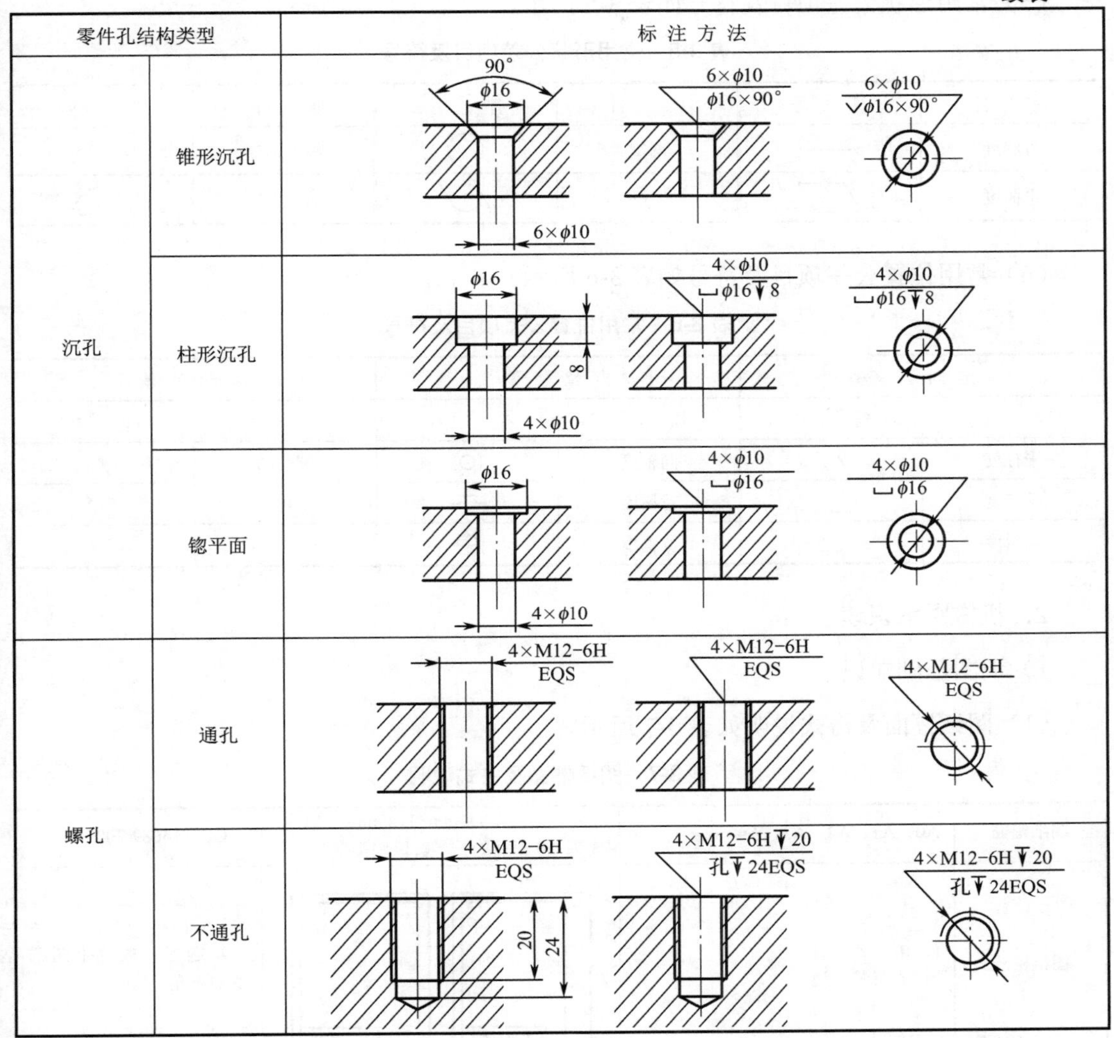

（4）常见表面粗糙度符号及说明如表3-4所示。

表3-4 常见表面粗糙度符号及说明

符 号	意义及说明
	基本符号，表示表面可用任何方法获得，当不加注粗糙度参数值或说明时，此符号仅适用于简化代号标注
	基本符号加1条短划，表示表面使用去除材料的方法获得，如车、钻、磨、剪切、抛光、腐蚀、电火花加工、气割等
	基本符号加1个小圆圈，表示表面用不去除材料的方法获得，如铸、锻、冲压变形、热轧、冷轧、粉末冶金等，或者说是用于保持原供应状况的表面
	在上述3个符号的长边上均添加1条横线，用于标注有关参数和说明
	在上述3个符号上均添加1个小圈，表示要求所有表面具有相同的表面粗糙度

（5）常用形状公差项目及符号如表 3-5 所示。

表 3-5　常用形状公差项目及符号

项　目	符　号	项　目	符　号	项　目	符　号
直线度	—	圆度	○	线轮廓度	⌒
平面度	▱	圆柱度	⌭	面轮廓度	⌓

（6）常用位置公差项目及符号如表 3-6 所示。

表 3-6　常用位置公差项目及符号

定向公差		定位公差		跳动公差	
项　目	符　号	项　目	符　号	项　目	符　号
平行度	//	同轴度	◎	圆跳动	↗
垂直度	⊥	对称度	⌯	全跳动	⌰
倾斜度	∠	位置度	⌖		

2．机械图纸识读

1）识图基础知识

（1）图纸幅面及格式说明如表 3-7 所示。

表 3-7　图纸幅面及格式说明

图纸幅面	A0、A1、A2、A3、A4	A0 幅面为 841mm×1189mm，A1 幅面为 A0 幅面的一半，以此类推	GB/T14689-2008
图框格式	a．留有装订边 b．不留装订边	a.　标题栏　b.　标题栏	标题栏一般位于图纸的右下角

（2）比例、字体、图线说明如表 3-8 所示。

表 3-8　比例、字体、图线说明

比　例	指图形与实物相应要素的线性尺寸之比	原值比例，如 1 : 1 放大比例，如 2 : 1 缩小比例，如 1 : 2	GB/T14690-1993
字　体	汉字应写成长仿宋体，字母和数字可写成正体或斜体	汉字高度不小于 3.5mm，要求：字体工整、笔画清楚、间隔均匀、排列整齐	GB/T14691-1993
图　线	图线分粗、细两种，粗线宽 d 为 0.5～2mm，细线宽为 d/2	常用图线有以下几种 （1）粗实线： （2）细实线： （3）波浪线： （4）虚线： （5）细点划线： （6）双点划线：	GB/T17450-1998

（3）尺寸标注方法说明如表3-9所示。

表3-9　尺寸标注方法说明

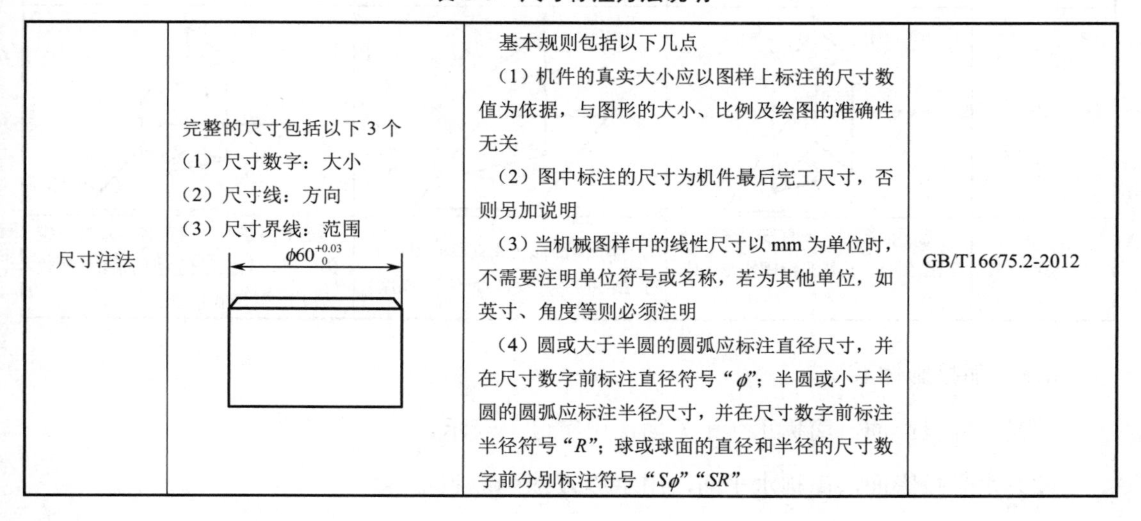

尺寸注法	完整的尺寸包括以下3个 （1）尺寸数字：大小 （2）尺寸线：方向 （3）尺寸界线：范围 $\phi 60^{+0.03}_{0}$	基本规则包括以下几点 （1）机件的真实大小应以图样上标注的尺寸数值为依据，与图形的大小、比例及绘图的准确性无关 （2）图中标注的尺寸为机件最后完工尺寸，否则另加说明 （3）当机械图样中的线性尺寸以mm为单位时，不需要注明单位符号或名称，若为其他单位，如英寸、角度等则必须注明 （4）圆或大于半圆的圆弧应标注直径尺寸，并在尺寸数字前标注直径符号“ϕ”；半圆或小于半圆的圆弧应标注半径尺寸，并在尺寸数字前标注半径符号“R”；球或球面的直径和半径的尺寸数字前分别标注符号“$S\phi$”“SR”	GB/T16675.2-2012

2）投影规律

a．投影的概念

在日常生活中当光线照射物体时，将在物体后面的墙壁或地面上产生影子，这影子就是投影。投影法是根据这种现象科学并抽象地建立起来的。

由投射中心（光源）发出的投射线通过物体，在选定的投影面上得到图形的方法，称为投影法。根据投影法得到的图形称为投影，得到图形的面称为投影面，光源称为投射中心，由投射中心通过物体的直线称为投射线。

b．投影的分类

根据投射中心到投影面的距离不同，将投影分为中心投影和平行投影；根据投射线与投影面是否垂直又将平行投影分为正投影和斜投影，如图3-25所示。

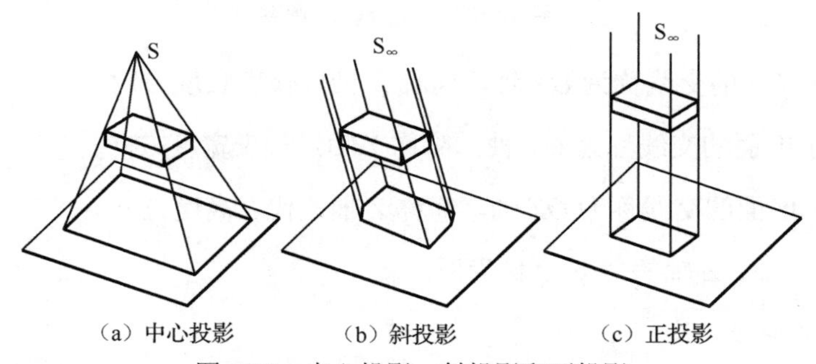

图3-25　中心投影、斜投影和正投影

c．正投影的基本性质

正投影有显真性、积聚性、类似性，正投影的基本性质如表3-10所示。

表 3-10　正投影的基本性质

性　　质	显　真　性	积　聚　性	类　似　性
图例	A B C a b c	A B C a(b) c	A B C a b c
说明	当平面图形（或直线）平行于投影面时，其投影反映实形（或实长）	当平面图形（或直线）垂直于投影面时，其投影为直线（或点）	当平面图形（或直线）倾斜于投影面时，其投影仍为平面图形（或线段），且形状相似

d．三面投影体系

（1）正立投影面，简称正（平）面，用字母 V 表示。

（2）水平投影面，简称水平面，用字母 H 表示。

（3）侧平投影面，简称侧（平）面，用字母 W 表示。

任意两投影面的交线称为投影轴，三面投影示意图如图 3-26 所示。

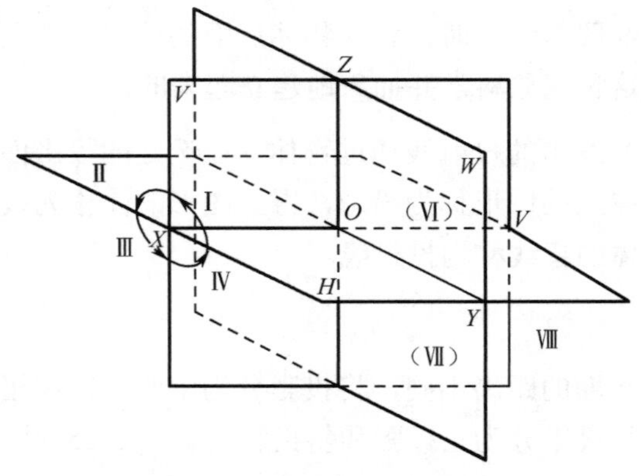

图 3-26　三面投影示意图

（1）V 面与 H 面的交线称为 OX 轴，简称 X 轴，代表长度方向。

（2）H 面与 W 面的交线称为 OY 轴，简称 Y 轴，代表宽度方向。

（3）V 面与 W 面的交线称为 OZ 轴，简称 Z 轴，代表高度方向。

（4）X 轴、Y 轴、Z 轴的交点 O 称为原点。

e．三视图的形成

将物体放在三面投影体系中，向 3 个投影面做正投影，得到的投影称为三视图，三视图形成示意图如图 3-27 所示。

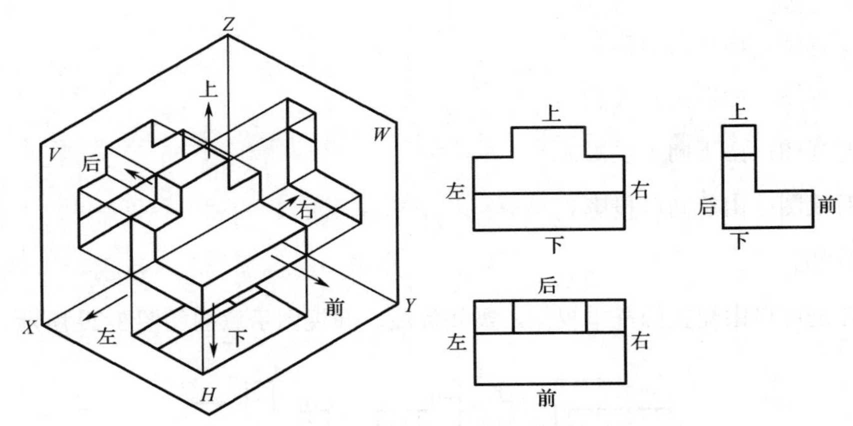

图 3-27 三视图形成示意图

（1）主视图：从前向后投影，在 V 面上的正投影视图。

（2）俯视图：从上向下投影，在 H 面上的正投影视图。

（3）左视图：从左向右投影，在 W 面上的正投影视图。

f. 三视图之间的对应关系

（1）长对正：主视图与俯视图相应投影的长度相等。

（2）高平齐：主视图与左视图相应投影的高度相等。

（3）宽相等：俯视图与左视图相应投影的宽度相等。

3）视图

a. 基本视图

基本视图示意图如图 3-28 所示。

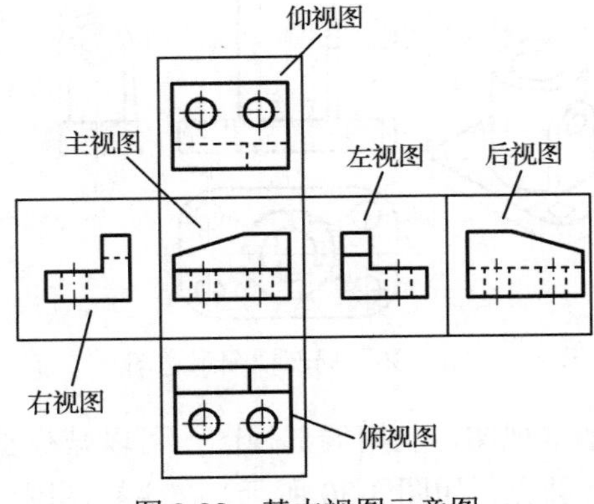

图 3-28 基本视图示意图

（1）主视图：由前向后投影。

（2）俯视图：由上向下投影。

（3）左视图：由左向右投影。

（4）右视图：由右向左投影。

（5）仰视图：由下向上投影。

（6）后视图：由后向前投影。

b．向视图

向视图是可自由配置的基本视图，需要标注。向视图示意图如图 3-29 所示。

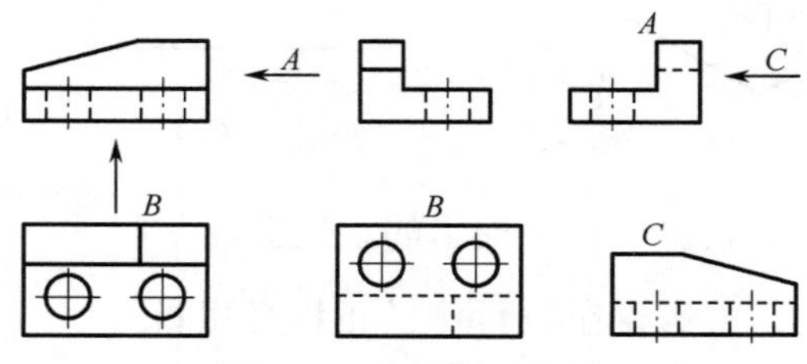

图 3-29　向视图示意图

向视图的标注方法如下所示。

（1）箭头：投影方向。

（2）字母：大写英文字母。

（3）名称：与英文字母对应。

c．局部视图

将机件的某一部分向投影面做投影得到的视图称为局部视图，局部视图示意图如图 3-30 所示。

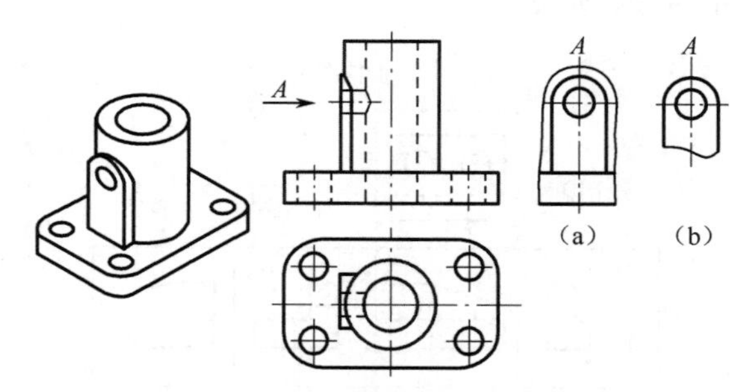

图 3-30　局部视图示意图

局部视图是不完整的基本视图，利用局部视图，可以减少基本视图的数量，对基本视图中未表达清楚的部分进行补充，如图 3-30 所示，在主视图附近用箭头指明投影方向，并标注相同的大写英文字母 *A*，按需要画出局部视图。

d．斜视图

将机件的某一部分向不平行于任何投影面的方向进行平面投射得到的视图称为斜视图。

为了避免视图变形，斜视图通常要断开，在断开处用波浪线标明，因此斜视图具有局部视图的特征。斜视图必须进行标注，标注的方法和向视图相同，但斜视图的箭头表示投影方向，在斜视图上是斜线，在空间中应该与倾斜结构的平面垂直，需要注意的是大写英文字母一定要水平书写，如图 3-31 所示。

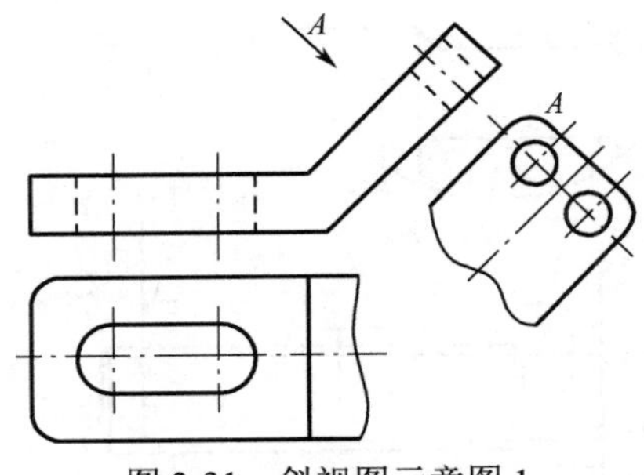

图 3-31　斜视图示意图 1

为了画图方便，允许将图形旋转，这时斜视图应标注旋转符号，如图 3-32 所示。此时斜视图的旋转方向是顺时针，应该先写旋转符号，再写大写英文字母。

e．剖面图

假设用剖切面剖开机件，将处在观察者和剖切面之间的部分移去，将其余部分向投影面做投影得到的图形称为剖面图，如图 3-33 所示。

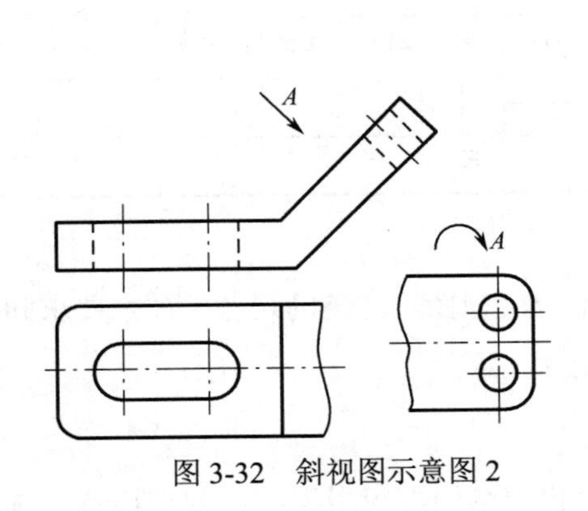

图 3-32　斜视图示意图 2

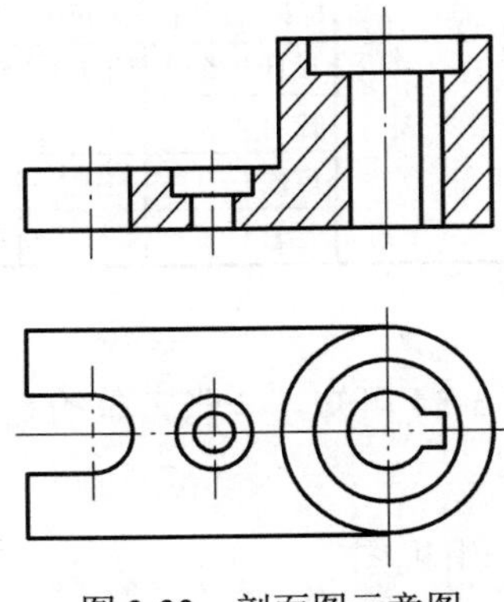

图 3-33　剖面图示意图

4）机械零件图识读

组成机器（工作站）的最小单元称为零件，表示零件的结构、大小与技术要求的图样称为零件图。零件图是制造零件和检测零件质量的依据，它直接服务于生产，是指导生产零件的重要技术文件。零件图不仅要反映设计者的设计意图，还要表达零件的各种技术要求，如尺寸、表面粗糙度等，轴类零件图如图 3-34 所示。

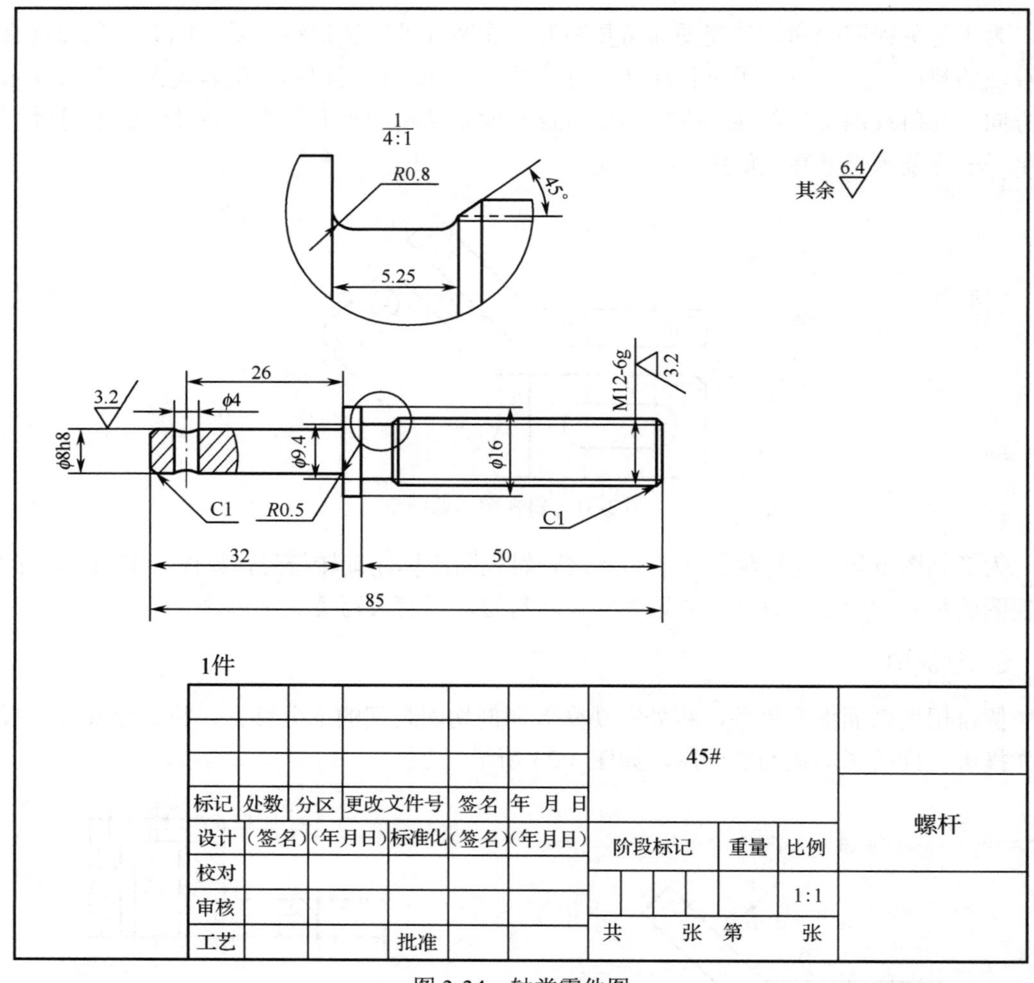

图 3-34　轴类零件图

由图 3-34 可知，一张完整的零件图应包括一组视图、完整的尺寸、技术要求和标题栏 4 项内容。

a．一组视图

在零件图中需要用一组视图表示零件的形状和结构，应根据零件的结构特点选择适当的剖面图、局部视图等表示，用最简明的方案将零件的形状和结构表示出来。

b．完整的尺寸

零件图上的尺寸不仅要标注得完整、清晰，还要标注得合理，既能满足设计者的设计意图，又适用于加工制造，便于检验。

c．技术要求

零件图上的技术要求包括表面粗糙度、尺寸极限与配合、形状公差和位置公差、表面处理、热处理、检验等要求，零件若满足这些要求才算是合格产品。

d．标题栏

标题栏一般包括零件名称、材料、数量、比例、图的编号，以及设计、描图、绘图、审核人员的签名等。

5）机械装配图识读

机械装配图是生产中重要的技术文件，它主要表示机器或零件的结构、形状、装配关系、工作原理和技术要求。在设计机器或零件的过程中，一般先根据设计思路画出机械装配示意图，再根据机械装配示意图画出机械装配图，最后根据机械装配图画出零件图（拆图）。机械装配图是安装、调试、操作、检修工作站的重要依据。机械装配图的表示方法如下。

a．规定画法

（1）相邻零件的接触表面和配合表面只画 1 条线；不接触表面和不配合表面画 2 条线，如图 3-35 所示。

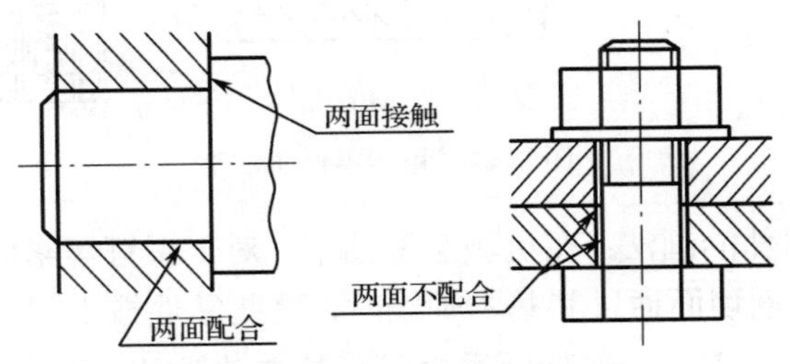

图 3-35　相邻零件画法 1

（2）当 2 个（或 2 个以上）零件邻接时，剖面线的倾斜方向应相反或间隔不同。但同一零件在各视图上的剖面线方向和间隔必须一致。

（3）标准件剖面画法如图 3-36 所示。

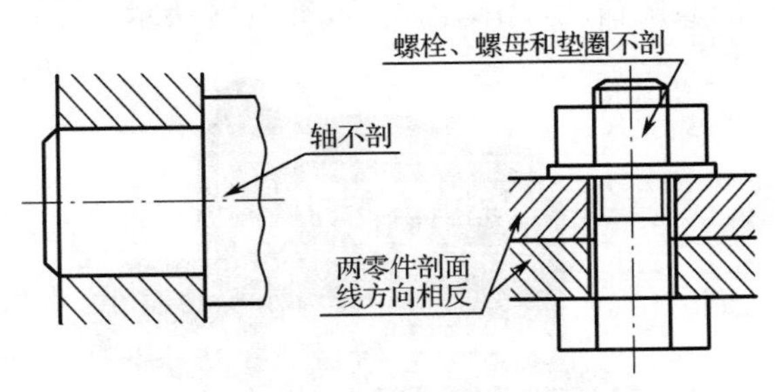

图 3-36　标准件剖面画法

（4）相邻零件的画法：两个零件的接触表面和配合表面只画 1 条公用的轮廓线（见图 3-37①）；两个零件的不接触表面和不配合表面画 2 条轮廓线，即画出两个表面各自的轮廓线（见图 3-37②）。

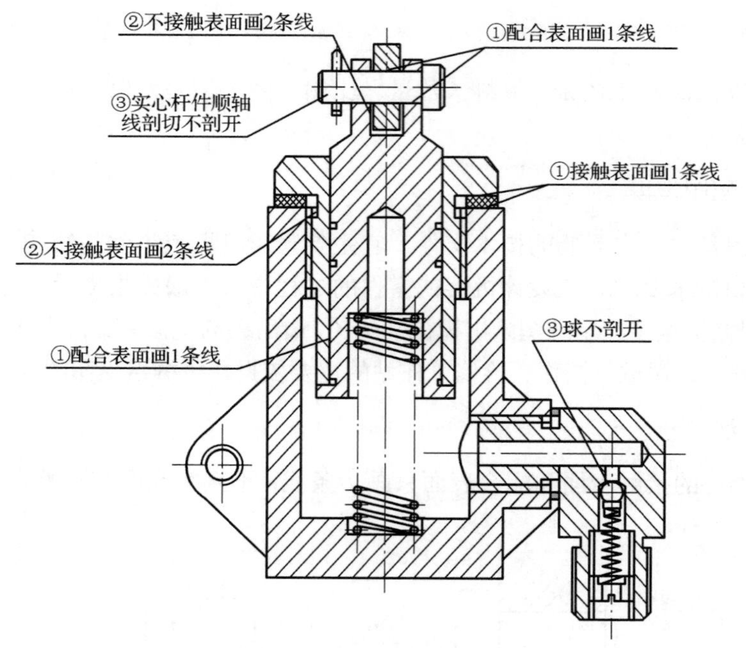

图 3-37　相邻零件画法 2

（5）实心件和紧固件的画法：在机械装配图中，对于螺钉等紧固件及实心零件，如轴、销、键、球和杆等，当剖切面通过其基本轴线时，这些零件按不剖绘制，如图 3-37③所示。在需要时，可取局部剖面图。当剖切面垂直于其基本轴线时，则应照常画剖面线。

b．特殊画法

（1）沿零件结合面剖切的画法：假设沿某些零件的结合面剖切，绘出其图形，以表达机器内部各零件之间的装配情况。例如，沿轴承盖与轴承座的结合面剖切，拆去上面部分，以表示轴衬与轴承座孔的装配情况，滑动轴承如图 3-38 所示。

图 3-38　滑动轴承

（2）拆卸画法：拆去俯视图左半部分的上面部分以表示轴瓦和轴承座的装配情况，如图 3-39 所示。

（3）假想画法：与本装配体有关但不属于本装配体的相邻零部件，以及运动机件的极限位置，可用双点画线表示。运动机件的极限位置轮廓线画双点画线，如图 3-40 所示。

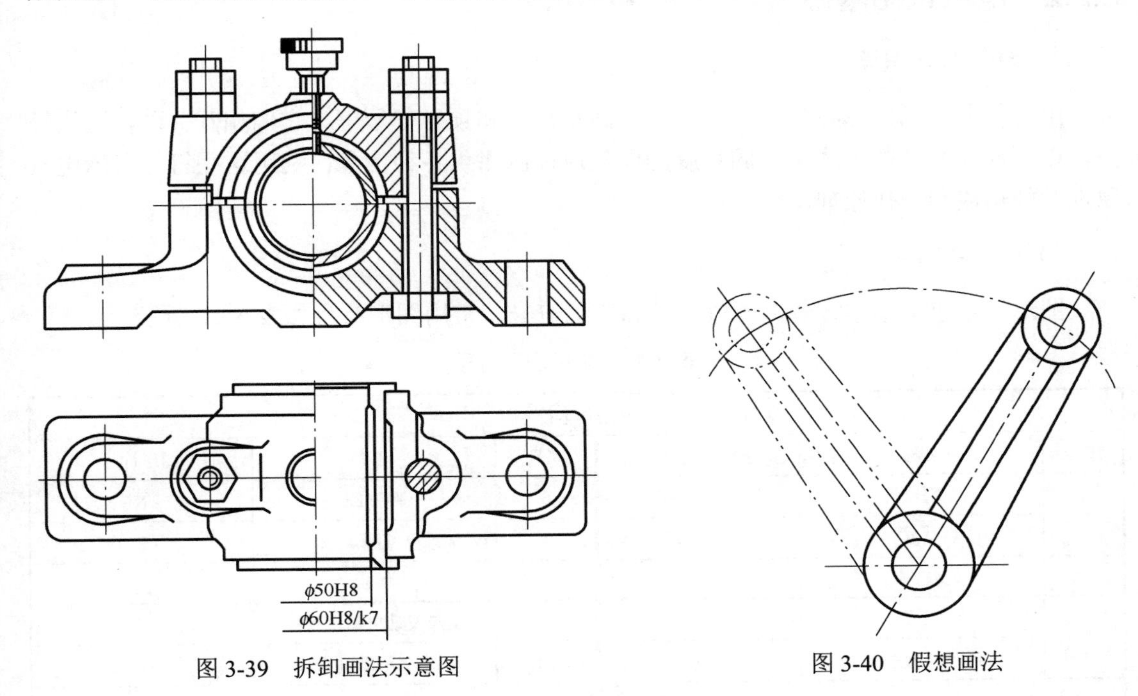

图 3-39　拆卸画法示意图

图 3-40　假想画法

（4）夸大画法：当遇到很薄、很细的零件或很小的间隙时，可进行适当夸大，夸大画法如图 3-41 所示。

（5）简化画法：零件的工艺结构，如倒角、圆角、退刀槽等可不画；滚动轴承、螺栓连接等可采用简化画法，如图 3-42 所示。

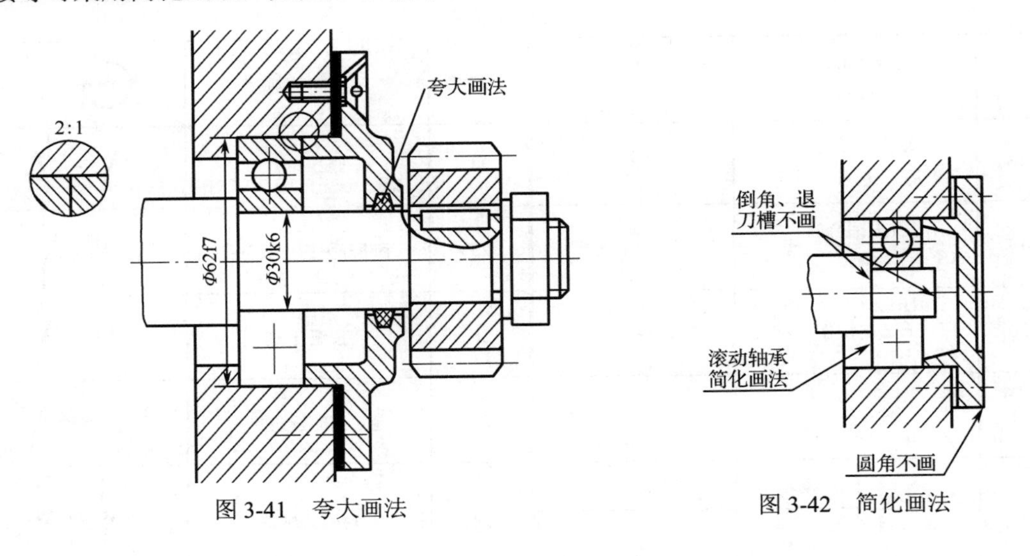

图 3-41　夸大画法

图 3-42　简化画法

3.2.2 电气识图基础

1. 电气符号识读

电气符号包括图形符号、文字符号、回路标号和项目代号等，它们相互关联，互为补充，以图形和文字的形式从不同角度为电气原理图提供各种信息，利用这些符号表示电气原理图的构成和工作原理。

1）图形符号

图形符号包括基本符号、一般符号和明细符号，常用图形符号如表 3-11 所示。

表 3-11 常用图形符号

常用基本符号					
序号	名称	图形符号	序号	名称	图形符号
1	直流	—	6	中性线	N
2	交流	∼	7	磁场	F
3	交直流		8	搭铁	⊥
4	正极	+	9	交流发动机输出接柱	B
5	负极	−	10	磁场二极管输出端	D+
导线端子和导线连接					
11	接点	•	14	导线的分支连接	
12	端子		15	导线的交叉连接	
13	导线的连接		16	屏蔽导线	
触点开关					
17	动合（常开）触点		23	凸轮控制	
18	动断（常闭）触点		24	联动开关	
19	先断后合的触点		25	手动开关的一般符号	
20	旋转操作		26	按钮开关	
21	推动操作		27	能定位的按钮开关	
22	行程开关触点 动合		28	接触器触点	
	行程开关触点 动断				

续表

电气元件					
序号	名称	图形符号	序号	名称	图形符号
29	电阻器		36	熔断器	
30	可调电阻器		37	继电器吸引线圈	
31	电容器		38	触点常开的继电器	
32	半导体二极管一般符号		39	触点常闭的继电器	
33	PNP 型三级管		40	直流电动机	M
34	集电极接管壳三极管（NPN 型）		41	三相鼠笼式感应电动机	M 3～
35	电感器、线圈、绕组、扼流圈		42	信号灯	

a．基本符号

基本符号不能单独使用，不能表示独立的电气元件，只能说明电路的某些特征。例如，“—”表示直流；“～”表示交流；“+”表示电源的正极；“-”表示电源的负极；“N”表示中性线。

b．一般符号

一般符号是一种表示一类产品和此类产品特征的简单符号。例如，“⊗”是指示仪表的一般符号，“⊠”是传感器的一般符号。一般符号广义上代表各类电气元件，另外，也可以表示没有附加信息或附加功能的具体电气元件，如一般电阻、电容等。

c．明细符号

明细符号表示某一种具体的电气元件。它是由基本符号、一般符号、物理量符号、文字符号等组合派生出来的。例如，“⊛”是指示仪表的一般符号，当要表示电流、电压的种类和特点时，将“*”换成“A”“V”，一般符号就成了明细符号。“Ⓐ”表示电流表，“Ⓥ”表示电压表。

2）文字符号

文字符号分为单字母文字符号和双字母文字符号，常用文字符号如表 3-12 所示。

单字母文字符号是按大小写的英文字母将各种电气设备、装置和电气元件划分为二十三大类，每大类用一个专用单字母文字符号表示。双字母文字符号由一个表示种类的单字母文字符号与另一个字母组成，组合形式一般由单字母文字符号在前，另一个字母在后的次序标出。

表 3-12 常用文字符号

电气设备、装置和电气元件种类	电气设备、装置和电气元件举例	文字符号	
		单字母文字符号	双字母文字符号
组件部件	分离元件放大器	A	
非电量到电量变换器、电量到非电量变换器	光电池	B	
	温度变换器	B	BT
电容器	电容器	C	
二进制元件延迟器件、存储器件	延迟器	D	
	寄存器	D	
其他电气元件	照明灯	E	EL
保护器件	避雷器	F	
发生器、发电机、电源	发生器	G	GS
	同步发电机	G	GS
	蓄电池	G	GB
信号器件	指示灯	H	HL
继电器、接触器	继电器	K	
	交流继电器	K	KA
	接触器	K	KM
电感器、电抗器	感应线圈	L	
	电抗器	L	
电动机	电动机	M	
	同步电动机	M	MS
模拟元件	运算放大器	N	
测量设备、实验设备	电流表	P	PA
	电压表	P	PV
电力电路的开关器件	断路器	Q	QF
电阻器	电阻器	R	
控制记忆信号电路的开关器件、选择器	控制开关	S	SA
	压力传感器	S	SP
	温度传感器	S	ST
变压器	变压器	T	
	电流互感器	T	TA
	电压互感器	T	TV
调制器、变换器	变频器	U	
	整流器	U	
电子管、晶体管	二极管	V	
	发光二极管	V	VL

续表

电气设备、装置和电气元件种类	电气设备、装置和电气元件举例	基本文字符号	
		单字母文字符号	双字母文字符号
传输通道	导线	W	
	母线	W	WB
端子插头插座	接线柱	X	
	连接片	X	XB
	端子板	X	XT
电气操作的机械器件	电磁铁	Y	
	电动阀	Y	YM
	电磁阀	Y	YV
终端设备、混合变压器、滤波器	电缆平衡网络	Z	
	网络	Z	

3）回路标号

电气原理图中用于表示各回路种类、特征的文字和数字标号统称为回路标号。其用途是便于接线和查线。常用回路标号如表3-13所示。

表3-13 常用回路标号

导线名称		标记符号	导线名称	标记符号
交流系统	一相	L1	保护接地	PE
	二相	L2	不接地的保护线	PU
	三相	L3	保护地线和中性线共用一线	PEN
	中性线	N	接地线	E
直流系统	负	L−	无噪声接地线	TE
	正	L+	机壳或机架	MM
	中间线	M		

4）项目代号

a．含义

在电气原理图中通常用一个图形符号表示基本件、部件、组件、功能单元、设备、系统等，称为项目。项目代号用于识别图、表图、表格中和设备上的特定代码。项目代号是由英文字母、阿拉伯数字、特定的前缀符号按照一定规则组合而成的代码。

b．项目代号的构成

一个完整的项目代号由以下4个代号段组成。

（1）种类代号段，其前缀符号为“-”；

（2）高层代号段，其前缀符号为“=”；

（3）位置代号段，其前缀符号为“+”；

（4）端子代号段，其前缀符号为“:”。

一个项目代号可由一个代号段组成（较简单的电气原理图只标注种类代号段或高层代号段），也可由几个代号段组成。例如，S1 系统中的开关 Q4 在 H84 位置，其中 A 号端子可标记为“+H84=S1-Q4:4A”，项目代号实例如图 3-43 所示。

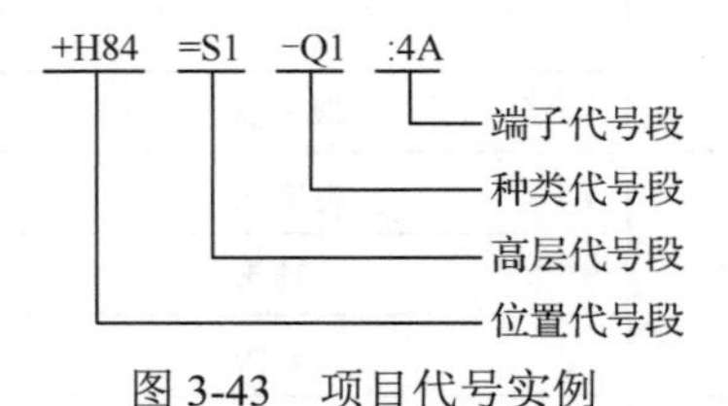

图 3-43　项目代号实例

2．电气图纸识读

电气图纸是用电气符号、带注释的围框或简化外形表示电气系统或设备中组成部分之间的相互关系及连接关系的图。常用的电气图纸有电气原理图、电气元件布置图、电气接线图。

1）电气原理图识读

电气原理图是一种用于表明电气设备的工作原理及各电气元件的作用，电气元件之间的关系的表示方式。图形符号、文字符号是组成电气原理图的要素，如图 3-44 所示。

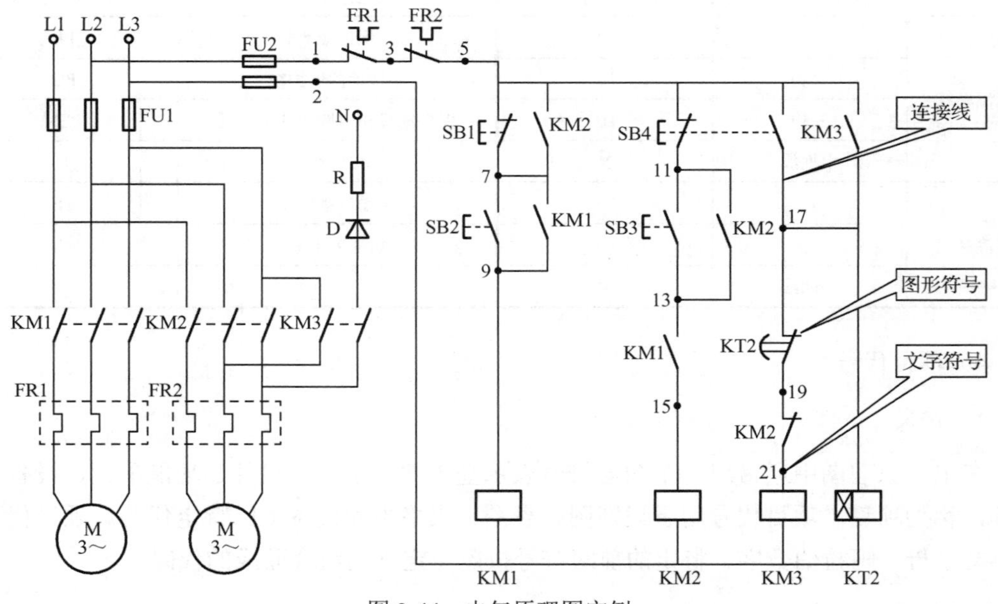

图 3-44　电气原理图实例

电气原理图分为主电路和辅助电路两部分。主电路是电气设备的驱动电路包括从电源到电动机等大电流通过的通路。辅助电路是由按钮，接触器和继电器的线圈，各种电气设备的常开、常闭触点等构成的控制电路，可以实现电气设备需要的控制功能，是弱电流通过的通路。

2）电气元件布置图

电气元件布置图主要用于表明电气设备上所有电气元件的实际位置，为机械电气控制设备的制造、安装、维修提供必要的资料。电气元件布置图如图3-45所示。

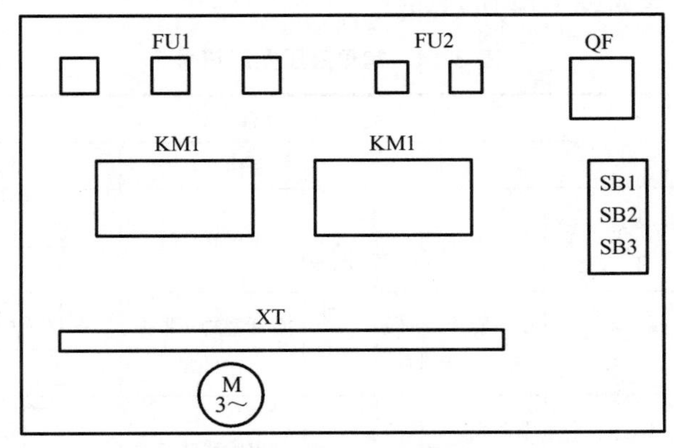

图3-45　电气元件布置图

3）电气接线图

电气接线图以电路原理为依据绘制而成，是现场电气安装中不可缺少的重要资料。电气接线图中各电气元件的图形、位置及相互间的连接关系与电气元件的实际形状、实际安装位置及实际连接关系一致，如图3-46所示，图中的连接关系采用相对标号法表示。

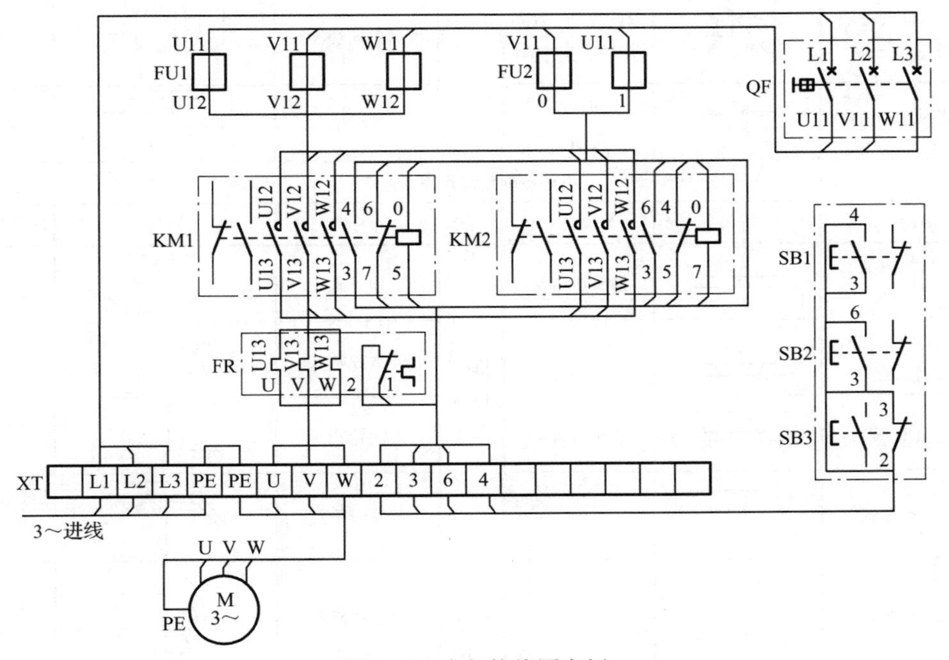

图3-46　电气接线图实例

3.2.3 液压气动识图基础

1. 液压气动符号识读

1）液压图形符号

常见液压图形符号如表 3-14 所示。

表 3-14 常见液压图形符号

液压泵、液压电动机和液压缸							
名称		符号	说明	名称		符号	说明
液压泵	液压泵		一般符号	单作用缸	单活塞杆缸		详细符号
	单向定量液压泵		单向旋转、单向流动、定排量		单活塞缸（带弹簧复位）		详细符号
	双向变量液压泵		双向旋转、双向流动、变排量	双作用缸	单活塞杆缸		详细符号
液压电动机	液压电动机		一般符号		双活塞杆缸		详细符号
	单向定量液压电动机		单向流动、单向旋转、定排量		不可调单向缓冲缸		详细符号
	双向变量液压电动机		双向流动、双向旋转、变排量		可调单向缓冲缸		详细符号
	摆动电动机		双向摆动、定角度		伸缩缸		详细符号
机械控制装置和控制方法							
名称		符号	说明	名称		符号	说明
机械控制件	直线运动的杆		箭头可省略	机械控制方法	顶杆式		
	旋转运动的轴				弹簧控制式		
	定位装置		箭头可省略		滚轮式		两个方向操作
人力控制方法	按钮式				单向滚轮式		仅在一个方向上操作
	拉钮式			电气控制方法	单作用磁铁		电气引线可省略

续表

机械控制装置和控制方法							
名称		符号	说明	名称		符号	说明
人力控制方法	手柄式			电气控制方法	双作用磁铁		
	单向踏板式				旋转电气控制装置	M	
	双向踏板式			先导压力控制方法	液压先导加压控制		内部压力控制
					液压先导加压控制		外部压力控制
					液压先导卸压控制		内部压力控制，内部卸油

液压阀							
名称		符号	说明	名称		符号	说明
压力控制阀	溢流阀			方向控制阀	单向阀		
	先导型溢流阀				液控单向阀		
	双向溢流阀				二位二通电磁阀		常断
	减压阀						常通
	先导型减压阀				二位四通电磁换向阀		
	顺序阀				二位四通机动阀		
	先导型顺序阀				三位四通电磁换向阀		
流量控制阀	节流阀			流量控制阀	调速阀		

续表

液压阀							
名称		符号	说明	名称		符号	说明
流量控制阀	单向节流阀	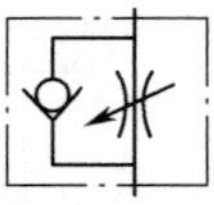		流量控制阀	单向调速阀	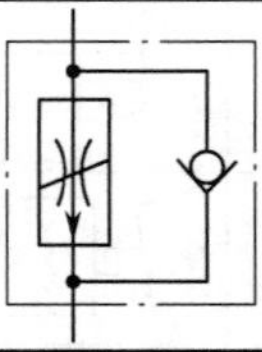	

2）气动图形符号

常见气动图形符号如表 3-15 所示。

表 3-15　常见气动图形符号

名　称	符　号	说　明	名　称	符　号	说　明
工作管路		传输能量	控制管路	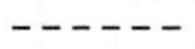	传输控制能量
排气管路		排气的管路	柔性管路		连接可移动零件
交叉管路	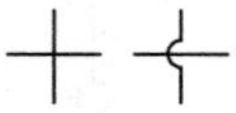	管路交叉、并未相互连接	快换接头	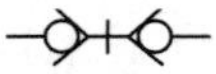	
排气口	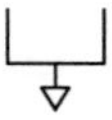	具有螺纹连接的排气口	压力表		
空心三角形		气流或排气	双作用气缸	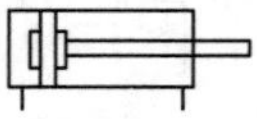	具有双向不可调缓冲
斜箭头		表示可调或逐渐变化	二位二通换向阀	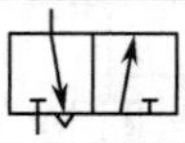	常断型
箭头		方向	二位三通换向阀	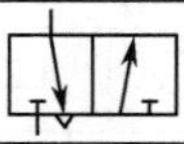	常断型
		旋转方向		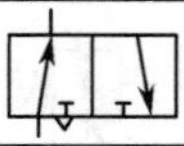	常开型
	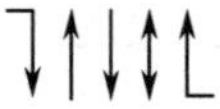	阀内流动通路	二位四通换向阀	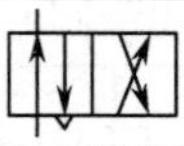	具有两个工作位置，一个排气口
压缩机	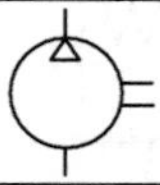	定排量，单方向旋转	二位五通换向阀		具有两个工作位置，两个排气口
气动电动机	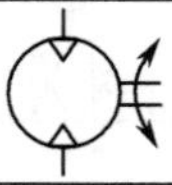	定排量，双方向旋转	三位五通换向阀	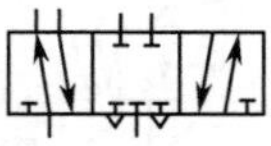	具有两个工作位置，两个排气口
摆动电动机	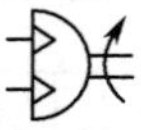	回转驱动式气缸	截止阀		
单作用气缸	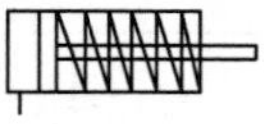	弹簧复位	单向阀	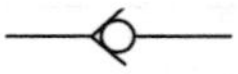	当入口压力高于出口压力时即打开

续表

名　称	符　号	说　明	名　称	符　号	说　明
节流阀		流量可调节	减压阀		稳定系统压力
顺序阀		内部压力控制	冷却器		
过滤器		去除压缩空气中的杂质	水分离器		去除压缩空气中的水分
油雾器		加入适量的润滑油	消声器		

2．液压气动图纸识读

1）液压传动系统的工作原理

液压传动是一种以液体为工作介质进行能量传递和控制的传动方式。其基本原理是利用液压泵将电动机的机械能转换为液体的压力能，通过液体压力能的变化传递能量，经过各种控制阀和管路的传递，借助液压执行元件（液压缸或电动机）把液体压力能转换为机械能，从而驱动工作机构，实现直线运动和回转运动。液压传动中的液体称为工作介质，一般为矿物油，它的作用和机械传动中的皮带、链条及齿轮等传动元件相似。

下面以液压千斤顶为例说明液压传动的工作原理。如图 3-47 所示，手柄 1 带动活塞 3 上提，小液压缸 2 容积扩大形成真空，单向阀 7 关闭，油箱 12 中的液体在大气压力的作用下，经过油管 5、单向阀 4 进入小液压缸 2；手柄 1 带动活塞 3 下压，单向阀 4 关闭，小液压缸 2 内的液体推开单向阀 7，再经过油管 6 进入大液压缸 9，迫使活塞 8 克服重物的重力做功；当需要活塞 8 停止时，使手柄 1 停止运动，大液压缸 9 中的液体压力使单向阀 7 关闭，活塞 8 就停止运动；在工作时，截止阀 11 关闭，当需要活塞 8 放下时，打开此阀，液体在重物的重力的作用下经此阀排往油箱 12。

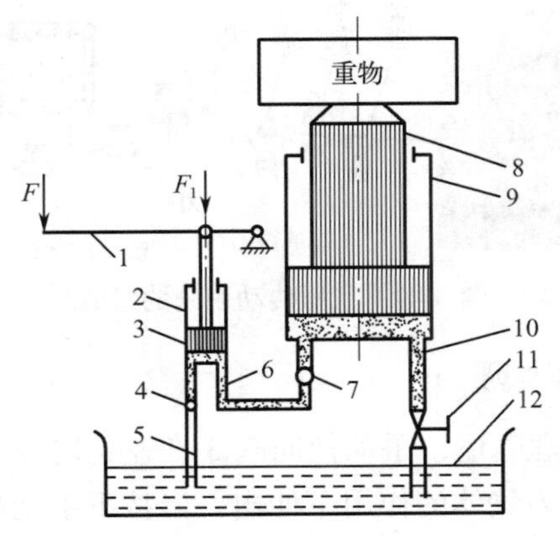

1—手柄；2—小液压缸；3、8—活塞；4、7—单向阀；5、6、10—油管；9—大液压缸；11—截止阀；12—油箱

图 3-47　液压千斤顶原理图

2）液压传动系统的组成

一个完整的液压传动系统由 5 部分组成，即动力元件、执行元件、控制元件、辅助元件（附件）和液压油。电动机、油泵属于动力元件，溢流阀、节流阀、电磁换向阀属于控制元件，液压缸属于执行元件，过滤器属于辅助元件。液压传动系统的组成如图 3-48 所示。

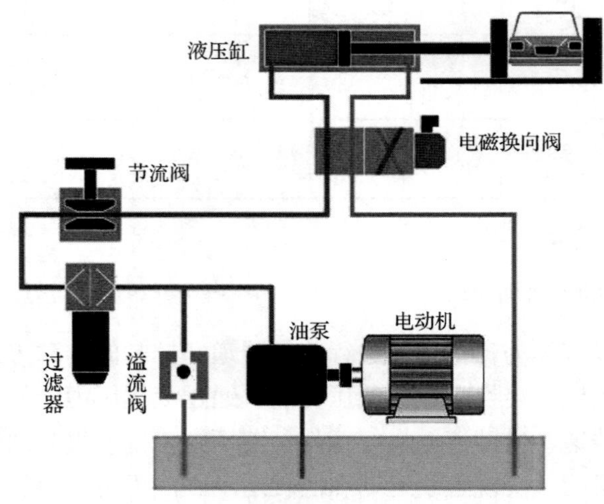

图 3-48　液压传动系统的组成

3）气压传动系统的组成

气压传动系统是一种以压缩空气为工作介质进行能量传递和信号传递的传动方式。气压传动系统的工作原理是利用空压机将电动机或其他原动机输出的机械能转换为空气的压力能，然后在控制元件的作用下，通过执行元件把空气的压力能转换为直线运动或回转运动的机械能，从而使执行元件完成各种动作，并对外做功。气压传动系统的组成如图 3-49 所示。

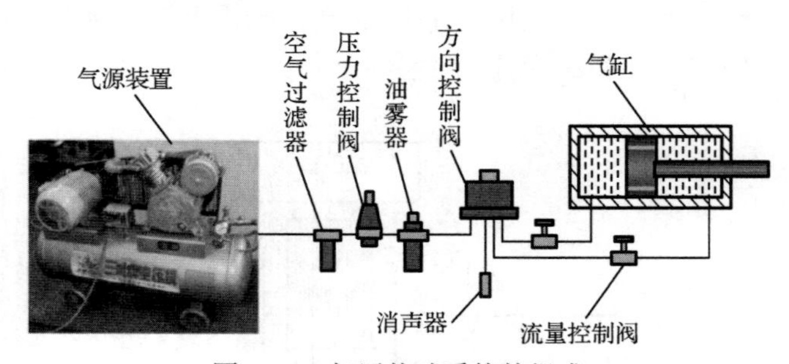

图 3-49　气压传动系统的组成

4）气压传动系统的工作原理

气压传动系统的工作原理陈述：手动换向阀 3 在左位时压力气体接通双作用气缸 6 的无杆腔，双作用气缸 6 在压力气体的作用下伸出。当按下手动换向阀 3 后，气阀换向，压力气体经过气阀 3 驱动双作用气缸 6 缩回。可通过调速接头 4、5 调节双作用气缸 6 的伸出速度和缩回速度。气压传动系统原理图如图 3-50 所示。

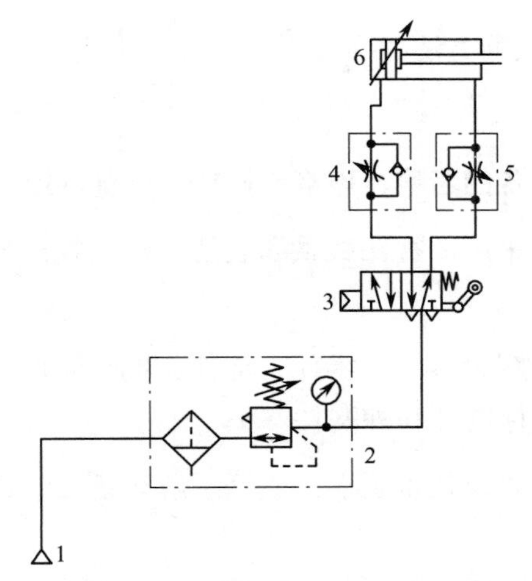

1—气源；2—二联体；3—手动换向阀；4、5—调速接头；6—双作用气缸

图3-50　气压传动系统原理图

3.2.4　工作站图纸识读方法

1. 工作站机械图纸识读方法

工业机器人工作站是指以一台或多台工业机器人为主，配以相应的外围设备，如变位机、带式输送机、工装夹具等，或借助人工的辅助操作一起完成相对独立的作业或工序的一组设备组合。工业机器人工作站主要由工业机器人本体、控制系统、辅助设备，以及其他外围设备构成，表示这些设备的安装与调试的所有图纸就是工作站机械图纸。

1）阅读工作站机械图纸的要求

操作人员通过对工业机器人工作站识图知识的学习，应满足以下基本要求。

（1）了解工作站的名称、用途、性能和主要技术特性。

（2）了解各零部件的材料、结构形状、尺寸，以及零部件之间的装配关系、拆装顺序。

（3）根据设备中各零部件的主要形状、结构和作用，了解整个设备的结构特征和工作原理。

（4）了解设备上气动元件的原理和数量。

（5）了解设备在设计、制造、检验和安装等方面的技术要求。

阅读工作站机械图纸的方法一般包括概括了解、详细分析和归纳总结等，但应该注意工作站的内容和图示特点。操作人员在阅读机械图纸前，要初步了解典型模块的基本结构，可以提高读图的速度和效率。

2）阅读工作站机械图纸的方法

A．概括了解

（1）看标题栏，了解设备的名称、规格、材料、重量、绘图比例、图纸张数等内容。

（2）粗看视图了解设备采用的视图数量和表达方法，找出各视图、剖面图的位置和各自的表达重点。

（3）看明细栏，概括了解设备中各零件、部件、电气元件等的名称和数量，以及哪些是零件图和部件图，哪些是标准件和外购件。

（4）看设备的设计配置表及技术要求，概括了解设备在设计、制造、检验等方面的其他技术要求。

B．详细分析

a．视图分析

分析设备图上共有多少个视图？哪些是基本视图？各视图采用了哪些表达方法？分析各视图之间的关系和作用。

b．零部件分析

以主视图为中心，并结合其他视图，将某一零部件从视图中分离出来，然后将序号和明细栏联系起来进行零部件分析。零部件分析的内容包括以下几点。

（1）结构分析，搞清该零部件的结构特征，想象出其形状。

（2）尺寸分析，包括规格尺寸、定位尺寸及标注的定形尺寸和各种符（代）号。

（3）功能分析，搞清零部件在设备中的作用。

（4）装配关系分析，即零部件在设备中的位置及与主体或其他零部件的连接装配关系。

（5）对标准化零部件，还可根据其标准号和规格查阅相应的标准进行进一步的分析。

（6）对组合件，可以从部件图中了解相应内容。

工作站的零部件一般较多，一定要分清主次，对于主要的、较复杂的零件或部件及其装配关系要重点分析。此外，零部件分析最好按一定的顺序有条不紊地进行，一般按先大后小、先主后次、先易后难的顺序，也可按序号顺序逐一分析。

c．工作原理分析

结合布局图和配置单，分析各模块的用途及其在设备的纵向和横向的位置，从而搞清楚设备的工作原理。

d．技术特性和技术要求分析

通过各模块的技术要求，明确各模块的性能、主要技术指标，以及在制造、检验、安装过程中的技术要求。

C．归纳总结

在零部件分析的基础上，通过详细阅读机械图纸，可以将各零部件的形状，以及各零部件在设备中的位置和装配关系进行综合，并分析设备的整体结构特征，从而想象出设备的完整形象。然后进一步对设备的结构特点、用途、技术特性、主要零部件的作用及设备的工作原理和工作过程等进行归纳总结，最后对该设备有一个全面的、清晰的认识。

在阅读工业机器人工作站机械图纸时，应适当地了解工业机器人在该工艺应用中的有关设计资料，了解工业机器人在工艺过程中的作用和地位，这有助于理解工作站的设计结构。操作人员如果能熟悉各类工业机器人工作站典型结构的有关知识，熟悉工作站常用零部件的结构和有关标准，熟悉工作站的表达方法和图示特点，必将大大提高其读图的速度、深度和广度。

2．工作站电气图纸识读方法

1）阅读设备说明书

阅读设备说明书的目的是了解设备的机械结构、电气传动方式、对电气控制的要求、设备和电气元件的布置情况，以及设备的操作方法、各种按钮和开关的作用等。

2）阅读电气图纸说明

阅读电气图纸说明的目的是搞清楚设计的内容和施工要求，了解电气图纸的大体情况，抓住阅读的要点。电气图纸说明包括电气图纸目录、技术说明、设备材料明细表、电气元件明细表、设计和施工说明书等，对工程项目的设计内容及总体要求进行大致了解，有助于抓住阅读电气图纸的重点内容。

阅读电气图纸说明的方法是：从标题栏、技术说明到图形、电气元件明细表，从总体到局部，从电源到负载，从主电路到辅助电路，从电源到电气元件，从上到下，从左到右。

3）阅读电气原理图

为了进一步了解系统或分析系统的工作原理，需要仔细地阅读电气原理图。在阅读电气原理图时要分清主电路和辅助电路，交流电路和直流电路，再按先看主电路后看辅助电路的顺序读图。

在看主电路时，一般是由上而下，即由电源经开关设备及导线向负载方向看，也就是看电源是怎样给负载供电的。在看辅助电路时，由上而下，即先看电源，再依次看各回路，分清各辅助电路对主电路的控制、保护、测量、指示、监视功能，以及控制电路的组成和工作原理。

4）阅读安装接线图

安装接线图是以电路为依据的，因此要对照电气原理图来阅读安装接线图。在阅读安装接线图时同样是先看主电路，再看辅助电路。在看主电路时，从电源引入端开始，依次经过开关设备、线路和负载。在看辅助电路时，从电源的一端到电源的另一端，按电气元件的连接顺序分析各回路。

安装接线图中的线号是电气元件间导线连接的标记，原则上线号相同的导线都可以接在一起。由于安装接线图多采用单线表示，所以应该对导线的走向加以辨别，还要弄清楚端子板内外电路的连接情况。

5）阅读展开接线图

应结合电气原理图阅读展开接线图。

在阅读展开接线图时，一般是先看各展开回路的名称，然后从上到下、从左到右识读。需要注意的是，在展开接线图中，同一电气元件的各部件是按其功能分别画在不同回路中的（同一电气元件的各部件均标注同一项目代号），因此，在读图时要注意该电气元件中各部件之间的相互联系。

6）阅读电气元件布置图

在阅读电气元件布置图时，要先了解土建、管道等相关图样，然后看电气设备（包括平面位置、立体位置），由投影关系详细分析各设备的具体位置及尺寸，并弄清楚各电气设备之间的相互关系和线路引入、引出、走向等。

当然，由于要识读的图样类型不同，读图时的步骤也有差异，在实际读图时，要根据图形的类型进行相应的调整。

3.2.5 典型工作站图纸识读

以常见的搬运码垛工作站为例讲解工作站图纸的识读方法，另外着重说明特殊工艺下（如焊接机器人等）的技术文件。

1. 工作原理分析

由上文可知，搬运码垛工作站主要由工业机器人本体、末端执行器、传送机构、码垛平台等组成，如图 3-51 所示。

1）工作流程

通过搬运码垛工作站布局效果图可知其工作流程如下。

传送机构将编织袋输送到产品抓取工位，然后由定位调整装置将产品的到位信号发送给搬运码垛机器人，搬运码垛机器人抓取产品放到产品托盘（码垛平台）上，并按照要求摆放好产品后，再返回抓取工位，等待下一个产品的到位信号。

2）末端执行器分析

末端执行器采用框架式结构，驱动元件采用气缸。

3）传送机构分析

传送机构采用带式输送机输送，终端为动力托辊传送。

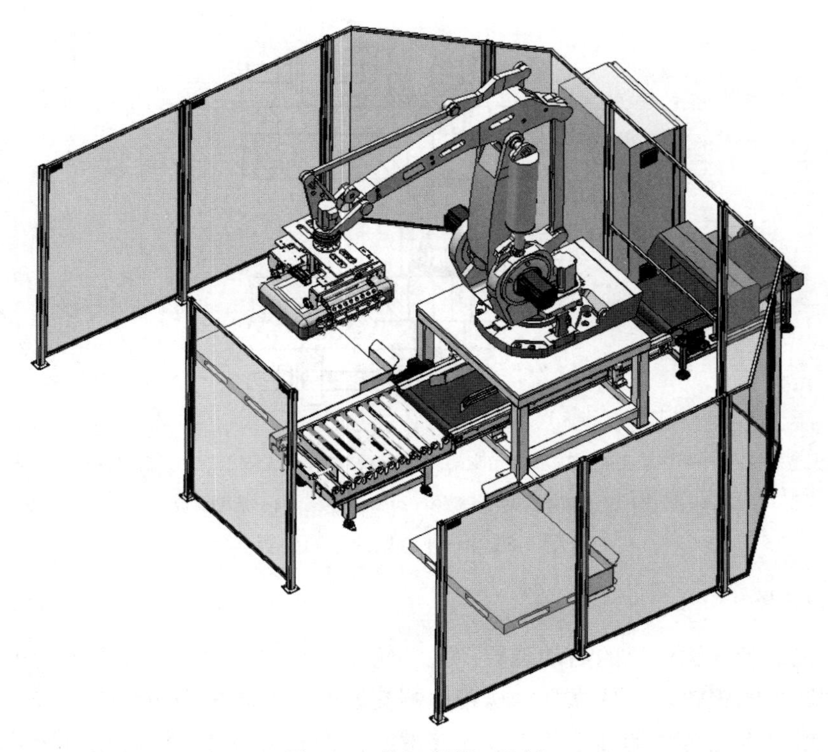

图 3-51 搬运码垛工作站

2. 模块机械图纸识读

1）传送机构图纸识读

带式输送机的核心部件包括张紧装置和驱动装置。某自动化装配生产线上的带式输送机总体结构如图 3-52 所示。

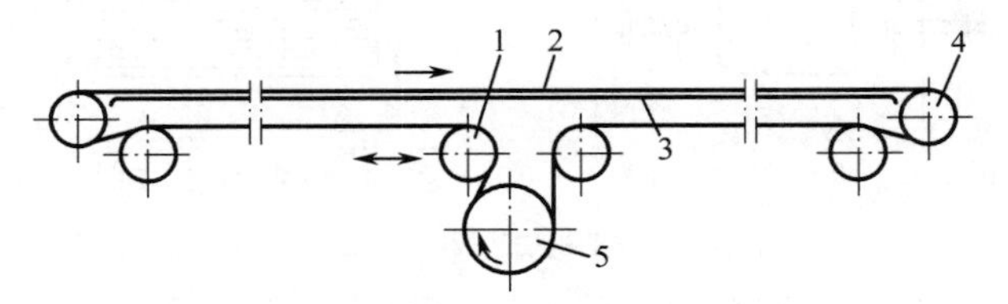

1—张紧轮；2—输送带；3—托板；4—辊轮；5—主动轮

图 3-52 某自动化装配生产线上的带式输送机总体结构

a. 张紧装置

张紧装置是带式输送机的重要组成部分，它可以保证带式输送机驱动滚筒分离点的张力足够大，防止输送带打滑，并且能够补偿输送带在过度工况时产生的塑性变形，维持带式输送机正常运行需要的最小拉紧力，从而保证带式输送机的正常运行。张紧装置性能的好坏直接影响带式输送机的整体性能，在带式输送机中的作用特别重要。一种常见的张紧装置如图 3-53 所示。

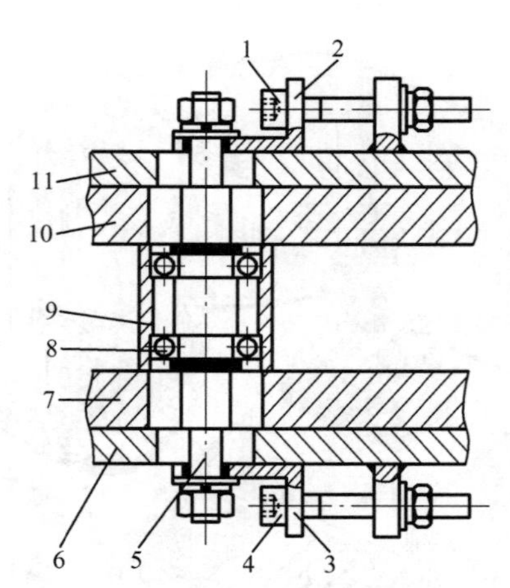

1—后调节螺钉；2—后调节支架；3—前调节支架；4—前调节螺钉；5—轮轴；6—前安装板；7—前支架；

8—滚动轴承；9—张紧轮；10—后支架；11—后安装板

图 3-53　一种常见的张紧装置

b．驱动装置

驱动装置是带式输送机的启动装置。主动轮是驱动装置中直接接受电动机传递来的扭矩并驱动输送带的辊轮。它依靠与输送带内侧接触面间的摩擦力驱动输送带，因为要传递负载扭矩，所以辊轮与传动轴之间通过连接键连接为一个整体，没有相对运动。带式输送机应用实例中主动轮及驱动装置的详细结构图，如图 3-54 所示。

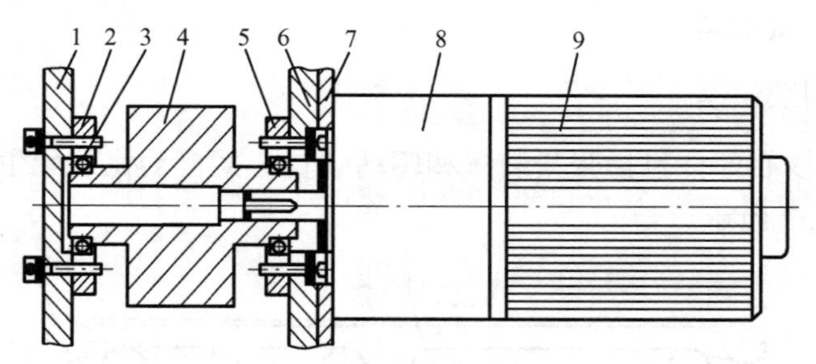

1—左安装板；2—左轴承座；3—滚动轴承；4—主动轮；5—右轴承座；

6—右安装板；7—电动机安装板；8—减速器；9—电动机

图 3-54　主动轮及驱动装置的详细结构图

2）末端执行器图纸识读

编织袋末端执行器效果图如图 3-55 所示。

此末端执行器抓取的工件为编织袋或麻袋，从图 3-55 中可分析出，末端执行器主要由驱动气缸、压紧气缸、手爪组成。主要工作流程为：在抓紧时，驱动气缸驱动手爪抓住工件，然后压紧气缸推动压板将工件压紧防止工件在搬运过程中甩出；在放料时，压紧气缸松开，驱动气缸缩回，手爪将工件放下。

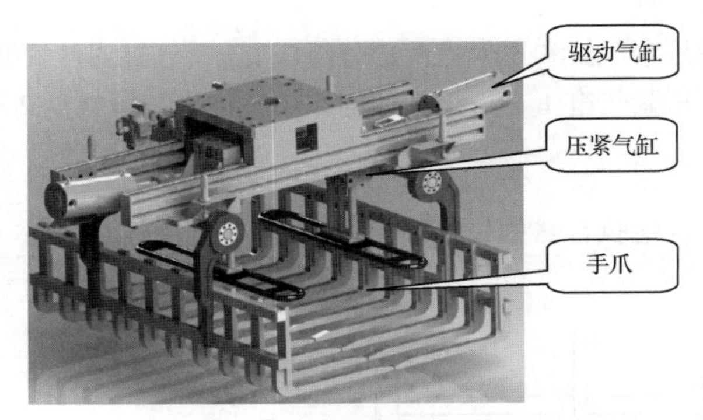

图 3-55 编织袋末端执行器效果图

a．驱动模块

驱动模块是末端执行器的动力装置，可以驱动执行元件（手爪）完成抓取动作。驱动模块详细结构如图 3-56 所示。

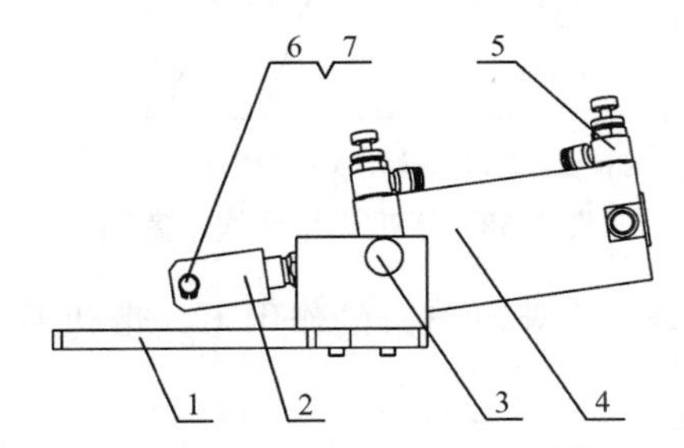

1—安装底板；2—气缸连接件；3—旋转轴；4—驱动气缸；5—调速接头；6—连接销；7—轴用弹簧垫圈

图 3-56 驱动模块详细结构

驱动气缸 4 在压缩气体的作用下伸出，驱动气缸 4 以旋转轴 3 为中心旋转，连接销 6 连接手爪。当驱动气缸 4 伸出时，会驱动手爪以连接销 6 为中心旋转，将工件抓起。

b．压紧模块

压紧模块的主要作用是配合手爪压紧、定位，防止工件脱落。压紧模块结构示意图如图 3-57 所示。

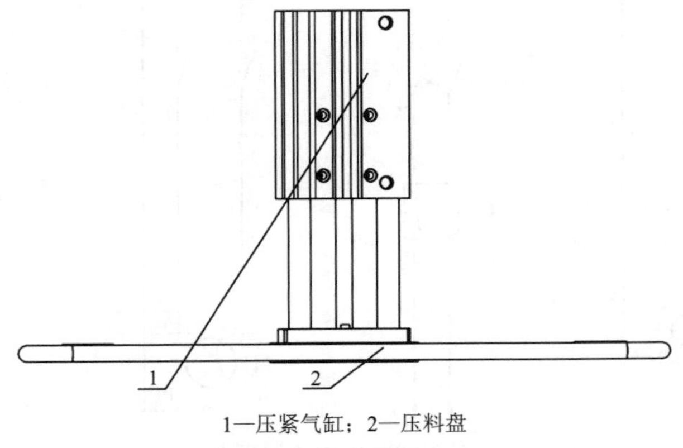

1—压紧气缸；2—压料盘

图 3-57 压紧模块结构示意图

压紧模块主要由压紧气缸和压料盘两部分组成。压紧气缸通过安装板安装在固定座上。手爪抓住工件之后，压紧气缸 1 在压缩气体的作用下伸出，压料盘 2 压紧工件。

c．手爪模块

手爪部分是整个末端执行器的最终端，两个手爪配合抓起工件，手爪模块结构示意图如图 3-58 所示。

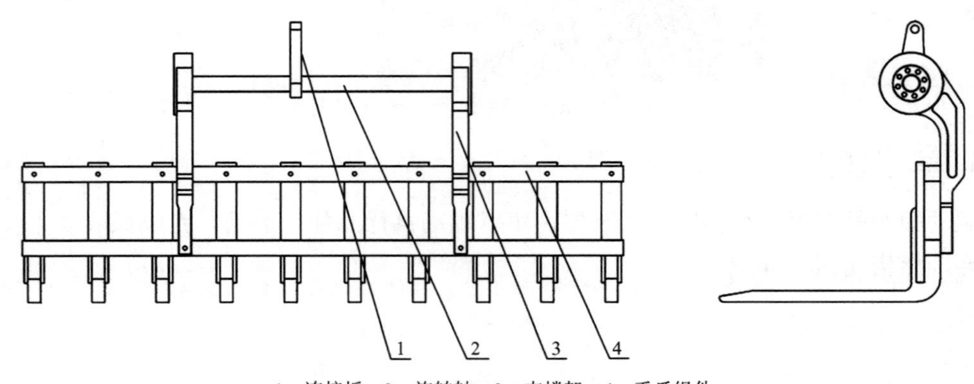

1—连接板；2—旋转轴；3—支撑架；4—手爪组件

图 3-58　手爪模块结构示意图

连接板 1 与驱动模块相连，在驱动气缸的作用下，带动手爪组件旋转。

3．模块电气图纸识读

1）电路分析

主电路的主要功能是为工业机器人提供动力电源，控制传动机构电动机的启动和停止，为低压用电设备提供电源。主电路原理图如图 3-59 所示。

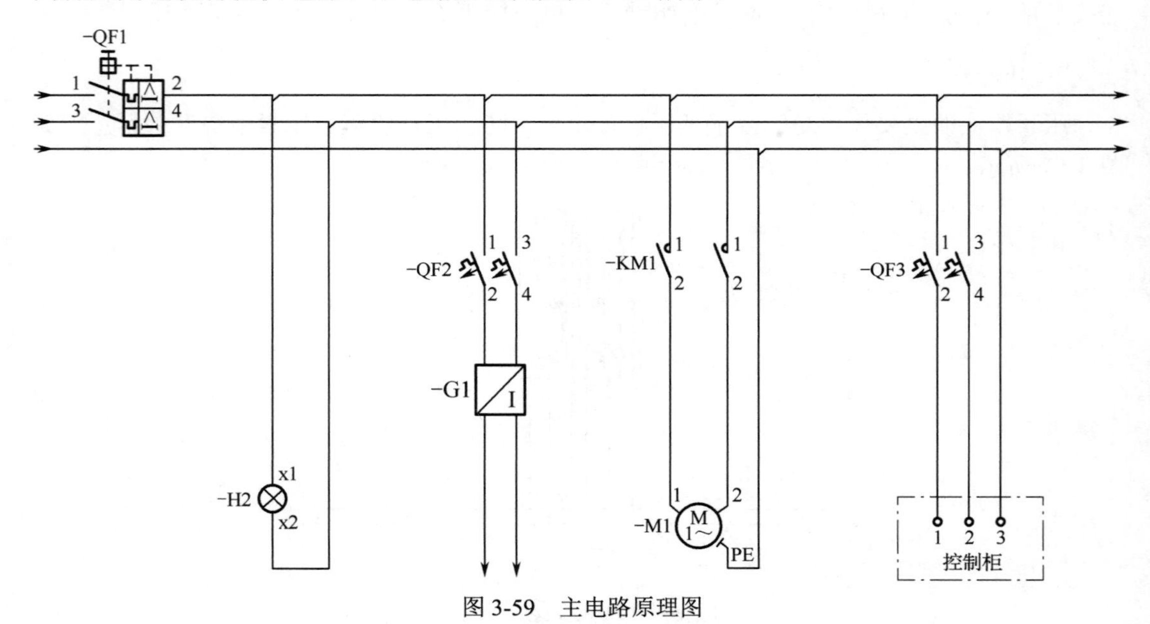

图 3-59　主电路原理图

2）I/O 地址分配表分析

PLC 完成设定任务，通过输入点和输出点与现场信息交换地址分配，在阅读电气图纸时要弄清楚 I/O（输入/输出）地址分配表，如表 3-16 所示。

表 3-16　I/O 地址分配表

输 入 设 备	输入点编号	输 出 设 备	输出点编号
启动按钮	X400	M1 接触器	Y430
停止按钮	X401	M2 接触器	Y431
急停按钮	X402	YV	Y432
M1 热继电器动断触点	X403	—	—
M2 热继电器动断触点	X404	—	—

3.2.6　工作站工艺文件识读

1．工序卡片识读

1）工序卡片概述

工序卡片是工艺流程的一种形式，是在工艺卡片的基础上分别为每一个工序编制的安装步骤，是一种用于具体指导操作人员进行操作的工艺文件。工序卡片中详细记载了该工序加工需要的工艺资料，如定位基准、选用工具、安装方案及工时定额等。它是根据零件加工或装配的每道工序编制的一种工艺文件。工序卡片的内容包括每道工序的详细安装步骤、操作方法和操作要求等，适用于大批量加工装配的全部零件和成批生产的重要零件。

在单件小批量生产中，一些特别重要的工序也需要编制工序卡片。以机械加工工序卡片为例，它是以机械加工工序卡片为一道工序编制的。它更详细地说明了整个零件在各工序的要求。在工序卡片上要绘制工序简图，用以说明该工序中每道工序的工序内容、工艺参数、操作要求，以及使用的设备及工艺装备。工序卡片一般用于大批大量生产的零件。

2）工序卡片实例

以弧焊工作站中的小型变位机轴承室的装配为例，表 3-17 和表 3-18 分别是装配工序卡片和装配工艺卡附图表格。

表 3-17　装配工序卡片

装配工序卡片			产品型号	ZH01	部件图号	HH-01	共 2 页
			产品名称	弧焊工作站	部件名称	轴承室	第 1 页
车间	某装配车间	装配部分	轴承室	工序号	10	工序名称	装配轴承室
工序号	工 序 内 容			工艺装备及辅助材料		作业时间	准备时间
				名称规格或编号	名称规格或编号		
11	清理、清洗轴承			煤油、棉纱			

续表

工序号	工 序 内 容	工艺装备及辅助材料		作业时间	准备时间
		名称规格或编号	名称规格或编号		
12	将两盘深沟球轴承 6004 依次正压入轴承室内	铜锤、台钳子或轴承套筒			
13	用 4 个 M4X10 的内六角沉头螺钉将轴承座和轴承端盖连接紧固	内六角扳手			

										设计（日期）	校对（日期）	审核（日期）
										会签（日期）	标准号（日期）	车间会签（日期）
标记	处数	更改文件号	签字	日期	标记	处数	更改文件号	签字	日期			

表 3-18　装配工艺卡附图表格

装配工艺卡附图			产品型号	ZH01	部件图号	HH-01	共 2 页
			产品名称	弧焊工作站	部件名称	轴承室	第 2 页
车间	某装配车间	装配部分	轴承室	工序号	10	工序名称	装配轴承室

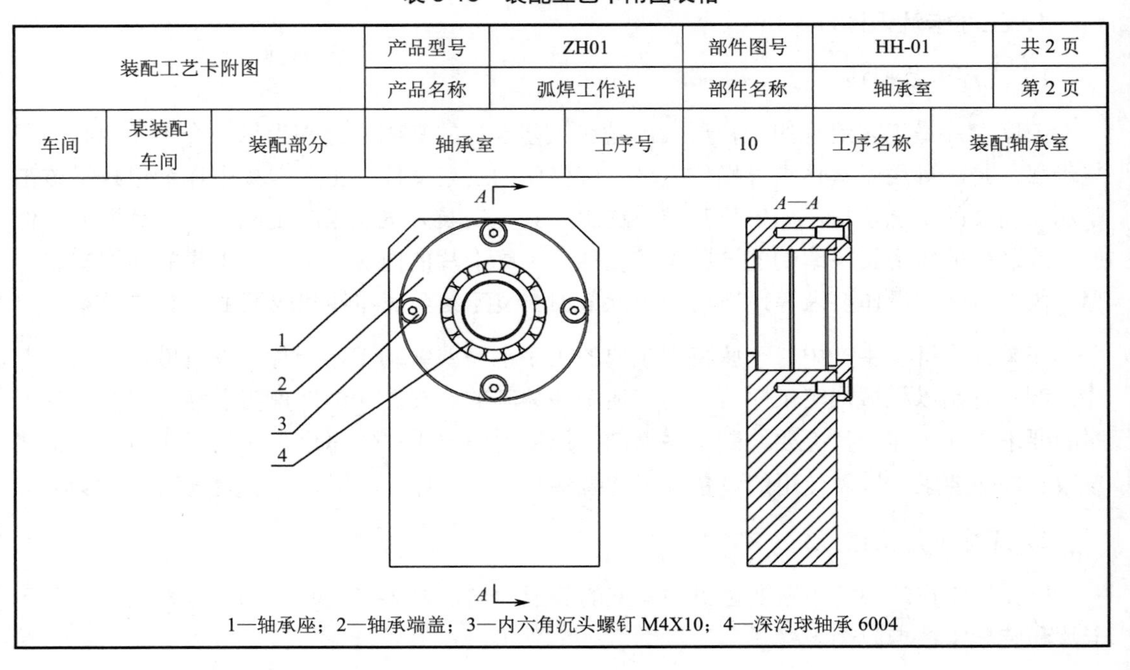

1—轴承座；2—轴承端盖；3—内六角沉头螺钉 M4X10；4—深沟球轴承 6004

2. 工艺文件识读

将工艺流程的内容填入一定格式的卡片，即生产准备和施工依据的技术文件，称为工艺文件。各企业的工艺流程表格不尽相同，但是其基本内容是相同的。

1）工艺过程卡

工艺过程卡主要列出了整个生产加工过程经过的工艺路线，它是编制其他工艺文件的基础，也是进行生产技术准备、编制作业计划和组织生产的依据。在单件小批量生产中，一般的简单工艺过程只编制工艺过程卡作为工艺指导文件。

2）工艺卡

工艺卡以工序为单位，是详细说明整个工艺流程的工艺文件。它不仅标注出工序顺序、工序内容，对主要工序还标注出其工序内容、工位及必要的加工或装配简图或加工装配说明。在批量生产中广泛采用工艺卡，对单件小批量生产中的某些重要零件也要编制工艺卡。

3）工艺文件实例

以弧焊工作站中的变位机的装配为例，变位机示意图和变位机装配工艺文件—工艺过程卡如图 3-60 和表 3-19 所示。

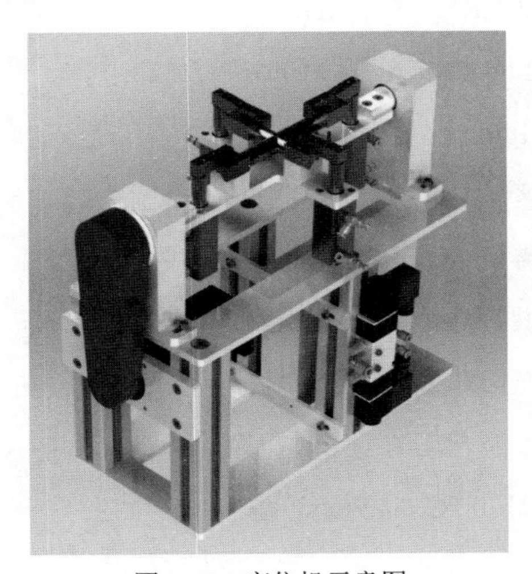

图 3-60　变位机示意图

表 3-19　变位机装配工艺文件—工艺过程卡

<table>
<tr><td colspan="3" rowspan="2">装配工艺过程卡</td><td colspan="2">产品型号</td><td colspan="2">ZH01</td><td colspan="2">部件图号</td><td></td><td colspan="2">共 1 页</td><td rowspan="2">备注</td></tr>
<tr><td colspan="2">产品名称</td><td colspan="2">弧焊工作站</td><td colspan="2">部件名称</td><td>变位机</td><td colspan="2">第 1 页</td></tr>
<tr><td>序号</td><td colspan="2">工序名称</td><td colspan="4">工序内容</td><td colspan="2">完成部门</td><td colspan="3">设备及工艺装备</td><td>工时定额（分）</td></tr>
<tr><td>10</td><td colspan="2">钳加工</td><td colspan="4">轴承室装配</td><td colspan="2">装配</td><td colspan="3">小铜锤、套筒、内六角扳手</td><td></td></tr>
<tr><td>20</td><td colspan="2">钳加工</td><td colspan="4">变位机旋转轴装配</td><td colspan="2">装配</td><td colspan="3">内六角扳手、皮锤</td><td></td></tr>
<tr><td>30</td><td colspan="2">钳加工</td><td colspan="4">变位机底座装配</td><td colspan="2">装配</td><td colspan="3">内六角扳手</td><td></td></tr>
<tr><td>40</td><td colspan="2">钳加工</td><td colspan="4">变位机伺服电动机装配</td><td colspan="2">装配</td><td colspan="3">内六角扳手</td><td></td></tr>
<tr><td>50</td><td colspan="2">钳加工</td><td colspan="4">气动元件装配</td><td colspan="2">装配</td><td colspan="3">内六角扳手</td><td></td></tr>
<tr><td></td><td></td><td></td><td></td><td></td><td></td><td></td><td></td><td></td><td></td><td>编制（日期）</td><td>审核（日期）</td><td>会签（日期）</td></tr>
<tr><td></td><td></td><td></td><td></td><td></td><td></td><td></td><td></td><td></td><td></td><td rowspan="2"></td><td rowspan="2"></td><td rowspan="2"></td></tr>
<tr><td>标记</td><td>处数</td><td>更改文件号</td><td>签字</td><td>日期</td><td>标记</td><td>处数</td><td>更改文件号</td><td>签字</td><td>日期</td></tr>
</table>

3.3 工业机器人工作站现场安装

3.3.1 安装环境要求

工业机器人工作站安装环境要求主要包括以下几个方面。

（1）环境温度要求：工作温度为0℃～45℃，运输储存温度为-10℃～60℃。

（2）相对湿度要求：20%RH～80%RH。

（3）动力电源：3 相 200/220V AC（+10%～-15%）。

（4）接地电阻：小于 100Ω。

（5）工业机器人工作区域必须有防护措施（安全围栏）。

（6）灰尘、泥土、油雾、水蒸气等必须保持在最小限度。

（7）安装环境没有易燃、易腐蚀的液体或气体。

（8）安装环境要远离撞击和震源。

（9）工业机器人附近不能有强的电子噪声源。

（10）振动等级必须低于 0.5G（$4.9m/s^2$）。

3.3.2 拆装注意事项

机械装置拆装的目的是对机械装置进行维修、检查、保养、清洗和回收。由于拆卸对机械装置的工作精度、使用功能、噪声、振动等方面有很大影响，所以科学合理的拆卸过程对机械装置再装配具有很重要的现实意义。

1．机械装置拆卸的一般要求

机械装置的拆卸是为了进一步了解、检查机械装置内部的工作情况，对运动部件进行调整，对损坏的零件进行维修或更换。如果拆卸方法不当，或拆卸程序不正确，将使机械装置的零部件受损，甚至无法修复。因此，为了保证拆卸质量，在拆卸机械装置前，必须制定合理的拆卸方案，对可能遇到的问题进行预测，做到有步骤地进行拆卸。机械装置的拆卸一般遵循下列原则和要求。

1）遵循恢复原机的原则

在拆卸前，应测试机械装置的主要参数，为机械装置再装配提供依据，确保机械装置的性能与原机相同，即保证原机械装置的完整性、准确性和密封性等。

2）熟悉机械装置的结构、工作原理和性能

机械装置种类繁多、构造各异，在拆卸前，应熟悉该装置的结构、工作原理和性能。

对不清楚的结构，在拆卸前应查阅相关图样资料，熟悉机械装置的装配关系、配合性质，尤其是紧固件的位置、固接方法等。否则，要一边分析判断，一边试拆。若遇到难拆零件还需要设计相应的拆卸夹具。

3）以部件总成为单元进行拆卸

机械装置的拆卸要按顺序进行，不要盲目乱拆。拆卸顺序与装配顺序相反，一般是先总成后部件再分解成组件、零件，由外向里逐级拆卸，边拆边查。拆卸的零件要放在固定盘中或平台上防止丢失。为了减少拆卸工作量和避免破坏机械装置的配合性质，对于进行过特殊校准的部件或拆卸后会影响精度的部件，一般不拆卸。

4）使用正确的拆卸方法

（1）选择清洁、方便作业的场地。

（2）拆卸前，应先切断电源，放出机械装置内的冷却液和润滑油。

（3）根据零部件的连接形式和零件的规格尺寸，选用合适的拆卸工具和设备。在使用起重设备搬运较重零部件时应注意起重设备的起吊和运行安全，在放下零部件时要用木块垫平零部件，以防倾倒。严禁猛敲狠打零部件的表面，若需要敲击，应使用胶锤、木锤、铅锤、铜锤等。在使用锤子、大锤时要加垫。敲击前必须先弄清楚拆出方向并松脱其他紧固件。

（4）对不可拆连接或拆后会降低精度的结合件，若必须拆卸，要注意保护精度高、材料贵、结构复杂、生产周期长的零件。不要用零件的高精度重要表面做放置的支撑面，以免损伤零件，若必须使用，应垫好橡胶板或软布。若结合件极难拆卸或已锈死，则可破坏次要的配对件。

（5）采取必要的支撑和起重措施，可以升降的零部件要降至合适的位置，严防零部件倒覆和掉落。

5）记录拆卸过程

（1）为了保证零部件之间相互配合关系的正确性，便于清洗、装配和调整零部件，对精密或结构复杂的零部件，应在拆卸前画出装配草图或示意图。对重要精密零部件，尤其是采用误差抵消法装配或经过平衡实验的零部件，在拆卸时应做好标记，有序放置。在装配时，零部件的方向、位置均要对号入座，避免搞错，以及浪费时间找正、调整和反复拆装，如精密主轴、磨头等均为定向装配。

（2）拆卸的零部件应分类存放，同一总成内的零部件应存放在一起，并根据零部件的大小、精粗程度分类，以免混杂或损坏。

（3）零部件拆卸后要彻底清洗，非修换件要修整、分箱保管并涂防锈油，避免丢失和损坏。

（4）高精度零部件要涂防锈油并用油纸包装好，妥善保管。

（5）轴类配合件要按原顺序装回轴上，细长零件，如丝杠、光杠等要悬挂起来或多支点支撑，以防变形。

（6）细小零件，如垫圈、螺母、特殊元件等，应放在专门容器内，用铁丝串起来，装配在一起或装在主体零件上，以防丢失。特别注意防止滚珠、键、销等小零件的丢失。

（7）液压元件、润滑油路孔或其他对清洁度要求较高的零件孔或内腔，要对其采取妥善堵塞保护措施，防止被污染或进入不易清除的尘屑。

（8）对不互换的零件要成组存放或打标记。

2．机械装置装配的一般要求

1）机械装置装配的主要环节

a．清理和清洗

在机械装置装配的过程中必须保证没有杂质留在零部件中，否则，杂质会迅速磨损机器的运动表面，严重时会使机器在很短的时间内损坏。因此，在装配前必须对零件进行认真地清理和清洗，其目的是去除粘附在零件上的灰尘、切屑和油污，并使零件具有一定的防锈能力。清理除了对零件进行除锈、防锈、去毛刺外，还包括清理零件上残存的砂粒、铁屑和其他细小的杂物等。清洗对轴承、密封件、转动件等特别重要。清洗的方法有浸洗、擦洗、喷洗和超声波清洗等。清洗液主要有煤油、轻柴油、汽油、碱液和各种化学清洗液。

b．连接

连接是机械装置装配的重要工作。连接包括可拆卸连接（如螺纹连接、键连接、销钉连接）和不可拆卸连接（如焊接、铆接、粘接及过盈连接等）。

c．校正、调整与配作

在机械装置的装配过程中，特别是在单件小批量生产条件下，完全依靠零件互换装配保证装配精度往往是不经济的，甚至是不可能的，所以在装配过程中常采用校正、调整与配作等环节保证机械装置的装配精度。

校正是指产品中相关零部件相互位置的找正、找平及相应的调整工作。调整是指相关零部件相互位置的具体调节工作。配作是指几个零件配钻、配铰、配刮和配磨等，这是装配中附加的一些钳工和机械加工工作。配钻和配铰要在校正、调整并紧固连接螺钉后进行。

d．平衡

对转速和旋转平稳性要求较高的机械装置，为防止其在工作中出现不平衡的离心力和振动，应对其旋转零部件（有时包括整机）进行平衡实验，如带轮、齿轮、飞轮、曲轴、叶轮、电动机转子、砂轮等都要进行平衡实验。在生产中常用静平衡法和动平衡法消除质量分布不均匀造成的旋转体内的不平衡。对于直径较大且长度较短的零件（飞轮和带轮等）一般采用静平衡法消除静力不平衡；对于长度较长的零件（电动机转子和曲轴等），为了消除质量分布不匀引起的力偶不平衡和可能共存的静力不平衡，则需要采用动平衡法。

旋转体内的不平衡可用以下两种方法消除。

（1）去重法。去重法是用钻、铣、磨、挫、刮等方法消除不平衡。

（2）配重法。配重法是用螺纹连接、补焊、粘接等方法加配质量，或改变在预制的平衡槽内平衡块的位置或数量消除不平衡。

e．验收实验

机械装置装配完成后，应根据有关技术标准和规定，对机械装置进行比较全面的检验和实验工作（一般为出厂检验和型式实验），验收合格后才能出厂。各类检验和实验工作的内容和项目是不同的，其验收实验工作的方法也不同。

2）一般要求

机械装置的装配决定该机械装置的各项性能是否符合原设计的各项功能与指标的要求，所以在装配前，要求对已拆卸的零件和需要更换的新件进行质量检查，其质量达到规定的技术要求后方可进行装配，以免反复拆装造成时间和材料的浪费。在装配过程中，无论是部件装配还是总装配，均要对其主要工序进行必要的精度检查，以免因中间工序不合格影响最终的装配质量造成返工。在装配完成后应对机械装置进行试运转、调整，精度和性能检查，确认其装配质量达到合格要求。

3.3.3　工业机器人安装

1．工业机器人本体安装

1）工业机器人的吊装搬运

原则上工业机器人应使用行车等机械进行吊装，搬运示意图如图 3-61 所示。在吊装时，软吊绳的安装方法，如图 3-61 所示，将 J2 和 J3 调整到图示位置。为了保证工业机器人的外观不被磨损，应在工业机器人与软吊绳的贴合处用防护软垫等进行保护。

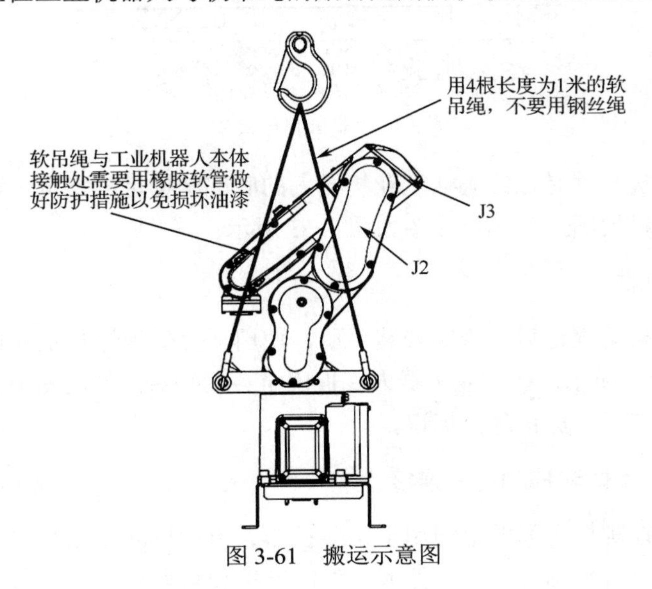

图 3-61　搬运示意图

2）安装地基固定装置

针对带定中装置的地基固定装置，通过底板和锚栓（化学锚栓）将工业机器人固定在合适的混凝土地基上。地基固定装置由带固定件的销和剑形销、六角螺栓及蝶形垫圈、底板、锚栓、注入式化学锚固剂和动态套件等组成。

如果混凝土地基的表面不够光滑和平整，则使用合适的工具和修整方法将其调节至平整。如果使用锚栓（化学锚栓），则只能使用同一个生产商生产的化学锚固剂和地脚螺栓（螺杆），在钻取锚栓孔时，不得使用金刚石钻头或者底孔钻头，最好使用锚栓生产商生产的钻头，另外还要注意遵守有关化学锚栓的使用说明。

3）安装机架装置

工业机器人的机架安装在地面上与工业机器人的基座直接安装在地面上的要领几乎相同，如图 3-62 所示。不同型号的工业机器人的底座高度 ***L***、跌倒力矩 ***M***、旋转力矩 ***T***、架台质量、安装螺栓尺寸、紧固力矩等参数均不同，请查阅安装连接手册。

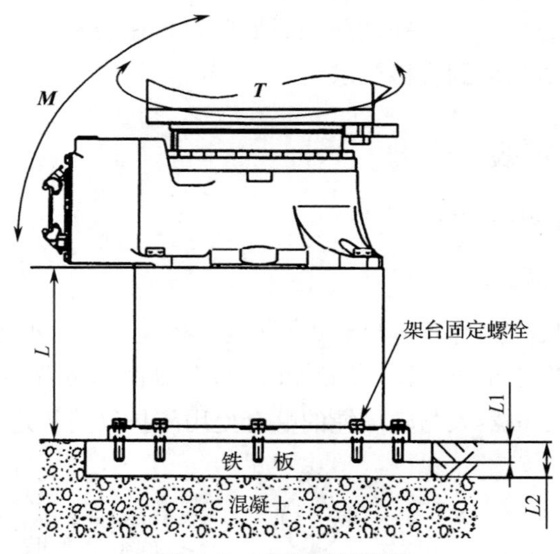

图 3-62 安装机架装置

安装机架的前提条件是已经确认工业机器人的底部结构足够安全，以及机架固定装置的组件已经齐全。机架固定装配尺寸图如图 3-63 所示。

4）安装工业机器人

工业机器人的机架固定后，查阅安装手册，使用适合的螺栓将工业机器人的底板安装在机架上，如图 3-64 所示，在工业机器人底板固定并调平后，使用扭矩扳手紧固螺栓，当螺栓到达预设扭矩值后，标记防松标识。

2．工业机器人本体和控制柜的连接

工业机器人与控制柜之间的电缆用于工业机器人电动机的电源和控制装置，以及编码器接口板的反馈，连接包括与工业机器人本体的连接和与电源的连接。电气连接插口因工业机器人的型号不同而略有差别，但是大致是相同的。

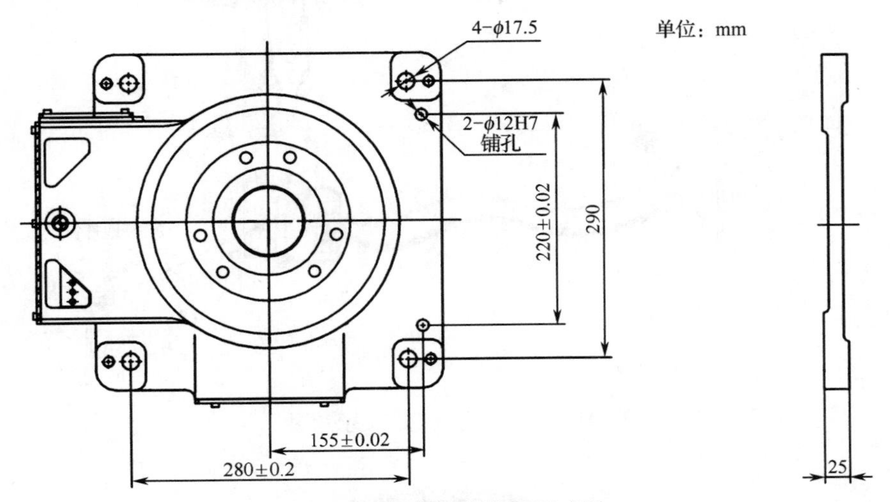

图 3-63　机架固定装配尺寸图

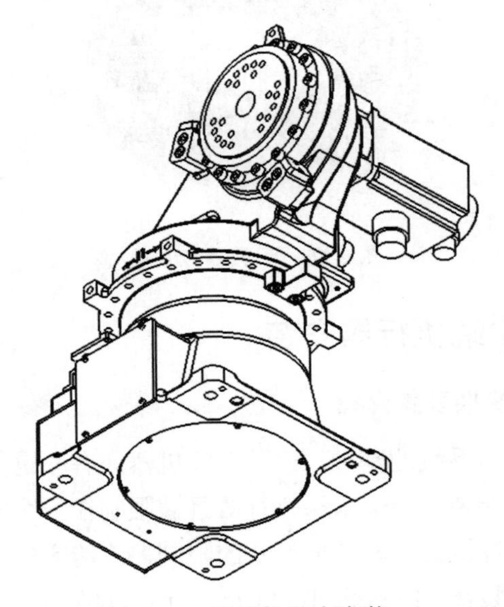

图 3-64　工业机器人安装

电缆两端均采用重载连接器方式进行连接，但两端的重载连接器的出线方式、线标方式均不同，连接的接插件也不同。出线方式分为侧出式和中出式。重载连接器的出线方式为侧出式的一端连接控制柜，重载连接器的出线方式为中出式的一端连接工业机器人本体。动力电缆连接示意图如图 3-65 所示。

3．控制柜与示教器的连接

控制柜与示教器通过专用电缆连接，示教器专用电缆如图 3-66 所示。电缆的一端接在示教器侧面的接口处，可以热插拔，电缆的另一端接在控制柜面板上的示教器连接插槽上。

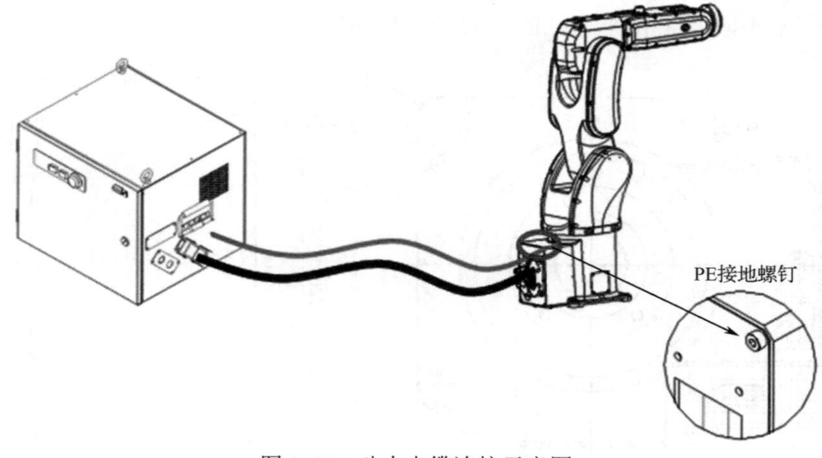

图 3-65　动力电缆连接示意图

图 3-66　示教器专用电缆

3.3.4　工业机器人末端执行器安装

1. 工业机器人工具快换装置介绍

工业机器人是柔性制造系统的基础，但是工业机器人有一定的限制，一台没有安装工具快换装置的工业机器人仅能装备一个末端执行器且被限制在一个应用中。例如，一台仅装备一个焊枪的焊接机器人受焊枪大小和几何尺寸的限制，不能完成其他类似材料的抓取工作。采用工业机器人工具快换装置（Robotic Tool Changer），如图 3-67 所示，可以克服这些限制。

图 3-67　工业机器人工具快换装置

通过工业机器人工具快换装置，工业机器人可自动更换不同的末端执行器或外围设备，使工业机器人的应用更具柔性，这些末端执行器和外围设备包括点焊焊枪、手爪、真空工具、电动机等。

工业机器人工具快换装置包括一个安装在工业机器人手臂上的工业机器人侧，还包括一个安装在末端执行器上的工具侧，如图 3-68 所示。

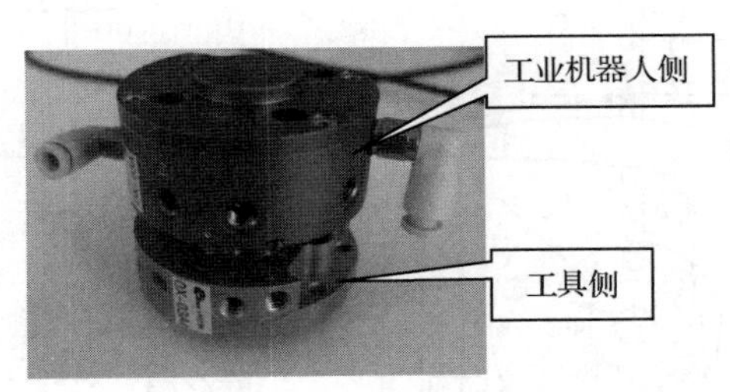

图 3-68　工业机器人工具快换装置使用示意图

工业机器人工具快换装置能够让不同的介质和工具，如气体、电信号、液体、视频、超声等从工业机器人的臂部连通到末端执行器。工业机器人工具快换装置的优点包括以下几个方面。

（1）生产线更换可以在数秒内完成。

（2）可以快速更换维护和修理工具，大大降低停工时间。

（3）通过在应用中使用 1 个以上末端执行器，从而增加工业机器人的应用柔性。

（4）使用自动交换单一功能的末端执行器，代替原有的笨重复杂的多功能末端执行器。

2．末端执行器的安装

1）安装注意事项

（1）在安装末端执行器前，务必看清图纸或与设计人员沟通，确认该工位的工业机器人配备的末端执行器的型号，设计人员有义务向安装人员进行说明，并进行安装指导。

（2）确定末端执行器相对于工业机器人法兰盘的安装方向。为了确保工业机器人正常运行程序，且节约调试工期，末端执行器的正确安装非常重要。

2）安装方法

（1）确定工业机器人法兰盘腕部的安装尺寸，如图 3-69 所示。

（2）准备好安装末端执行器应使用的工具、量具及标准件。

（3）调整工业机器人末端法兰盘的方向，使用扭矩扳手把工业机器人侧的工具快换装置安装到工业机器人法兰盘上并进行固定，如图 3-70 所示。

（4）确定方向，将末端执行器与工具侧快换装置进行连接。

（5）如果末端执行器使用气动部件，则连接气路；如果末端执行器使用电气控制，则在工业机器人本体上走线。

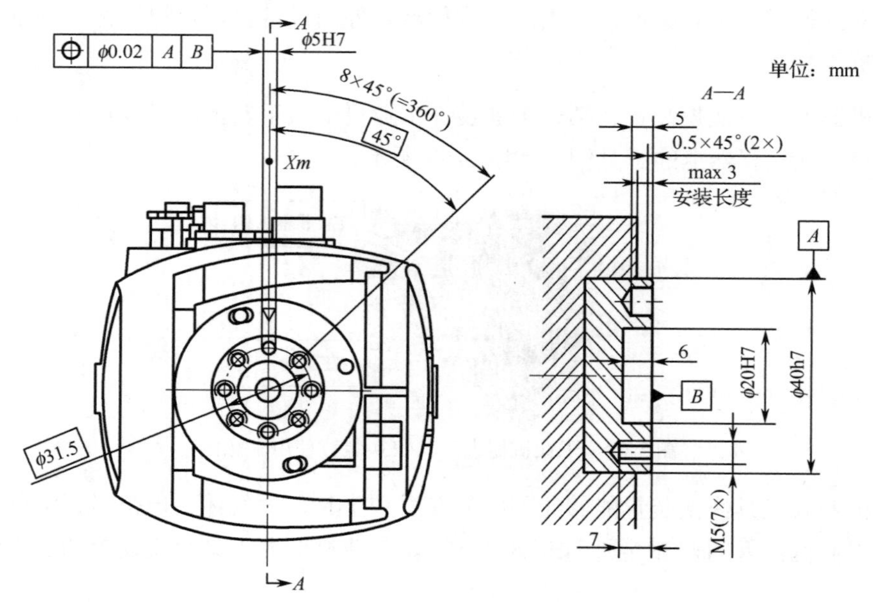

图 3-69　法兰盘腕部的安装尺寸

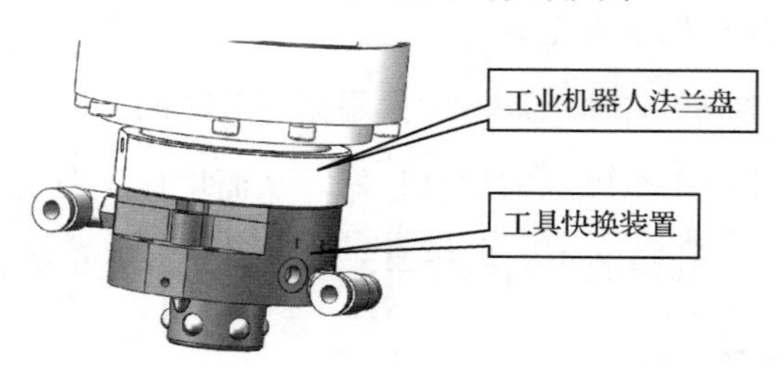

图 3-70　工业机器人侧的工具快换装置安装

3.3.5　工业机器人工作站电气连接

工业机器人工作站的电气连接规范与现有设备的电气连接规范完全相同，接下来将以部分电气元件的安装为例进行讲解。

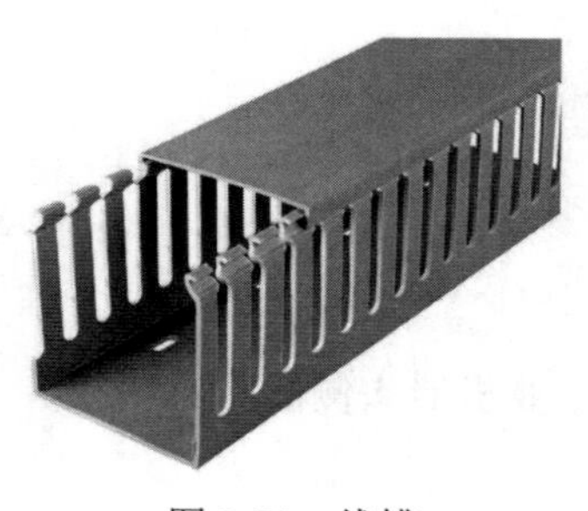

图 3-71　线槽

1. 电气元件安装规范

1）安装前的准备工作

A. 安装线槽

线槽又名走线槽、配线槽、行线槽，是用于将电源线、数据线等线材规范地整理固定在工作台上或者墙上的电工用具。线槽一般包括基座和上盖，如图 3-71 所示。

电线置于线槽中不会露在开口外，上盖可轻易地套盖在基座上。线槽一般有塑料材质和金属材质两种，可以起到不同的作用。

a．安装方法及要求

（1）线槽应平整，无扭曲变形，内壁无毛刺，各种附件齐全。

（2）线槽的接口应平整，接缝处应紧密平直。上盖装上后应平整、无翘角，出线口的位置应准确。

（3）当线槽经过变形缝时，线槽本身应断开，线槽内用连接板连接，不得固定。

（4）不允许将穿过墙壁的线槽与墙上的孔洞一起封闭。

（5）所有线槽非导电部分的金属均应相互连接或跨接，使之成为一个连续导体，并做好整体接地。

（6）当线槽基座的对地距离低于2.4m时，线槽基座和线槽上盖均必须加装保护地线。对地距离高于2.4m的线槽上盖可不加装保护地线。

（7）当线槽经过建筑物的变形缝时，线槽本身应断开，槽内用内连接板搭接，不需要固定。保护地线和线槽内的导线均应留有补偿余量。

（8）线槽的固定方法视环境和工具而定，通常用方锤打钢钉固定，用气动的钢钉枪或者电动钉枪固定线槽是较快的方法。

b．安装顺序

先放置四周的线槽，再放置中间的线槽，最后进行固定。

B．安装接线端子

a．接线端子介绍

接线端子是为了方便导线的连接而应用的，它其实就是一段封闭在绝缘塑料里的金属片，其两端都有孔可以插入导线，螺钉用于紧固或者松开导线。例如，两根导线有时需要连接，有时又需要断开，这时就可以用接线端子把它们连接起来，并且可以随时断开，而不必把它们焊接起来或者缠绕在一起，这种连接导线的方法方便快捷，而且适合大量的导线互连。在电力行业中就有专门的端子排、端子箱，它们上面全是接线端子，包括单层的、双层的、电流的、电压的、普通的、可断的等，如图3-72所示。

图3-72 接线端子

比较常见的还有导轨式接线端子，如图3-73所示。该系列接线端子具有通用安装脚，所以可安装在U型导轨NC 35及G型导轨NC 32上，其外观设计美观大方，可配用多种附件，如短路片、标识条、挡板等。

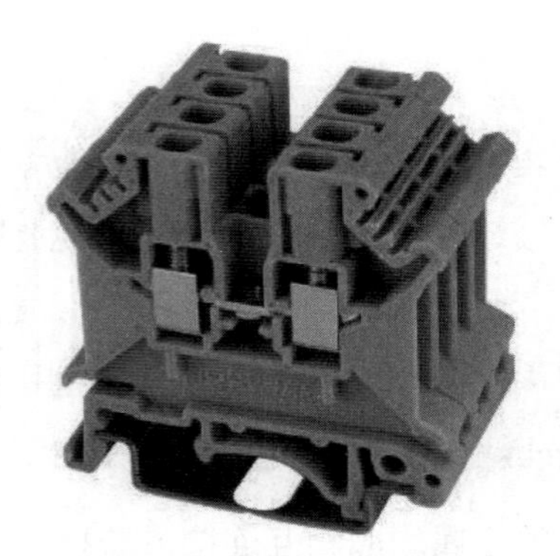

图 3-73　导轨式接线端子

b．接线端子安装要求

（1）端子排无损坏，固定牢固，绝缘良好。

（2）接线端子应有序号，端子排应便于更换，且接线方便。

（3）若回路电压超过 400V，端子排应做好绝缘并涂上红色标志。

（4）强电与弱电的接线端子宜分开布置，应有明显标志，并设有空端子将其隔开或设置加强绝缘的隔板。

（5）正负电源之间，以及经常带电的正电源与合闸或跳闸回路之间，宜隔开一个空端子。

（6）电流回路应经过实验端子，其他需要断开的回路宜经过特殊端子或实验端子。

（7）接线端子应与导线的截面匹配，不应用小端子配大截面导线。

（8）连接件均应采用铜质材料，绝缘件应采用自熄性阻燃材料。

（9）各电气元件之间的端子牌应标注编号，其标注的字迹应清晰、工整且不易脱色。

2）主要电气元件安装要求

A．安装伺服驱动器

伺服驱动器又称为伺服控制器、伺服放大器，如图 3-74 所示，是一种控制伺服电动机的控制器，其作用类似于变频器作用于普通交流电动机，属于伺服系统的一部分，主要应用于高精度的定位系统。一般是通过位置、速度和力矩 3 种方式对伺服电动机进行控制，实现高精度的传动系统定位。

伺服驱动器在安装时应注意选择室内、无水、无粉尘、无腐蚀性气体、通风良好的位置垂直安装。当伺服驱动器与电焊机、放电加工设备等使用同一路电源，或伺服驱动器附近有高频干扰设备时，应采用隔离变压器和有源滤波器；尽量避免伺服驱动器受到振动或撞击；在安装时确认伺服驱动器固定，不易松动脱落；接线端子必须带有绝缘保护；在断开驱动器电源后，必须间隔 10s 后方能再次给伺服驱动器通电，否则频繁的通断电会导致伺服驱动器损坏；在断开伺服驱动器电源后 1min 内，禁止用手直接接触伺服驱动器的接线端子，否则会有触电的危险。

图 3-74　伺服驱动器

B．安装 PLC

PLC 的底板安装：利用 PLC 机体外壳 4 个角上的安装孔，使用规格为 M4 的螺钉将控制单元、扩展单元、A/D 转换单元、D/A 转换单元及 I/O 链接单元固定在底板上。

PLC 的导轨安装：利用 PLC 底板上的 DIN 导轨安装杆将控制单元、扩展单元、A/D 转换单元、D/A 转换单元及 I/O 链接单元安装在 DIN 导轨上，如图 3-75 所示。在安装时将安装单元与安装导轨槽对齐后向下推压即可。

图 3-75　DIN 导轨安装

为了保证 PLC 工作的可靠性，并尽可能延长其使用寿命，在安装时一定要注意周围的环境，其安装场合应该满足环境温度为 0℃～55℃；环境相对湿度应为 35%RH～85%RH；周围无易燃和腐蚀性气体；周围无过量的灰尘和金属微粒；避免过度的振动和冲击；不能受到阳光的直接照射或水的溅射。

另外 PLC 的所有单元必须在断电时进行安装和拆卸；为了防止静电对 PLC 组件产生影响，在接触 PLC 前，先用手接触某一接地的金属物体，以释放人体所带静电；注意 PLC 机体周围的通风和散热条件，切勿将导线头、铁屑等杂物通过通风窗落入机体内。

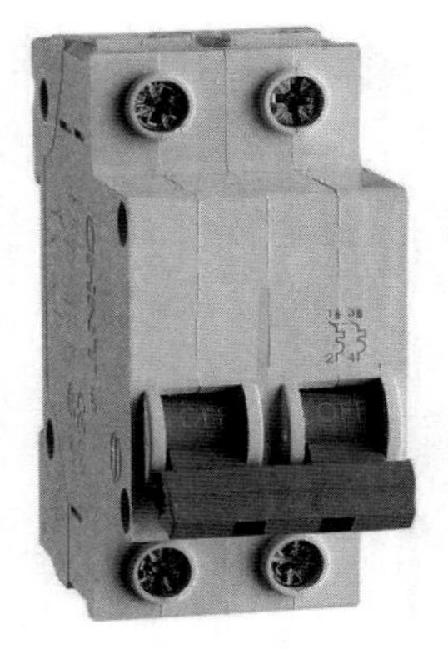

图 3-76 断路器

3）安装断路器

根据结构、用途具有的功能划分，可将断路器分为万能式和塑料外壳式两大类，它们的相同作用是：在正常情况下，用于不频繁合、分电路控制启动或停止电动机；在线路或电动机发生过载、短路或欠电压（电压不足）等故障时，能自动切断电路，予以保护，断路器如图 3-76 所示。

在安装断路器时，商标应当向上，上面接进线下面接出线，使用卡轨安装时，需要先固定卡轨，然后将断路器卡在卡轨上。断路器安装好后，需要对其进行通电测试，按下实验按钮试跳。

4）安装继电器

正确的安装方向对于实现继电器最佳性能非常重要。耐冲击理想的安装方向是使触点和可动部件的运动方向与振动或冲击方向垂直，特别是常开触点在线圈未动作时，其抗振动和抗冲击性能在很大程度上受继电器安装方向的影响。触点可靠性好的继电器的安装方向应使其触点表面垂直，以防止污染和粉尘落在触点表面，而且不适宜在同一个继电器上同时转换大负载和低电平负载，否则负载之间会互相影响。

当需要许多只继电器紧挨着安装在一起时，由于产生的热量叠加，可能会造成环境高温，所以在安装时继电器之间应有足够的间隙（一般≥5mm），以防止热量累积。无论如何，应确保继电器的环境温度不超过样本规定温度。

2．电气连接要求

1）工作站的电气连接应符合以下要求

（1）按图施工，接线正确。

（2）导线与电气元件间采用螺钉连接，插拔或压接线等均应牢固可靠。

（3）导线不应有接头，导线线芯应无损伤。

（4）每个接线端子的每侧接线宜为 1 根，不得超过 2 根。

（5）对于插拔式接线端子，不同截面的两根导线不得接在同一接线端子上；对于螺钉式接线端子，当连接两根导线时，中间应加平垫片。

（6）电路接地应设专用螺栓。

（7）动力配线电路应采用电压不低于 500V 的铜心绝缘导线，在满足载流量和电压降及有足够机械强度的情况下，可采用截面直径不小于 0.5mm 的绝缘导线。

2）连接可动部位的导线应符合以下要求

（1）应采取多股软导线，铺设长度应有适当余量。

（2）线束应有外套塑料管等加强绝缘层。

（3）当与电气元件连接时，导线端部应与终端紧固附件绞紧，不得松散、断股。

（4）在可动部位两端用卡子或扎带固定。

3）引入电控柜的电缆应符合以下要求

（1）引入电控柜的电缆应排列整齐、编号清晰、避免交叉、固定牢固，不得使连接的接线端子排受到机械力。

（2）电缆进入电控柜后，应该用卡子固定、扎紧并接地，用于静态保护、控制等逻辑回路的控制电缆，应采用屏蔽层，其屏蔽层应按设计要求的接地方式接地。

（3）橡胶绝缘的芯线应外套绝缘管保护。电控柜内的电缆芯线应按垂直或水平方向有规律地配置。不得任意歪斜、交叉连接。备用芯线长度应有适当余量。

（4）强电和弱电回路不应使用同一根电缆，并应分别成束、分开排列。

（5）直流回路中有水银接点的电气元件，电源正极应接到水银侧接点的一端。

（6）在油污环境中，应采用耐油的绝缘导线，橡胶或塑料绝缘导线应采取防护措施。

4）电缆安装前检查

在进行电气连接前，应对电缆进行以下检查。

（1）电缆型号、规格、长度、绝缘强度、耐热、耐压、正常工作负载加载流量、电压降、最小截面面积、机械性能应符合技术要求。

（2）电缆外观不能受损。

（3）电缆封装严密。

5）接线配线检查

接线配线，应按下列要求进行检查。

（1）接线配线规格应符合规定、排列整齐、无机械损伤，标志牌应装备齐全、正确、清晰。

（2）电缆的固定、弯曲半径、有关距离，单芯电力电缆的金属保护层的接线、相序排列等应符合要求。

（3）电缆终端、电缆接头应安装牢固，接触良好。

（4）接地良好，接地电阻应符合设计要求。

（5）电缆终端的颜色应正确，电缆支架等金属部件的防腐层应完好。

（6）连接牢固，没有意外松脱的风险。

（7）接线标志应与图纸一致。

（8）电缆识别标记应清晰、耐久。

（9）电缆铺设应无接头。

（10）电缆颜色区别应与图纸一致。

（11）引出电控柜的控制电缆应用插头或插座，电缆内无杂物，盖板齐全。

6）连线注意事项

a．注意顺序

顺序是指按照给定的电气原理图中电气元件的顺序连接实物图，在连接实物图的过程中各电气元件的顺序不能颠倒。一般连接顺序为电源正极、开关、电器、电源负极。

b．注意量程

电路中若有电表，需要注意选择电表的量程。如果电源是两节干电池，则电压表的量程为3V，再根据其他条件估算电路中的最大电流，确定电流表的量程。

c．注意正负接线柱

由于电表有多个接线柱且有正负接线柱之分，所以我们要在正确选择量程的基础上，看准是用正接线柱还是负接线柱，保证电流从电流表和电压表的正接线柱流进，从负接线柱流出。

d．注意交叉

在根据电气原理图连接实物图时，一般要求导线不能交叉，注意合理安排导线的位置，力求画出简洁、流畅的实物图。

3．安全回路搭建

安全回路是保护负载或控制对象，以及防止操作错误或控制失败而进行连锁控制的回路。在直接控制负载的同时，安全回路还给 PLC 输入信号，以便 PLC 对其进行保护。安全回路包括以下几个方面。

1）短路保护回路

应该在 PLC 外部输出回路中安装熔断器进行短路保护。最好在每个负载的回路中都安装熔断器。

2）互锁与连锁回路

除了在程序中保证电路的互锁关系，在 PLC 外部接线中还应该采取硬件的互锁措施，以确保系统安全可靠地运行。

3）失压保护与紧急回路

PLC 外部负载的供电线路应具有失压保护措施，当临时停电再恢复供电时，若不按下启动按钮，则 PLC 的外部负载就不能自行启动。这种接线方法的另一个作用是当遇到特殊情况需要紧急停机时，按下急停按钮就可以切断负载电源，同时将急停信号输入 PLC。

4）极限保护回路

在有些可能产生危险的情况下，如提升机超过限位，设置极限保护，当极限保护动作时直接切断负载电源，同时将信号输入 PLC。

3.3.6 典型机器人工作站安装

1．安全防护装置安装

安全防护装置是为了防止操作人员在工业机器人工作时，误进入工业机器人的工作空间，从而对操作人员造成伤害而设置的安全措施。工业机器人操作区设有安全光栅，当操作人员误进时，安全光栅会给工业机器人发送信号，使工业机器人停止工作。维修门处有安全门锁，当有维修人员在围栏内维修设备时，工业机器人不会启动。

工业机器人工作站安全防护装置示意图如图 3-77 所示。

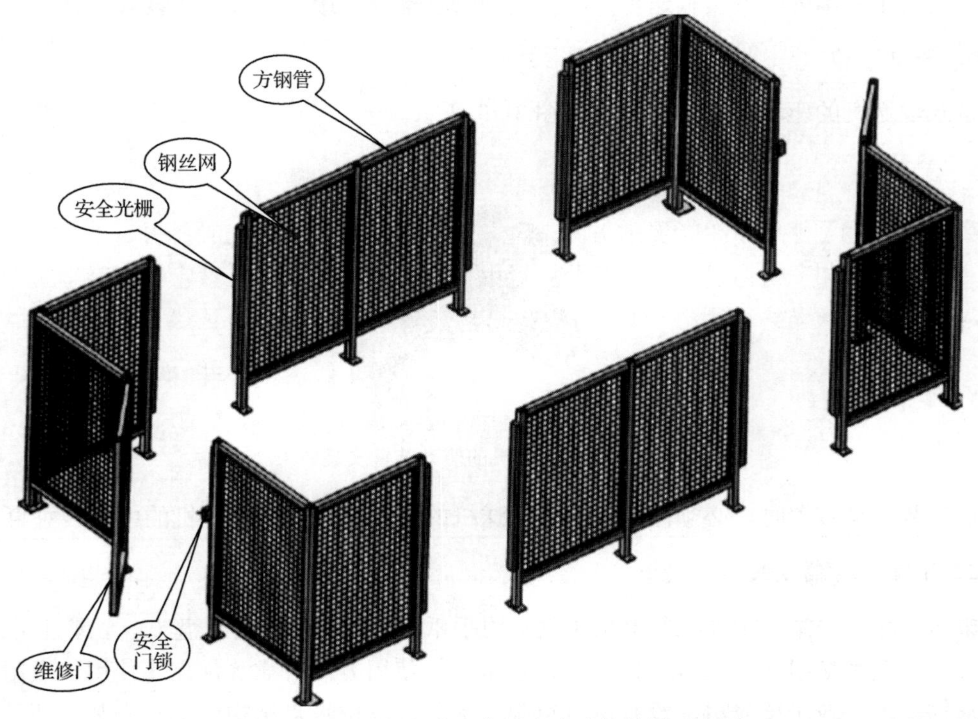

图 3-77 工业机器人工作站安全防护装置示意图

2．搬运码垛工作站安装

1）带式输送机安装

带式输送机在搬运码垛工作站中的作用是将物料运输到工业机器人的抓取工位，带式输送机效果图如图 3-78 所示。

图 3-78　带式输送机效果图

a．安装顺序

按照图纸要求先将型材支架安装完成，然后安装从动轴部分，从动轴可以调节，将从轴调节到最小距离处，安装输送带，再安装主动轴部分，最后安装驱动装置部分。

b．驱动装置

带式输送机的驱动装置安装效果如图 3-79 所示。

图 3-79　带式输送机的驱动装置安装效果

在安装驱动装置时，必须注意使带式输送机的主动轴与带式输送机的中心线垂直。

2）末端执行器安装

搬运码垛工作站的末端执行器采用气吸附手爪抓取物料。它由吸盘（一个或几个）、吸盘架及进排气系统组成，具有结构简单、重量轻、使用方便可靠等优点。使用气吸附手爪时要求物体表面较平整光滑，没有透气空隙。另外，真空吸盘结构简单，安装方便，其结构示意图，如图 3-80 所示。

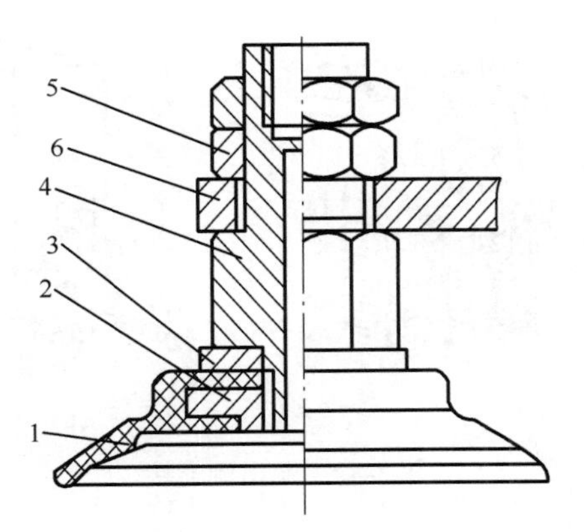

1—橡胶吸盘；2—固定环；3—垫片；4—支撑杆；5—螺母；6—基板

图 3-80 真空吸盘结构示意图

3．焊接工作站安装

1）焊机安装

a．输入侧连接

焊机安装现场应有相应的配电柜，并应装有相应的自动空气开关，其定额电流应大于或等于焊接电源铭牌规定的额定输入电流。输入侧接线方式如图 3-81 所示。

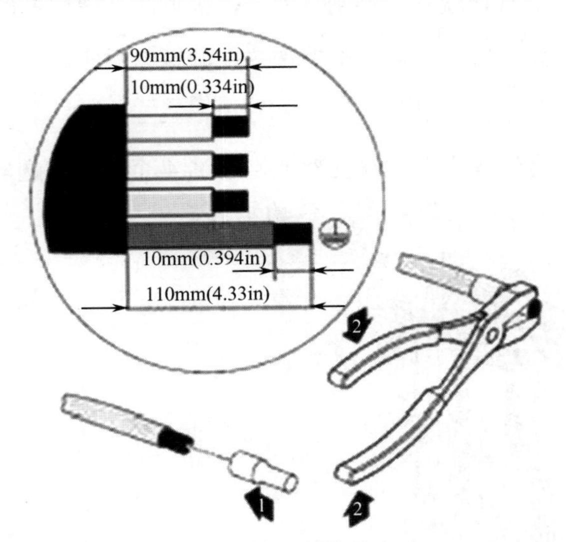

图 3-81 输入侧接线方式

b．输出侧连接

用接地电缆连接前面板的输出插座“-”和被焊工件，用弧压反馈线连接前面板的弧压反馈线连接插座和被焊工件，如图 3-82（a）所示。

用送丝机构焊接电缆连接焊接电源后面板的输出插座“+”和送丝机构，用送丝机构控制线连接焊接电源后面板的送丝机构控制线插座和送丝机构，如图 3-82（b）所示。

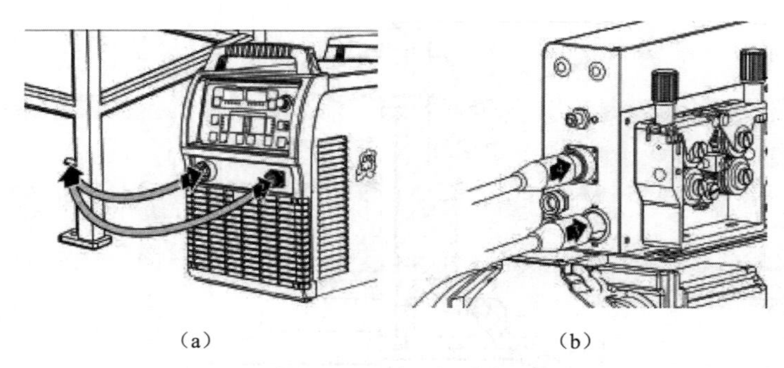
(a)　　(b)

图 3-82　输出侧连接

2）气路连接

气路连接步骤如下。

（1）将气瓶放置在平整处，气路连接示意图如图 3-83 所示。

（2）移去气瓶保护罩。

（3）打开气瓶阀门并立即将其关闭以吹掉所有尘土。

（4）将气表拧紧固定在气瓶上。

（5）使用气管将保护气体软管连接到气表上，根据产品说明书确定气流量。

（6）将气表加热装置电缆接至后面板的加热电源输出插座。

3）送丝机构安装

将送丝机构底端用螺钉固定在送丝支架上，通过 4 个螺栓将送丝支架固定在焊接机器人的 4 轴上，送丝机构安装示意图如图 3-84 所示。

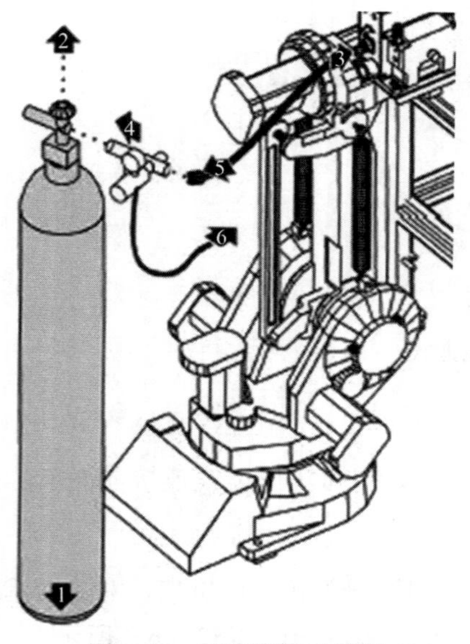

图 3-83　气路连接示意图

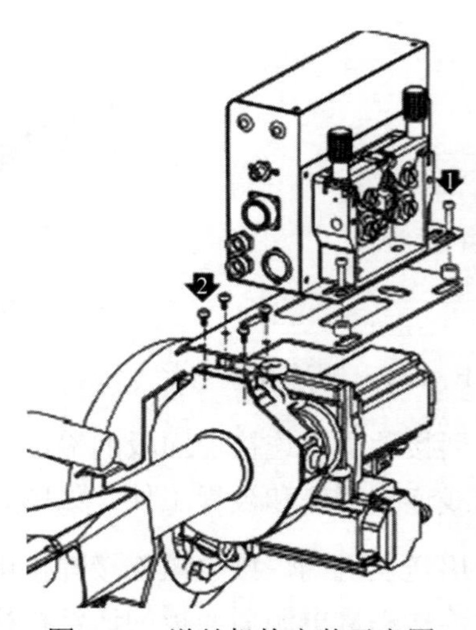

图 3-84　送丝机构安装示意图

4）送丝盘的安装

送丝盘应该安装在靠近焊接机器人并且不会对焊接机器人的运动产生影响的位置，一般有以下两种固定方式。

（1）将送丝盘固定在焊接机器人的 4 轴上随焊接机器人一起运动。

（2）将送丝盘固定在焊接机器人的后侧，此时导丝管（送丝盘到送丝机之间的送丝管）的长度应大于送丝盘在焊接机器人运动时到送丝机的最远距离。

5）通信控制器的安装

将通信控制器安装在焊接电源后方，如图 3-85 所示，通过 2 个螺钉将通信控制器固定在后面板上。

6）支枪臂及焊枪的安装

将焊枪插入送丝机构的欧式接口，并充分紧固，如图 3-86 所示，用内六角螺钉将支枪臂固定在焊接机器人末轴的法兰盘上。

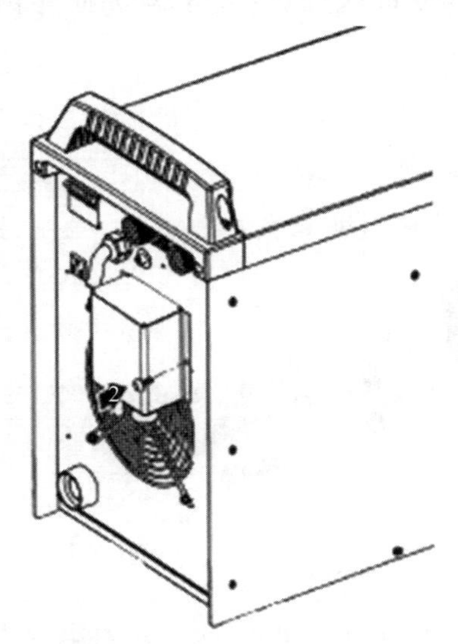

图 3-85　通信控制器安装

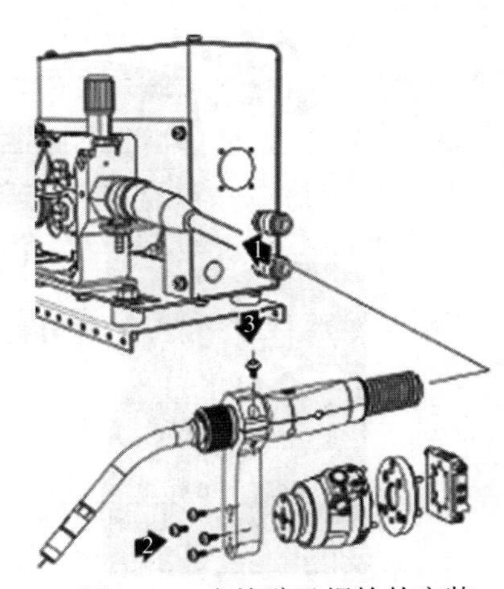

图 3-86　支枪臂及焊枪的安装

4．抛光打磨工作站安装

1）抛光打磨主轴安装

抛光打磨主轴的背面有安装基准面和安装螺钉孔，如图 3-87 所示。

抛光打磨主轴的安装基准面凹下去，不能直接装到工具盘上，需要有一个安装板进行过渡安装连接，抛光打磨主轴安装效果图如图 3-88 所示。

抛光打磨的工具有很多种，不同的工具，其安装方式也不同，安装之前一定要详细阅读相关的技术资料。

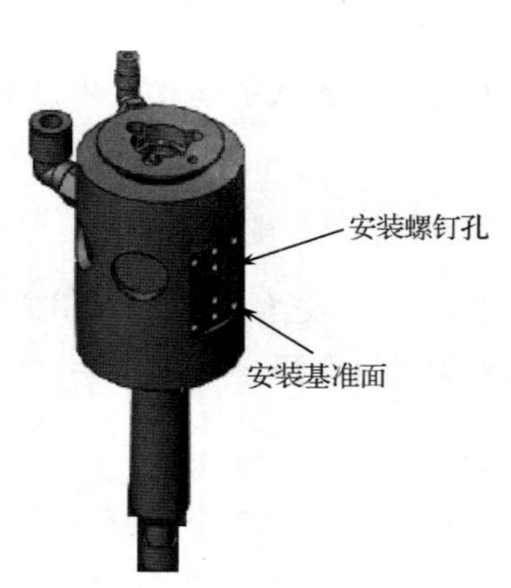

图 3-87　抛光打磨主轴

图 3-88　抛光打磨主轴安装效果图

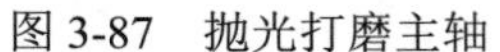

2）吹气嘴安装

在抛光打磨过程中会产生很多碎屑和灰尘，并粘在工件上，必须对其进行清除。吹气嘴将压缩空气通过气管和气嘴，吹到工件表面，清除尘屑。吹气嘴需要安装在工具盘上面，可以通过气嘴安装支架对其进行固定，如图 3-89 所示。

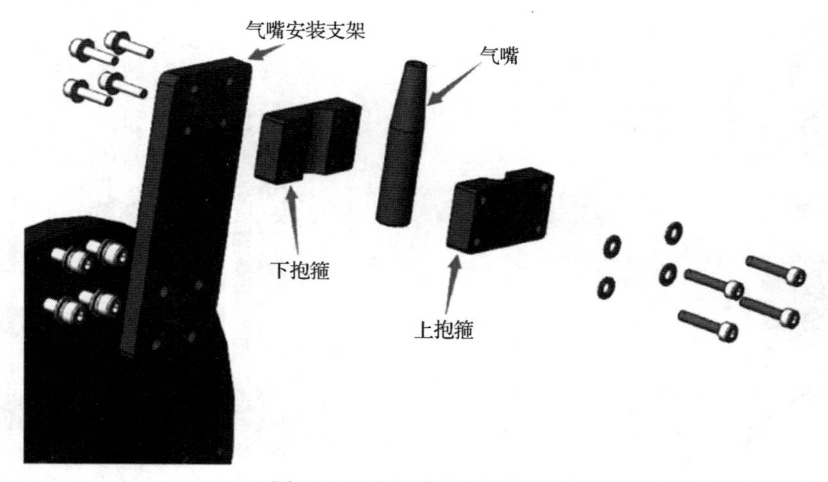

图 3-89　吹气嘴安装示意图

3）工作台安装

为了方便抛光打磨机器人对工件进行抛光打磨，必须对工件进行固定。同时，工件必须固定在抛光打磨机器人的有效工作范围。为此，抛光打磨工作站一般都设置了一个工作台，其安装位置和高度与抛光打磨机器人本体密切相关，使得工作台的台面范围在抛光打磨机器人的有效工作范围。台面设置安装螺钉孔，配备压板夹具等，方便抛光打磨机器人装夹工件，并可以同时装夹多个工件，提高工作效率，一种工业现场的工作台示意图如图 3-90 所示。

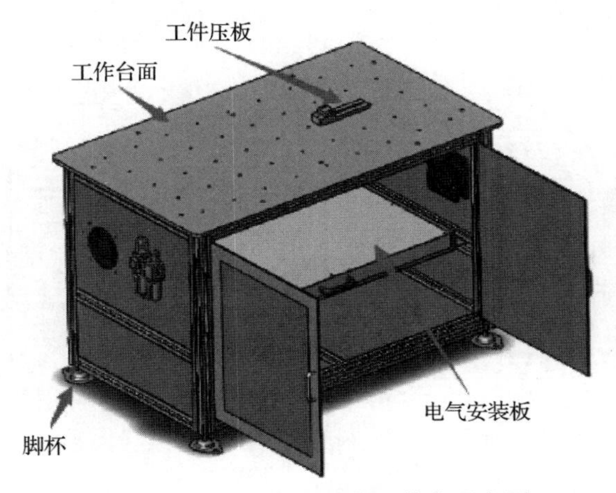

图 3-90　一种工业现场的工作台示意图

第4章 工业机器人操作

本章主要以 FANUC、ABB、KUKA、埃夫特 4 种六轴工业机器人为载体，介绍了工业机器人控制柜、工业机器人坐标系，以及示教器界面。通过完成对工业机器人各运动轴运动范围的检查和对运行轨迹的描绘，让读者熟悉示教器的使用方法。通过单步和连续运行程序完成对运行轨迹的检查，使读者对工业机器人坐标系、示教器界面有更深入的了解。以搬运、码垛、焊接和抛光打磨 4 种典型工作站为例深入浅出地讲解了工业机器人在不同工作环境下的使用方法。

知识目标

- 熟悉 FANUC 示教器界面的功能。
- 掌握 FANUC 示教器的操作方法。
- 熟悉 FANUC 工业机器人坐标系的概念。
- 掌握 FANUC 工业机器人手动操作的运动方式。
- 熟悉 FANUC 工业机器人零点标定的方法。
- 掌握 FANUC 工业机器人的运行模式。
- 熟悉 ABB 示教器界面的功能。
- 掌握 ABB 示教器的操作方法。
- 熟悉 ABB 工业机器人坐标系的概念。
- 掌握 ABB 工业机器人手动操作的运动方式。
- 熟悉 ABB 工业机器人零点标定的方法。

- 掌握 ABB 工业机器人的运行模式。
- 熟悉 KUKA 示教器界面的功能。
- 掌握 KUKA 示教器的操作方法。
- 熟悉 KUKA 工业机器人坐标系的概念。
- 掌握 KUKA 工业机器人手动操作的运动方式。
- 熟悉 KUKA 工业机器人零点标定的方法。
- 掌握 KUKA 工业机器人的运行模式。
- 熟悉埃夫特示教器界面的功能。
- 掌握埃夫特示教器的操作方法。
- 熟悉埃夫特工业机器人坐标系的概念。
- 掌握埃夫特工业机器人手动操作的运动方式。
- 熟悉埃夫特工业机器人零点标定的方法。
- 掌握埃夫特工业机器人的运行模式。

学习内容

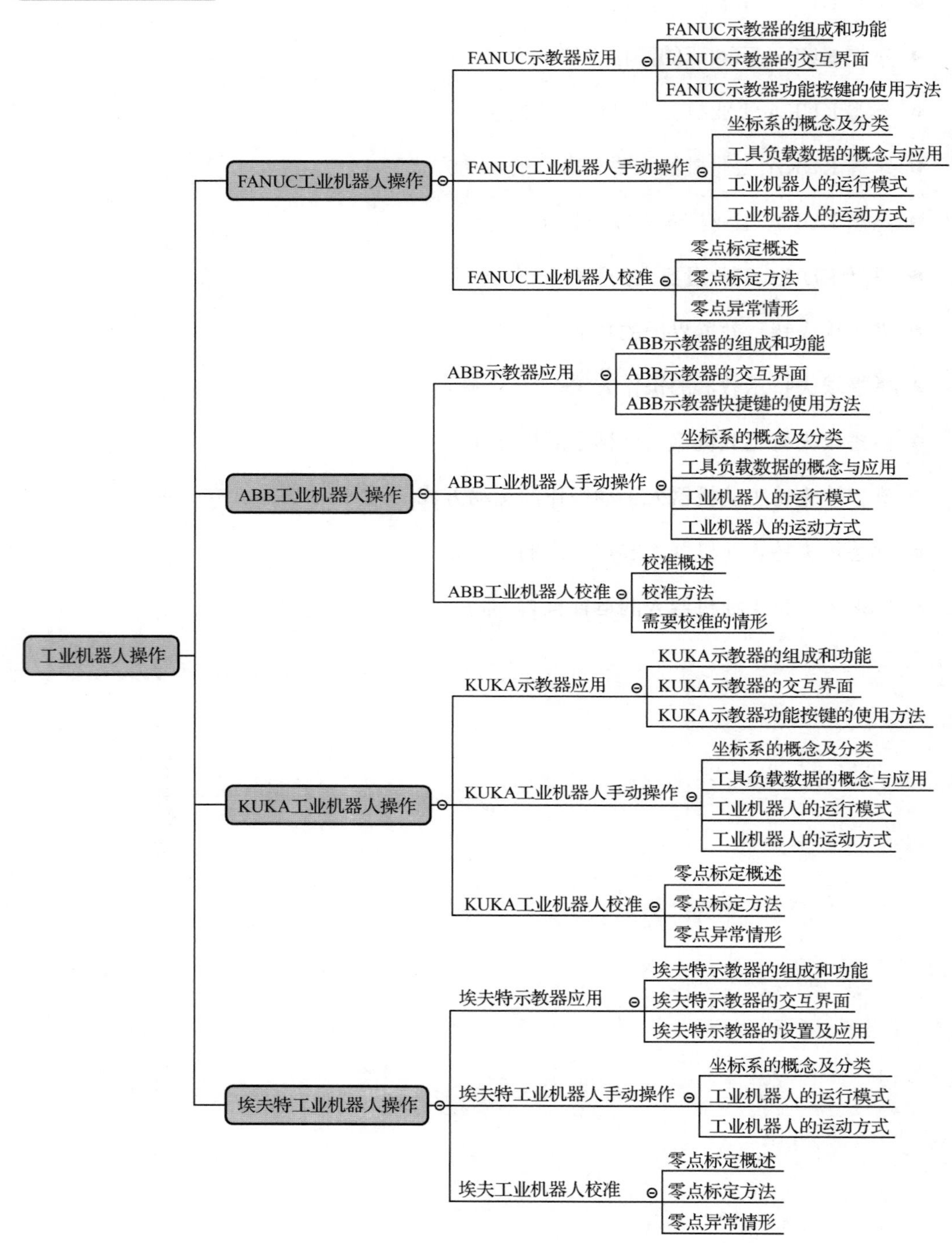
工业机器人操作
FANUC工业机器人操作
FANUC示教器应用
FANUC示教器的组成和功能
FANUC示教器的交互界面
FANUC示教器功能按键的使用方法
FANUC工业机器人手动操作
坐标系的概念及分类
工具负载数据的概念与应用
工业机器人的运行模式
工业机器人的运动方式
FANUC工业机器人校准
零点标定概述
零点标定方法
零点异常情形
ABB工业机器人操作
ABB示教器应用
ABB示教器的组成和功能
ABB示教器的交互界面
ABB示教器快捷键的使用方法
ABB工业机器人手动操作
坐标系的概念及分类
工具负载数据的概念与应用
工业机器人的运行模式
工业机器人的运动方式
ABB工业机器人校准
校准概述
校准方法
需要校准的情形
KUKA工业机器人操作
KUKA示教器应用
KUKA示教器的组成和功能
KUKA示教器的交互界面
KUKA示教器功能按键的使用方法
KUKA工业机器人手动操作
坐标系的概念及分类
工具负载数据的概念与应用
工业机器人的运行模式
工业机器人的运动方式
KUKA工业机器人校准
零点标定概述
零点标定方法
零点异常情形
埃夫特工业机器人操作
埃夫特示教器应用
埃夫特示教器的组成和功能
埃夫特示教器的交互界面
埃夫特示教器的设置及应用
埃夫特工业机器人手动操作
坐标系的概念及分类
工业机器人的运行模式
工业机器人的运动方式
埃夫工业机器人校准
零点标定概述
零点标定方法
零点异常情形

4.1　FANUC 工业机器人操作

4.1.1　FANUC 示教器应用

1. FANUC 示教器的组成和功能

1）FANUC 示教器布局图

示教器是主管应用工具软件与用户之间的接口装置，通过电缆与控制装置连接。FANUC 示教器由液晶显示屏、LED、功能按键构成，除此以外一般还会有模式切换开关、安全开关、急停按钮等。FANUC 示教器布局与功能按键实物图如图 4-1 所示。

2）键位功能

FANUC 示教器是工业机器人的人机交互接口，通过 FANUC 示教器的功能按键与液晶显示屏配合使用可完成工业机器人点动、示教，编写、调试和运行工业机器人程序，设定、查看工业机器人的状态信息和位置，报警消除等所有关于工业机器人的功能操作。FANUC 示教器键位功能说明如表 4-1 所示。

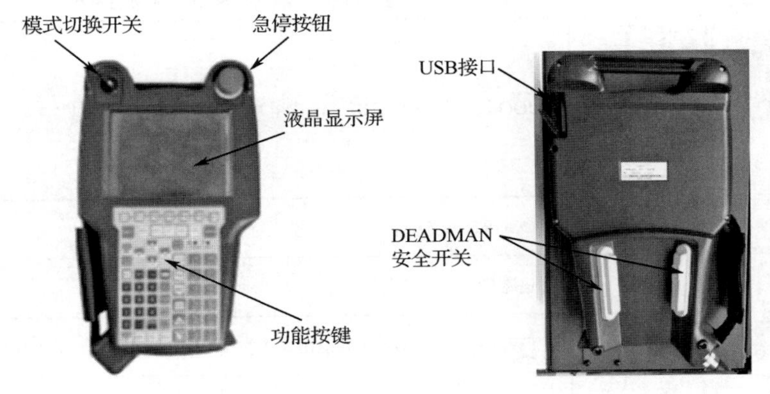

（a）FANUC示教器正面示意图　　（b）FANUC示教器反面示意图

图 4-1　FANUC 示教器布局与功能按键实物图

表 4-1　FANUC 示教器键位功能说明

功 能 按 键	功 能 描 述
F1 F2 F3 F4 F5	F1～F5 键用于选择 FANUC 示教器屏幕上显示的内容，每个功能按键在当前屏幕上与唯一的内容相对应
NEXT	NEXT（翻页）键将功能按键菜单切换到下一页
MENU FCTN	MENU（菜单）键，显示画面菜单 FCTN（辅助）键，显示辅助菜单
SELECT EDIT DATA	SELECT（一览）键，显示程序一览画面 EDIT（编辑）键，显示程序编辑画面 DATA（数据）键，显示数据画面

续表

功能按键	功能描述
TOOL 1 TOOL 2	TOOL1（辅助）键，显示工具 1 画面 TOOL2（辅助）键，显示工具 2 画面
SET UP	SET UP（设定）键，显示设定画面
STATUS	STATUS（状态显示）键，显示状态画面
I/O	I/O（输入/输出）键，显示 I/O 画面
POSN	POSN（位置显示）键，显示当前位置画面
DISP	DISP（画面切换）键，当单独按下时，移动操作对象画面； 当与 SHIFT 键同时按下时，分割屏幕（单屏、双屏、三屏、状态/单屏）
DIAG HELP	DIAG/HELP（诊断/帮助）键。显示系统版本（先按下 SHIFT 键使用）。单独按下此键将显示报警画面
GROUP	GROUP（辅助）键，显示辅助菜单
SHIFT	SHIFT（辅助）键，当 SHIFT 键与其他按键同时按下时，可以进行 JOG 进给、位置数据的示教、程序的启动。左右 SHIFT 键功能相同
+X (J1) +Y (J2) +Z (J3) +X (J4) +Y (J5) +Z (J6) -X (J1) -Y (J2) -Z (J3) -X (J4) -Y (J5) -Z (J6) + (J7) - (J8) - (J7) + (J8)	JOG 键（先按下 SHIFT 键使用），用于手动移动工业机器人
COORD	COORD（坐标系）键，切换坐标系
-% +%	倍率键，用于进行工业机器人运动速度倍率的变更
FWD BWD	FWD 前进键、BWD 后退键（先按下 SHIFT 键使用）用于程序的启动
HOLD	HOLD（暂停）键，暂停程序的执行
STEP	STEP（单步模式与连续模式）切换键，用于测试运转时的步进运转和连续运转的切换
PREV	PREV（返回）键，将屏幕界面返回之前显示的界面。视操作情况而定，在有些情况下不会返回
ENTER	ENTER（确认）键，用于确认数值的输入和菜单的选择
BACK SPACE	BACK SPACE（消除）键，清除光标之前的字符或者数字
⇧ ⇦ ⇨ ⇩	光标键，左、右、上、下移动光标
ITEM	ITEM 键，快速移动光标至指定行

2. FANUC 示教器的交互界面

1）交互界面主菜单概述

FANUC 示教器显示画面的上部窗口称为状态窗口，状态窗口包括 8 个显示功能键、报警显示、倍率值，如图 4-2 所示。在示教器状态窗口中带图标的显示功能键表示“ON”，不带图标的显示功能键表示“OFF”，如表 4-2 所示。

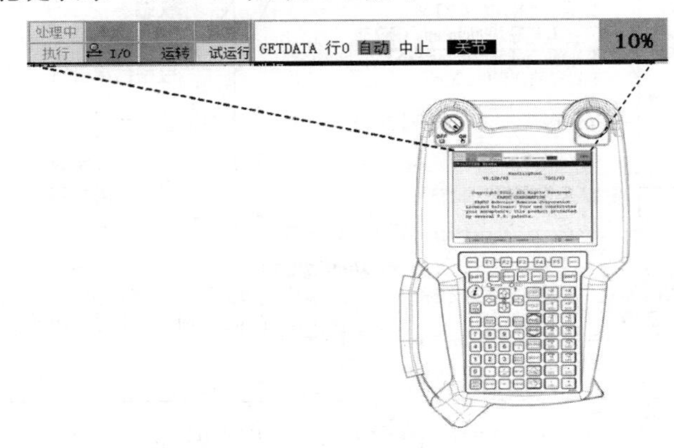

图 4-2　FANUC 示教器状态窗口

表 4-2　FANUC 示教器显示功能键

显示功能键	含　义
处理中	表示工业机器人正在进行某项作业
单段	表示工业机器人处于单段运行模式
暂停	表示按下了 HOLD 键，或者输入了 HOLD 信号
异常	表示发生了异常
执行	表示正在执行程序
I/O	这是应用程序固有的 LED
运转	这是应用程序固有的 LED
试运行	这是应用程序固有的 LED

FANUC 示教器的液晶显示屏上显示应用工具软件的画面，如图 4-3 所示。工业机器人的操作，通过选择对应目标功能的画面进行。

2）交互界面主菜单的认识

画面菜单、主菜单和辅助菜单，可分别通过 MENU 键、“i”键+MENU 键和 FCTN 键进行调用。画面菜单如图 4-4 所示，画面菜单用于对画面的选择，界面 1 和界面 2 的主菜单分类，如表 4-3 和表 4-4 所示。要进行画面菜单的显示，只需要按下 FANUC 示教器上的 MENU 键。

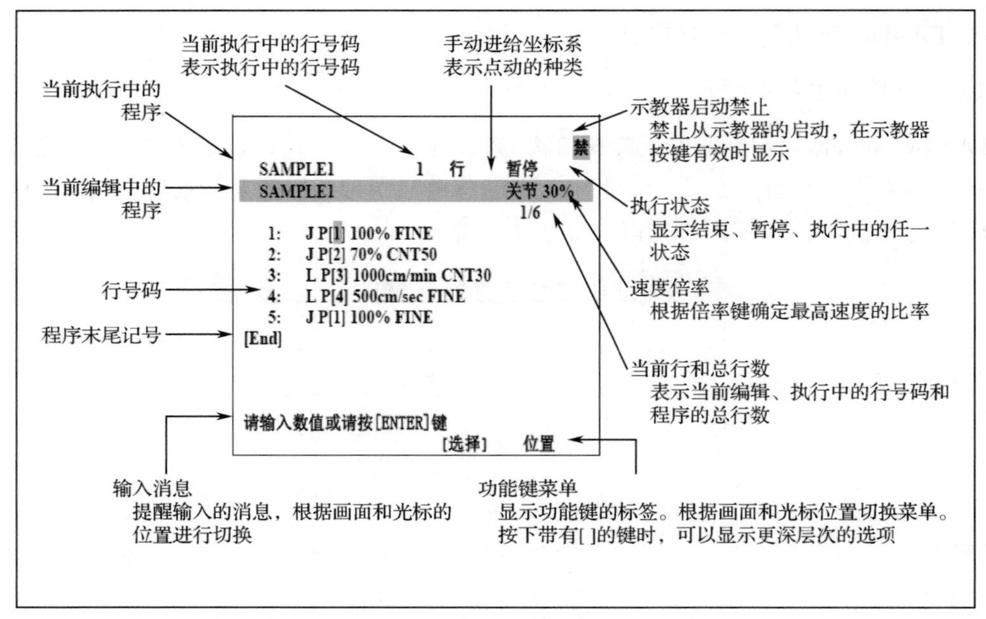

图 4-3 应用工具软件的画面

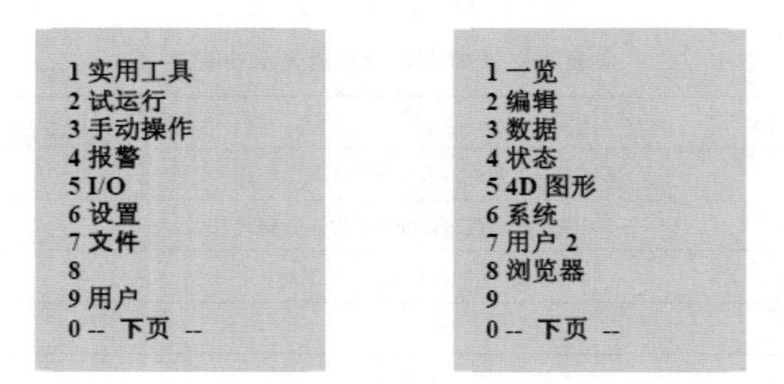

（a）界面 1　　（b）界面 2

图 4-4 画面菜单

表 4-3 界面 1 主菜单分类

条　　目	功　　能
实用工具	使用各类工业机器人的功能
试运行	进行测试运转的设定
手动操作	手动执行宏指令
报警	显示发生的报警和过去的报警履历及详细情况
I/O	进行各类 I/O 的状态显示、手动输出、仿真 I/O、信号的分配、注解的输入
设置	进行系统的各种设定
文件	进行程序、系统变量、数值寄存器文件的加载和保存
用户	在执行消息指令时显示用户消息

表4-4　界面2主菜单分类

条　　目	功　　能
一览	显示程序一览。也可进行创建、复制、删除等操作
编辑	进行程序的示教、修改、执行
数据	显示数值寄存器、位置寄存器和码垛寄存器的值
状态	显示系统的状态
4D 图形	显示 3D 画面。同时显示工业机器人当前位置的位置数据
系统	进行系统变量的设定、零点标定的设定等
用户 2	显示从 KAREL 程序输出的消息
浏览器	进行 Web 网页的浏览

3）交互界面主菜单操作

主菜单区域显示每个主菜单选项及其子菜单，通过点击“MENU”，如图 4-5 所示，进入主菜单区域，操作步骤如下所示。

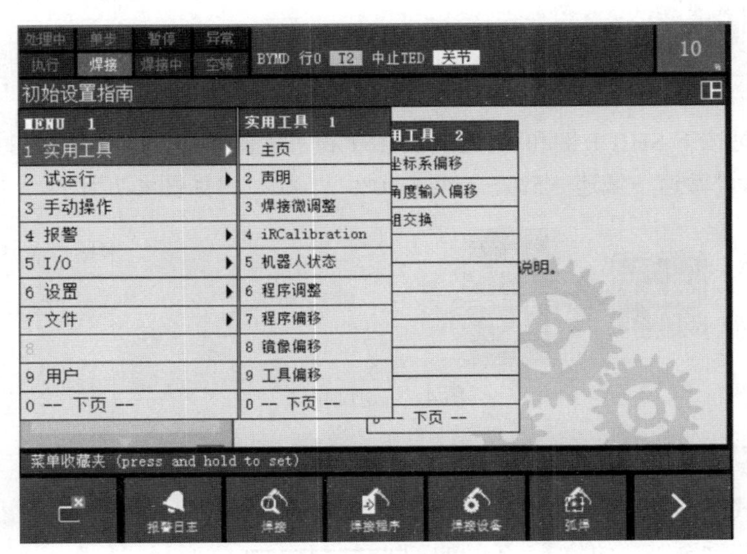

图 4-5　菜单选项

（1）主菜单区域显示每个主菜单选项及其子菜单。

（2）按下手持操作 FANUC 示教器的光标键，上移键、下移键可移动选中的主菜单项，被选中选项变为蓝色。

（3）选中主菜单中某选项后，按下手持操作 FANUC 示教器上的光标键，左移键、右移键可弹出或者收起子菜单。

（4）按下手持操作 FANUC 示教器上的 ENTER 键，可选中子菜单，进入界面。

3. FANUC 示教器功能按键的使用方法

1）FANUC 示教器手动速度调整

在示教模式下，修改点动机器人运动速度的操作步骤如下所示。

（1）按下手持操作 FANUC 示教器上的+%键或-%键，每按一次，手动速度按如图 4-6 所示顺序变化，通过状态区的速度显示确认工业机器人的运动速度。

（2）按下手持操作 FANUC 示教器上的 SHIFT 键和+%键或 SHIFT 键和-%键，每按一次，手动速度按如图 4-7 所示顺序变化，通过状态区的速度显示确认工业机器人的运动速度。

2）倍率键用于变更工业机器人的运动速度倍率

（1）当按下+%键或-%键时，工业机器人的运动速度依次进行如下切换：“微速—低速—1%—2%—3%—4%—5%—10%—15%—……—100%”，如图 4-6 所示。

微速—低速—1%—2%—3%—4%—5%—10%—15%—……—100%

图 4-6 速度微调

（2）当同时按下 SHIFT 键和+%键或 SHIFT 键和-%键时，工业机器人的运动速度依次进行如下切换：“微速—低速—5%—25%—50%—100%”，如图 4-7 所示。

微速—低速—5%—25%—50%—100%

图 4-7 速度粗调

3）FANUC 示教器操作轴运动

在示教模式下，按下轴操作键，工业机器人各轴可移动至需要的位置，各轴的运动根据选择的坐标系不同而发生变化。各轴只在按住轴操作键时运动。

伺服电源接通后（按下伺服准备键后，握住三段开关，此时伺服指示灯常亮），通过按下手持操作 FANUC 示教器上的每个轴操作键，使工业机器人的每个轴进行需要的运动。按键示意图如图 4-8 所示。

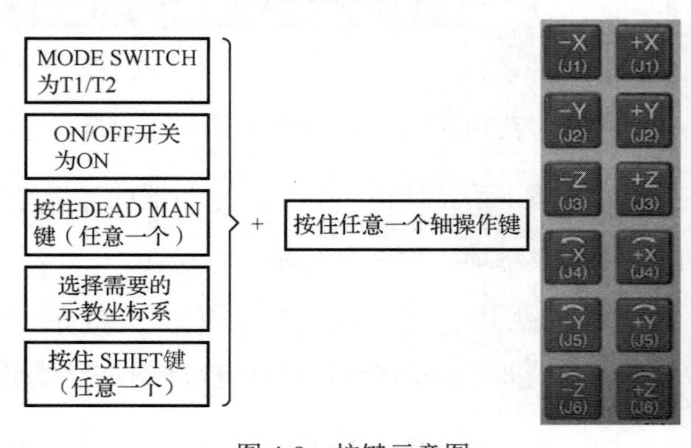

图 4-8 按键示意图

在操作工业机器人前要注意关节运动速度的状态，通过高低速按键将关节的运动速度调节至适当速度。各轴的运动方向如图 4-9 所示。

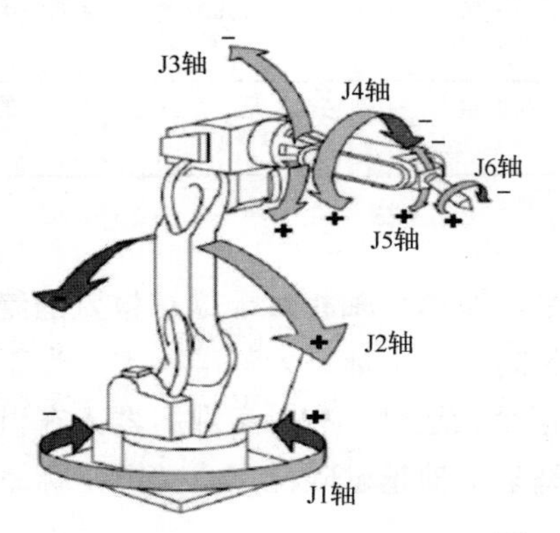

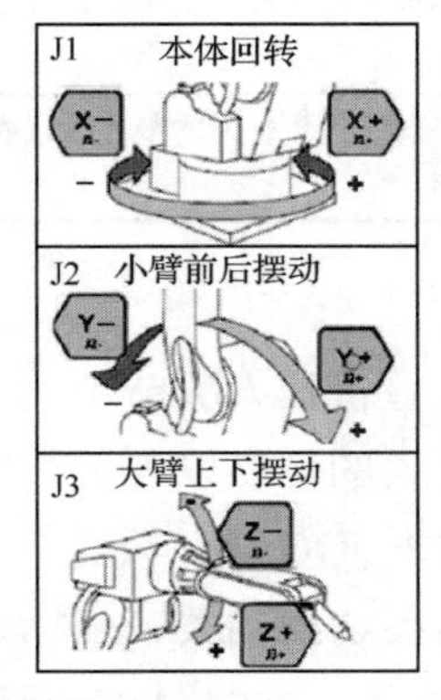

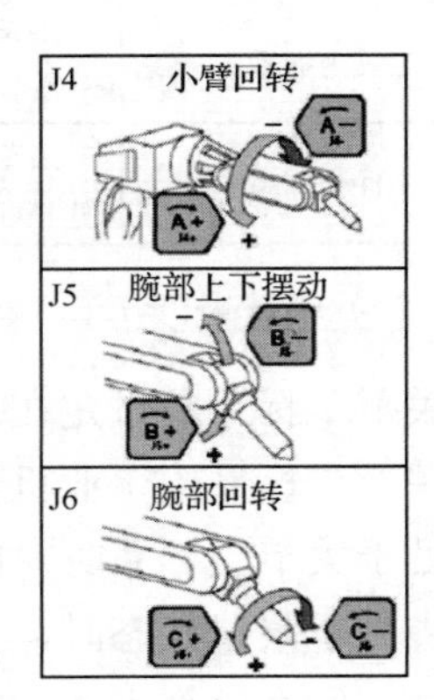

图 4-9　各轴的运动方向

4.1.2　FANUC 工业机器人手动操作

1．坐标系的概念及分类

坐标系是为了确定工业机器人的位姿而在工业机器人或空间上进行定义的位置指标系统。工业机器人示教坐标系包括关节坐标系、直角坐标系、工具坐标系和其他坐标系，如图 4-10 所示，常用的 4 种示教坐标系的详细说明，如表 4-5 所示。

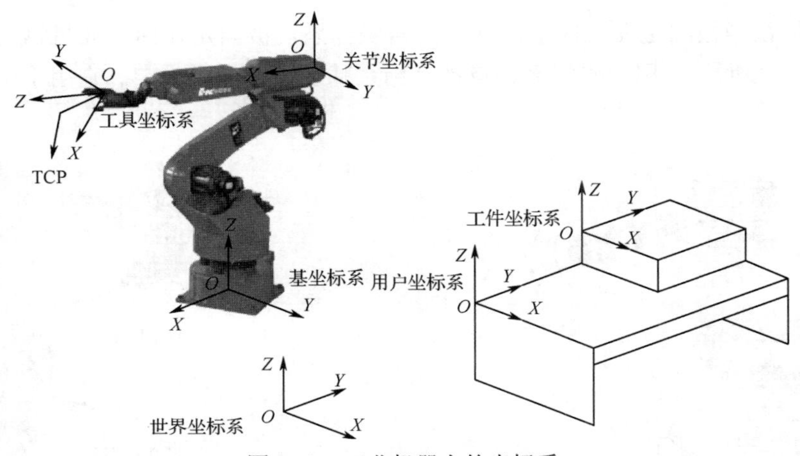

图 4-10　工业机器人的坐标系

表 4-5　工业机器人常用坐标系

坐　标　系	定　义
关节坐标系	通过 FANUC 示教器上相应的按键转动工业机器人的各轴进行示教
直角坐标系	沿着笛卡儿坐标系的坐标轴直线移动工业机器人，包括以下两种坐标系 （1）世界坐标系：工业机器人缺省的坐标系 （2）用户坐标系：用户自定义的坐标系

续表

坐　标　系	定　　义
工具坐标系	沿着当前工具坐标系的坐标轴直线移动工业机器人，工具坐标系是匹配在工具方向上的笛卡儿坐标系
工件坐标系	沿着当前工件坐标系的坐标轴直线移动工业机器人，工件坐标系是匹配在工件方向上的笛卡儿坐标系

1）关节坐标系

关节坐标系是设定在工业机器人关节中的坐标系，即每个轴相对于原点位置的绝对角度。关节坐标系中工业机器人的位姿以各关节底座侧的关节坐标系为基准确定。当工业机器人处于关节坐标系时，按下 JOG 键，只有单一的某个轴运动。有时工业机器人在世界坐标系中处于限位状态时，需要切换到关节坐标系调整某个轴越过限位点。关节坐标系的关节值处在所有轴都为 0° 的状态，如图 4-11 所示。

2）直角坐标系

直角坐标系是沿着笛卡儿坐标系的坐标轴直线移动工业机器人的坐标系，包括以下两种坐标系。

（1）世界坐标系：工业机器人缺省的坐标系。

（2）用户坐标系：用户自定义的坐标系。

a．世界坐标系（被固定在空间中的坐标系）

世界坐标系是被固定在空间中的标准直角坐标系，被固定在由工业机器人事先确定的位置，如图 4-12 所示。用户坐标系、点动坐标系基于该坐标系设定。它用于位置数据的示教和执行。

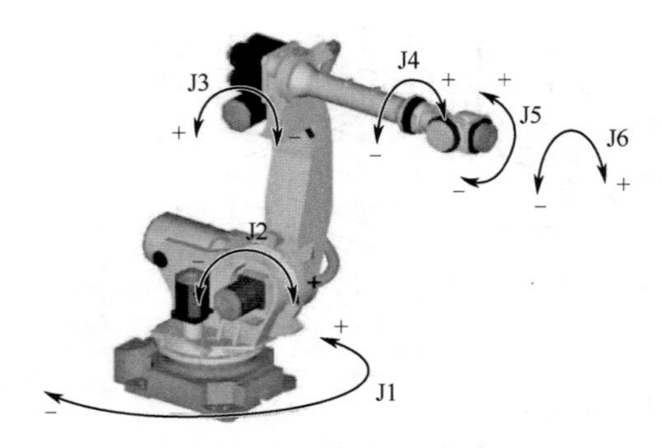

图 4-11　关节 0° 状态

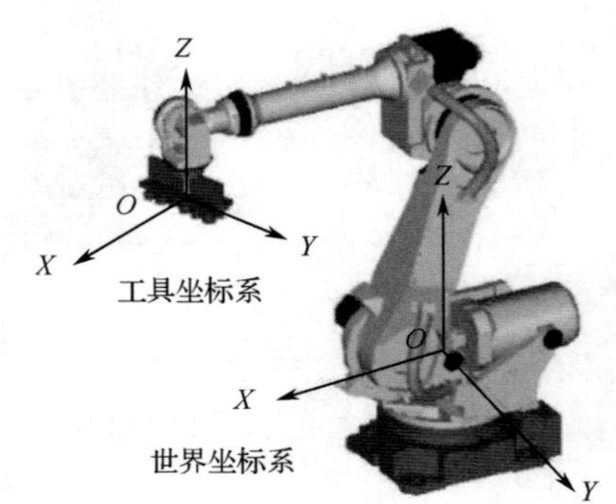

图 4-12　世界坐标系

一般是在世界坐标系下进行编程示教和实际生产，世界坐标系符合右手定则。

（1）手持 FANUC 示教器站在工业机器人正前方。

（2）背向工业机器人，举起右手于视线正前方摆手势，如图 4-13（a）所示。

（3）食指所指方向即世界坐标系的 *X*+；中指所指方向即世界坐标系的 *Y*+；拇指所指方向即世界坐标系的 *Z*+，如图 4-13（b）所示。

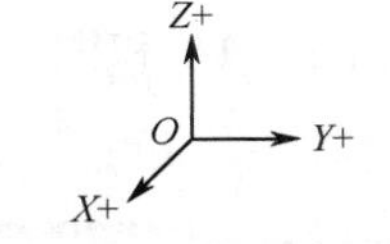

（a）右手手势　　（b）右手各手指代表的指向

图 4-13　右手定则

b．用户坐标系

用户坐标系是用户对每个作业空间进行定义的直角坐标系。它用于位置寄存器的示教和执行、位置补偿指令的执行等。当未定义用户坐标系时，将由世界坐标系替代该坐标系。

注意：在程序示教后改变了工具坐标系或用户坐标系的情况下，必须重新设定程序的各示教点和范围，否则可能会损坏装置。

3）工具坐标系

工具坐标系是把工业机器人腕部法兰盘持握工具的有效方向定为 Z 轴，把坐标原点定义在 TCP，所以工具坐标系的坐标轴方向随腕部的移动发生变化，如图 4-14 所示。

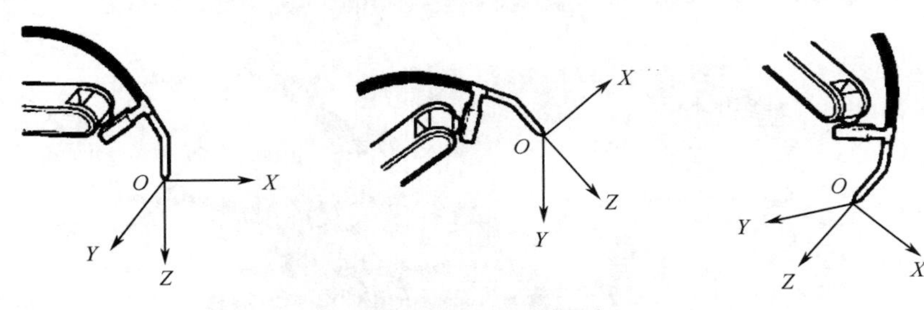

图 4-14　工具坐标系

工具坐标系的移动以工具的有效方向为基准，与工业机器人的位姿无关，所以此坐标系适用于进行相对于工件不改变工具姿势的平行移动操作。

当建立了工具坐标系后，工业机器人的控制点也转移到了工具的尖端点上，这样在示教时可以利用控制点不变的操作方便地调整工具姿态，并可使进行插补运算时的轨迹更为精确。所以，不管是什么机型的工业机器人，用于什么用途，只要安装的工具有尖端中心点，在示教程序前务必准确地建立工具坐标系。

工具坐标系，由 TCP 的位置(x, y, z)和工具的姿势构成，如图 4-15 所示。TCP 的位置通过相对于机械接口坐标系的 TCP 的坐标值 x、y、z 定义。工具的姿势，通过机械接口坐标系的 X 轴、Y 轴、Z 轴周围的回转角 w、p、r 定义。

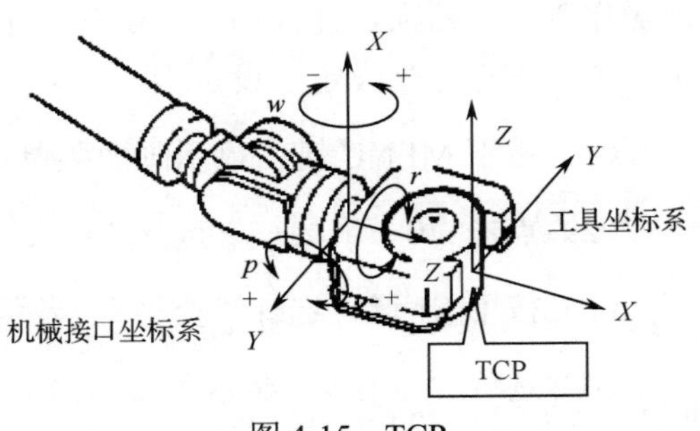

图 4-15　TCP

2．工具负载数据的概念与应用

当工业机器人执行作业任务时，需要根据作业内容的不同，通过在工业机器人末端及运动轴安装相应的装置实现作业，如图 4-16 和图 4-17 所示，因此需要在工业机器人应用中进行工业机器人的负载设定。

图 4-16　工业机器人抓取

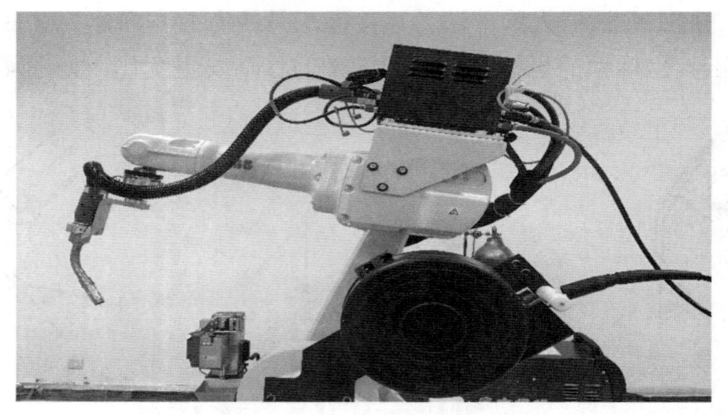

图 4-17　送丝机构安装图

负载设定是进行与安装在工业机器人上的负载信息（重量、重心位置等）相关的设定。通过适当设定负载信息，就会带来以下效果。

（1）提高工业机器人的动作性能（振动减小，循环时间改善等）。

（2）更加有效地发挥与动力学相关的功能（碰撞检测功能、重力补偿功能等）。

如果负载信息错误变大，则有可能导致振动加大，或错误检测出碰撞。为了更加有效地操作工业机器人，建议用户对配备在末端执行器、工件、工业机器人手臂上的设备等的负载信息进行适当设定。设定步骤如下。

（1）按下 MENU 键，显示画面菜单。

（2）点击“0—下页—”选择“6 系统”。

（3）按下 F1 键，选择“类型”，显示画面切换菜单。

（4）选择“动作”。显示负载信息的一览画面（当显示一览画面以外的画面时，按下 PREV 键数次，即可显示一览画面）。此外，若采用多组系统，按下 F2 键，选择“组”，即可移动到其他组的一览画面，如图 4-18 所示。

动作性能		关节 10%	
组 1			
No.	负载 [kg]	注释	
1	0.00	[	]
2	0.00	[	]
3	0.00	[	]
4	0.00	[	]
5	0.00	[	]
6	0.00	[	]
7	0.00	[	]
8	0.00	[	]
9	0.00	[	]
10	0.00	[	]
当前负载编号 =0			
[类型] 组	详细	手臂负载	选负载 >

图 4-18　其他组的一览画面

（5）将光标指向任一编号的行，按下 F3 键，选择“详细”，进入负载设定画面，如图 4-19 所示。

负载设定			关节 10%
	群组 1		
1	设定编号	[1]:[****************]	
2	负载	[kg]	0.00
3	负载中心 X	[cm]	0.00
4	负载中心 Y	[cm]	0.00
5	负载中心 Z	[cm]	0.00
6	负载惯量 X	[kgfcms^2]	0.00
7	负载惯量 Y	[kgfcms^2]	0.00
8	负载惯量 Z	[kgfcms^2]	0.00
[类型] 组	编号	缺省值	帮助

图 4-19　负载设定画面

（6）分别设定负载的重量、重心位置、重心周围的惯量，也可根据需要输入注释。输入的注释也会在一览画面上显示。负载设定画面上显示的 X 轴、Y 轴、Z 轴方向，相当于标准的（尚未设定工具坐标系状态的）工具坐标系，如图 4-20 所示。

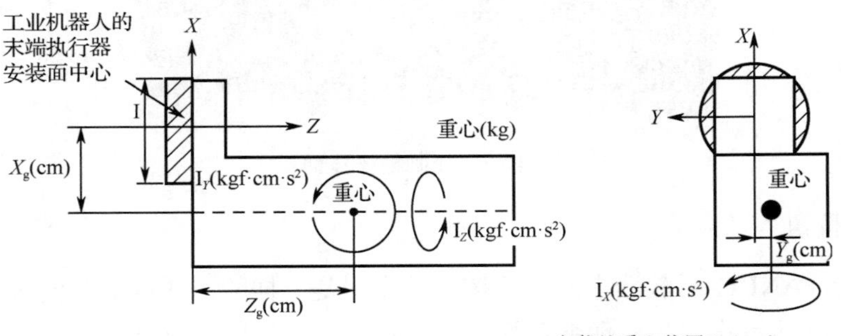

X_g：负载的重心位置X（cm）
Y_g：负载的重心位置Y（cm）
Z_g：负载的重心位置Z（cm）
I_X：负载的惯量X（$kgf \cdot cm \cdot s^2$）
I_Y：负载的惯量Y（$kgf \cdot cm \cdot s^2$）
I_Z：负载的惯量Z（$kgf \cdot cm \cdot s^2$）

图 4-20　标准的工具坐标系

（7）按下 F3 键，选择“号码”，即可移动到其他编号的负载设定画面。此外，若采用多组系统，按下 F2 键，选择“群组”，即可移动到其他群组的负载设定画面。

（8）为了使实际使用的负载设定有效。按下 PREV 键返回一览画面，按下 F5 键，选择“切换”，输入需要使用的负载设定编号。

（9）在一览画面上，按下 F4 键，选择“手臂负载”，进入手臂负载设定画面，如图 4-21 所示。

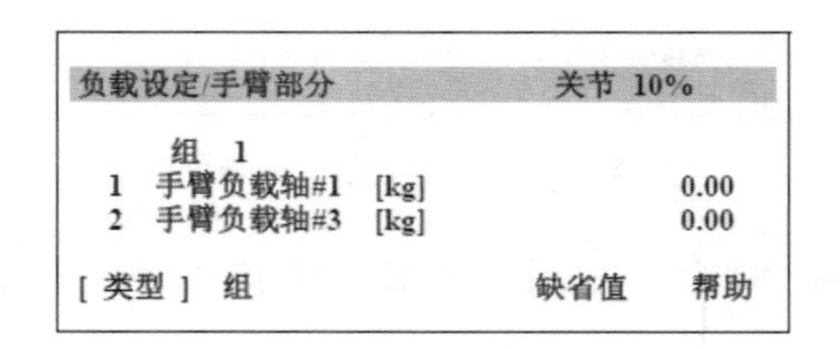

图 4-21 手臂负载设定画面

（10）分别设定 J1 手臂上（J2 机座部）负载的重量，以及 J3 手臂上负载的重量。变更值后，负载设定画面中显示“路径和周期时间将会改变。设置吗?”的确认消息，按下 F4 键，选择“是”或按下 F5 键，选择“否”。如果已经设定了负载的重量，请执行电源的 OFF/ON 操作。

3. 工业机器人的运行模式

控制柜操作面板上附带几个按钮、开关、连接器等，用于进行程序的启动、报警的解除、工业机器人运行模式的切换等操作，如图 4-22 所示。

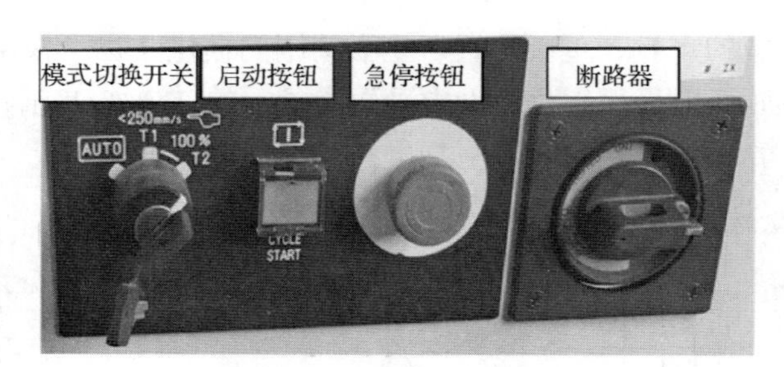

图 4-22 控制柜操作面板

1）急停按钮

此按钮与 FANUC 示教器上的急停按钮的作用是一样的，通过切断伺服开关停止工业机器人和外部轴的操作。当出现突发紧急情况时，应及时按下急停按钮，工业机器人将停止运动；待危险或报警解除后，顺时针旋转急停按钮，急停按钮将自动弹起释放该开关。

2）启动按钮

当采用外部自动运行程序模式时，按下启动按钮才可启动自动运行程序，在自动运行程序时此开关绿灯亮起。

3）模式切换开关

选择对应工业机器人的动作条件和使用状况的适当的操作方式。模式切换开关如表 4-6 所示。

表 4-6　模式切换开关

图　　片	说　　明
<250mm/s AUTO　T1　100%　T2	T1 模式：工业机器人的最大运行速度不超过 250mm/s T2 模式：工业机器人的最大运行速度可达 2m/s AUTO 模式：外部自动运行程序模式

T1 模式：工业机器人的最大运行速度不超过 250mm/s，属于低速运行模式，主要是考虑到操作的安全性，以免运行速度过大危及操作人员的人身安全。因此，在编程示教时应采用 T1 模式。

T2 模式：工业机器人的最大运行速度可达 2m/s，属于高速运行模式，在不能熟练操作工业机器人的情况下不建议采用此模式。

AUTO 模式：外部自动运行程序模式，当需要批量生产时，需要采用此模式。

4．工业机器人的运动方式

工业机器人从一个位姿转变为另一个位姿的过程称为工业机器人运动。工业机器人运动一般分两种运动方式：关节运动和 TCP 运动。

关节运动：已知 *A* 点的位姿和 *B* 点的位姿，关节通过 FANUC 示教器从 *A* 点移动到 *B* 点，并记录当前位置。

TCP 运动：已知 *A* 点、*B* 点的位姿，通过计算得出 *C* 点的位姿。

FANUC 工业机器人常用的运动指令有 MOVJ 指令、MOVL 指令及 MOVC 指令，详细介绍如表 4-7 所示。

表 4-7　运动指令

运 动 指 令	运 动 说 明	运 动 方 式
MOVJ	工业机器人将沿着不可预计的最快速轨迹运动到目标点	*P*2 目标点 *P*1 开始点 例 1：JP[1] 100% FINE 2：JP[2] 70% FINE
MOVL	工具按照设定的位姿从开始点沿直线匀速移动至目标点	*P*2 目标点 *P*1 开始点 例 1:J P[1]100% FINE 2:L P[2]500mm/sec FINE

续表

运动指令	运动说明	运动方式
MOVC	圆弧轨迹运动通过开始点、经过点和目标点定义，C 指令需要成对出现	P3 目标点 P2 经过点 P1 开始点 例 1:J P[1]100% FINE 2:C P[2] P[3]500mm/sec FINE

4.1.3 FANUC 工业机器人校准

1. 零点标定概述

在零点标定工业机器人时需要将工业机器人的机械信息与位置信息同步，从而定义工业机器人的物理位置。必须正确操作工业机器人进行零点标定。通常工业机器人在出厂之前已经进行了零点标定。但是，工业机器人还是有可能丢失零点数据的，所以需要重新进行零点标定。

工业机器人通过闭环伺服控制系统控制本体各运动轴。控制器输出控制命令驱动每个电动机。装配在电动机上的反馈装置——串行脉冲编码器（SPC），将信号反馈给控制器。在工业机器人的操作过程中，控制器不断分析反馈信号，修改命令信号，从而使工业机器人在整个过程中一直保持正确的位置和速度。

控制器必须“知晓”每个轴的位置，以使工业机器人能够准确地按原定位置移动，控制器通过比较操作过程中读取的串行脉冲编码器的信号与工业机器人上已知机械参考点信号的不同达到这一目的。零点标定记录了已知机械参考点的串行脉冲编码器的读数。这些零点标定数据与其他用户数据一起保存在控制器的存储卡中，在关电后，这些数据由主板电池维持。

当控制器正常关电时，每个串行脉冲编码器的当前数据将保存在串行脉冲编码器中，由工业机器人的后备电池供电维持（对 P 系列机器人来说，后备电池可能位于控制器上）。当控制器重新通电时，控制器将请求从串行脉冲编码器中读取数据。当控制器收到串行脉冲编码器的读取数据时，伺服系统才可以正确操作。这一过程可以称为校准过程。

如果在控制器关电时，断开了串行脉冲编码器的后备电池的电源，则在通电时校准操作将失败，工业机器人唯一可以进行的动作只有关节模式的手动操作。要恢复正确的操作，必须重新对工业机器人进行零点标定与校准。

警告：如果校准操作失败，则该轴的软限位将被忽略，工业机器人的移动可能超出正常范围。所以在未校准的情况下移动工业机器人时需要特别小心，否则将可能造成人身伤害或者设备损坏。

2．零点标定方法

零点标定方法分类如表 4-8 所示。

表 4-8　零点标定方法分类

零点标定方法	解　　释
专用夹具零点标定	使用零点标定的专用夹具进行零点标定，这是在工厂出货之前进行的零点标定
全轴零点标定	将工业机器人的各轴对于 0° 位置进行的零点标定，参照安装在工业机器人各轴上的 0° 位置标记
简易零点标定	将零点标定位置设定在任意位置上的零点标定，需要事先设定好参考点
单轴零点标定	针对每个轴进行的零点标定
输入零点标定数据	直接输入零点标定数据

专用夹具零点标定需要采用专门的零点标定工具，对工装、夹具有极高的精度要求，工业机器人只有在出厂前才采用此种标定方式，因此在工业机器人应用及使用过程中一般不采用此标定方式。下面主要通过应用及使用过程中常用的 3 种标定方式介绍工业机器人零点标定。

1）全轴零点标定

（1）按下 MENU 键，显示出画面菜单。

（2）点击“0—下页—”，选择“6 系统”。

（3）按下 F1 键，选择“类型”，显示出画面切换菜单。

（4）选择“零点标定/校准”，出现零点标定画面，如图 4-23 所示。

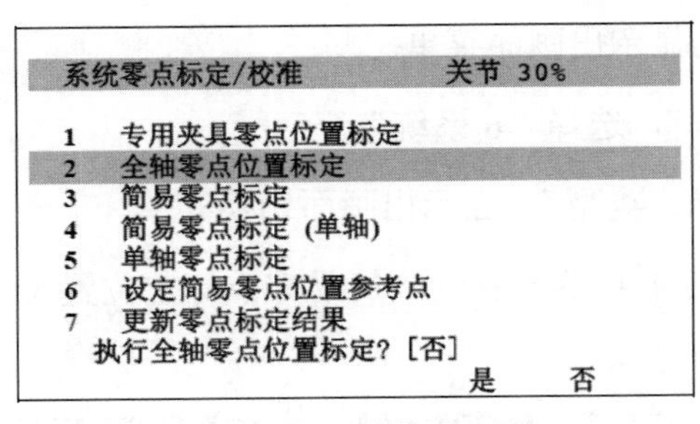

图 4-23　零点标定画面

（5）在点动方式下将工业机器人移动到 0° 位姿（表示 0° 位姿的标记对应的位姿），如有必要，断开制动器控制。

（6）选择“2 全轴零点位置标定”，按下 F4 键，选择“是”，设定零点标定数据，如图 4-24 所示。

（7）选择“7 更新零点标定结果”，按下 F4 键，选择“是”，更新零点标定结果，如图 4-25 所示。

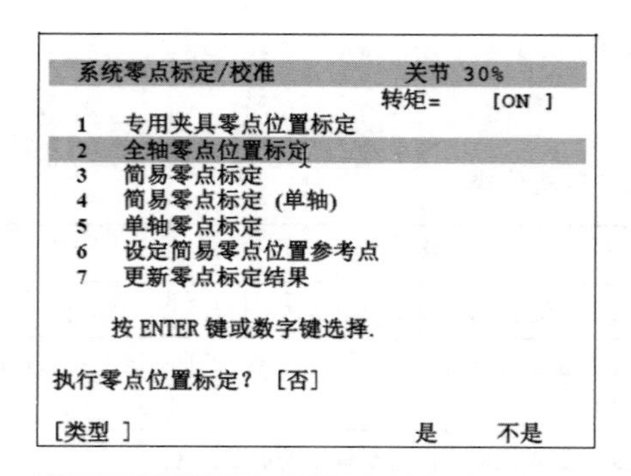

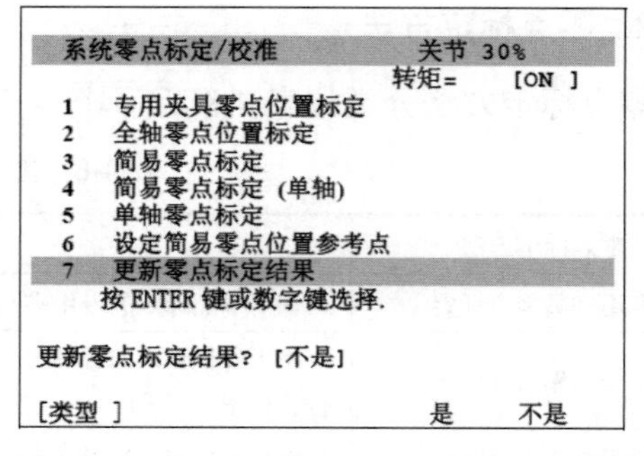

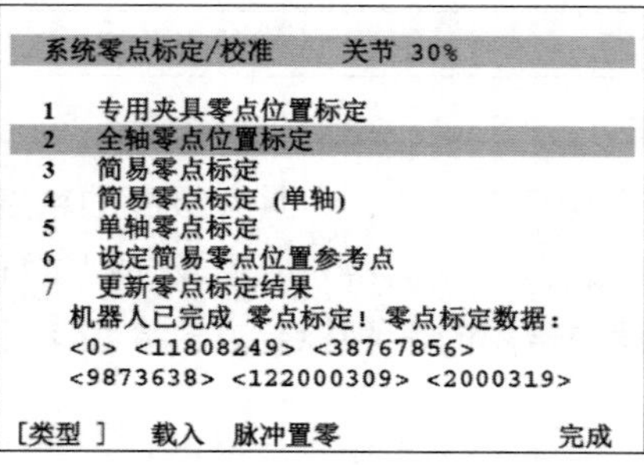

图 4-24 全轴零点位置标定

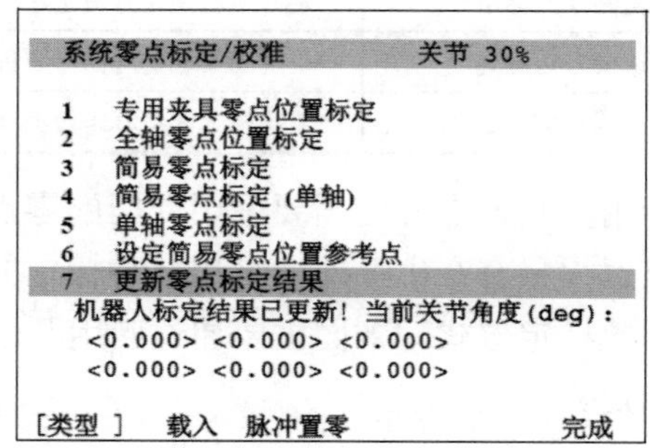

图 4-25 更新零点标定结果

（8）在零点标定结束后，按下 F5 键，选择“完成”。

（9）代替零点标定界面中“7 更新零点标定结果”的操作，重新通电也可执行更新零点标定结果的操作。

2）简易零点标定

（1）按下 MENU 键，显示出画面菜单。

（2）点击“0—下页—”，选择“6 系统”。

（3）按下 F1 键，选择“类型”，显示出画面切换菜单。

（4）通过点动操作将工业机器人移动到简易零点标定位置（参考点）；如有必要，断开制动器控制。

（5）选择“3 简易零点标定”，按下 F4 键，选择“是”，简易零点标定数据即被存储起来，如图 4-26 所示。

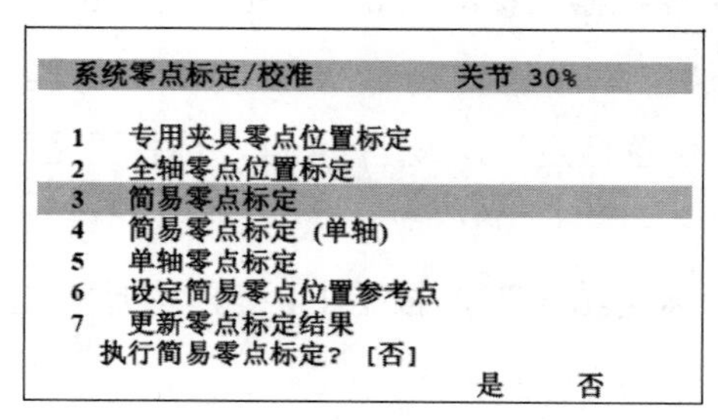

图 4-26 简易零点标定

（6）选择“7 更新零点标定结果”，按下 F4 键，选择“是”。

（7）在零点标定结束后，按下 F5 键，选择“完成”。

3）简易零点标定（单轴）

（1）按下 MENU 键，显示出画面菜单。

（2）点击“0—下页—”，选择“6 系统”。

（3）按下 F1 键，选择“类型”，显示出画面切换菜单，如图 4-27 所示。

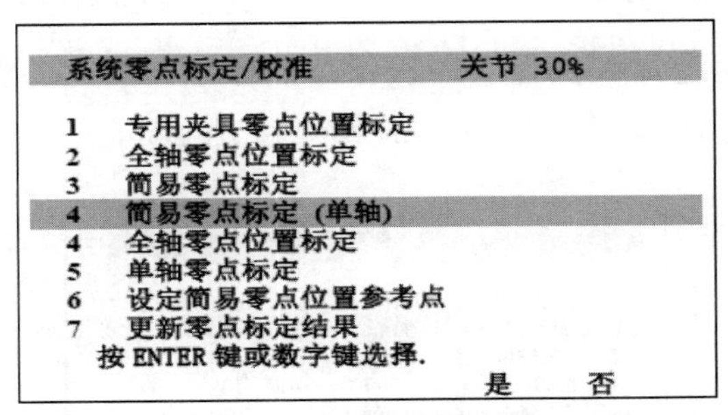

图 4-27　画面切换菜单

（4）选择“5 单轴零点标定”。出现单轴零点标定画面，如图 4-28 所示。

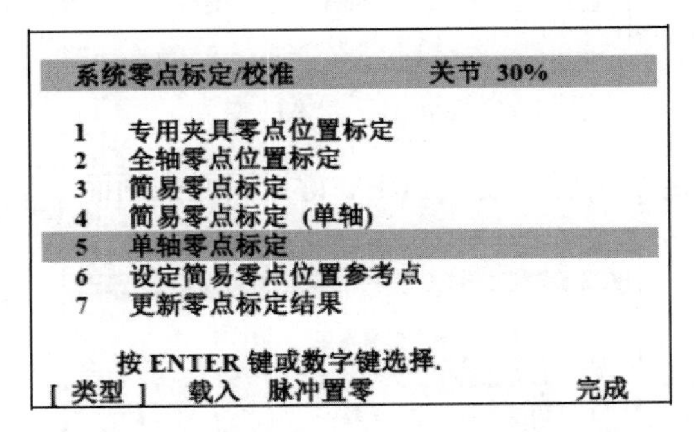

单轴零点标定　　关节 30%

1/9

	实际位置	(零度点位置)	(SEL)	[ST]
J1	25.255	(0.000)	(0)	[2]
J2	25.550	(0.000)	(0)	[2]
J3	-50.000	(0.000)	(0)	[2]
J4	12.500	(0.000)	(0)	[2]
J5	31.250	(0.000)	(0)	[0]
J6	43.382	(0.000)	(0)	[0]
E1	0.000	(0.000)	(0)	[2]
E2	0.000	(0.000)	(0)	[2]
E3	0.000	(0.000)	(0)	[2]

组　执行

图 4-28　单轴零点标定画面

（5）对于需要进行单轴零点标定的轴，将“选择”设定为“1”。可以为每个轴单独指定“选择”，也可以为多个轴同时指定“选择”，如图 4-29 所示。

（6）通过点动操作将工业机器人移动到零点标定位置。如有必要，断开制动器控制。

（7）输入零点标定位置的轴数据如图 4-30 所示。

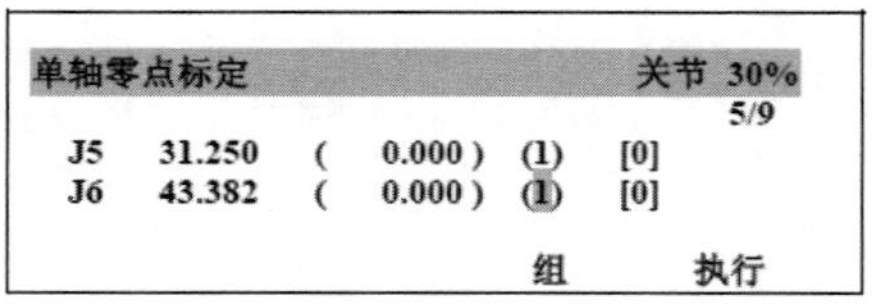

单轴零点标定 关节 30%
5/9
J5 31.250 (0.000) (1) [0]
J6 43.382 (0.000) (1) [0]
组 执行

图 4-29 单轴零点标定

单轴零点标定 关节 30%
5/9
J5 31.250 (0.000) (1) [0]
J6 43.382 (90.000) (1) [0]
组 执行

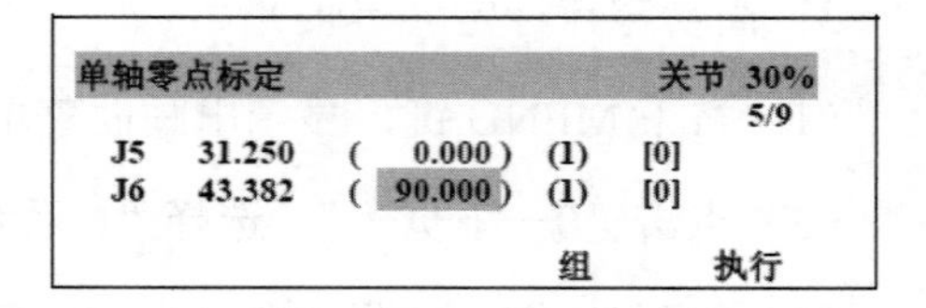

图 4-30 输入零点标定位置的轴数据

（8）按下 F5 键，选择“执行”，执行零点标定。由此，“选择”被重新设定为“0”，“状态”变为“2”（或“1”），如图 4-31 所示。

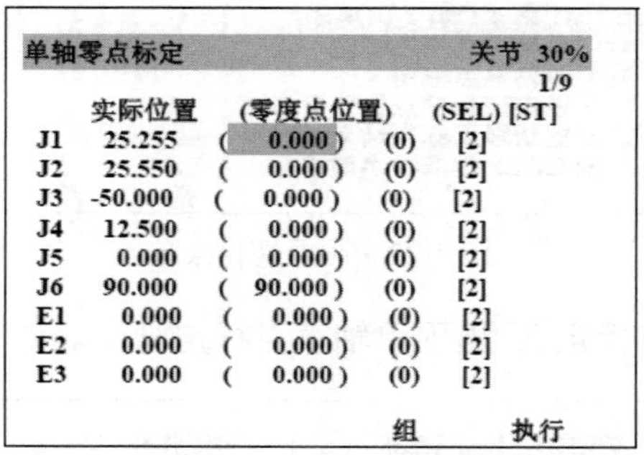

单轴零点标定 关节 30%
1/9
实际位置 (零度点位置) (SEL) [ST]
J1 25.255 (0.000) (0) [2]
J2 25.550 (0.000) (0) [2]
J3 -50.000 (0.000) (0) [2]
J4 12.500 (0.000) (0) [2]
J5 0.000 (0.000) (0) [2]
J6 90.000 (90.000) (0) [2]
E1 0.000 (0.000) (0) [2]
E2 0.000 (0.000) (0) [2]
E3 0.000 (0.000) (0) [2]
组 执行

图 4-31 状态改变

（9）待单轴零点标定结束后，按下 PREV 键返回原来画面，如图 4-32 所示。

系统零点标定/校准 关节 30%
1 专用夹具零点位置标定
2 全轴零点位置标定
3 简易零点标定
4 简易零点标定 (单轴)
5 单轴零点标定
6 简易零点标定设定参考点
7 更新零点标定结果
按 ENTER 键或数字键选择.
[类型] 载入 脉冲置零 完成

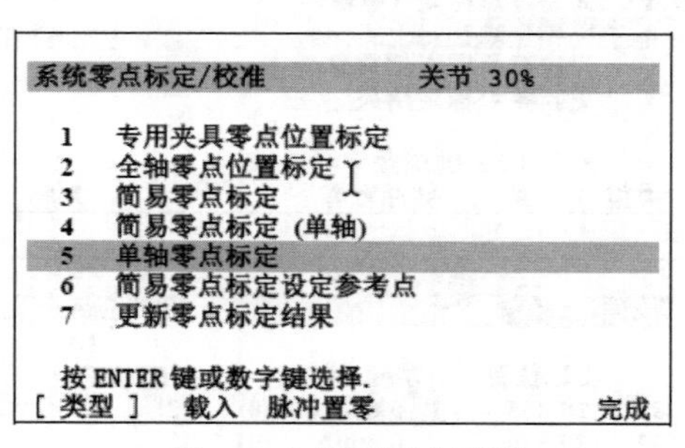

图 4-32 返回原来画面

（10）选择“7 更新零点标定结果”，按下 F4 键，选择“是”。

（11）在零点标定结束后，按下 F5 键，选择“完成”。

3. 零点异常情形

零点标定是将工业机器人位置与绝对式编码器位置进行对照的操作。零点标定是在出厂前进行的，但在下列情况下必须再次进行零点标定。

（1）当更换电动机、绝对式编码器后。

（2）当存储内存被删除时。

（3）当工业机器人碰撞工件导致原点偏移时（此种情况发生的概率较大）。

（4）当电动机驱动器、绝对式编码器的电池没电时。

4.2 ABB 工业机器人操作

4.2.1 ABB 示教器应用

1．ABB 示教器的组成和功能

1）ABB 示教器布局图

使用手动操纵杆移动工业机器人称为微动控制工业机器人。将 USB 存储器连接到 USB 端口以读取或保存文件，USB 存储器在 ABB 示教器的浏览器中显示为“驱动器/USB：可移动的”。

触摸笔随 ABB 示教器提供，放在 ABB 示教器后面，拉下小手柄可以松开触摸笔。在使用 ABB 示教器时用触摸笔触摸屏幕，不要使用螺丝刀或者其他尖锐物品触摸屏幕。重置按钮会重置 ABB 示教器，而不是控制器上的系统。ABB 示教器实物图如图 4-33 所示。

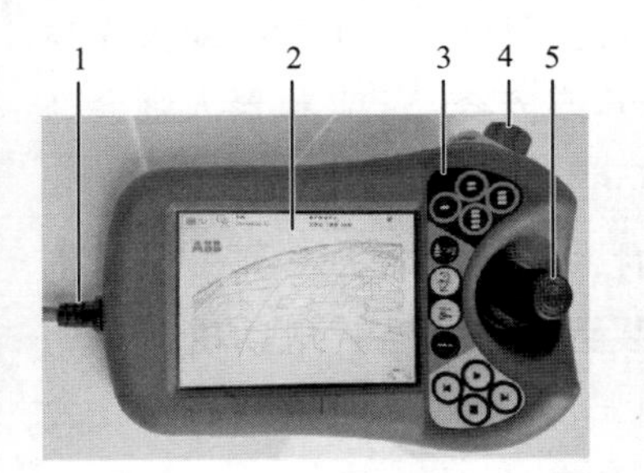

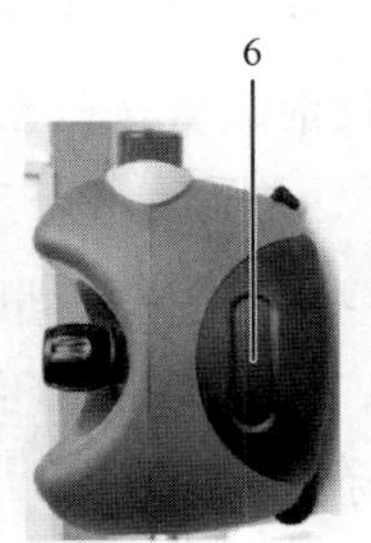

（a）ABB示教器正面和侧面示意图

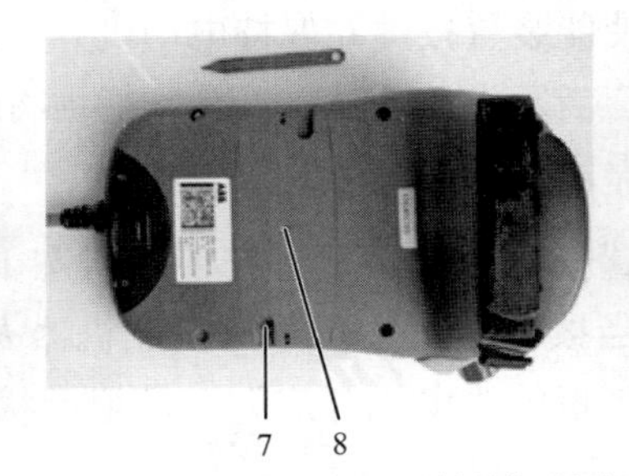

（b）ABB示教器背面和侧面示意图

1—连接器；2—触摸屏；3—实体按键；4—控制杆；5—紧急停止按钮；

6—使能装置按键；7—触摸笔；8—重置按钮；9—USB 端口

图 4-33　ABB 示教器实物图

2）ABB 示教器功能按键

ABB 示教器是 ABB 工业机器人的人机交互接口，通过 ABB 示教器功能按键与液晶显示屏配合使用完成 ABB 工业机器人点动、示教，编写、调试和运行工业机器人程序，设定、查看工业机器人的状态信息和位置，报警消除等所有关于工业机器人功能的操作，ABB 示教器上的按键如图 4-34 所示，ABB 示教器功能按键说明如表 4-9 所示。

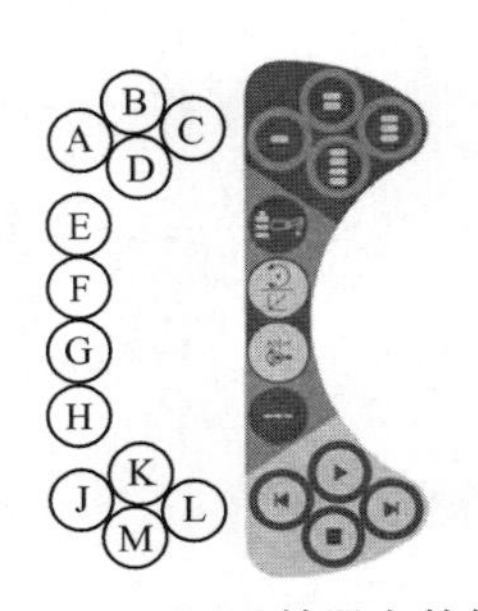

图 4-34　ABB 示教器上的按键

表 4-9　ABB 示教器功能按键说明

按键编号	功能描述
A～D	预设按键，1～4。可根据需要自行定义
E	选择机械单元
F	切换运动模式，重定位运动或线性运动
G	切换运动模式，轴 1～轴 3 或轴 4～轴 6
H	切换增量
J	Step BACKWARD（步退）键 按下此按键，可使程序后退至上一条指令
K	START（启动）键。开始执行程序
L	Step FORWARD（步进）键 按下此按键，可使程序前进至下一条指令
M	STOP（停止）键。停止执行程序

3）ABB 示教器的规范使用

ABB 示教器是一款高品质手持式终端，它配备了高灵敏度的先进电子设备。ABB 示教器上有一个使能装置按键，它是为了保证操作人员在操作工业机器人时的安全而设置的。只有在按下使能装置按键并保持电动机开启的状态时，才可对工业机器人进行手动操作与程序的调试。当发生危险时，人会本能地将使能装置按键松开或按紧，工业机器人则会马上停止，以保证人员的安全。

使能装置按键分为两档，在手动状态下按下至第一档时，工业机器人将处于电动机开启状态；当按下至第二档时，工业机器人立刻回到防护装置停止状态。电动机在停止状态时，控制柜的“电机开启”灯是熄灭状态；电动机在开启状态时，“电机开启”灯会点亮。

对于惯用手为右手的人来说，左手握持 ABB 示教器，四指按在使能装置按键上，右手进行屏幕和按键的操作是很舒服的握持姿态，如图 4-35 所示。

图 4-35　ABB 示教器的握持姿态

为了避免因操作不当引起ABB示教器发生故障或损坏，请在操作时遵循以下说明。

（1）小心搬运，切勿摔打、抛掷或用力撞击ABB示教器。这样会导致ABB示教器破损或故障。如果ABB示教器受到撞击，始终要验证并确认其安全功能（使能装置和紧急停止）正常且未损坏。

（2）当ABB示教器不使用时，请将其置于立式壁架上存放，防止其意外掉落。

（3）在使用和存放ABB示教器时始终要确保电缆不会将人绊倒。

（4）切勿使用锋利的物体（如螺丝刀或笔尖）操作触摸屏。

（5）在USB端口没有连接USB设备时务必盖上USB端口的保护盖。如果USB端口暴露在灰尘中，那么ABB示教器可能会中断或发生故障。

2．ABB示教器的交互界面

1）交互界面概述

ABB示教器的交互界面（见图4-36）由以下5部分组成。

（1）主菜单键：调出ABB示教器主菜单界面。

（2）任务栏：显示人机对话的内容。

（3）状态栏：显示工业机器人当前的各种状态。

（4）显示界面：ABB示教器各种内容的显示界面。

（5）快捷栏：具有设置工业机器人各项手动操作的快捷键。

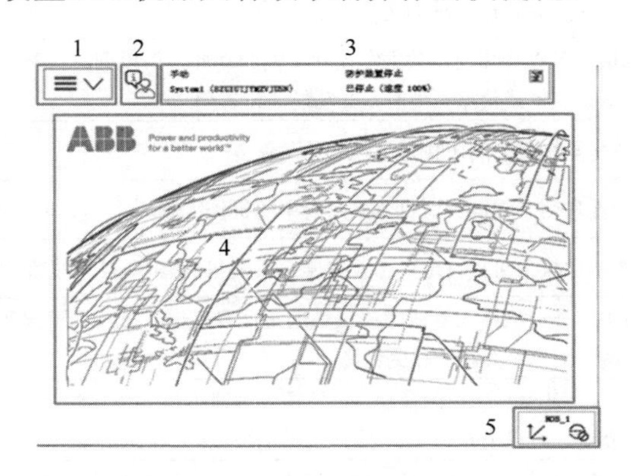

1—主菜单键；2—任务栏；3—状态栏；4—显示界面；5—快捷栏

图4-36　ABB示教器的交互界面

2）认识交互界面主菜单

可以在ABB示教器主菜单界面中（见图4-37）选择需要的选项。主菜单选项功能介绍如表4-10所示。

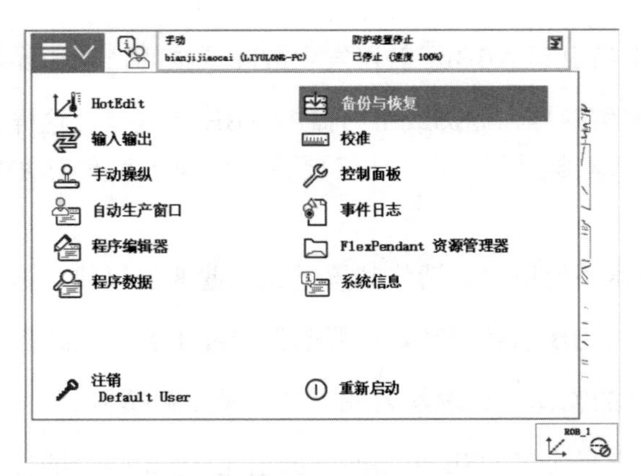

图 4-37　主菜单界面

表 4-10　主菜单选项功能介绍

条　　目	功　　能
HotEdit	“HotEdit”是对编程位置进行调节的一项功能。该功能可在所有操作模式下运行，即使在程序运行的情况下也可运行。坐标和方向均可调节 “HotEdit”仅用于已命名的特别功能和数据类型位置 “HotEdit”中的可用功能可能会受到用户授权系统(UAS) 的限制
输入输出	“输入输出”（I/O）用于配置工业机器人系统的信号参数
手动操纵	在此界面可以设置手动操纵的机械单元、动作模式、坐标系、工具坐标系、工件坐标系、有效载荷等参数
自动生产窗口	此窗口可以查看程序在运行时的程序代码
程序编辑器	可在“程序编辑器”中创建或修改程序。可以打开多个“程序编辑器”窗口。任务栏中的“程序编辑器”键会显示任务的名称
程序数据	包括用于查看和使用数据类型和实例的功能，可以同时打开一个以上“程序数据”窗口，在查看多个实例或数据类型时，此功能非常有用
备份与恢复	“备份与恢复”用于执行系统备份与恢复
校准	“校准”用于校准工业机器人系统中的机械装置
控制面板	“控制面板”包括自定义工业机器人系统和 ABB 示教器的功能
事件日志	在操作工业机器人系统时，现场通常没有工作人员。为了方便故障排除，系统的记录功能会保存事件信息，并将其作为参考
FlexPendant 资源管理器	类似于 Windows 资源管理器，资源管理器也是一个文件管理器，通过它可以查看控制器上的文件系统。可以重新命名、删除或移动文件和文件夹
系统信息	“系统信息”会显示与控制器及其所加载的系统有关的信息。其中，有当前使用的 RobotWare 版本，以及选件、控制和驱动模块的当前密钥、网络连接等

3）交互界面主菜单操作

主菜单区域显示每个主菜单选项及其子菜单，使用触摸笔点击主菜单键，如图 4-38 所示，则进入主菜单界面。

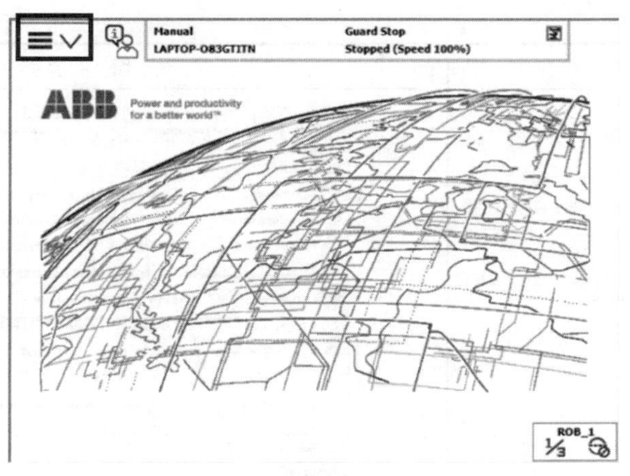

图 4-38 主菜单键

ABB 示教器在出厂时，默认的显示语言为英语，为了方便操作，下面介绍将显示语言设定为中文的操作步骤，如表 4-11 所示。

表 4-11 将显示语言设定为中文的操作步骤

序 号	操 作	图 示
1	点击 ABB 示教器主界面左上角的主菜单键	
2	选择“Control Panel”	

续表

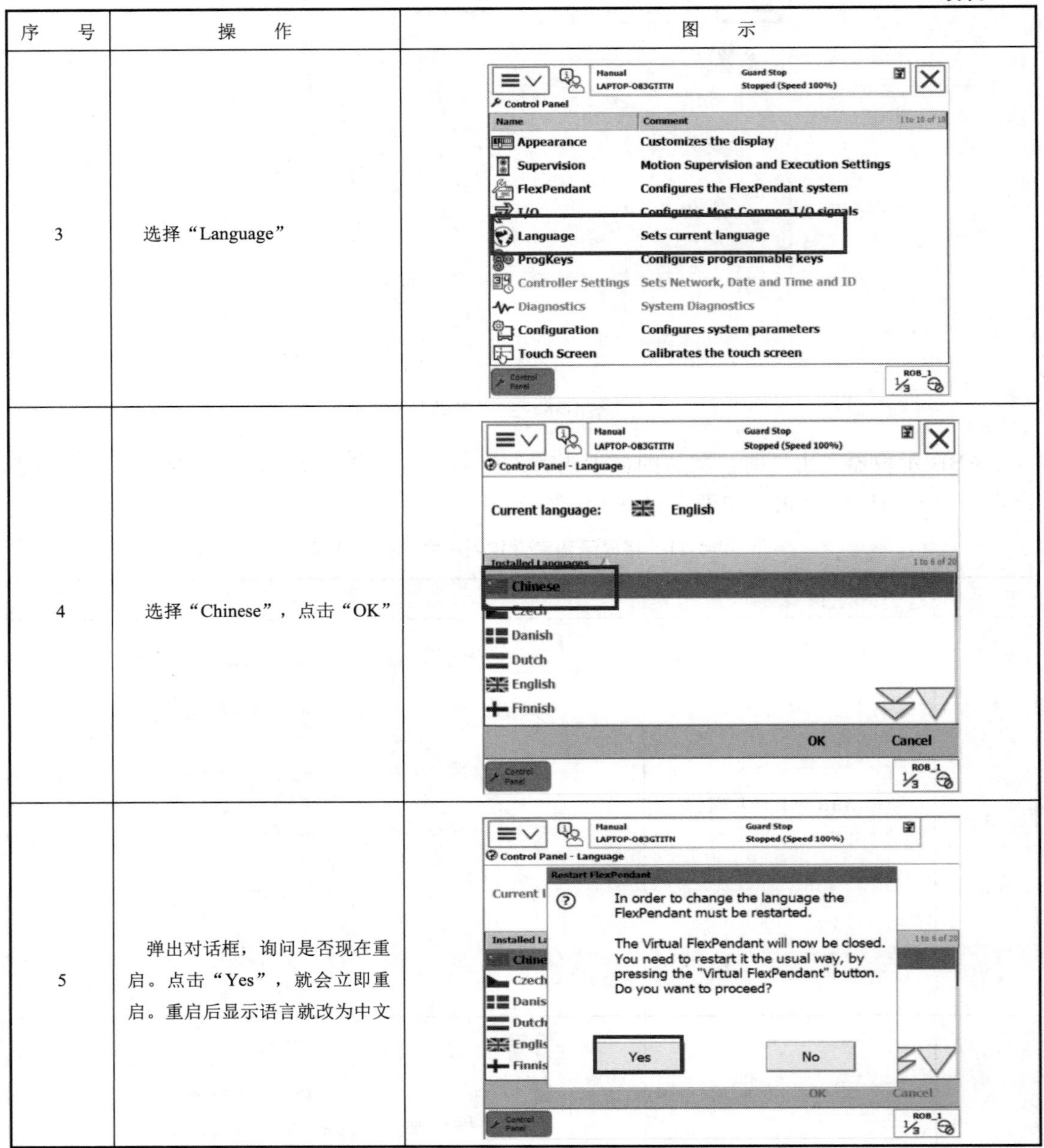

序　号	操　作	图　示
3	选择“Language”	
4	选择“Chinese”，点击“OK”	
5	弹出对话框，询问是否现在重启。点击“Yes”，就会立即重启。重启后显示语言就改为中文	

3．ABB 示教器快捷键的使用方法

1）快捷键认识

a．ABB 示教器界面上的快捷键

点击位于示教器界面右下角的快捷栏，如图 4-39 所示，会出现如图 4-40 所示的快捷设置菜单。此快捷设置菜单中的快捷键可以在操作工业机器人时快速地对手动运行状态下的常用参数进行修改设置。

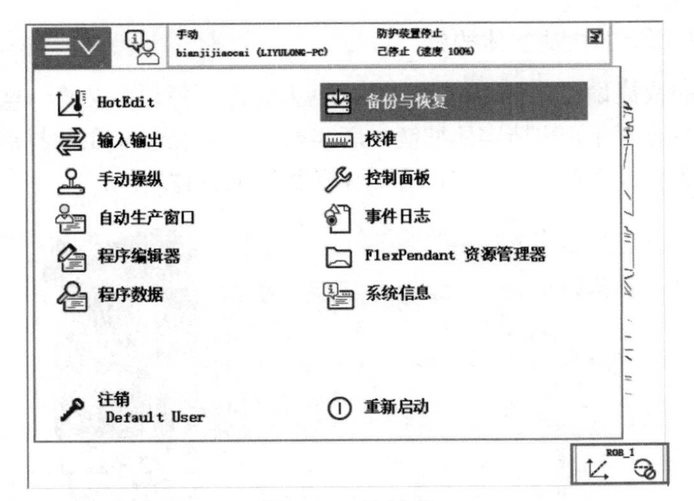

图 4-39 快捷栏

1—手动操纵；2—增量；3—运行模式；4—步进模式；5—运行速度；6—停止/启动任务

图 4-40 快捷设置菜单中的快捷键

（1）手动操纵：点击手动操纵键，可以对工业机器人、坐标系（如工具坐标系、基坐标系、工件坐标系等）、增量的大小、手动操纵杆速率，以及运动方式进行修改和设置。

（2）增量：点击增量键可修改增量的大小，自定义增量的数值大小，以及控制增量的开/关。

（3）运行方式：设置样例程序的运行方式，包括单步/连续运行。

（4）步进方式：设置样例程序及指令的执行方式，包括步进入、步进出、跳过和下一移动指令。

（5）运行速度：设置工业机器人的运行速度。

（6）停止/启动任务：需要停止和启动的任务（多工业机器人协作处理任务）。

b．ABB 示教器上的快捷实体按键

与手动运行的快捷设置菜单相似，工业机器人生产厂商通常会将一些常用的功能集成到某些按键上。手动运行的快捷实体按键如图 4-41 所示，集成了工业机器人手动运行状态下十分常用的参数修改设置功能。下面介绍 4 种按键的具体功能。

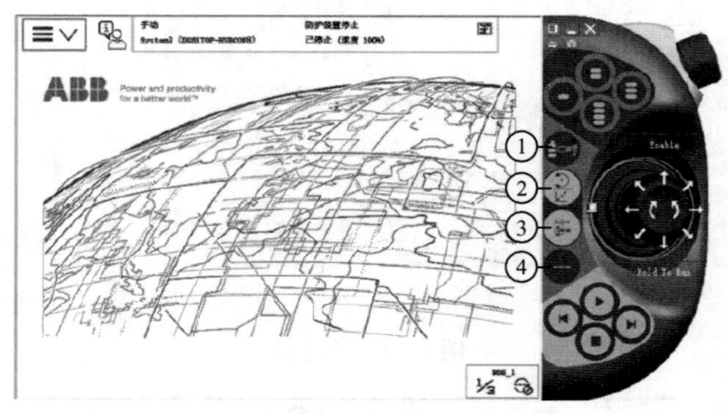

图 4-41　快捷实体按键

（1）选择机械单元按键：按下一次该按键将更改到下一机械单元，是循环的步骤。

（2）线性/重定位运动快捷切换按键：按下此按键可以实现线性运动与重定位运动之间的快捷切换。

（3）单轴运动快捷切换按键：按下此按键可以实现轴 1～轴 3 与轴 4～轴 6 之间的快捷切换。

（4）增量开/关快捷切换按键：按下此按键可以实现增量模式的增量开/关的快捷切换。

2）ABB 示教器手动运动速度调整

工业机器人在手动运行模式下移动时有两种运行模式：默认模式和增量模式。

在默认模式时，若手动操纵杆的拨动幅度越小，则工业机器人的运动速度越慢；若手动操纵杆的拨动幅度越大，则工业机器人的运动速度越快，默认模式的工业机器人最大运动速度的高低可以在 ABB 示教器上进行调节。在默认模式下，如果使用手动操纵杆控制工业机器人的运动速度不熟练，极易导致工业机器人运动速度过快而造成示教位置不理想，甚至与外围设备发生碰撞。所以建议初学者在采用手动运行默认模式操作工业机器人时，应该将工业机器人的最大运动速度调低。

在增量模式时，手动操纵杆每偏转一次，工业机器人移动一步（一个增量）；如果手动操纵杆偏转持续一秒或数秒，工业机器人将持续移动且速率为 10 步每秒。可以采用增量模式对工业机器人的位置进行微幅调整和精确的定位操作。增量移动幅度（见表 4-12）在小、中、大之间选择，也可以自定义增量移动幅度。

表 4-12　增量移动幅度

增　量	距　离	角　度
小	0.05mm	0.001°

续表

增　　量	距　　离	角　　度
中	1mm	0.023°
大	5mm	0.143°
用户	自定义	自定义

a. 手动操纵杆速率的设置

手动操纵杆速率的设置步骤如表 4-13 所示。

表 4-13　手动操纵杆速率的设置步骤

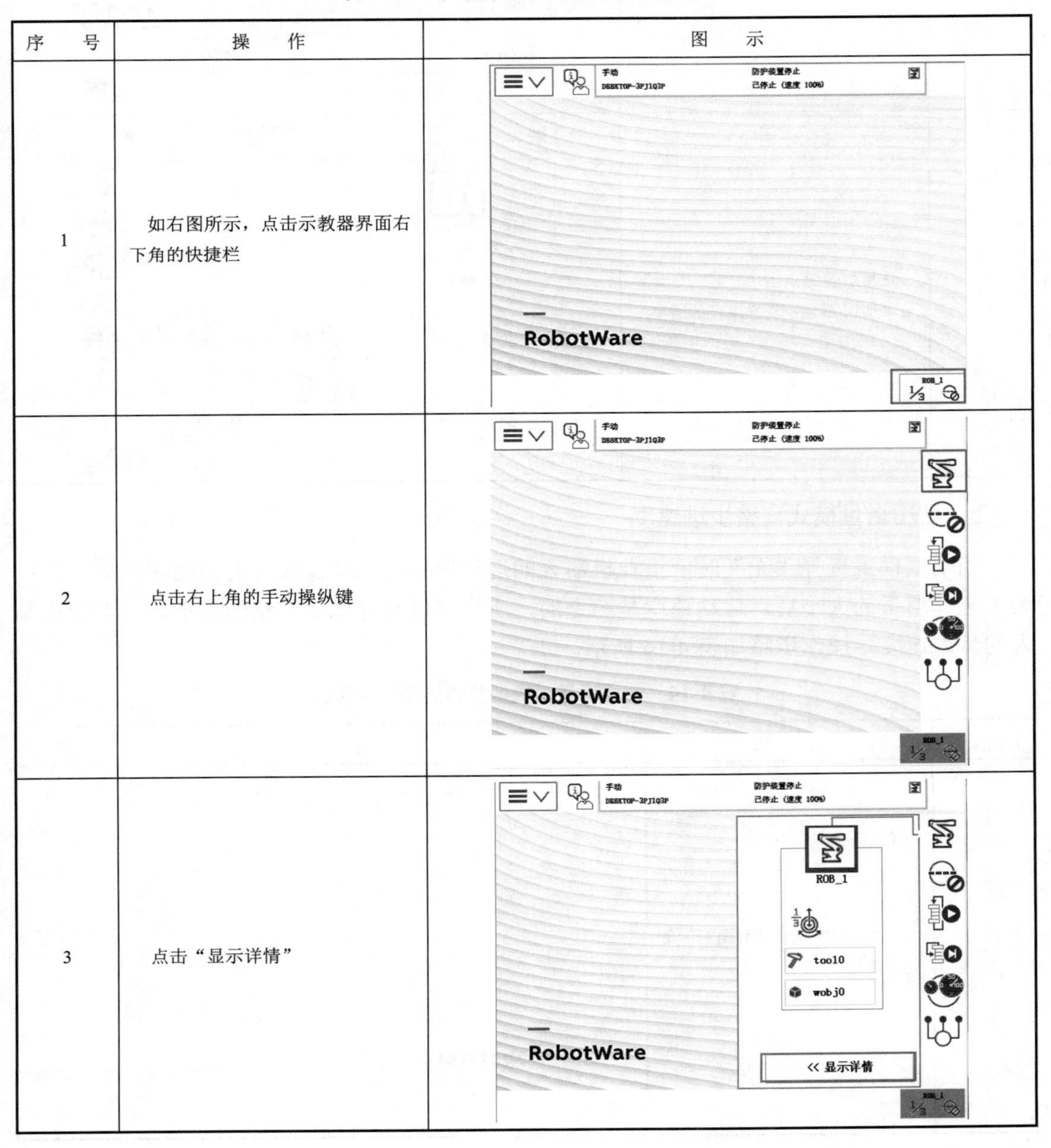

序　　号	操　　作	图　　示
1	如右图所示，点击示教器界面右下角的快捷栏	
2	点击右上角的手动操纵键	
3	点击“显示详情”	

续表

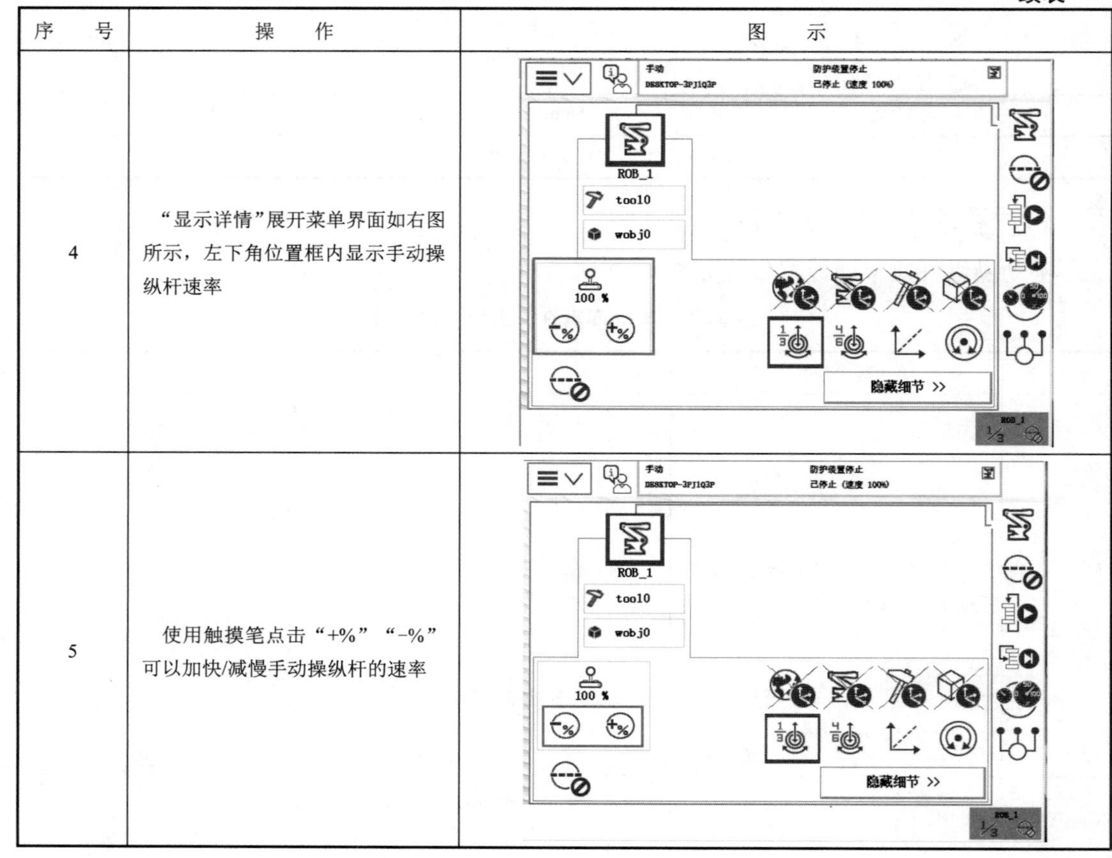

序　号	操　作	图　示
4	“显示详情”展开菜单界面如右图所示，左下角位置框内显示手动操纵杆速率	
5	使用触摸笔点击“+%”“-%”可以加快/减慢手动操纵杆的速率	

b．使用增量模式调整步进速度

当增量模式选择“无”时，工业机器人的运动速度与手动操纵杆的拨动幅度成正比；由于选择增量的大小后，运动速度是稳定的，所以可以通过调整增量的大小控制工业机器人的步进速度，操作步骤如表 4-14 所示。

表 4-14　使用增量模式调整步进速度的步骤

序　号	操　作	图　示
1	点击 ABB 示教器界面右下角的快捷栏	

续表

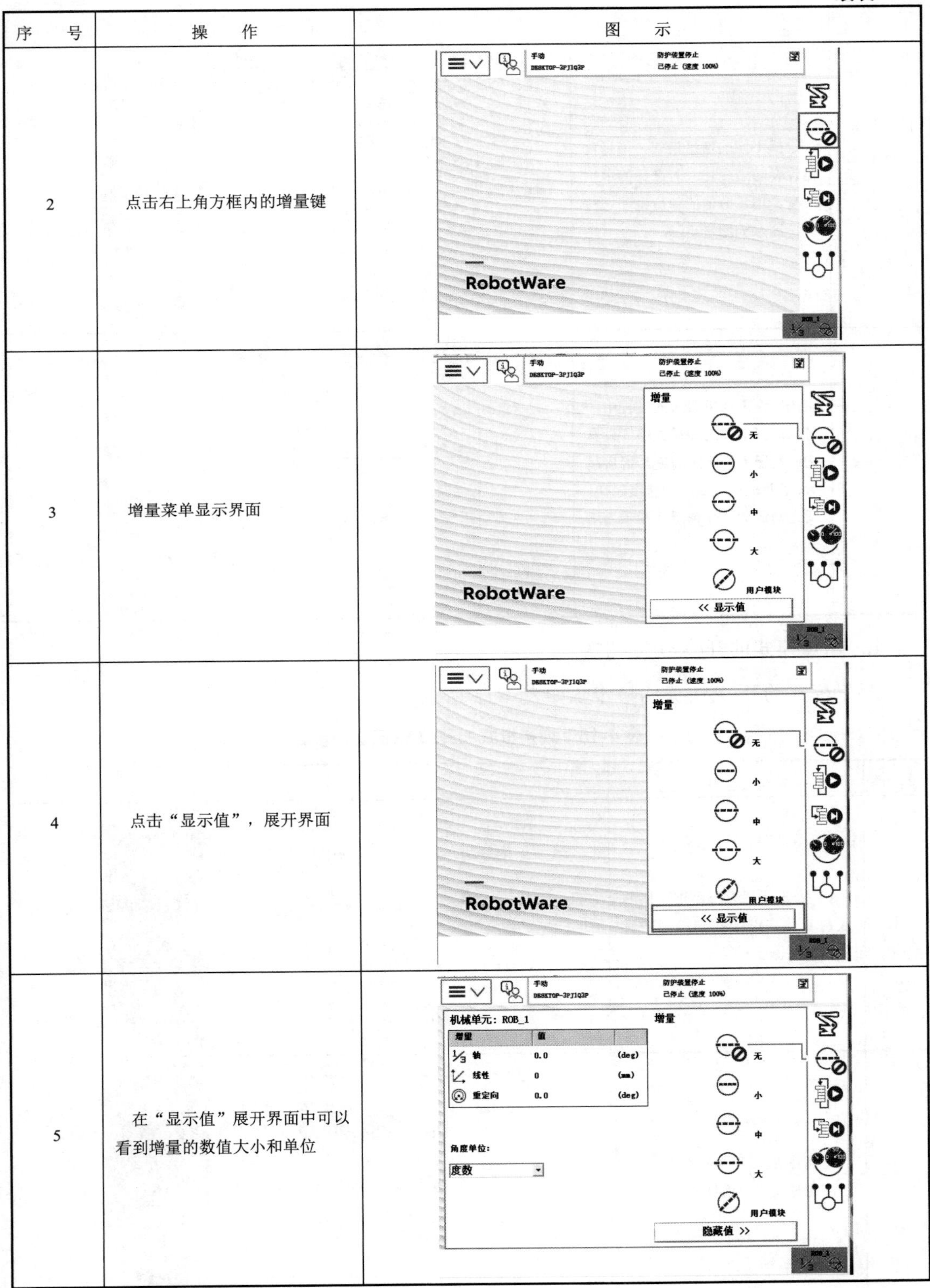

序　号	操　作	图　示
2	点击右上角方框内的增量键	
3	增量菜单显示界面	
4	点击“显示值”，展开界面	
5	在“显示值”展开界面中可以看到增量的数值大小和单位	

续表

序　　号	操　　作	图　　示
6	选择不同的增量模式，增量数值也会随之变化；若选择的单位改变，增量数值的单位也随之改变，图示为增量小	手动 DESKTOP-3PJ1Q3P 防护装置停止 已停止（速度 100%） 机械单元：ROB_1 增量 增量　值 轴　0.00573　(deg) 线性　0.05　(mm) 重定向　0.02865　(deg) 角度单位： 度数 无 小 中 大 用户模块 隐藏值 >> ROB_1
7	在操作工业机器人的过程中，可以选择不同的增量大小，设置工业机器人的步进速度。增量越大，工业机器人的运动速度越快；反之则运动速度越慢（图示为增量大）	手动 DESKTOP-3PJ1Q3P 防护装置停止 已停止（速度 100%） 机械单元：ROB_1 增量 增量　值 轴　0.14324　(deg) 线性　5　(mm) 重定向　0.51566　(deg) 角度单位： 度数 无 小 中 大 用户模块 隐藏值 >> ROB_1

c．增量模式的开/关快捷切换

增量模式的开/关快捷切换步骤如表 4-15 所示。

表 4-15　增量模式的开/关快捷切换步骤

序号	操　　作	图　　示
1	在 ABB 示教器显示屏一侧的快捷实体按键中找到控制增量模式的按键	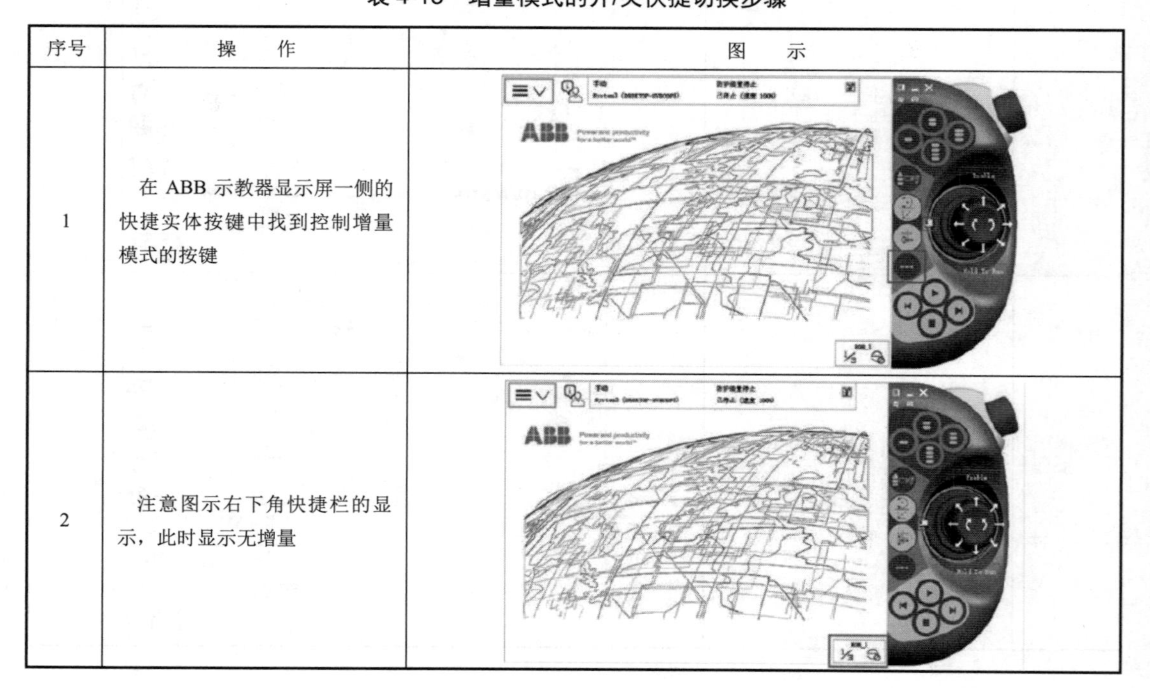
2	注意图示右下角快捷栏的显示，此时显示无增量	

续表

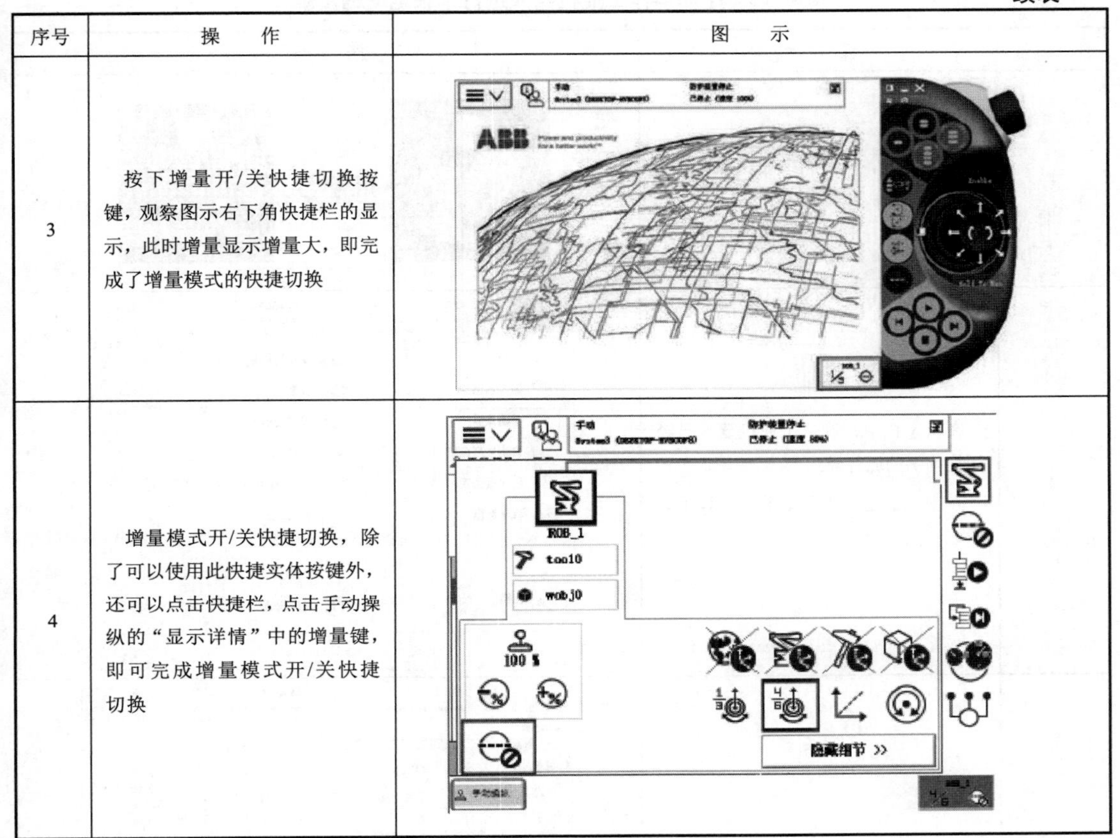

序号	操　　作	图　　示
3	按下增量开/关快捷切换按键，观察图示右下角快捷栏的显示，此时增量显示增量大，即完成了增量模式的快捷切换	
4	增量模式开/关快捷切换，除了可以使用此快捷实体按键外，还可以点击快捷栏，点击手动操纵的“显示详情”中的增量键，即可完成增量模式开/关快捷切换	

3）ABB 示教器操作单轴运动

一般地，ABB 工业机器人通过 6 个伺服电动机分别驱动工业机器人的 6 个关节轴，每次手动操作一个关节轴进行运动，称之为单轴运动。各轴的运动方向如图 4-42 所示。

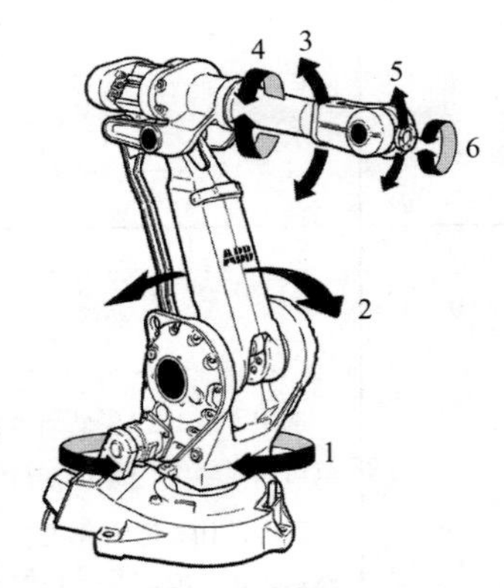

图 4-42　各轴的运动方向

单轴运动是指每个轴可以单独运动，所以在一些特别的场合使用单轴运动操作工业机器人会很方便。例如，在进行转数计数器更新时可以采用单轴运动的操作，还有当工业机器人出现机械限位和软件限位，也就是工业机器人因超出移动范围而停止时，可以利用单轴运动的操作，将工业机器人移动到合适的位置。与其他手动操作模式相比，单轴运动在进行粗略的定位和比较大幅度的移动时方便快捷很多。

手动操作工业机器人进行单轴运动的步骤如表 4-16 所示。

表 4-16　手动操作工业机器人进行单轴运动的步骤

序　号	操　作	图　示
1	将工业机器人控制柜的模式切换开关切换到手动运行模式	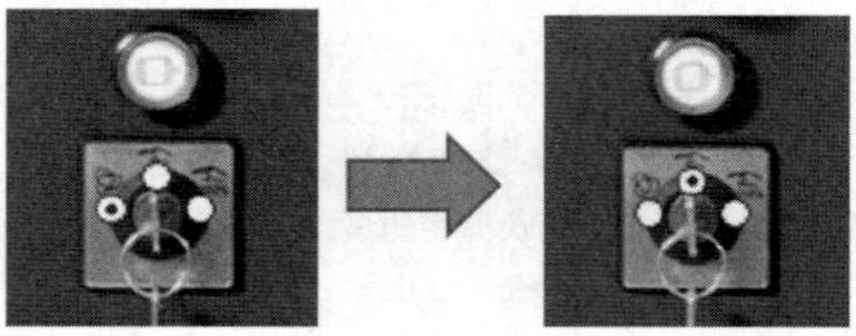
2	在状态栏中，确认工业机器人已经切换为手动运行模式 点击左上角的主菜单键，选择手动操纵	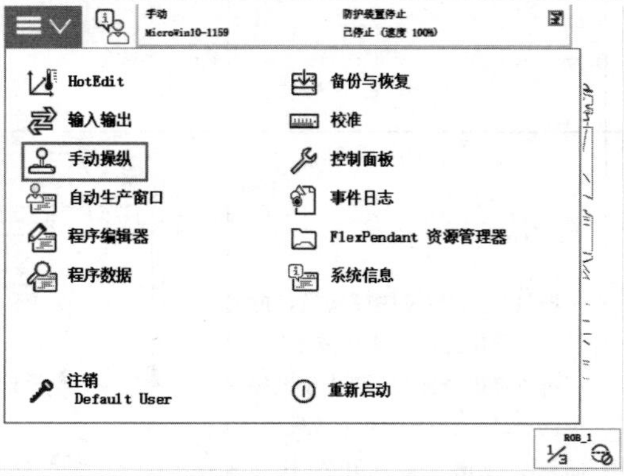手动 MicroWin10-1159 防护装置停止 已停止 (速度 100%) HotEdit 输入输出 手动操纵 自动生产窗口 程序编辑器 程序数据 备份与恢复 校准 控制面板 事件日志 FlexPendant 资源管理器 系统信息 注销 Default User 重新启动 ROB_1 1/3
3	点击“动作模式”	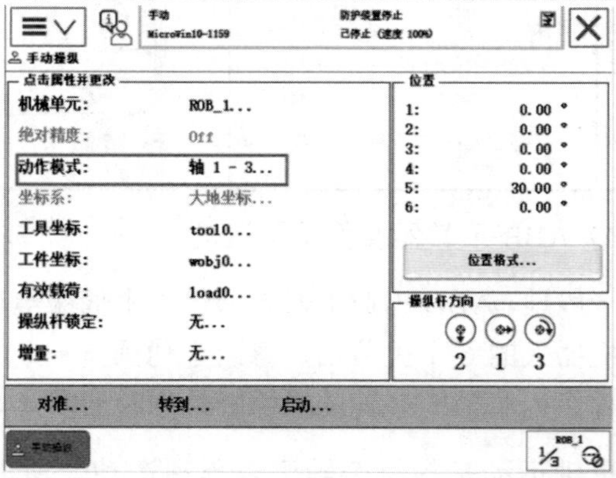手动 MicroWin10-1159 防护装置停止 已停止 (速度 100%) 手动操纵 点击属性并更改 机械单元: ROB_1... 绝对精度: Off 动作模式: 轴 1 - 3... 坐标系: 大地坐标... 工具坐标: tool0... 工件坐标: wobj0... 有效载荷: load0... 操纵杆锁定: 无... 增量: 无... 位置 1: 0.00 ° 2: 0.00 ° 3: 0.00 ° 4: 0.00 ° 5: 30.00 ° 6: 0.00 ° 位置格式... 操纵杆方向 2 1 3 对准... 转到... 启动... ROB_1 1/3
4	选中“轴 1-3”，然后点击“确定”，就可以对轴 1～轴 3 进行操作 同样，如果选中旁边的“轴 4-6”，然后点击“确定”，就可以对轴 4～轴 6 进行操作	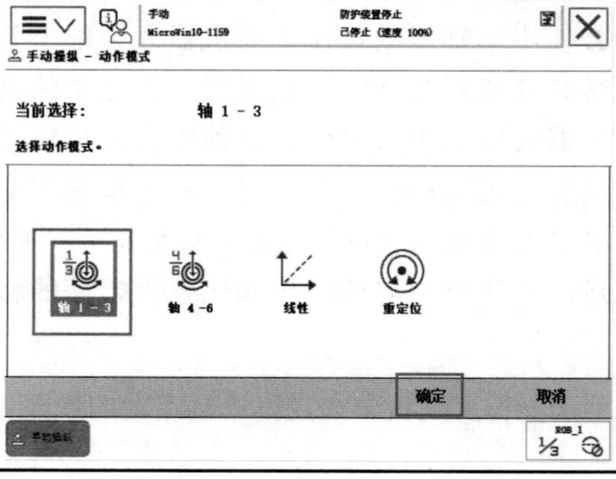手动 MicroWin10-1159 防护装置停止 已停止 (速度 100%) 手动操纵 - 动作模式 当前选择: 轴 1 - 3 选择动作模式。 轴 1 - 3 轴 4 -6 线性 重定位 确定 取消 ROB_1 1/3

续表

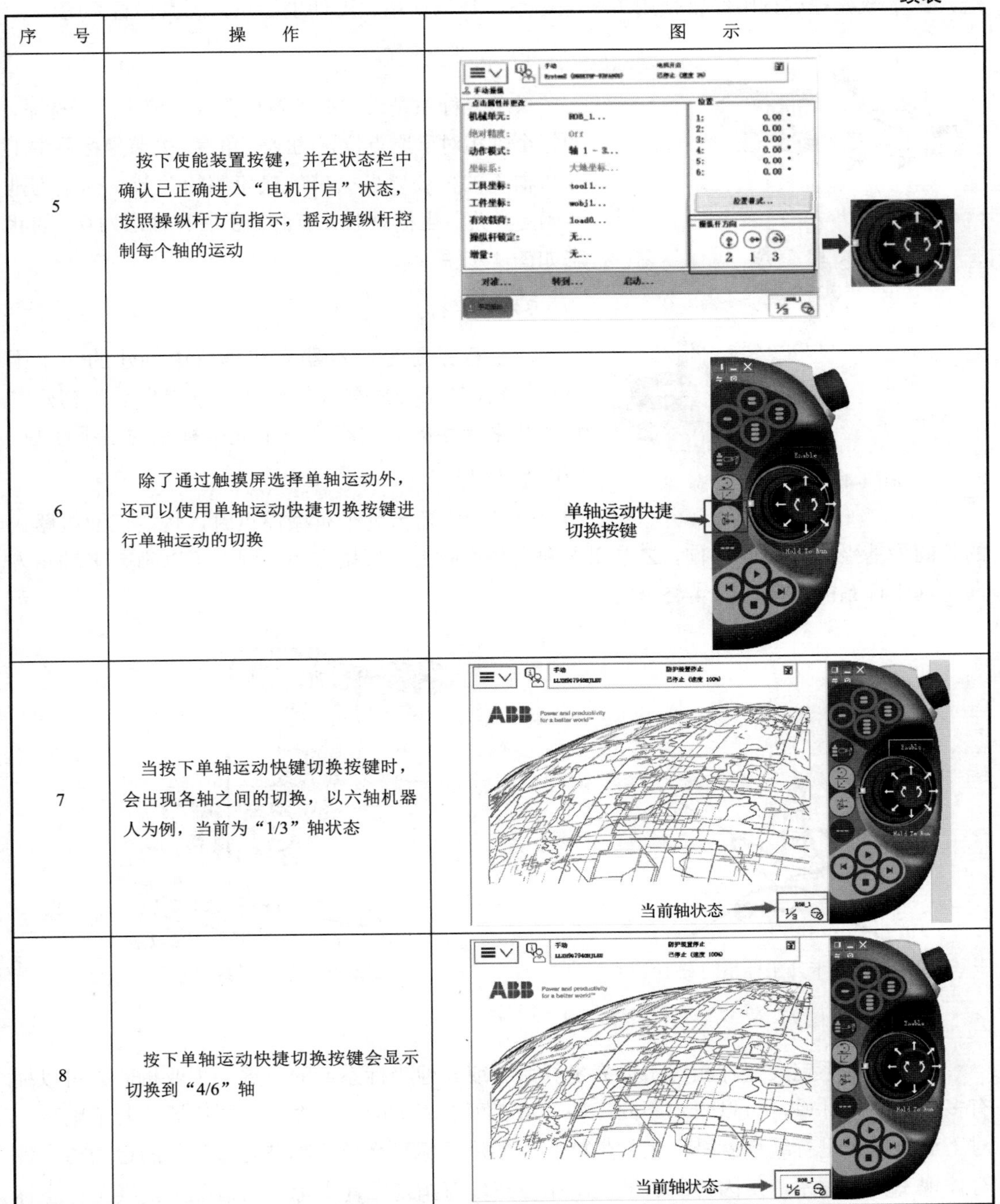

序　号	操　作	图　示
5	按下使能装置按键，并在状态栏中确认已正确进入“电机开启”状态，按照操纵杆方向指示，摇动操纵杆控制每个轴的运动	
6	除了通过触摸屏选择单轴运动外，还可以使用单轴运动快捷切换按键进行单轴运动的切换	单轴运动快捷切换按键
7	当按下单轴运动快键切换按键时，会出现各轴之间的切换，以六轴机器人为例，当前为“1/3”轴状态	当前轴状态
8	按下单轴运动快捷切换按键会显示切换到“4/6”轴	当前轴状态

4.2.2 ABB 工业机器人手动操作

1．坐标系的概念及分类

坐标系是为了确定工业机器人的位姿而在工业机器人或空间中进行定义的位置指标系

统，在示教编程过程中经常使用关节坐标系、基坐标系、工件坐标系、工具坐标系等。

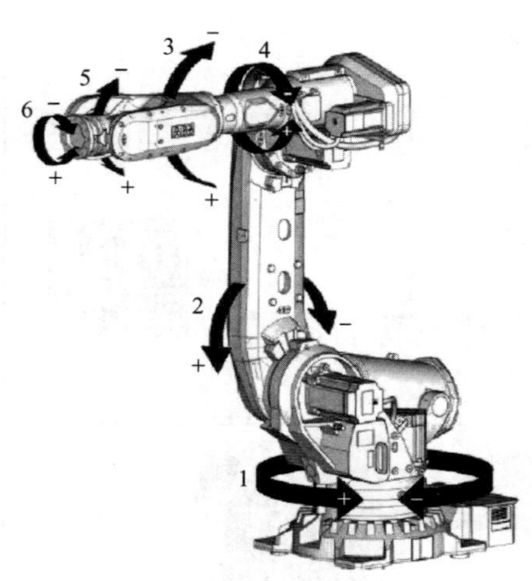

图 4-43　关节 0° 状态

1）关节坐标系

关节坐标系是设定在工业机器人关节中的坐标系，即每个轴相对于原点位置的绝对角度。关节坐标系中工业机器人的位姿以各关节的底座侧的关节坐标系为基准确定。关节坐标系的关节值处于所有轴都为 0° 的状态如图 4-43 所示。

2）基坐标系

基坐标系是工业机器人在基座中创建的一个固定坐标系，使工业机器人的运动以基坐标系为初始参照。基坐标系的方向符合笛卡儿坐标系的右手法则，如图 4-44 所示。

当工业机器人处于机械原点时，规定工业机器人的朝向为基坐标 *X* 轴正方向，*Z* 轴正方向为竖直向上，根据右手法则，可以确定 *Y* 轴正方向。基坐标系的方向如图 4-45 所示。

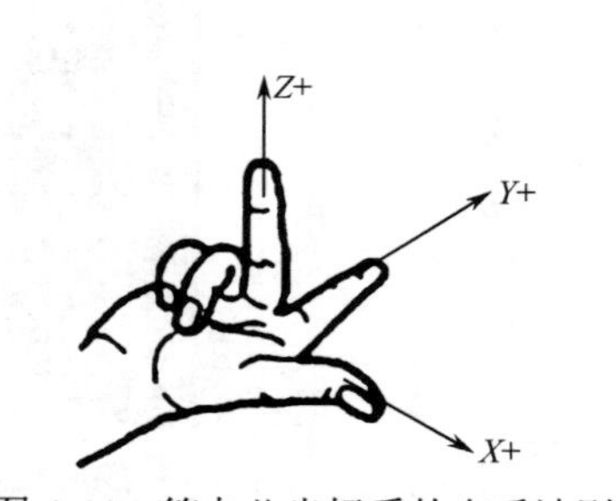

图 4-44　笛卡儿坐标系的右手法则

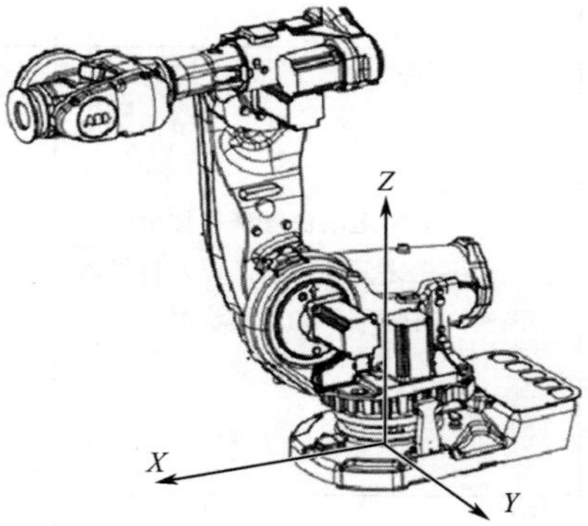

图 4-45　基坐标系的方向

3）工件坐标系

工件坐标系定义工件相对于世界坐标系（或其他坐标系）的位置。工业机器人可以拥有多个工件坐标系，可以表示不同工件，或者可以表示同一工件在不同位置的若干副本。对工业机器人进行编程就是在工件坐标系中创建目标和路径。本书之前涉及的运动指令没有体现工件坐标系，是因为所有的运动指令在没有指定工件坐标系的情况下，其工件坐标系为默认坐标系 wobj0。

在重新定位工业机器人工作站中的工件时，只需要更换工件坐标系，所有路径就会随之更新。以图 4-46 为例，在 wobj1 下工业机器人的运动轨迹为轨迹 1。当工件坐标系从 wobj1 更改为 wobj2 并运行相同的程序后，工业机器人的运动轨迹会随工件坐标系的变化相应地改变为轨迹 2。

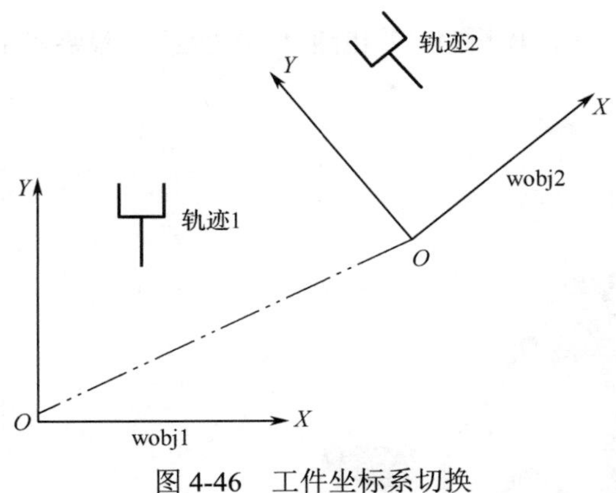

图 4-46　工件坐标系切换

4）工具坐标系

工具坐标系用于描述安装在工业机器人 6 轴的 TCP 的位姿等数据，它将 TCP 设为原点，并由此定义工具的位置和方向。工具坐标系经常被缩写为 TCPF（Tool Center Point Frame）。

为了方便用户自定义新的 TCP，所有工业机器人在手腕处都有一个默认的工具坐标系，该坐标系被称为 tool0，它位于工业机器人安装法兰盘的中心，如图 4-47 所示的标注点就是 tool0，它的方向随着工业机器人的姿态改变。

当工业机器人的末端执行器安装工具后，可以将 TCP 设定在工具进行加工的位置。例如，在激光切割工艺中，工业机器人加载激光切割工具后，可以将工业机器人的 TCP 设定在激光切割工具的加工尖点（见图 4-48）。

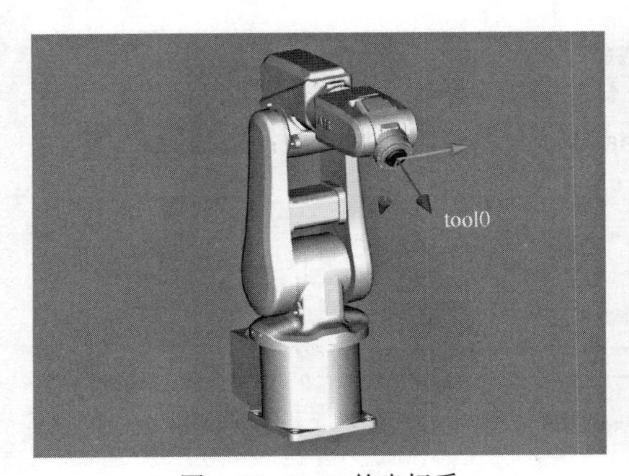

图 4-47　tool0 的坐标系

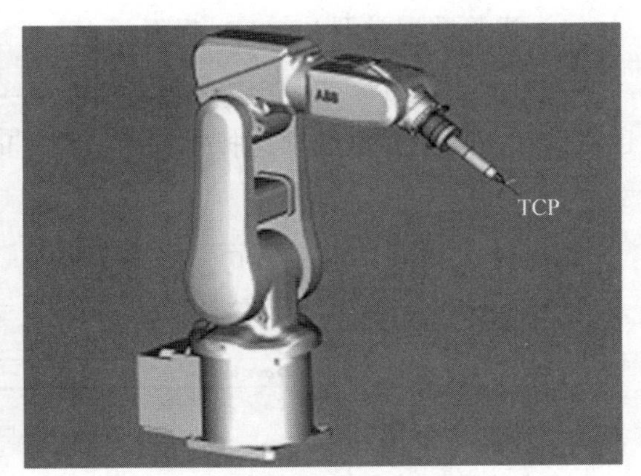

图 4-48　激光切割工具的 TCP

在执行程序时，工业机器人将 TCP 移至编程位置。这意味着，如果在程序中更改工具坐标，工业机器人的姿态也将更改，但工业机器人的 TCP 还是会到达目标点。

2．工具负载数据的概念与应用

工业机器人在执行工作任务时，需要根据作业内容的不同，在工业机器人末端及运动轴安装相应的装置实现作业，如图 4-49 和图 4-50 所示，需要在工业机器人应用中进行工业机器人的负载设定。

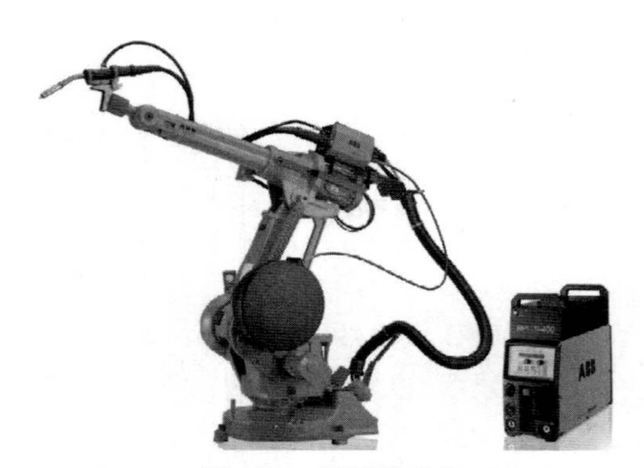

图 4-49　焊接机器人

图 4-50　喷涂机器人

负载设定是与安装在工业机器人上的负载信息（重量、重心位置等）相关的设定。通过适当设定负载信息会带来如下效果。

（1）提高工业机器人的动作性能（振动减小，循环时间改善等）。

（2）更加有效地发挥与动力学相关的功能（碰撞检测功能、重力补偿功能等）。

如果负载信息错误变大，则有可能导致振动加大，或错误检测出碰撞。为了更加有效地利用工业机器人，建议用户对配备在机械手、工件、工业机器人手臂上的设备的负载信息进行适当设定，设定步骤如下所示。

1）进入数据类型 loaddata 界面

可以在主菜单界面依次选择“手动操纵→有效载荷”进入“数据类型：loaddata”界面，也可以在主菜单界面依次选择“程序数据→loaddata”进入“数据类型：loaddata”界面，如图 4-51 所示。

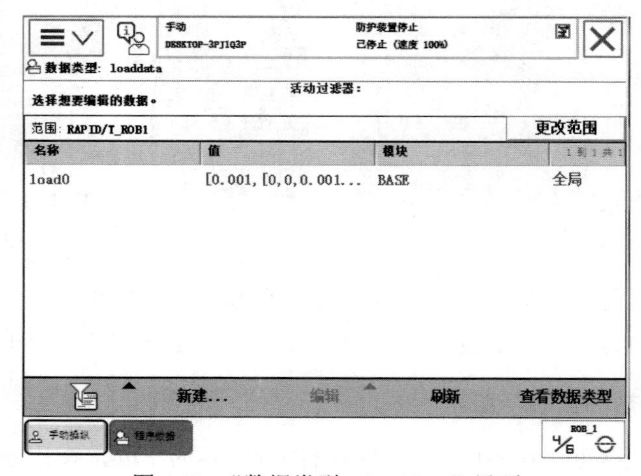

图 4-51　“数据类型：loaddata”界面

2）新建负载数据

在“数据类型：loaddata”界面选择“新建…”，新建负载数据，在此界面可以定义负载数据的名称、使用范围、存储类型、任务、模块和维数等。当完成负载数据的声明后，点击“确定”完成负载数据的建立。负载数据声明界面如图 4-52 所示。

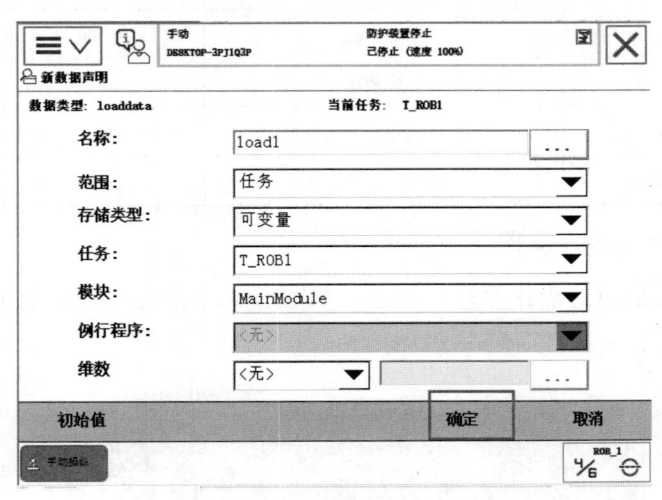

图 4-52　负载数据声明界面

3）更改负载数据的值

选中建立的负载数据，点击“编辑”，选择“更改值…”，进入负载数据的编辑界面，如图 4-53 所示。

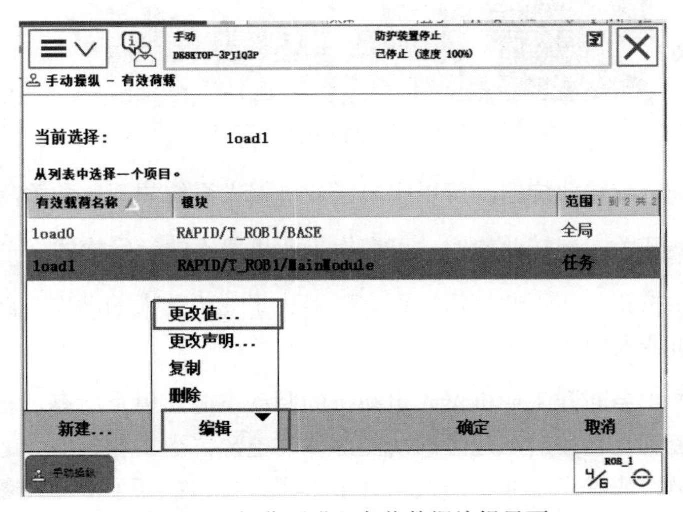

图 4-53　操作后进入负载数据编辑界面

负载数据的定义涉及如表 4-17 所示的几个 loaddata 参数的定义，完成数据的定义后点击“确定”完成定义。

表 4-17　loaddata 参数表

序　　号	参　　数	名　　称	类　　型	单　　位
1	mass	负载的质量	num	kg
2	cog	有效负载的重心	pos	mm
3	aom	矩轴的姿态	orient	
4	inertia x	力矩 *X* 轴负载的惯性矩	num	kgm^2
5	inertia y	力矩 *Y* 轴负载的惯性矩	num	kgm^2
1	inertia z	力矩 *Z* 轴负载的惯性矩	num	kgm^2

3．工业机器人的运行模式

工业机器人控制柜的操作面板，如图 4-54 所示，下面介绍操作面板上的按钮和开关的功能。

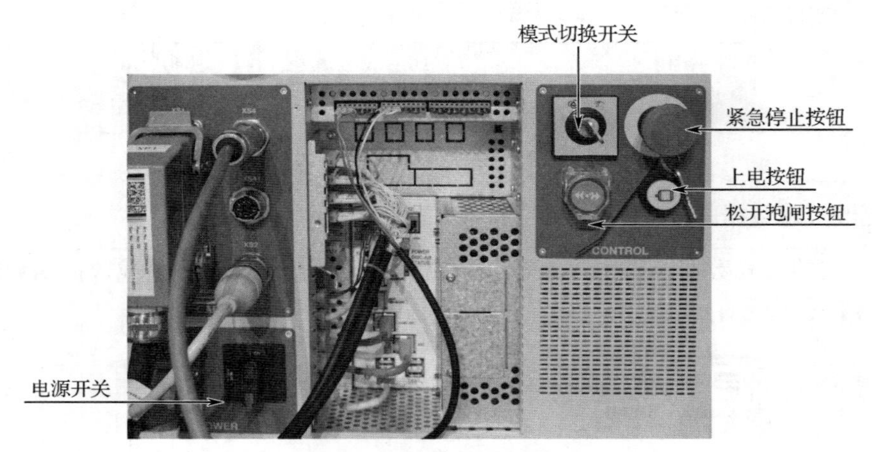

图 4-54　控制柜操作面板

（1）电源开关：旋转此旋钮，可以实现工业机器人系统的开启和关闭。

（2）模式切换开关：旋转此旋钮，可切换工业机器人的运行模式。

（3）紧急停止按钮：按下此按钮，可立即停止工业机器人的动作，此按钮的控制操作优先于其他工业机器人的控制操作。

提示：紧急停止会断开工业机器人电动机的驱动电源，停止所有运转部件，并切断由工业机器人系统控制且存在潜在危险的功能部件的电源。当工业机器人运行时，如果工作区域内有工作人员，或者当工业机器人伤害了工作人员、损坏了机器设备时，需要立即按下紧急停止按钮。

（4）松开抱闸按钮：解除电动机的抱死状态，工业机器人姿态可以随意改变。

提示：此按钮在非必要情况下，不要轻易按下，容易造成碰撞。

（5）上电按钮：按下此按钮，工业机器人电动机上电，工业机器人处于开启状态。

工业机器人有两种运行模式，一种是手动运行模式，另一种是自动运行模式。在我们对工业机器人进行调试时，一般先采用手动运行模式调试工业机器人的位置和程序，当确认无误后，再使用自动运行模式让工业机器人进行生产工作。控制柜上的模式切换开关处于手动运行模式时，工业机器人既可以单步运行样例程序，又可以连续运行样例程序。工业机器人在运行时需要操作人员按下并保持使能装置按键在第一档，使电动机处于开启状态。

在自动运行模式下，按下工业机器人控制柜的上电按钮后不需要再手动按下使能装置按键，工业机器人就可依次自动执行程序并且以程序设定的速度值进行运动。

需要注意的是，工业机器人在手动运行模式下的运动速度不超过 250mm/s，而在自动运行模式下，工业机器人将按照程序设置的运行速度进行移动。

手动运行模式和自动运行模式均可以通过 ABB 示教器的状态栏查看。该状态栏可用于切换手动运行模式和自动运行模式。

4．工业机器人的运动方式

工业机器人从一个姿态转变为另一个姿态的过程叫作工业机器人运动。工业机器人运动一般分两种运动方式：单轴运动和线性运动。

通常情况下，ABB 六轴机器人使用 6 个伺服电动机分别驱动六轴机器人的 6 个关节轴运动，那么每次手动操作其中一个关节轴的运动，我们称之为单轴运动。

六轴机器人的线性运动是指安装在六轴机器人第六轴法兰盘上的 TCP（见图 4-48）在空间中进行线性运动。

ABB 工业机器人常用的运动指令有 MoveAbsJ、MoveJ、MoveL 及 MoveC 指令，详细介绍如表 4-18 所示。

表 4-18　运动指令

运 动 指 令	移 动 说 明
MoveAbsJ	用于将机械臂和外轴移动至轴位置中指定的绝对位置 MoveAbsJ 常用于将工业机器人移动到原点位置
MoveJ	MoveJ 用于将机械臂迅速从一点移动至另一点
MoveL	用于将 TCP 沿直线移动至给定目的地。当 TCP 保持固定时，则该指令亦可用于调整工具的方位
MoveC	MoveC 用于将 TCP 沿圆周移动至给定目的地。在移动期间，该周期的方位通常相对保持不变

4.2.3　ABB 工业机器人校准

1．校准概述

校准数据通常存储在各工业机器人的串行测量板上，而无论该工业机器人是否运行精确测量系统，当系统上电时，校准数据通常会自动传送到控制器，在这种情况下操作人员不需要执行任何操作。

标准校准数据可在工业机器人的 SMB（串行测量电路板）或 EIB 中找到。对于 RobotWare 4.04 或更早版本的工业机器人，校准数据以 calib.cfg 文件的形式提供，在交货时随着工业机器人提供文件标识与工业机器人原位置对应的正确分解器/电动机位置。

2. 校准方法

1）Axis Calibration 方法

Axis Calibration 是 IRB 120 的一种标准校准方法，也是标准校准的最准确方法。为了实现工业机器人的合适性能，建议使用此方法。Axis Calibration 方法，可使用下列程序。

（1）微校。

（2）更新转数计数器。

Axis Calibration 的校准设备以整套工具包的形式交付，整个校准过程都有分步指导，校准步骤如下。

（1）选择校准程序。在主菜单界面选择“校准”，然后选择校准程序如图 4-55 所示，选择需要校准的机械单元如图 4-56 所示。

（2）选择需要校准的轴如图 4-57 所示。

（3）将工业机器人移动到同步位置。

（4）验证同步标记。

（5）将工业机器人移动到准备位置。

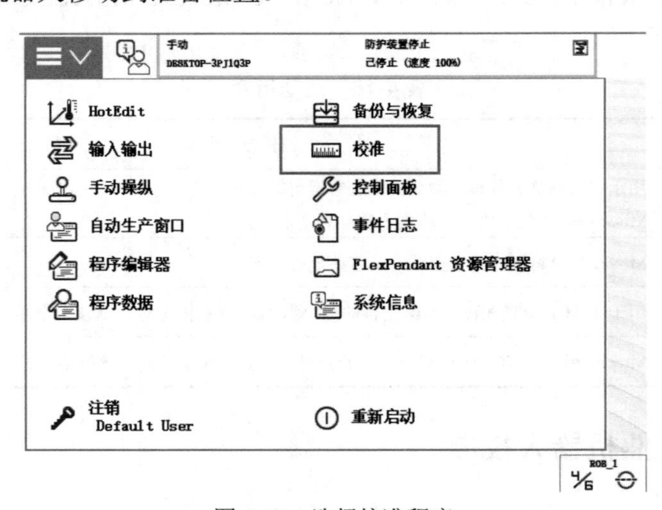

图 4-55　选择校准程序

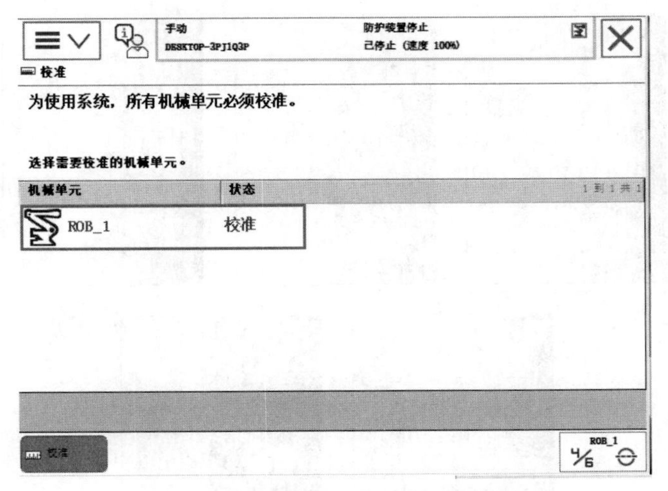

图 4-56　选择需要校准的机械单元

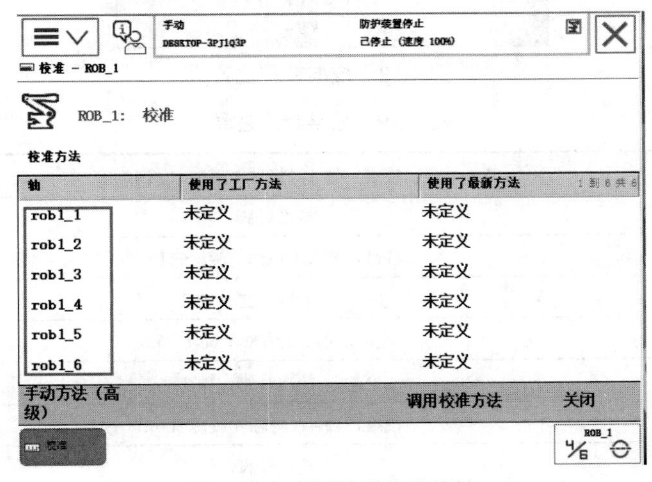

图 4-57　选择需要校准的轴

（6）卸下护盖和保护塞（如有）并安装校准工具。轴 1、轴 2 和轴 3 装有阻尼器，需要先卸除。

（7）工业机器人会通过反复转动轴来执行测量步骤。

（8）卸下校准工具并装回护盖和保护塞（如有）。装回轴 1、轴 2 和轴 3 上的阻尼器。

（9）选择是否保存校准数据。作为校准过程的最后一步，在校准数据保存后，工业机器人校准才算完成。

2）手动校准方法

手动校准方法是通过释放工业机器人电动机制动闸并手动将工业机器人移动到校准位置的方法。手动校准使用手动方法实现微校并更新转数计数器。

轴 1～轴 6 校准针脚的位置及注释如图 4-58 和表 4-19 所示。

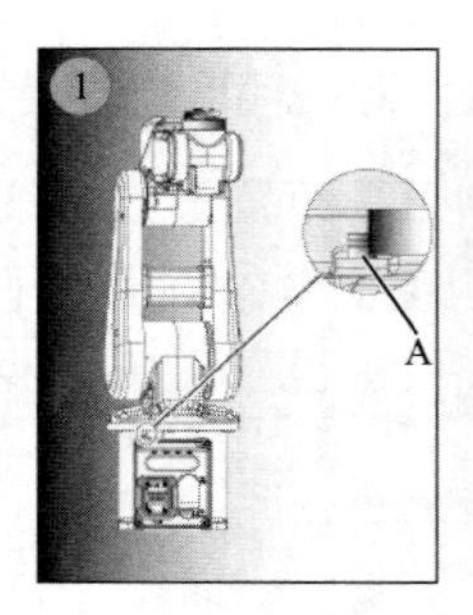

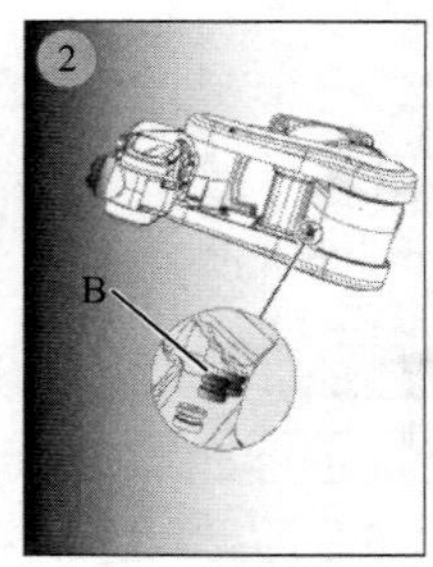

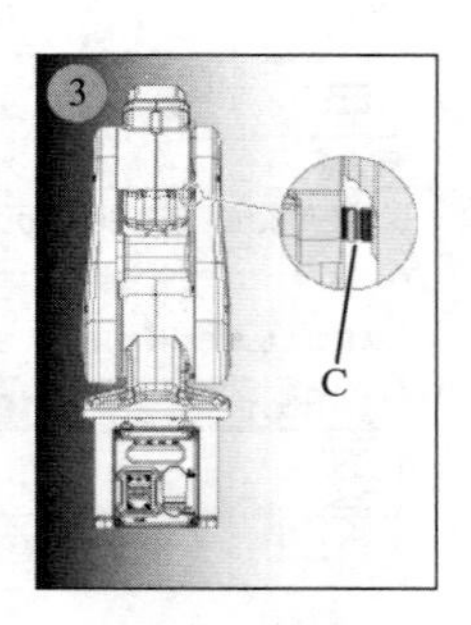

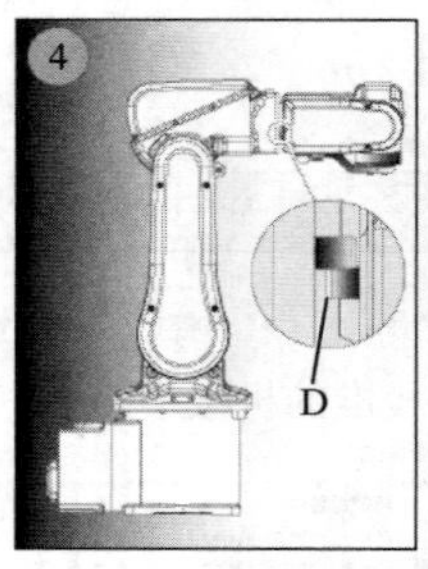

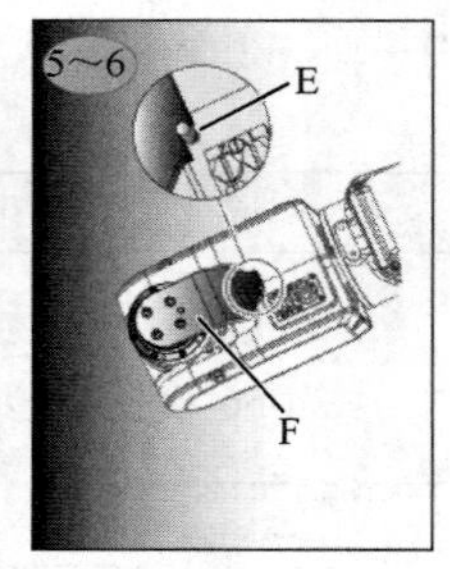

图 4-58　校准针脚位置

表 4-19　校准针脚注释

1	校准，轴 1（将轴 1 旋转-170.2°）
A	校准针脚，轴 1
2	校准，轴 2（将轴 2 旋转-115.1°）
B	校准针脚，轴 2
3	校准，轴 3（将轴 3 旋转 75.8°）
C	校准针脚，轴 3
4	校准，轴 4（将轴 4 旋转-174.7°）
D	校准针脚，轴 4
5～6	校准，轴 5～轴 6（将轴 5 旋转-90°，将轴 6 旋转 90°）
E	校准针脚，轴 5～轴 6
F	校准工具，轴 5～轴 6

手动校准的步骤如下。

（1）关闭工业机器人的所有电力、液压和气压供给。

（2）从校准针脚上拆下所有阻尼器，将校准工具安装到轴 6 上，如图 4-59 所示。

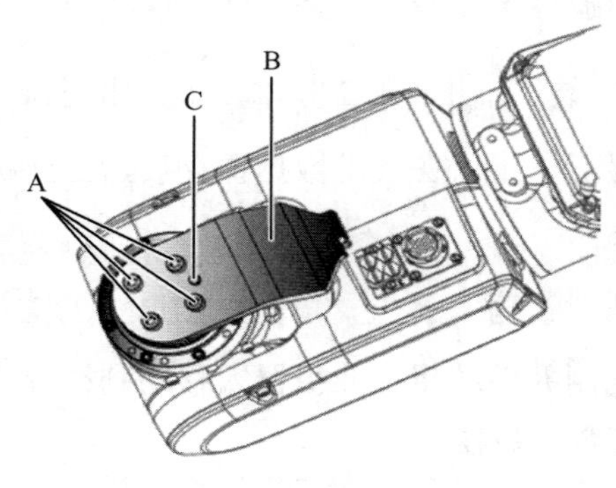

A—连接螺钉；B—校准工具；C—导销

图 4-59　校准工具的安装

（3）释放制动闸。

（4）手动旋转轴 4、轴 5 和轴 6，直至每个轴的两个校准针脚相互接触。

（5）从校准菜单中选择“微校”。

（6）在ABB示教器上选择“校准”。

（7）在ABB示教器上选择轴4、轴5和轴6及“校准”。

（8）在校准完成后，请使用ABB示教器将每个轴移动到0°位置。

（9）手动旋转轴1、轴2和轴3，直至每个轴的两个校准针脚相互接触。

（10）从校准菜单中选择“微校”。

（11）在ABB示教器上选择轴1、轴2和轴3及“校准”。

（12）每个轴上的同步标记现在应匹配。

（13）从校准菜单中选择“更新转数计数器”。

（14）在ABB示教器上选择轴1到轴6并更新转数计数器。

3. 需要校准的情形

如发生以下任一情况，必须校准系统。

1）转数计数器的值被更改

如果转数计数器的值被更改，则必须按照手册中的信息采用标准校准方法仔细重新校准工业机器人。当更换了工业机器人中影响校准位置的部件时，如电动机或传输部件，转数计数器的值会更改。

2）转数计数器内存记忆丢失

如果转数计数器内存记忆丢失，则必须更新转数计数器。转数计数器内存记忆丢失通常在以下情况发生。

（1）电池放电。

（2）出现分解器错误。

（3）分解器和测量电路板间的信号中断。

（4）当控制系统断开时移动了工业机器人的关节轴。

（5）工业机器人和控制器在第一次安装中相连后必须更新转数计数器。

3）重新组装工业机器人

如果重新组装工业机器人，或在碰撞后或更改了工业机器人的工作空间，则需要重新校准转数计数器。

4.3 KUKA 工业机器人操作

4.3.1 KUKA 示教器应用

1．KUKA 示教器的组成和功能

示教器是工业机器人的人机交互接口，工业机器人的所有操作基本上都是通过示教器完成的。例如，点动机器人，编写、调试和运行工业机器人程序，设定、查看工业机器人的状态信息和位置等。KUKA 示教器 KUKAsmartPAD，也称为 KCP，它的外观如图 4-60 所示。

KUKA 示教器可在恶劣的工作环境中持续运行，其触摸屏易于清洁，且防水、防油、防溅锡。KUKA 示教器是用于工业机器人的手持编程器。KUKA 示教器具有工业机器人操作和编程需要的各种操作和显示功能。KUKA 示教器配备一个触摸屏：KUKAsmartHMI，可用手指或触摸笔进行操作，不需要外部鼠标和外部键盘。

2．KUKA 示教器的交互界面

KUKA 示教器的交互界面 KUKAsmartHMI 如图 4-61 所示。

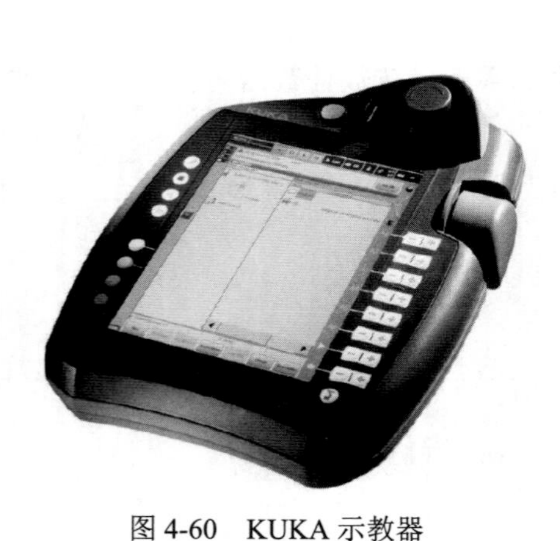

图 4-60　KUKA 示教器

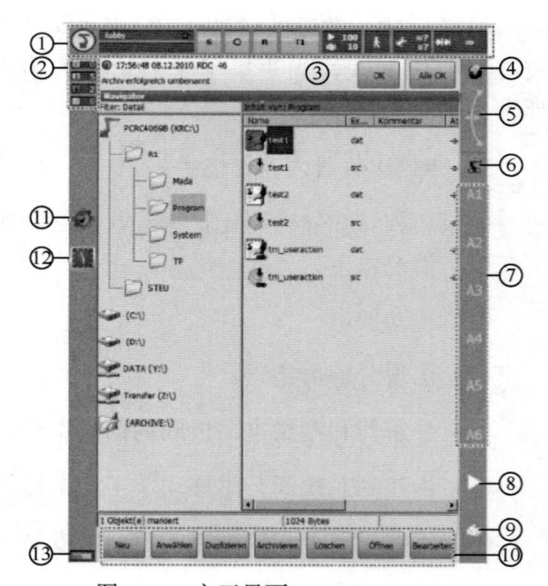

图 4-61　交互界面 KUKAsmartHMI

KUKA 示教器由以下几部分组成。

（1）状态栏（见图 4-62）。打开并进入启动界面后，可显示工作状态，如运行模式、工具编号、坐标系、程序编辑管理、IPO 模式、程序运行方式、手动与自动运行倍率。在多数情况下通过触摸就会打开一个窗口，可在其中更改设置。

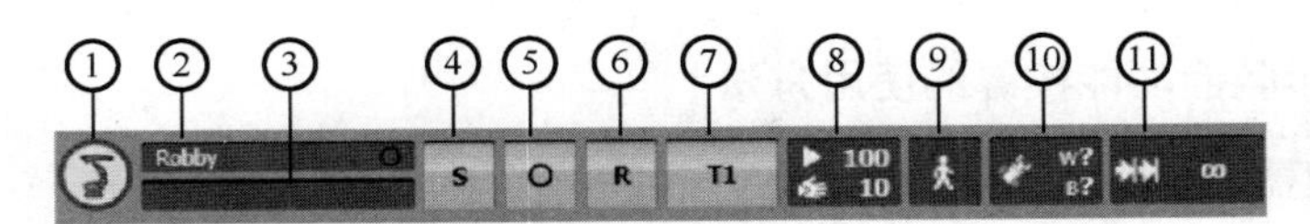

图 4-62　状态栏

（2）信息提示计数器（见图 4-63）。信息提示计数器可显示每种信息类型各有多少待处理的信息提示。点击信息提示计数器可放大显示查看。

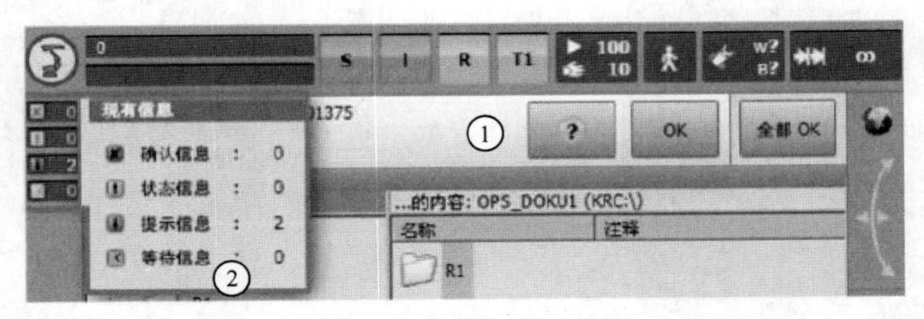

图 4-63　信息提示计数器

（3）信息状态窗口。KUKA 示教器在进行操作时，触摸屏界面顶部会显示工业机器人控制系统的信息提示。为了使工业机器人运动，必须对信息予以确认。点击“OK”表示请求操作人员有意识地对信息进行分析，所有可以被确认的信息可点击“全部 OK”一次性全部确认。

（4）3D 鼠标的状态显示。该显示会显示用 3D 鼠标手动移动当前坐标系。触摸该图标就可以显示所有坐标系并可以选择其他坐标系。

（5）3D 鼠标定位设置。触摸该图标会打开一个显示 3D 鼠标当前定位的窗口，在该窗口可以修改定位（确定 3D 鼠标定位）。

（6）状态显示运行。状态显示运行图标用于表示当前手动运行的坐标系，触摸该图标可以显示并选择其他坐标系。

（7）运行键。如果选择与运动轴相关的运行，将显示轴号 A1～A6；如果选择笛卡儿式运行，则显示坐标系的方向（*X*、*Y*、*Z*，*A*、*B*、*C*）。触摸该图标会显示选择了哪种运动系统。

（8）程序倍率。用于设定程序的自动运行倍率。

（9）手动倍率。用于设定手动运行倍率。

（10）按键栏。按键栏可以对正在运行的动态指令进行编辑、设置。

（11）WorkVisual 图标。通过触摸该图标可到达窗口项目管理。

（12）时钟。时钟可显示系统时间。触摸时钟会显示系统时间及当前日期。

（13）显示存在信号。如果显示如下闪烁，则表示 KUKAsmartHIM 已激活。左侧和右侧小灯交替发绿光，交替缓慢（约 3 秒）而均匀。

3. KUKA 示教器功能按键的使用方法

KUKA 示教器前面板及后面板的介绍分别如图 4-64 和图 4-65 所示。

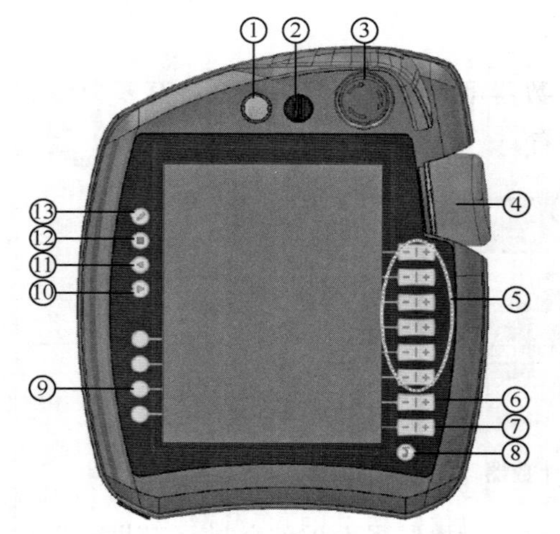

图 4-64 KUKA 示教器前面板

图 4-65 KUKA 示教器后面板

1）KUKA 示教器功能按键介绍

KUKA 示教器由 SmartPAD 数据线插拔按钮①、钥匙开关②、紧急停止键③、3D 鼠标④、触摸屏、壳体及各类按钮组成，操作按键分为移动键⑤、倍率键⑥和⑦、主菜单键⑧、工艺键⑨和程序运行键等几类，如图 4-64 所示。各部件及按键功能如下。

（1）SmartPAD 数据线插拔按钮①：按下此按钮 KUKA 示教器会在 25s 内失效，如在规定时间内拔出控制柜内与 KUKA 示教器相连的信号线，则 KUKA 示教器功能失效。

（2）钥匙开关②：用于选择或切换运行模式。钥匙插入后开关方可转动，有 4 种运行模式可供选择。

（3）紧急停止键③：用于在危险情况下关停工业机器人。当紧急停止键按下时所有功能键自行锁闭，工业机器人处于停止状态。

（4）3D 鼠标④：用于手动控制工业机器人的 6 个位置。

（5）移动键⑤：共有 6 组按键，分别手动控制工业机器人的 A1～A6 的 6 个单轴移动或转动。

（6）程序运行倍率键⑥：用于设定程序的自动运行倍率。

（7）手动运行倍率键⑦：用于设定手动运行倍率。

（8）主菜单键⑧：控制主菜单项在触摸屏上的显示或关闭。

（9）工艺键⑨：共有 4 组按键，用于设定工艺程序包中的参数。焊接机器人中的 4 个按键分别为送丝、退丝、通电和摆动。

（10）启动键⑩：在手动运行模式下启动程序单步运行；在自动运行模式下启动程序自动运行。

（11）逆向启动键⑪：在手动运行模式下，当工业机器人正常启动后可将程序逐步逆向运行。

（12）停止键⑫：暂停正在运行的程序。

（13）键盘显示键⑬：通常不必操作此键显示键盘。KUKA 示教器可识别编程需要的自动显示键盘，可以满足必须通过键盘输入的需要。

另外，在 KUKA 示教器的后面板有使能按键，如图 4-65 所示，配合移动键和 3D 鼠标手动控制工业机器人，只有在按下其中一个使能按键时（3D 和移动指示灯显示绿色），配合移动键，工业机器人才能运行。使能按键有 3 个档位，未按下档（未启动）、中位档（启动）、完全按下档（警报状态）。

KUKA 示教器配备了一个触摸屏：KUKAsmartHMI，可用手指或触摸笔进行操作。KUKAsmartHMI 上有一个键盘可用于输入字母和数字。KUKAsmartHMI 可识别到什么时候需要输入字母或数字并自动显示键盘。键盘只显示需要的字符。例如，如果需要编辑一个只允许输入数字的栏，则只会显示数字而不会显示字母，如图 4-66 所示。

图 4-66 键盘实例

2）正确使用 KUKA 示教器

KUKA 示教器是进行工业机器人的手动操纵、程序编写、参数配置及监控的手持装置，为了进行更好的操作，下面介绍如何正确使用 KUKA 示教器。

（1）当操作 KUKA 示教器时，通常会手持该设备，将 KUKA 示教器放在左手上，然后用右手在触摸屏上进行操作（见图 4-67）；此款示教器是按照人体工程学设计的，有 3 个确认开关，同时也适合左利手，在使用时右手持设备。

（2）正确使用确认开关。确认开关是工业机器人为了保证操作人员的人身安全而设计的（见图 4-68），只有在按下确认开关，并保持“驱动装置接通”的状态时，才可对工业机器人进行手动操作与程序的调试。当发生危险时，操作人员会本能地将确认开关松开或按紧，此时工业机器人会马上停止，从而保证操作人员的安全。

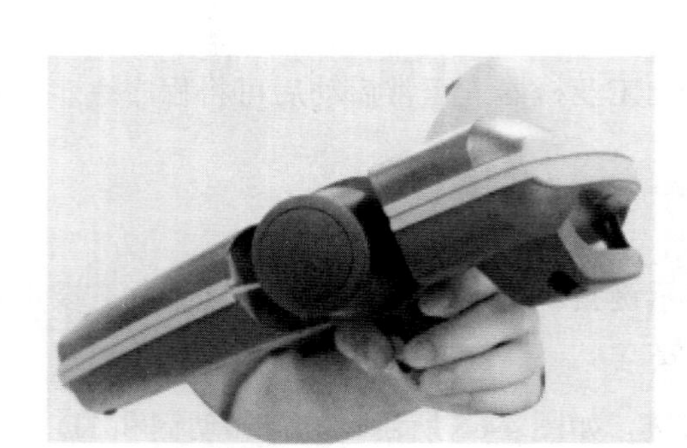

图 4-67　KUKA 示教器的手持方法

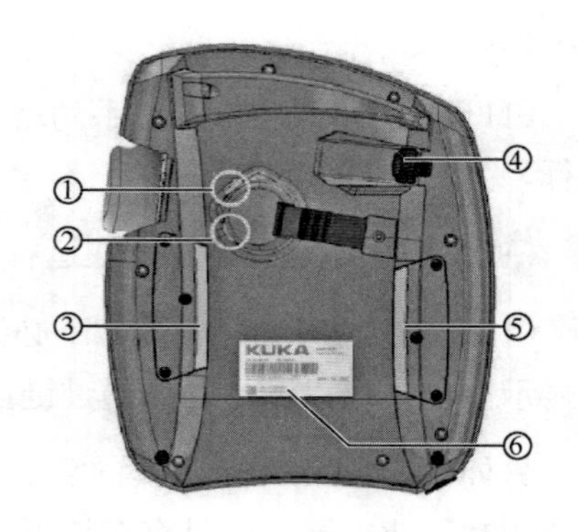

1，3，5—确认开关；2—启动键；4—USB 接口；6—型号铭牌

图 4-68　确认开关位置

4.3.2　KUKA 工业机器人手动操作

1. 坐标系的概念及分类

KUKA 工业机器人坐标系（见图 4-69）是为了确定工业机器人的位姿，而在工业机器人或空间中进行定义的位置指标系统。不同类型的工业机器人的坐标系名称有所不用，但基本包括基坐标系、世界坐标系、工具坐标系、工件坐标系等，如图 4-69 所示。

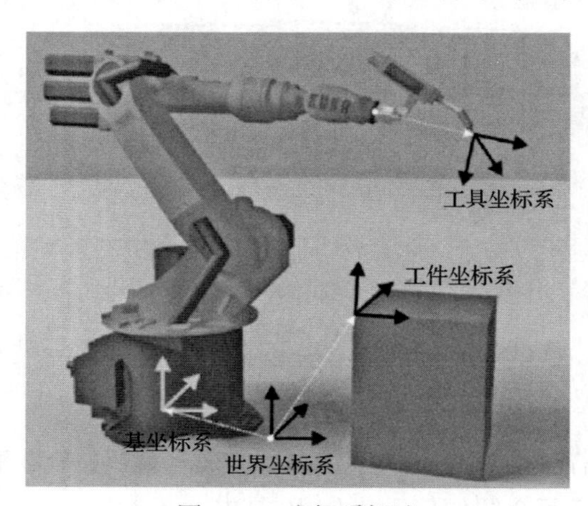

图 4-69　坐标系概述

（1）世界坐标系：世界坐标系也称为大地坐标系，是一个固定定义的笛卡儿坐标系，是用于基坐标系和基础坐标系的原点坐标系。在默认配置中，世界坐标系位于工业机器人基座底部，如图 4-70 所示。

（2）基坐标系：也称为工业机器人足部坐标系，基坐标系是一个笛卡儿坐标系，固定位于工业机器人足部。它可以根据世界坐标系说明工业机器人的位置。在默认配置中，基坐标系与世界坐标系是一致的。用基坐标系可以定义工业机器人相对于世界坐标系的移动，如图 4-71 所示。

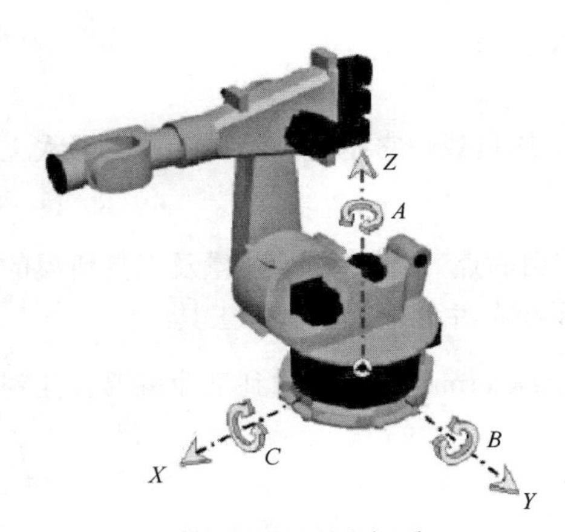

图 4-70 世界坐标系

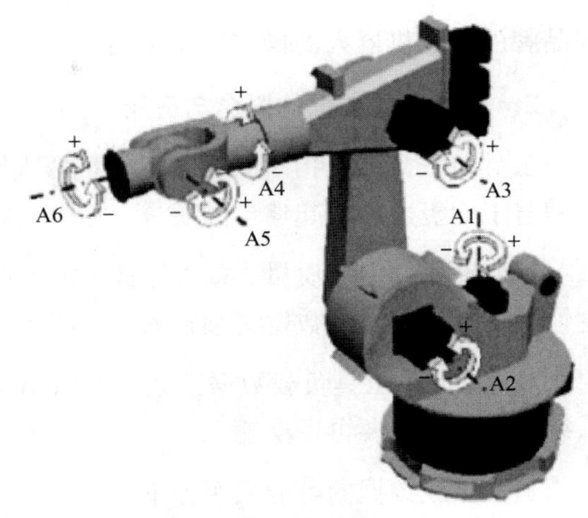

图 4-71 基坐标系

（3）工件坐标系：工件坐标系是一个笛卡儿坐标系，用于说明工件的位置，它以世界坐标系为参照基准。在默认配置中，工件坐标系与世界坐标系是一致的。由用户将其移入工件，如图 4-72 所示。

（4）工具坐标系：工具坐标系是一个笛卡儿坐标系，位于工具的工作点。在默认配置中，工具坐标系的原点在法兰中心点上（因而又被称为法兰坐标系）。工具坐标系由用户移入工具的工作点，如图 4-73 所示。

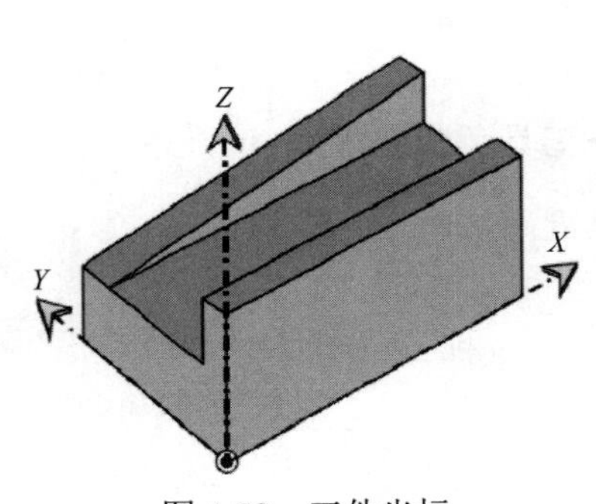

图 4-72 工件坐标

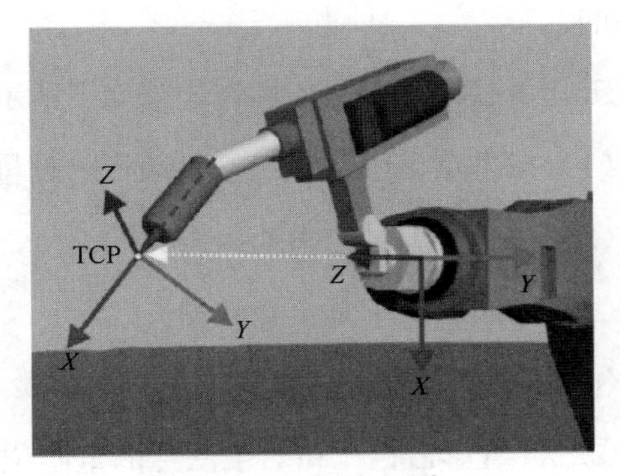

图 4-73 工具坐标系

工业机器人工具坐标系以 TCP 为原点，配以坐标方位。当工业机器人联动运行时，必须标定 TCP。当工业机器人进行姿态运动时，工业机器人 TCP 的位置不变，工具沿坐标轴转动，改变姿态。当工具进行线性运动时，工业机器人的姿态不变，工业机器人的 TCP 沿坐标轴线性移动。

工业机器人的工件坐标系以工件原点为坐标原点，配以坐标方位。工业机器人程序支持多个工件坐标系，可以根据当前的工作状态进行变换。当外部夹具被更换后，只需要重新定义工件坐标系，可以不更改程序直接运行。通过重新定义工件坐标系，可以简单地完成一个程序应用于多台工业机器人。工业机器人坐标系的设置必须以原点为基础，初学者应当理解 TCP 的概念及标定方法，相关操作方法和标定方法与工业机器人的品牌有关，不同品牌的工业机器人的操作方法不同。

2. 工具负载数据的概念与应用

工具负载数据是指所有装在工业机器人法兰盘上的负载。它是另外装在工业机器人上并随着工业机器人一起移动的质量。

需要输入的值有质量、重心位置（质量受重力作用的点）、质量转动惯量及工具所属的主惯性轴。工具负载数据必须输入工业机器人控制系统，并分配给正确的工具。

注意：如果工具负载数据已经由 KUKA.LoadDataDetermination 传输到工业机器人控制系统中，则不需要再手动输入。

工具负载数据的可能来源如下。

（1）KUKA.LoadDetect 软件选项（仅用于负载）。

（2）生产厂商数据。

（3）人工计算。

（4）CAD 程序。

输入的工具负载数据会影响许多控制过程。例如，控制算法（计算加速度）、速度和加速度监控、力矩监控、碰撞监控、能量监控等，所以，正确输入工具负载数据是非常重要的。

工具负载数据应用的操作步骤如下所示。

（1）在主菜单中选择“投入运行→测量→工具→工具负载数据”。

（2）在工具编号栏中输入工具的编号，按下继续键确认。

（3）输入以下工具负载数据。

① M 栏：质量。

② X、Y、Z 栏：相对于法兰的重心位置。

③ A、B、C 栏：主惯性轴相对于法兰的取向。

④ JX、JY、JZ 栏：惯性矩。

（JX 是坐标系绕 *X* 轴的惯性，该坐标系通过 *A*、*B* 和 *C* 相对于法兰转过一定角度。以此类推，JY 和 JZ 是指坐标系绕 *Y* 轴和 *Z* 轴的惯性。）

（4）按下继续键确认。

（5）按下保存键。

3. 工业机器人的运行模式

KUKA 工业机器人的运行模式有 4 种：分别是 T1（手动慢速运行）、T2（手动快速运行)、AUT(自动运行)、EXT(外部自动运行)。

1) T1

- 用于测试运行、编程和示教。
- 程序运行的最大速度为 250mm/s。
- 手动运行的最大速度为 250mm/s。

2) T2

- 用于测试运行。
- 程序运行速度等于编程设定的速度。
- 手动运行：无法进行。

3) AUT

- 用于不带上级控制系统的工业机器人。
- 程序运行速度等于编程设定的速度。
- 手动运行：无法进行。

4) EXT

- 用于带上级控制系统的工业机器人。
- 程序运行速度等于编程设定的速度。
- 手动运行：无法进行。

下面介绍如何切换工业机器人的运行模式，具体步骤如下所示。

(1)在 KCP 上转动用于连接管理器的模式切换开关，连接管理器随即显示，如图 4-74 所示。

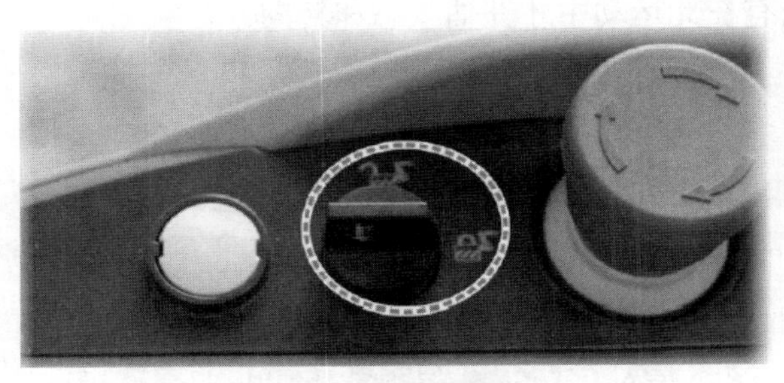

图 4-74　模式切换开关

(2) 选择运行模式如图 4-75 所示。

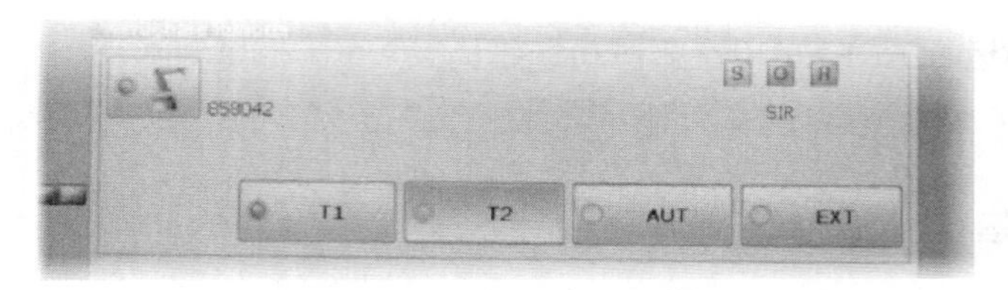

图 4-75　选择运行模式

（3）将用于连接管理器的模式切换开关再次转回初始位置，选择的运行模式会显示在 KUKA 示教器的状态栏中，如图 4-76 所示。

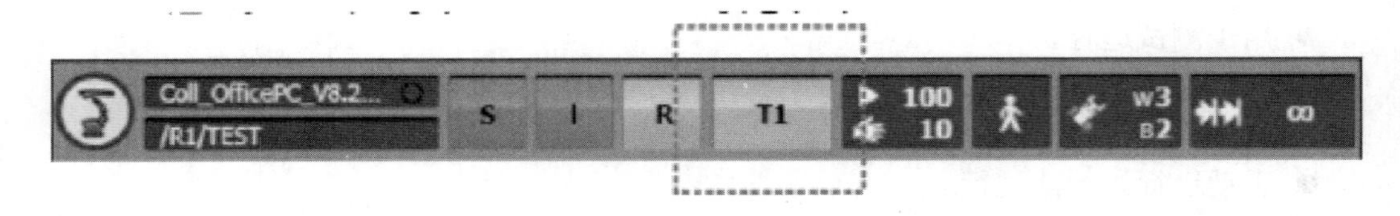

图 4-76　运行模式

4．工业机器人的运动方式

工业机器人有不同的运动方式供运动指令的编程使用。可根据对工业机器人工作流程的要求进行运动编程。

按轴坐标的运动：PTP（点到点）运动。

沿轨迹的运动：LIN（线性）运动和 CIRC（圆周形）运动。

SPLINE：SPLINE 是一种适用于复杂曲线轨迹的运动方式。这种轨迹原则上也可以通过 LIN 运动和 CIRC 运动生成，但是 SPLINE 更有优势。

1）PTP 运动

按轴坐标的运动：工业机器人沿最快速轨迹将 TCP 移动到目标点。一般情况下最快的轨迹并不是最短的轨迹，因而不是直线。由于工业机器人的轴进行旋转运动，弧形轨迹比直线轨迹更快，所以运动的具体过程不可预见，如图 4-77 所示。程序中的第一个运动必须为 PTP 运动，因为只有在此运动中才评估状态和转向。

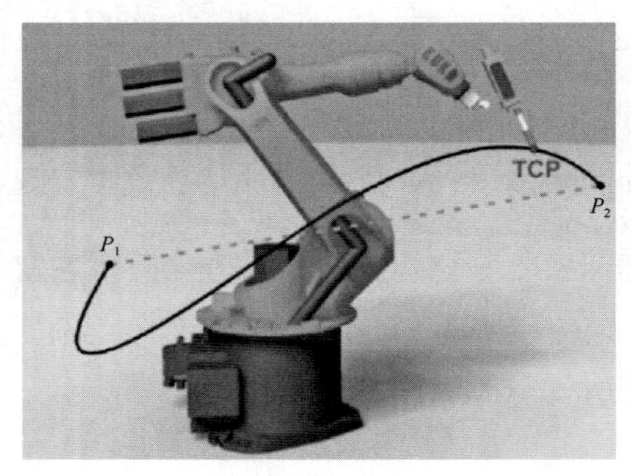

图 4-77　弧形轨迹

2）LIN 运动

工具的 TCP 按设定的姿态从起始点匀速移动到目标点。速度和姿态均以 TCP 为参照点。TCP 按直线轨迹由 *P*1 点移动到 *P*2 点，如图 4-78 所示。

3）CIRC 运动

圆弧轨迹是通过起始点、辅助点和目标点定义的。工具的 TCP 按设定的姿态从起始点匀速移动到目标点，速度和姿态均以 TCP 为参照点，如图 4-79 所示。

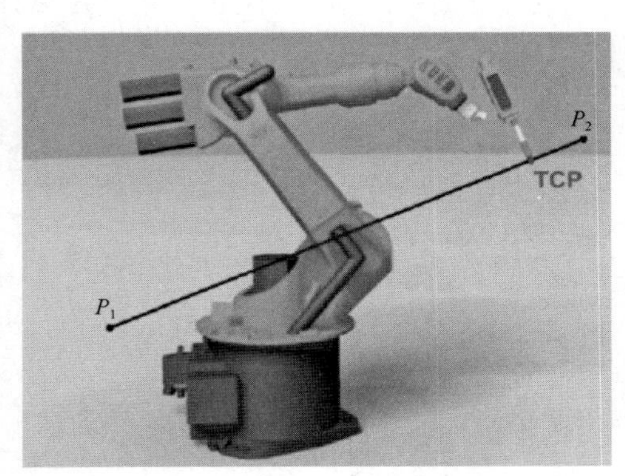

图 4-78　直线轨迹

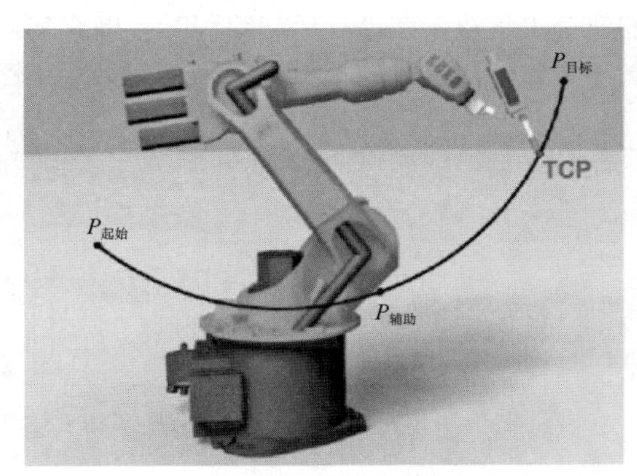

图 4-79　圆弧轨迹

4）轨迹逼近

轨迹逼近是指不会精确移至程序设定的点。圆滑过渡是一个选项，可在进行运动编程时选择。当在运动指令之后触发一个预进停止的指令时，无法进行圆滑过渡。

（1）PTP 运动的轨迹逼近。TCP 离开可以准确到达目标点的轨迹，在另一条更快的轨迹上运行。在进行运动编程时会确定某点到达目标点的距离，允许 TCP 在此位置离开其原有轨迹。当发生轨迹逼近的 PTP 运动时，轨迹曲线不可预见，而且，滑过点在轨迹的哪一侧也无法预测，如图 4-80 所示。

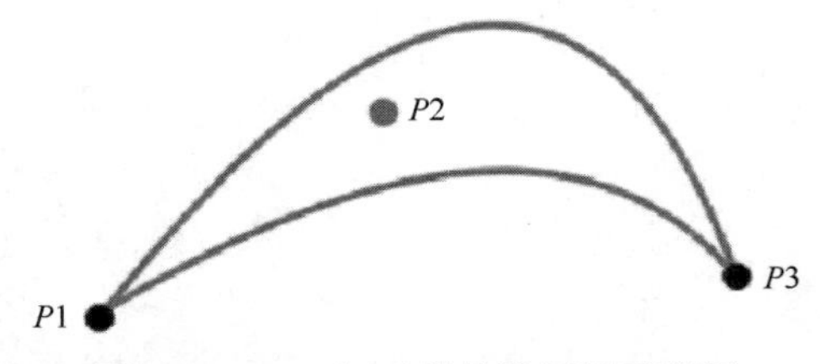

图 4-80　PTP 运动的轨迹逼近示意图

（2）LIN 运动的轨迹逼近。TCP 将离开可以精确到达目标点的轨迹，在另一条更短的轨迹上运行。在进行运动编程时会确定某点到达目标点的距离，允许 TCP 在此位置离开其原有轨迹，如图 4-81 所示。

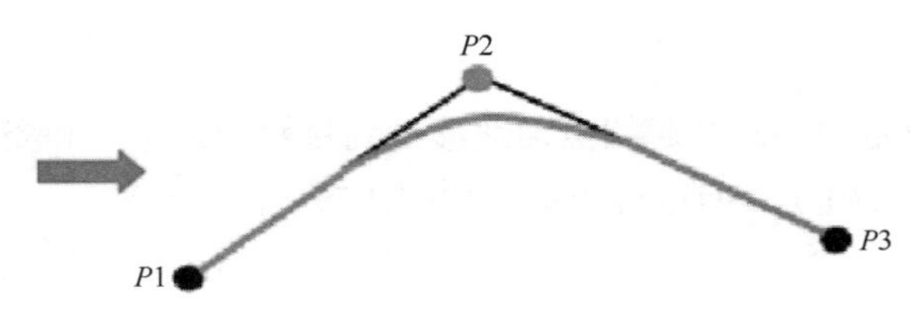

图 4-81　LIN 运动的轨迹逼近示意图

（3）CIRC 运动的轨迹逼近。TCP 将离开可以精确到达目标点的轨迹，在另一条更短的轨迹上运行，在进行运动编程时会确定某点到达目标点的距离，允许 TCP 在此位置离开其原有轨迹，精确移至辅助点，如图 4-82 所示。

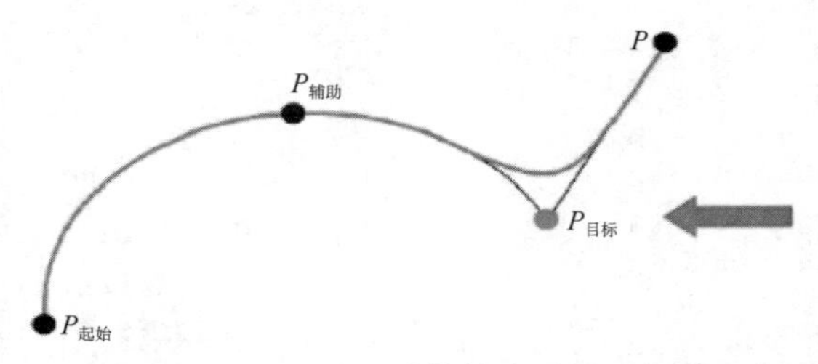

图 4-82　CIRC 运动的轨迹逼近示意图

5）沿轨迹运动的姿态引导

当 TPC 沿轨迹运动时可以准确定义姿态引导。工具在运动的起始点和目标点处的姿态可能不同。

a．在 LIN 运动下的姿态引导

（1）标准或手动 PTP。工具的姿态在运动过程中不断变化。当工业机器人以标准方式到达手轴奇点时就可以使用手动 PTP，因为这是通过手轴角度的线性轨迹逼近（按轴坐标的移动）进行的姿态变化，如图 4-83 所示。

（2）固定不变。工具的姿态在运动期间保持不变，与在起始点示教的相同，所以在目标点示教的姿态被忽略，如图 4-84 所示。

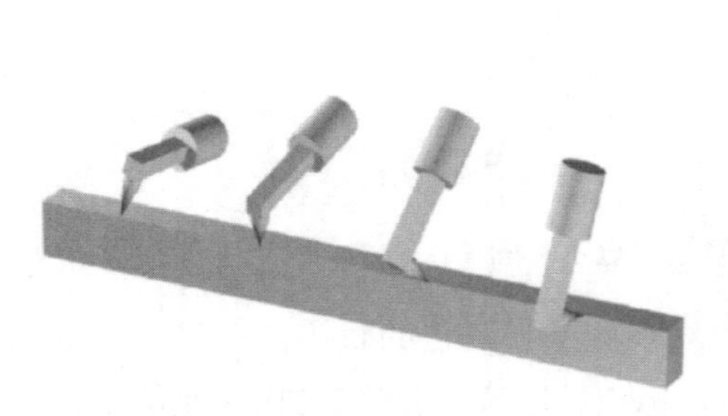

图 4-83　标准或手动 PTP 的姿态引导

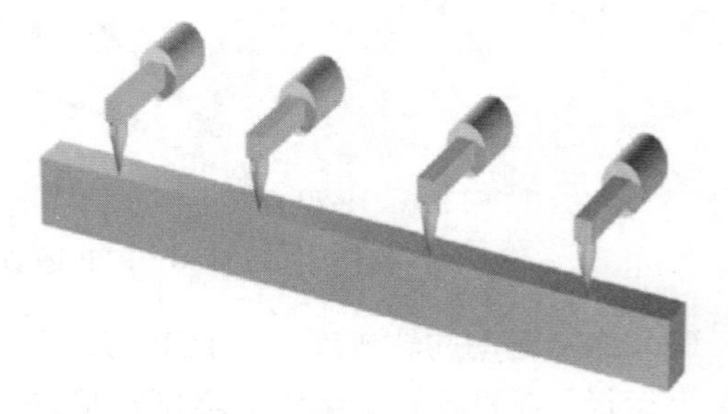

图 4-84　固定不变的姿态导引

b．在 CIRC 运动下的姿态引导

（1）标准或手动 PTP。当工业机器人以标准方式到达手轴奇点时就可以使用手动 PTP，因为这是通过手轴角度的线性轨迹逼近（按轴坐标的移动）进行的姿态变化，如图4-85所示。

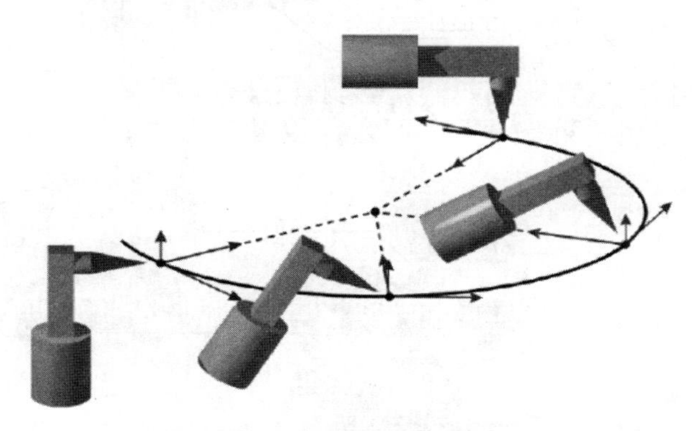

图4-85　标准或手动PTP的姿态引导+以基准为参照

（2）固定不变。工具的姿态在运动期间保持不变，与在起始点示教的相同，所以在目标点示教的姿态被忽略，如图4-86所示。

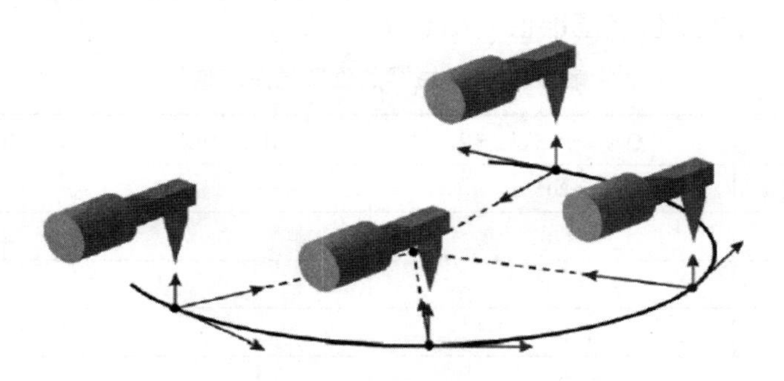

图4-86　固定不变的姿态引导+以基准为参照

4.3.3　KUKA工业机器人校准

1．零点标定概述

KUKA工业机器人的6个关节轴都有一个机械零点位置（见图4-87）。仅在工业机器人得到充分和正确的零点标定时，它的使用效果才会最好。因为只有这样，工业机器人才能达到它最高的点精度和轨迹精度，或者完全能够以编程设定的动作运动。

在进行零点标定时，会给工业机器人的每个关节轴分派一个基准值。

完整的零点标定过程包括为每个关节轴标定零点。通过技术辅助工具电子控制仪（ElectronicMasteringDevice，EMD）可以为任何一个在机械零点位置的关节轴指定基准值（如0°）。因为这样就可以使关节轴的机械位置和电气位置保持一致，所以每个关节轴都有唯一的角度值。

所有工业机器人的零点位置都需要校准，但校准方法不完全相同。精确位置在同一型号的不同工业机器人之间也会有所不同。

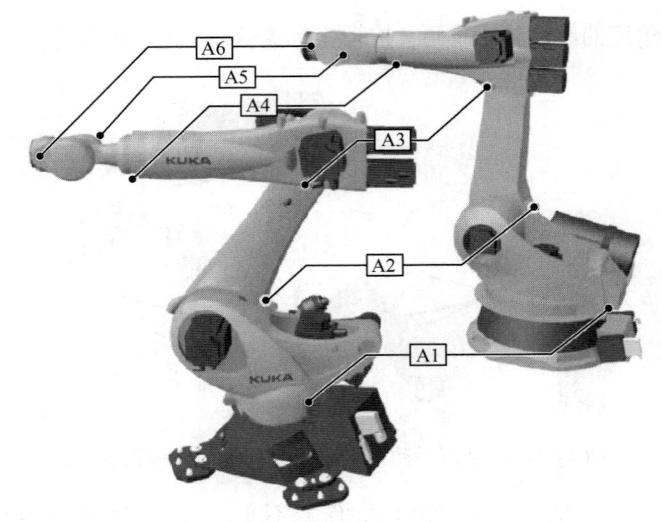

图 4-87　机械零点位置

机械零点位置的角度值（基准值）如表 4-20 所示。

表 4-20　机械零点位置的角度值

关节轴	“Quantec”代机器人	其他工业机器人型号（如 2000、KR16 系列等）
A1	−20°	0°
A2	−120°	−90°
A3	+120°	+90°
A4	0°	0°
A5	0°	0°
A6	0°	0°

原则上，工业机器人必须时刻处于已标定零点的状态。

在以下情况必须进行零点标定。

（1）在投入运行时。

（2）在对参与定位值感测的部件（如带分解器或 RDC 的电动机）采取了维护措施之后。

（3）当未使用控制器移动工业机器人的关节轴（如借助自由旋转装置）时。

（4）在进行了机械修理后，必须先删除工业机器人的零点，然后才可标定零点。

（5）在更换齿轮箱后。

（6）以高于 250mm/s 的速度上行移动至一个终端止档后。

（7）在碰撞后。

注意：在进行维护前一般应检查当前的零点标定。

2. 零点标定方法

使用 EMD 进行零点标定的原理：工业机器人的零点标定可以通过辅助工具 EMD 确定关节轴的机械零点的方式进行，正在使用的 EMD 如图 4-88 所示，在此过程中关节轴将一直运动，直至达到机械零点为止，这种情况出现在探针到达测量槽最深点时。因此，每个关节轴都配有一个测量套筒和一个预零点标定标记，如图 4-89 所示。零点标定途径如图 4-90 所示。

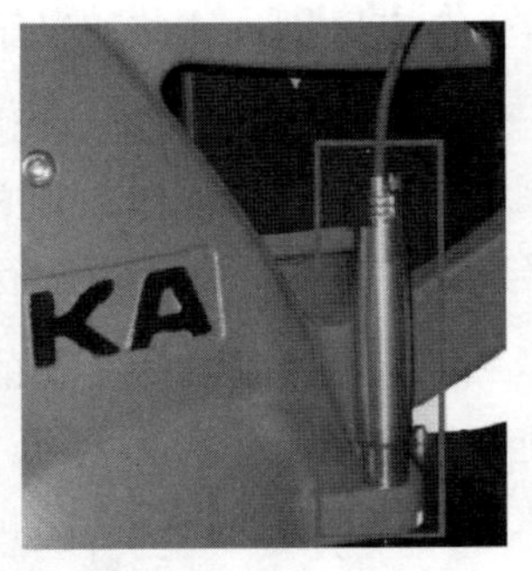

图 4-88　正在使用的 EMD

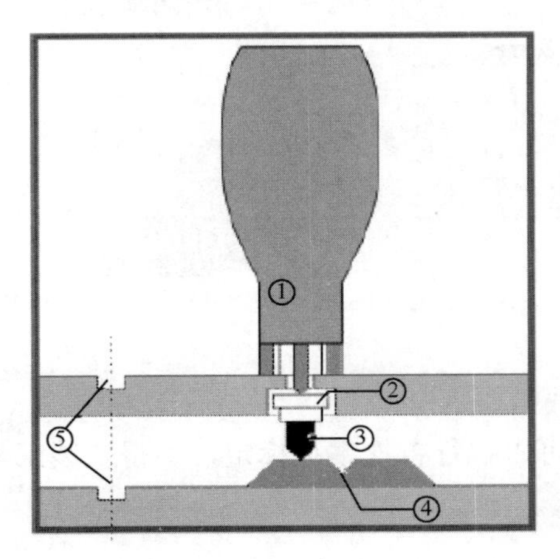

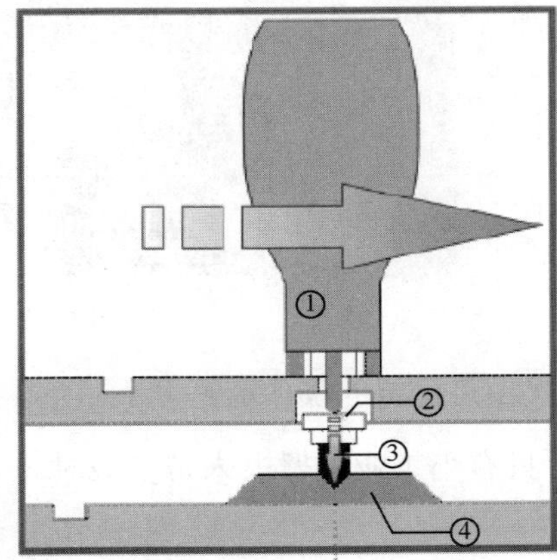

1—EMD；2—测量套筒；3—探针；4—测量槽；5—预零点标定标记

图 4-89　EMD 校准流程

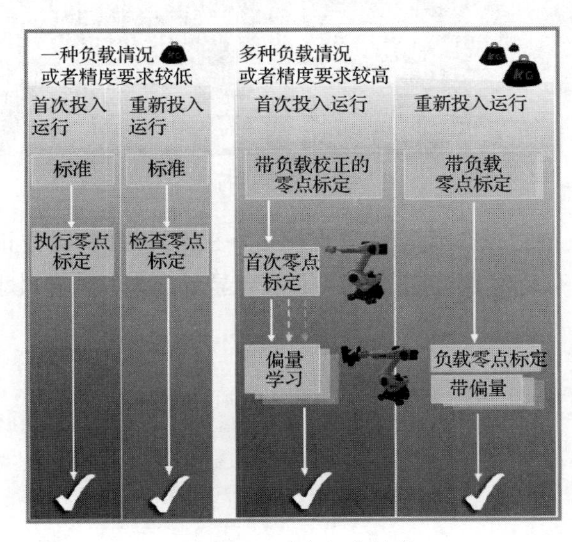

图 4-90　零点标定途径

为何要学习偏量呢？固定在法兰处的工具使工业机器人承受着静态载荷。由于部件和齿轮箱上的材料具有弹性，所以与带负载的工业机器人相比，未带负载的工业机器人在位置上会有区别。这些相当于几个增量的区别将影响到工业机器人的精度。

偏量学习需要带负载进行，与首次零点标定（无负载）的差值将被储存。如果工业机器人带不同负载工作，则必须对每个负载都进行偏量学习。对于抓取沉重部件的末端执行器来说，则必须对末端执行器分别在未带负载和带负载时进行偏量学习，如图 4-91 所示。

只有经过带负载校正的零点标定的工业机器人才具有要求的高精度。因此必须针对每种负载情况进行偏量学习。前提条件是：工具的几何测量已完成，并已分配了工具编号。

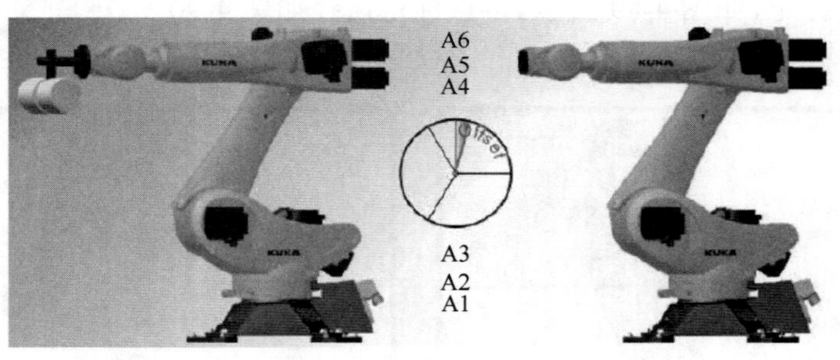

图 4-91　偏量学习

1）首次零点标定的操作流程

注意：只有当工业机器人未带负载时才可以执行首次零点标定，不得安装工具和附加负载。

（1）将工业机器人移动到预零点标定位置，预零点标定如图 4-92 所示。

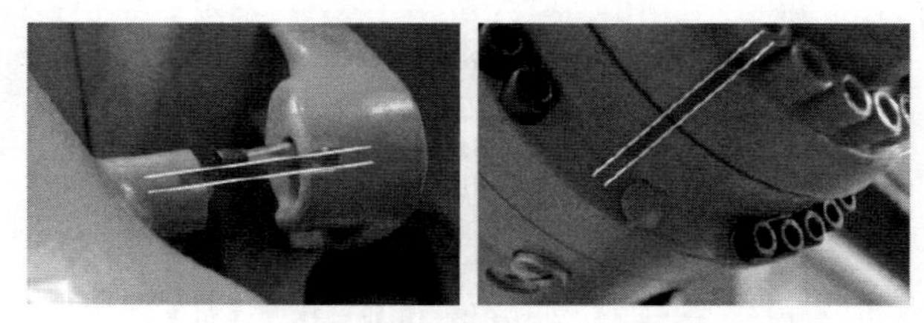

图 4-92　预零点标定

（2）在主菜单中选择“投入运行→零点标定→EMD→带负载校正→首次零点标定”。一个窗口自动打开，所有待零点标定的关节轴都会显示出来。编号最小的关节轴已被选定，如图 4-93 所示。

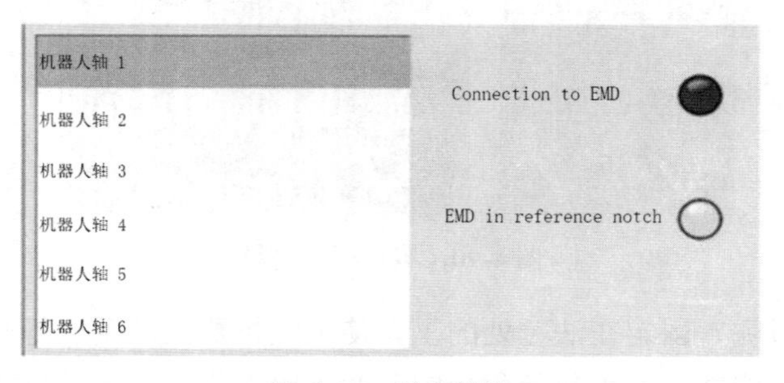

图 4-93　零点标定

（3）从窗口中选定的关节轴上取下测量套筒的防护盖（翻转过来的 EMD 可当作螺丝刀）。将 EMD 拧到测量套筒上，如图 4-94 所示。

图 4-94　EMD 拧到测量套筒上

然后将测量导线的一端连到 EMD 上，另一端连接到工业机器人接线盒的接口 X32 上，如图 4-95 所示。

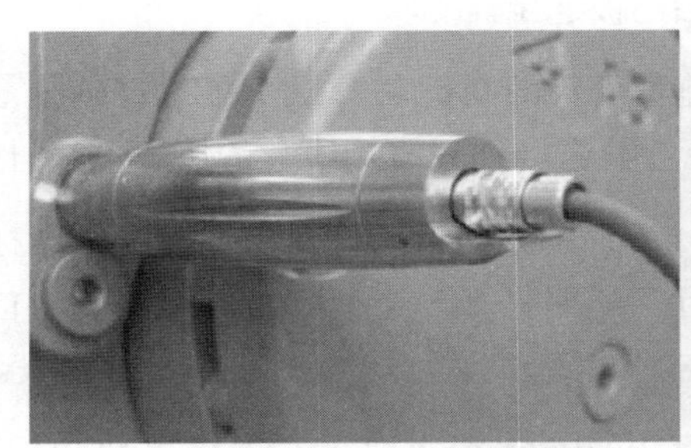

图 4-95　EMD 连接工业机器人接线盒的接口 X32

注意：始终先将不带测量导线的 EMD 拧到测量套筒上，然后方可将测量导线接到 EMD 上，否则测量导线会损坏。同样在拆除 EMD 时也必须先拆下 EMD 的测量导线，然后才将 EMD 从测量套筒上拆下。在零点标定完成后，先将测量导线从接口 X32 上取下，否则会出现干扰信号或损坏 EMD。

（4）点击“零点标定”。

（5）将确认开关旋至中间档位并按住，然后按住启动键，如图 4-96 所示。

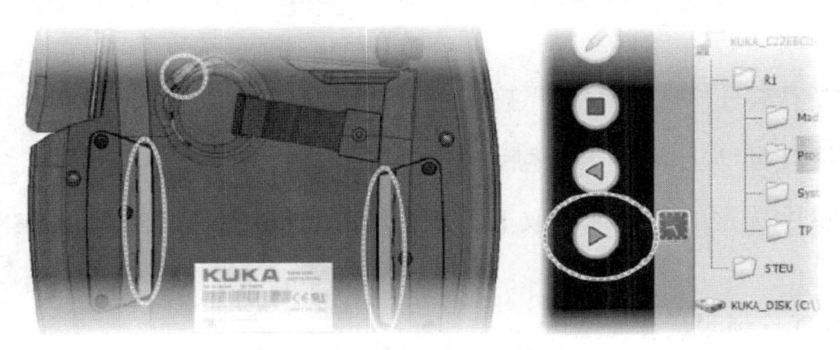

图 4-96　示教器确认开关和启动键

如果 EMD 通过了测量切口的最低点，则标定轴已到达零点标定位置，工业机器人自动停止运行，数值被保存，标定轴在窗口中消失。

（6）将测量导线从 EMD 上取下，然后从测量套筒上取下 EMD，并将防护盖重新装好。

（7）对所有待零点标定的关节轴重复步骤（2）至步骤（5）。

（8）将测量导线从接口 X32 上取下。

（9）关闭窗口。

2）偏量学习操作步骤

（1）进行带负载的偏量学习，与首次零点标定的差值被保存。

（2）将工业机器人置于预零点标定位置，在主菜单中选择“投入运行→零点标定→EMD→带负载校正→偏量学习”。

（3）输入工具编号，点击“OK”确认。随即打开一个窗口，所有尚未进行偏量学习的关节轴都会显示出来，编号最小的关节轴已被选定。

（4）从窗口中选定的关节轴上取下测量套筒的防护盖，将 EMD 拧到测量套筒上，然后将测量导线的一端线连到 EMD 上，另一端连接到底座接线盒的接口 X32 上。

（5）按下确认开关和启动键。当 EMD 识别到测量切口的最低点时，则标定轴已到达零点标定位置，工业机器人自动停止运行。随即打开一个窗口，标定轴上与首次零点标定的偏差以增量和度的形式显示出来。点击“OK”确认，标定轴在窗口中消失。

（6）将测量导线从 EMD 上取下，然后从测量套筒上取下 EMD，并将防护盖重新装好。

（7）对所有待零点标定的关节轴重复步骤（2）至步骤（5）。

（8）将测量导线从接口 X32 上取下。

（9）关闭窗口。

3）偏量的负载零点标定检查/设置操作步骤

（1）将工业机器人置于预零点标定位置。

（2）在主菜单中选择“投入运行→零点标定→EMD→带负载校正→负载零点标定→带偏量”。

（3）输入工具编号，点击“OK”确认。

（4）取下接口 X32 上的盖子，然后连接测量导线。

（5）从窗口中选定的关节轴上取下测量套筒的防护盖（翻转过来的 EMD 可当作螺丝刀）。

（6）将 EMD 拧到测量套筒上。

（7）将测量导线接到 EMD 上。在此过程中，将插头的红点对准 EMD 内的槽口。

（8）按下检查键。

（9）按住确认开关并按下启动键。

（10）当需要时，按下保存键保存这些数值，旧的零点标定值会被删除。如果要恢复丢失的首次零点标定数值，则必须保存这些数值。

（11）将测量导线从 EMD 上取下，然后从测量套筒上取下 EMD，并将防护盖重新装好。

（12）对所有待零点标定的关节轴重复步骤（2）至步骤（10）。

（13）将测量导线从接口 X32 上取下。

（14）关闭窗口。

4）使用千分表进行零点标定

工业机器人的零点标定也可以使用千分表进行调整（见图 4-97），在使用千分表调整时由用户手动将工业机器人移动至调整位置，必须带负载调整。此方法无法将不同负载的多种调整都保存下来。

图 4-97　千分表零点标定

（1）在主菜单中选择“投入运行→调整→千分表”。有一个窗口会自动打开，所有未经调整的关节轴均会显示出来，必须先调整的关节轴会被标记出来。

（2）从关节轴上取下测量套筒的防护盖，将千分表安装到测量套筒上。使用内六角扳手松开千分表颈部的螺栓。转动表盘，直至能清晰读数。将千分表的螺栓按入千分表直至千分表的止档处。用内六角扳手重新拧紧千分表颈部的螺栓。

（3）将手动倍率降低到 1%。

（4）将关节轴由“+”向“−”运行。在测量切口的最低位置可以看到指针反转处，将千分表置为零位。如果无意间超过了最低位置，则将关节轴来回运行，直至达到千分表最低位置。至于是由“+”向“−”运行或由“−”向“+”运行则无关紧要。

（5）重新将关节轴移回预调位置。

（6）将关节轴由“+”向“−”运行，直至千分表的指针处于零位前 5～10 个分度。

（7）切换到手动运行增量模式。

（8）点击“零点标定”，已调整过的关节轴会从选项窗口中消失。

（9）从测量套筒上取下千分表，将测量套筒的防护盖重新装好。

（10）由手动运行增量模式重新切换到普通正常运行模式。

（11）对所有待零点标定的关节轴重复步骤（2）至步骤（10）。

（12）关闭窗口。

3．零点异常情形

如果工业机器人的关节轴未经零点标定，则会严重限制工业机器人的功能，零点标定的安全提示如下所示。

（1）无法编程运行：不能沿编程设定的点运行。

（2）无法在手动运行模式下手动平移：不能在坐标系中移动。

（3）软件限位开关关闭。

警告：对于删除零点的工业机器人，软件限位开关是关闭的。工业机器人可能会驶向终端止档上的缓冲器，由此可能使缓冲器受损，导致必须更换缓冲器。尽可能不运行删除零点的工业机器人，或尽量减小手动倍率。

4.4 埃夫特工业机器人操作

4.4.1 埃夫特示教器应用

1．埃夫特示教器的组成和功能

1）埃夫特示教器布局图

示教器是主管应用工具软件与用户之间的接口装置，通过电缆与控制装置连接。埃夫特示教器由液晶显示屏、LED、功能按键构成，除此以外一般还会有模式切换开关、安全开关、急停开关等。埃夫特示教器布局如图 4-98 所示。

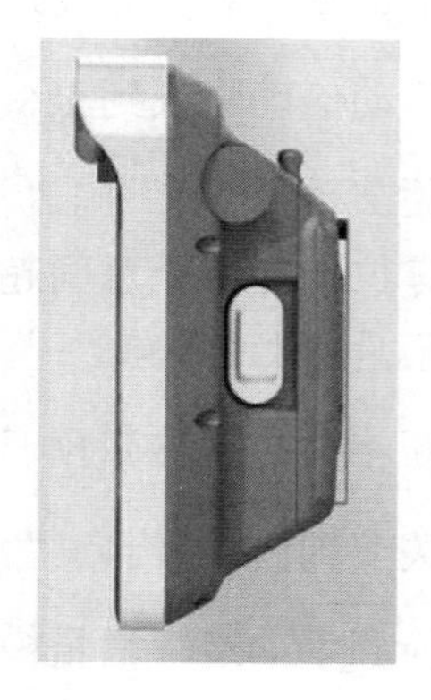

图 4-98　埃夫特示教器布局

埃夫特示教器各部分功能如表 4-21 所示。

表 4-21　埃夫特示教器各部分功能

序　　号	名　　称	描　　述
1	薄膜面板 3	公司 LOGO 彩绘
2	触摸屏	用于操作工业机器人
3	液晶显示屏	用于人机交互
4	薄膜面板 2	含有 10 颗按键
5	急停开关	双回路急停开关
6	模式切换开关	三段式模式切换开关
7	薄膜面板 1	含有 18 颗按键和 1 颗红黄绿三色灯

2）键位功能

埃夫特示教器功能按键说明如图 4-99、表 4-22，图 4-100、表 4-23 所示。

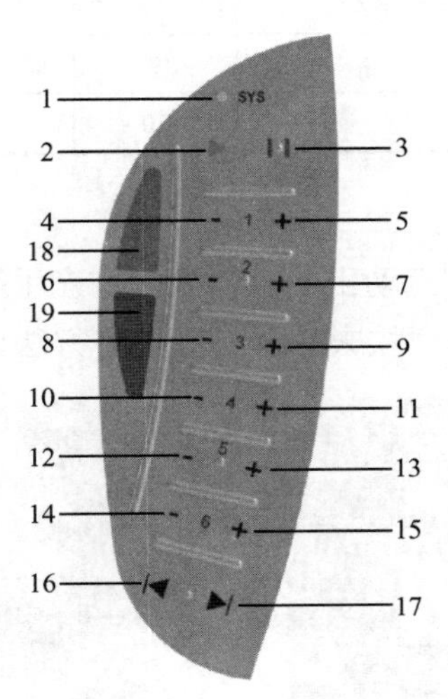

图 4-99　右侧按键

表 4-22　右侧按键功能

序　　号	名　　称	序　　号	名　　称
1	三色灯	11	轴 4 运动+
2	开始键	12	轴 5 运动-
3	暂停键	13	轴 5 运动+
4	轴 1 运动-	14	轴 6 运动-
5	轴 1 运动+	15	轴 6 运动+
6	轴 2 运动-	16	单步后退
7	轴 2 运动+	17	单步前进
8	轴 3 运动-	18	热键 1
9	轴 3 运动+	19	热键 2
10	轴 4 运动-		

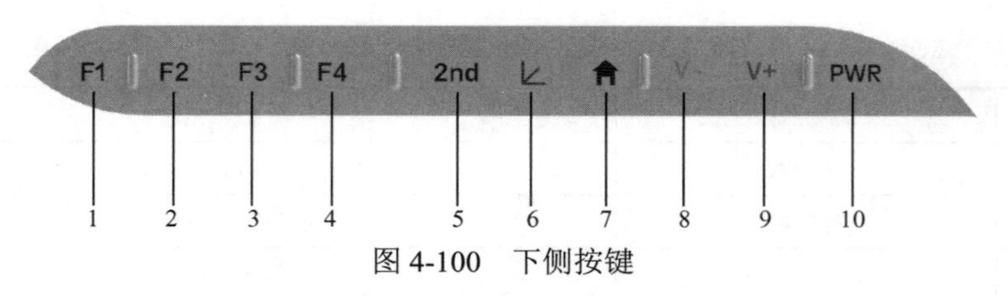

图 4-100　下侧按键

表 4-23　下侧按键功能

序　号	功　能	序　号	功　能
1	多功能按键 F1， 暂定：调出当前报警内容	6	坐标系切换
2	多功能按键 F2	7	返回主页
3	多功能按键 F3 暂定：程序运行方式 （连续、单步进入、单步跳过等）	8	速度-
4	多功能按键 F4	9	速度+
5	翻页	10	伺服上电

3）正确握持埃夫特示教器

左手握持埃夫特示教器，在点动工业机器人时，左手手指需要按下手压开关，使工业机器人处于第二档伺服开的状态。埃夫特示教器握持方法如图 4-101 所示。

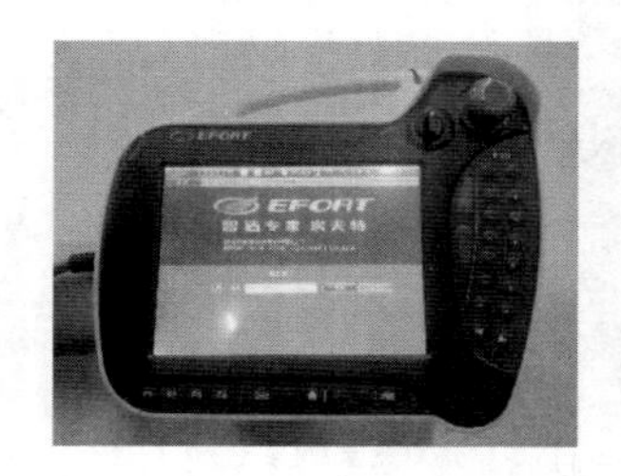

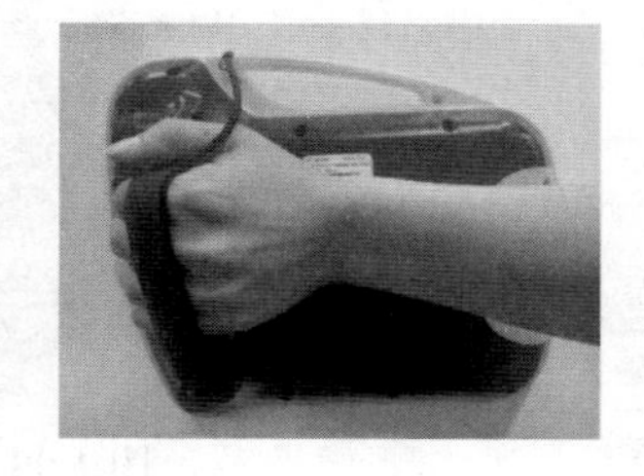
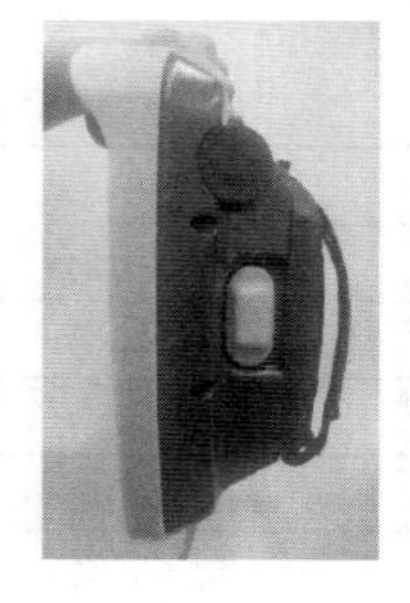
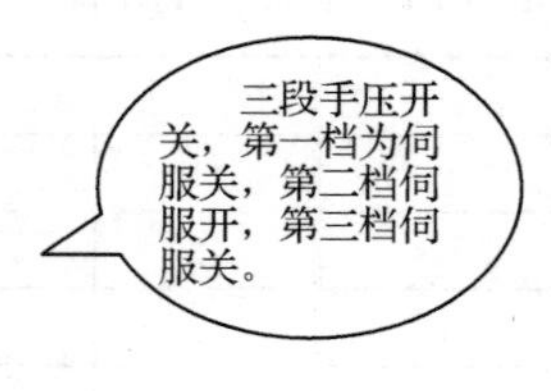

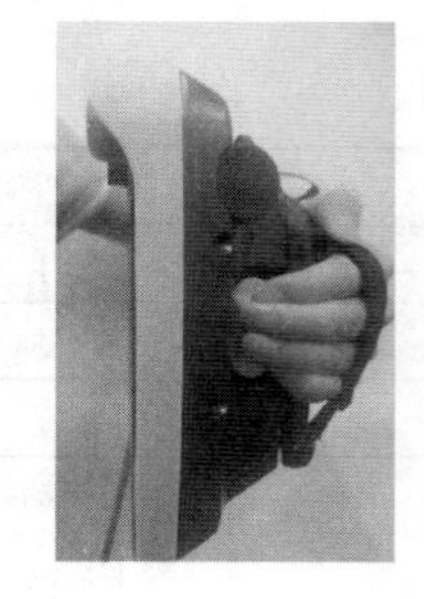

图 4-101　埃夫特示教器握持方法

2. 埃夫特示教器的交互界面

1）交互界面介绍

埃夫特工业机器人 C 30 操作系统交互界面包括状态栏、任务栏和显示区 3 部分，如图 4-102 所示。

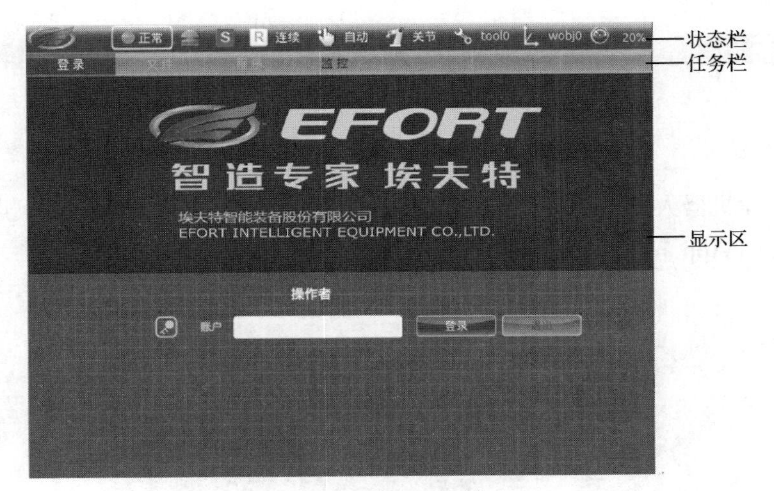

图 4-102 交互界面布局

2）状态栏介绍

状态栏显示工业机器人的工作状态，如图 4-103 和表 4-24 所示。

图 4-103 状态栏

表 4-24 状态栏图标介绍

序　　号	状态图标介绍
1	点击图标，进入桌面界面
2	机型显示，ER3
3	状态显示点击进入报警日志界面：正常表示正常；错误表示错误
4	急停信号状态：表示正常；表示急停被按下
5	伺服状态：S表示伺服关；S表示伺服开
6	程序运行模式：R表示 Rpl 模式；P表示冲压模式
7	程序循环方式：连续表示连续运行；单步跳过表示单步跳过；单步进入表示单步进入
8	工业机器人的运行方式：手动低速，手动全速，自动
9	工业机器人的 JOG 方式：关节；机器人；工具；用户
10	当前工具坐标系，tool0
11	当前工件坐标系，wobj0
12	工业机器人的运行速度，20%

3）任务栏介绍

在任务栏中显示的是已打开的 App 界面的快捷键。其中，“登录”、“文件”、“程序”和“监控”是默认一直显示的，其余显示的是在桌面中打开的 App 界面，如图 4-104 所示。

图 4-104　任务栏

4）桌面介绍

埃夫特工业机器人 C 30 操作系统的设置和功能 App 都放置在桌面上，点击 App 图标可以进入相应的 App 界面，如图 4-105 所示。

图 4-105　桌面

5）登录界面介绍

埃夫特工业机器人 C 30 操作系统提供操作员、工程师、管理员 3 个权限等级的账号，默认登录账号为操作员。点击“登录”，在密码弹窗中输入账号密码，即可登录相应账号。操作权限划分如表 4-25 所示。

表 4-25　操作权限划分

账　　号	操　作　员	工　程　师	管　理　员
登录	√	√	√
监控	√	√	√
程序	×	√	√
文件	×	×	√

登录操作步骤如下所示。

（1）进入登录界面，点击显示区的输入框，若不在登录界面，点击任务栏中的“登录”进入登录界面，如图 4-106 所示。

（2）输入账号密码，然后点击“ √ ”确认，如图 4-107 所示。

（3）登录成功，账号由操作员切换为管理员，如图 4-108 所示。

图 4-106　登录界面

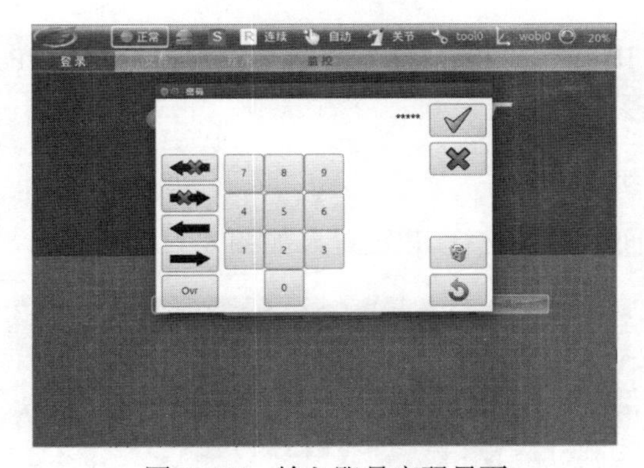

图 4-107　输入账号密码界面

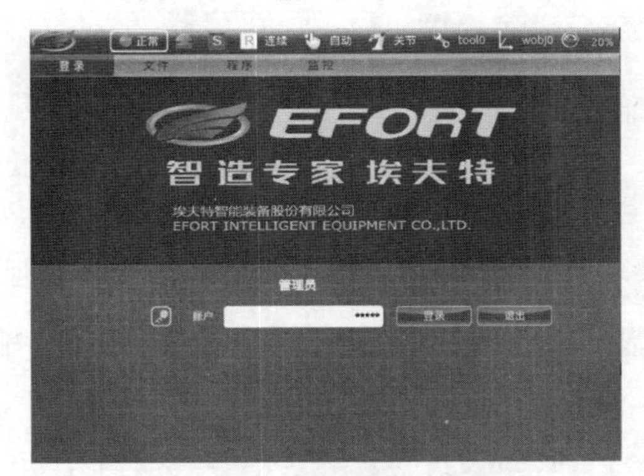

图 4-108　管理员进入界面

3．埃夫特示教器的设置及应用

设置 App 界面用于系统设置、轴参数设置、DH 参数设置、I/O 配置设置等。其中，系统设置包括语言设置和 IP 设置。

1）系统设置

系统设置上半区为语言设置。语言设置用于切换界面显示语言。目前提供汉语、英语和意大利语 3 种语言，点击显示的国旗图标可以切换到对应国家的语言（意大利语设置功能暂未开放），如图 4-109 所示。

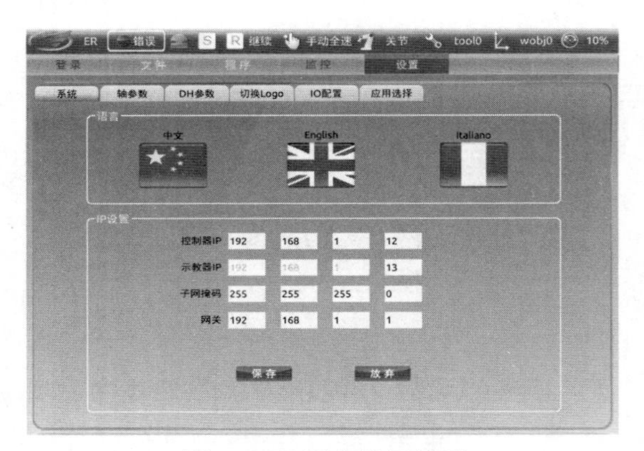

图 4-109　语言设置界面

系统设置下半区为 IP 设置。IP 设置界面用于设置控制器的 IP 地址、埃夫特示教器的 IP 地址、子网掩码和网关。

IP 设置步骤如下所示。

（1）在系统设置界面下半区进行 IP 设置，如图 4-110 所示。

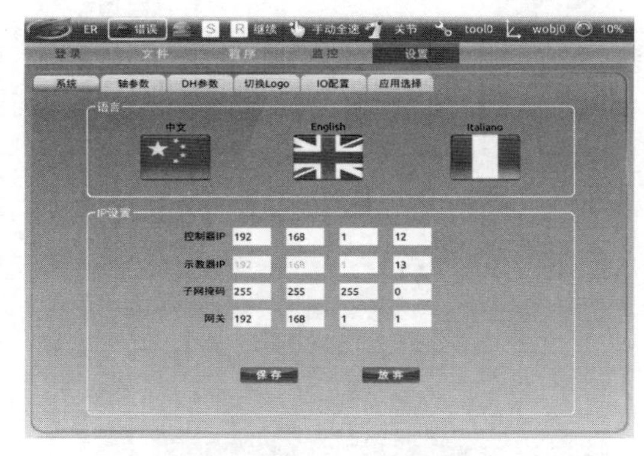

图 4-110　IP 设置界面

（2）在点击 IP 每段数字时它所在区域旁边会弹出数字键盘，输入完成后点击“Ok”确认，如图 4-111 所示。

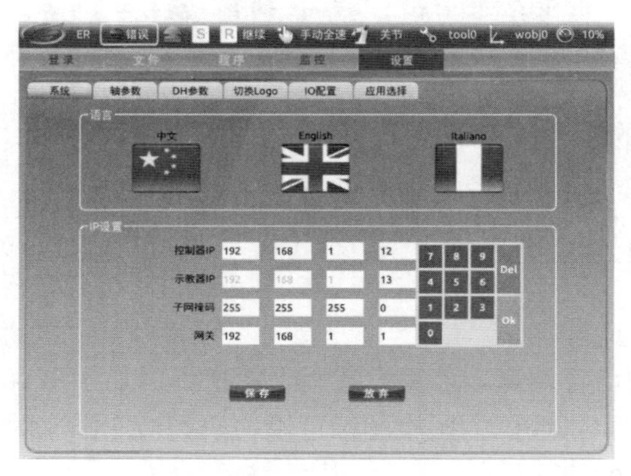

图 4-111　IP 输入界面 1

（3）当全部 IP 设置完成并确定无误后，点击“保存”，若输入 IP 后仍想保留原 IP 设置，则点击“放弃”恢复原 IP 设置，如图 4-112 所示。

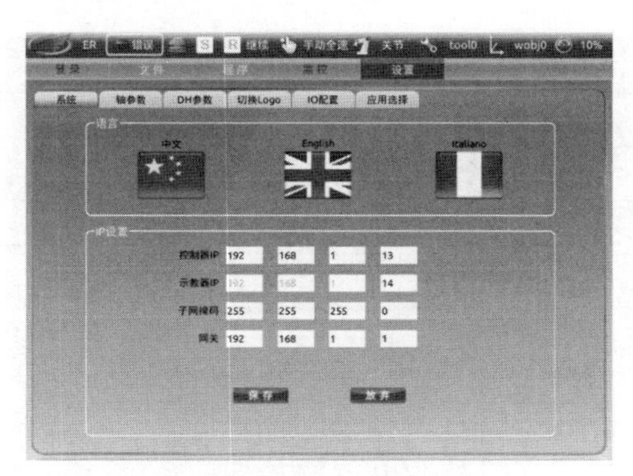

图 4-112　IP 输入界面 2

（4）点击“保存”后，在提示是否继续的信息框上点击“是”，如图 4-113 所示，IP 地址修改后需要重启控制器才能生效。

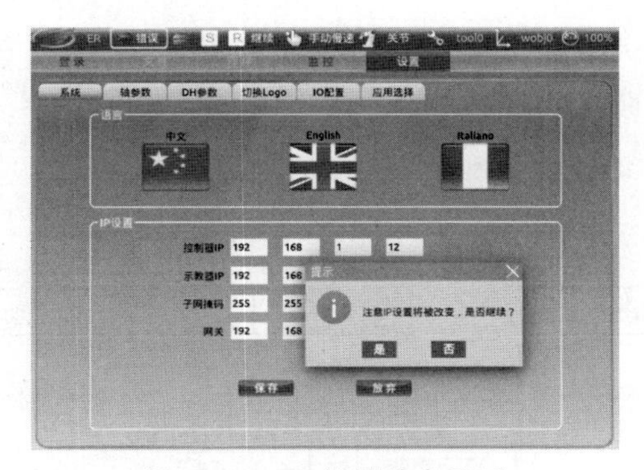

图 4-113　IP 设置结束界面

2）轴参数设置

可以通过轴参数设置界面查看和修改轴参数，操作步骤如下所示。

（1）进入设置界面，点击“轴参数”，轴参数设置界面如图 4-114 所示。

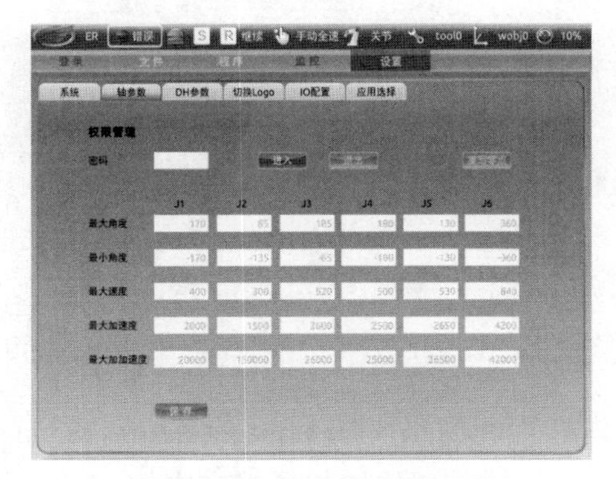

图 4-114　轴参数设置界面

（2）点击密码输入框，输入密码 1975，然后点击“✓”，再点击轴参数界面的“进入”，如图 4-115 所示。

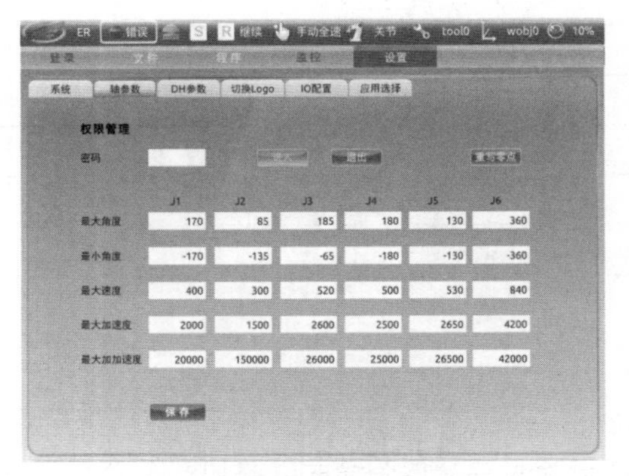

图 4-115　轴参数进入界面

（3）若需要修改其中的参数，在输入完后点击“保存”，再点击提示框的“是”，然后重启控制器，如图 4-116 所示。

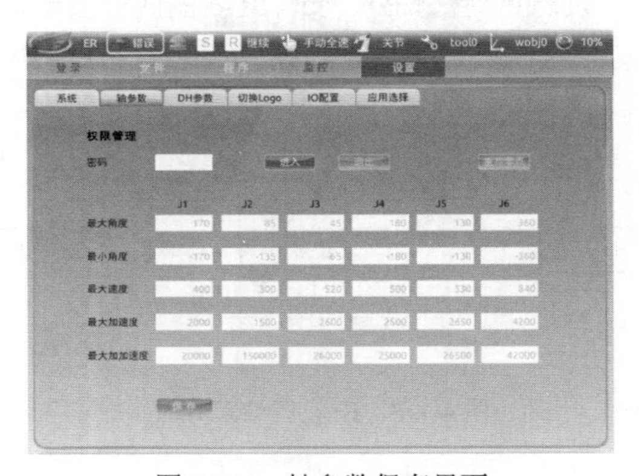

图 4-116　轴参数保存界面

（4）如果需要更新轴参数，则点击“是”，如图 4-117 所示。

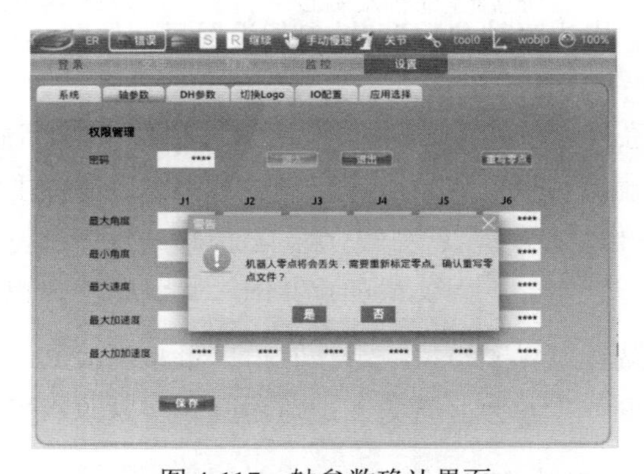

图 4-117　轴参数确认界面

3）DH 参数设置

可以通过 DH 参数设置界面查看和修改 DH 参数，操作步骤如下所示。

（1）进入设置界面，点击“DH 参数”，如图 4-118 所示。

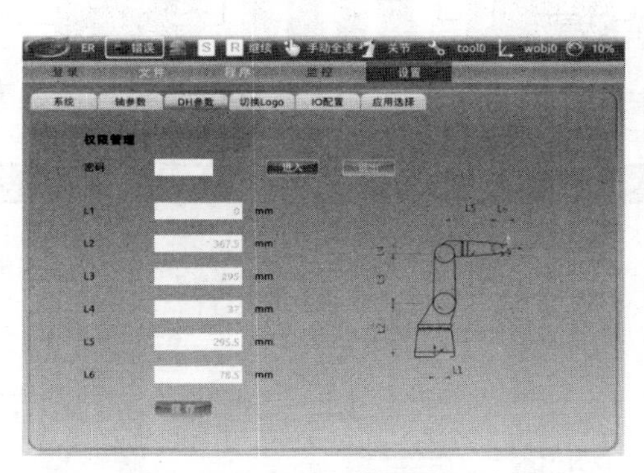

图 4-118　DH 参数设置界面 1

（2）点击密码输入框，输入密码 1975，然后点击“✓”，再点击 DH 参数界面的“进入”，如图 4-119 所示。

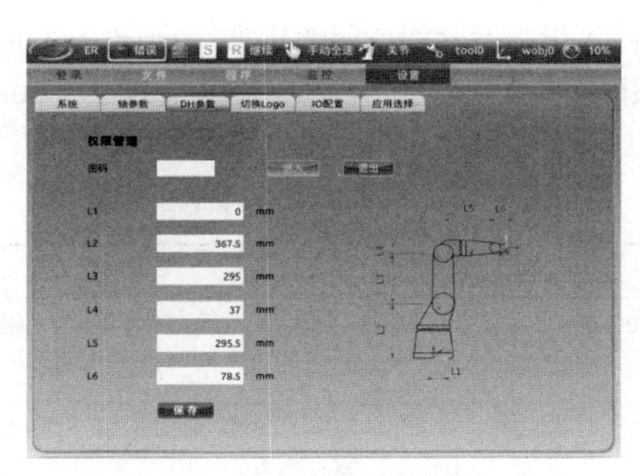

图 4-119　DH 参数设置界面 2

（3）若需要修改其中的参数，在输入完后点击“保存”，再点击提示框的“是”，然后重启控制器，如图 4-120 所示。

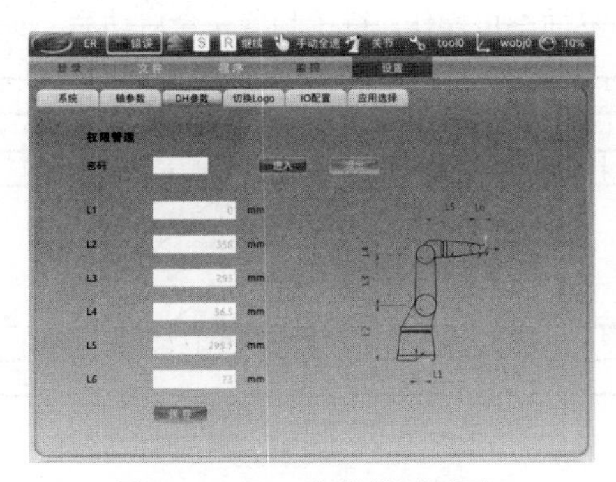

图 4-120　DH 参数设置界面 3

4）I/O 配置设置

硬件 I/O 配置功能主要分为两部分：更新 I/O 模块数量及通用 I/O 自由配置。通过该功能，用户可以更新硬件 I/O 模块数量及通用 I/O 自由配置。

a．硬件 I/O 模块数量配置

（1）当硬件实际 I/O 数量与硬件预设 I/O 数量不匹配时，埃夫特示教器会弹出报警界面，如图 4-121 所示。

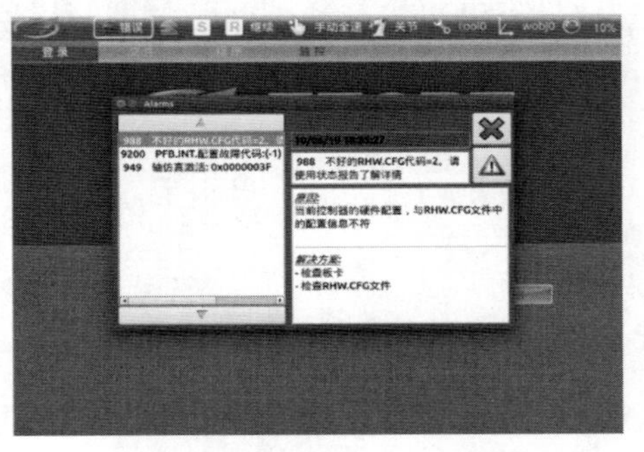

图 4-121　模块数量不匹配报警界面

（2）进入设置界面，点击“IO 配置”，再点击“更新”，如图 4-122 所示。

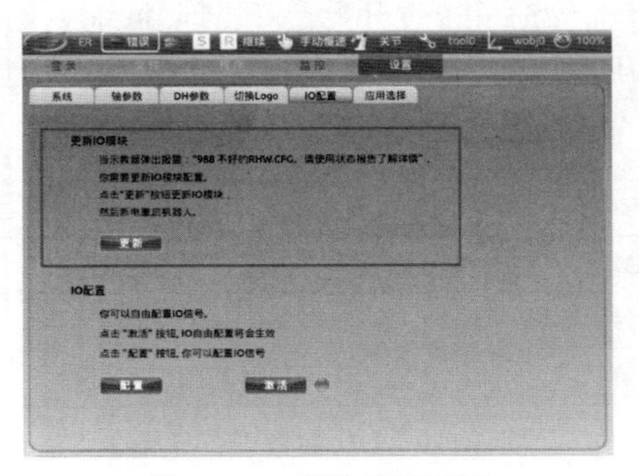

图 4-122　模块设置界面

（3）在确定更新 I/O 模块后，点击“是”，如图 4-123 所示，然后重启控制器。在控制器重启的过程中，埃夫特示教器界面不可操作，待控制器完全启动后，埃夫特示教器可以正常操作。

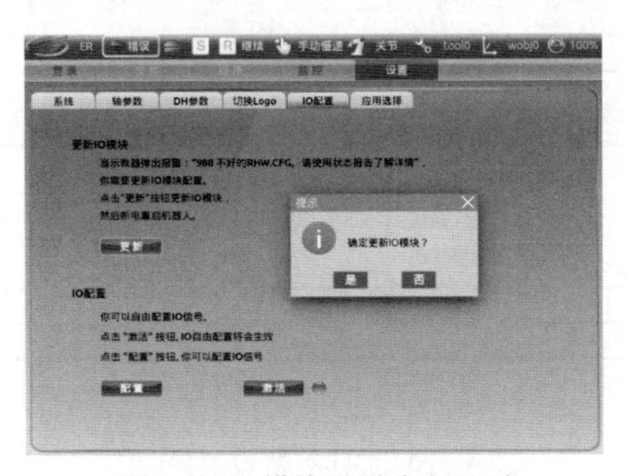

图 4-123　模块设置确定界面

b．通用 I/O 配置

（1）进入设置界面，点击“IO 配置”，进入 I/O 配置界面，如图 4-124 所示。

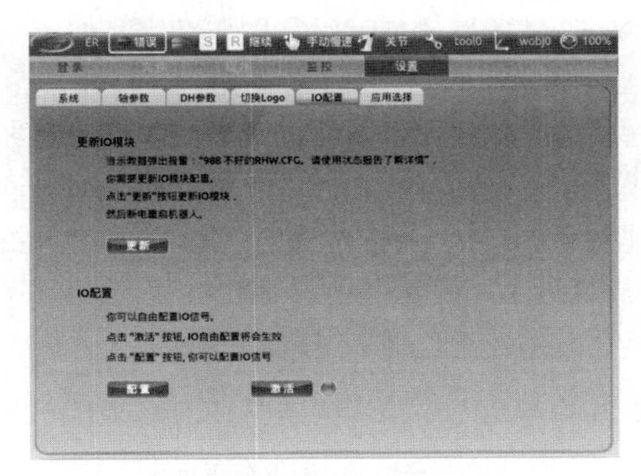

图 4-124　I/O 配置界面

（2）若不需要重新配置 I/O，点击“激活”，则先前配置的 I/O 将被启用。若 I/O 处于启用状态，则 LED 灯将被点亮，反之，LED 灯将处于灰色状态，如图 4-125 所示。

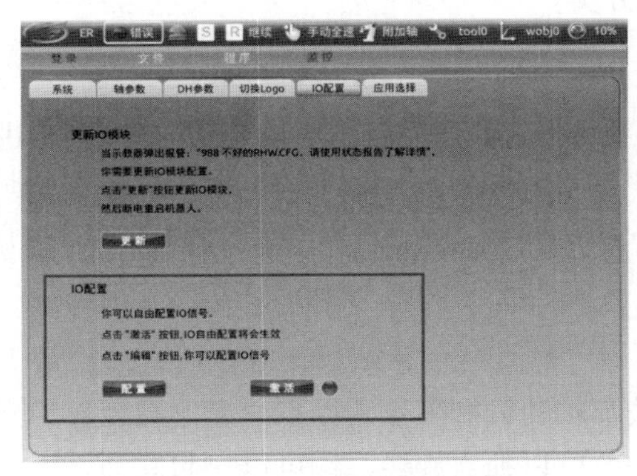

图 4-125　I/O 配置进入界面

（3）若需要配置 I/O，点击“配置”进入 I/O 自由配置界面，如图 4-126 所示。

图 4-126　I/O 自由配置界面

（4）点击“编辑”，将启用编辑功能。在编辑完成后点击“保存”，将保存设置的 I/O 配置；点击“退出”，则返回配置主界面，如图 4-127 所示。

图 4-127　I/O 配置编辑界面

4.4.2　埃夫特工业机器人手动操作

1．坐标系的概念及分类

1）坐标系的定义

坐标系是为了确定工业机器人的位姿而在工业机器人或空间上进行定义的位置指标系统。

2）坐标系的分类

工业机器人坐标系可以分为以下几种。

（1）关节坐标系

关节坐标系是以各关节轴的机械零点为原点建立的纯旋转的坐标系，如图 4-128（a）所示。工业机器人的各关节可以独立旋转，也可以一起联动。

（2）世界坐标系

世界坐标系中工业机器人的位姿，通过从空间中的直角坐标系原点到工具侧的直角坐标系原点的坐标值 x、y、z 和空间中的直角坐标系相对于 X 轴、Y 轴、Z 轴周围的工具侧的直角坐标系的回转角 w、p、r 予以定义，如图 4-128（b）所示。

（3）工具坐标系

工具坐标系是指安装在工业机器人末端执行器上的工具的坐标系，工具坐标系的原点及方向都是随着工具的位置与角度不断变化的，该坐标系实际是由直角坐标系通过旋转和位移变换得出的，如图 4-129（a）所示。

（4）工件坐标系

工件坐标系与工件相关，它定义了工件相对于世界坐标系（或其他坐标系）的位置，如图 4-129（b）所示。

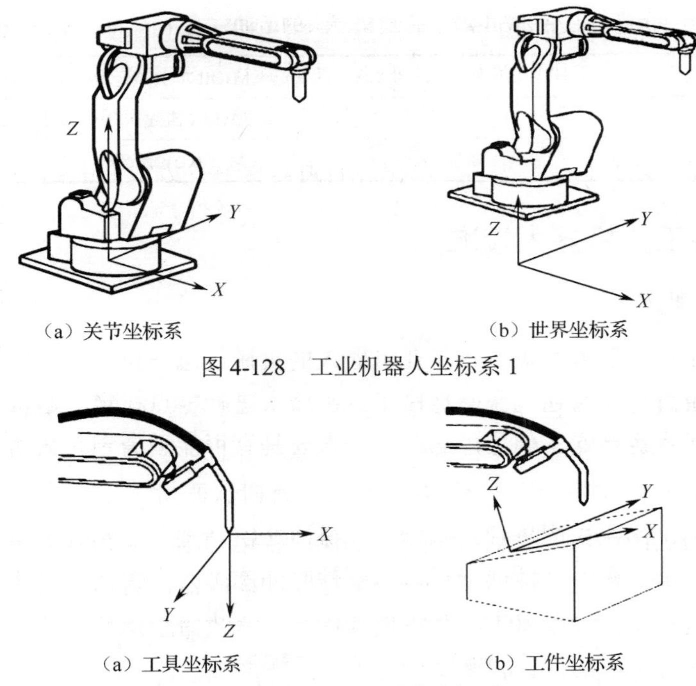

（a）关节坐标系　　（b）世界坐标系

图 4-128　工业机器人坐标系 1

（a）工具坐标系　　（b）工件坐标系

图 4-129　工业机器人坐标系 2

2．工业机器人的运行模式

工业机器人的运行模式主要有以下 3 种，通过埃夫特示教器的模式切换开关进行切换。如表 4-26 所示。

表 4-26　工业机器人的运行模式

图　　片	说　　明
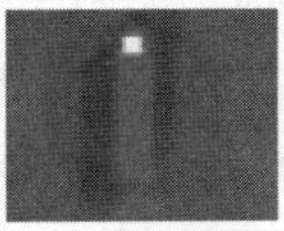	手动低速模式：其速度范围可设置为 1%～20% 手动全速模式：其速度范围可设置为 1%～100% AUTO 模式：外部自动运行程序模式

手动低速模式：工业机器人的运行速度最大不超过 250mm/s，属于低速运行模式，主要是考虑到操作安全，避免因运行速度过快危及操作人员的人身安全。因此，在平时编程示教时应采用手动低速模式。

手动全速模式：工业机器人的最大运行速度可达 2m/s，属于高速运行模式，在不能熟练操作工业机器人的情况下不建议采用此模式。

AUTO 模式：外部自动运行程序模式，当需要批量生产时，需要采用此模式。

3．工业机器人的运动方式

工业机器人的运动方式主要有以下 3 种，通过埃夫特示教器的插补键进行选择，如表 4-27 所示。

表 4-27　工业机器人的运动方式

MJOINT	MJOINT 关节运动
MLIN	MLIN 直线运动
MCIRC	MCIRC 圆弧运动

4.4.3　埃夫特工业机器人校准

1．零点标定概述

在零点标定工业机器人时需要将工业机器人的机械信息与位置信息同步，从而定义工业机器人的物理位置。必须通过正确操作工业机器人进行零点标定。通常工业机器人在出厂之前已经进行了零点标定。但是，工业机器人还是有可能丢失零点数据，需要重新进行零点标定。

工业机器人通过闭环伺服控制系统控制本体的各运动轴。控制器输出控制命令驱动每个电动机。装配在电动机上的反馈装置——串行脉冲编码器，将信号反馈给控制器。在工业机器人的操作过程中，控制器不断分析反馈信号，修改命令信号，从而使工业机器人在整个过程中一直保持正确的位置和速度。

2．零点标定方法

埃夫特示教器进行零点标定的方法分为零点恢复和零点重写。

1）零点恢复

零点恢复功能是指当工业机器人因为编码器电池停止供电或因为拆卸电动机等非正常操作引起工业机器人零点丢失后，可以快速找回正常零点值的功能。具体操作步骤如下所示。

（1）在桌面点击“零点恢复”，进入零点恢复操作界面，如图 4-130 所示。

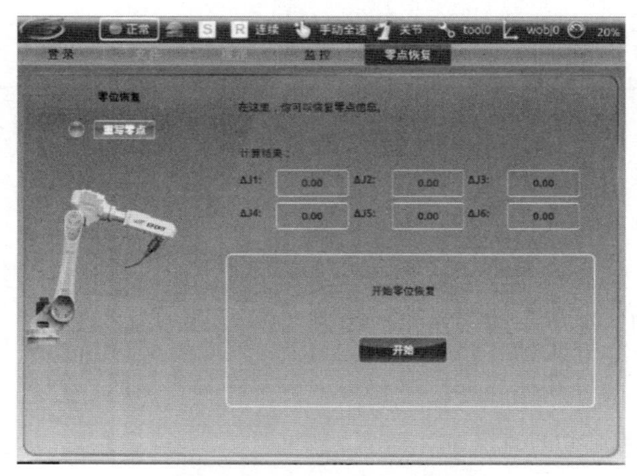

图 4-130　零点恢复操作界面

（2）点击“开始”，启用零点恢复功能，并进入计算界面，点击“计算”，开始计算结果，若计算成功会有状态反馈，LED被点亮，同时显示计算结果，如图4-131所示。

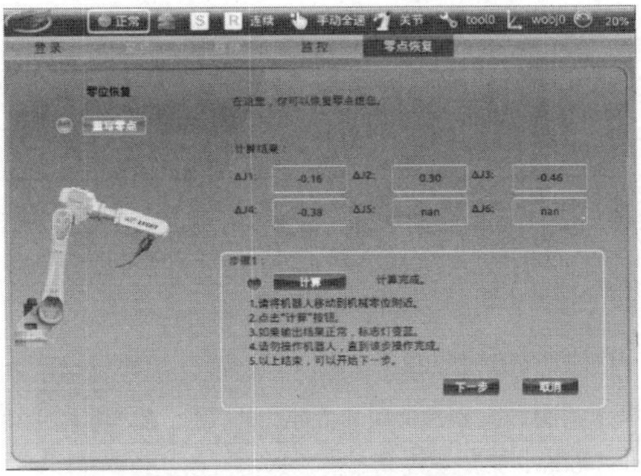

图4-131 零点计算界面

（3）点击“下一步”，进入零点恢复界面，点击“恢复”，工业机器人将按照计算结果自动运行。运行完成后会反馈状态，LED灯被点亮，如图4-132所示。

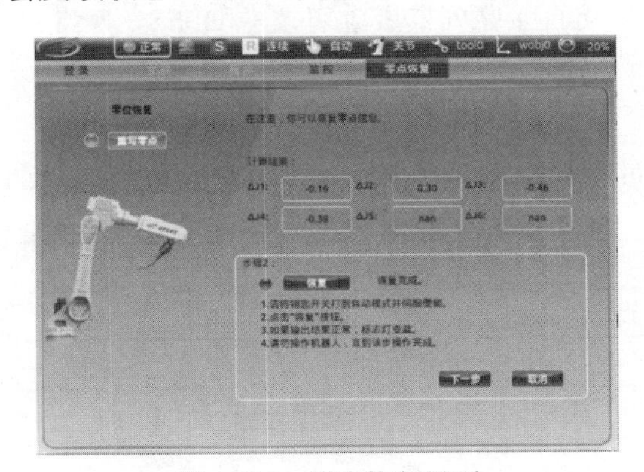

图4-132 零点恢复界面

（4）点击“下一步”，进入零点重置界面，点击“是”，工业机器人将自动重置所有零点位置，重置成功后会反馈状态，LED灯被点亮，如图4-133所示。

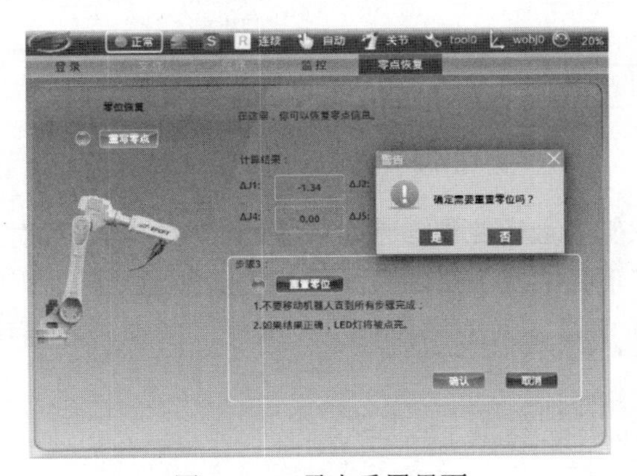

图4-133 零点重置界面

（5）点击“确认”，返回零点重置界面，至此零点恢复完毕。

2）零点重写

零点重写会导致零点位置丢失，该功能主要为了解决因零点丢失无法启动工业机器人的问题。具体操作步骤如下所示。

（1）打开管理员权限界面，然后打开重写零点功能。管理员密码为99999，如图4-134所示。

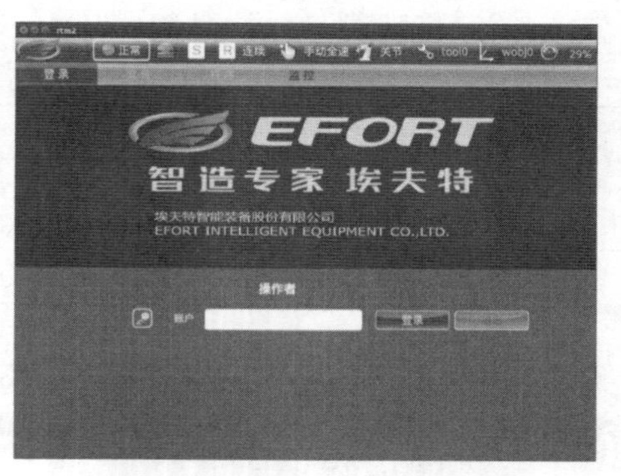

图4-134　权限界面

（2）点击“重写零点”，并确认，当重写零点后，工业机器人的当前位置将被设置为零点，需要重新进行校准。若零点重写成功LED灯将被点亮。当零点找回后，可根据零点恢复操作，如图4-135所示。

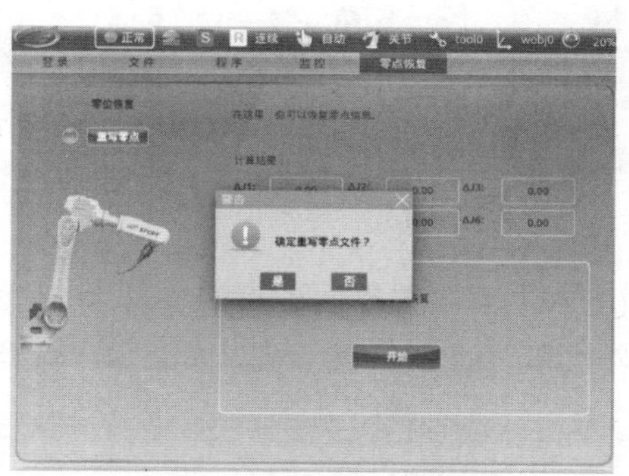

图4-135　零点重写界面

3．零点异常情形

零点标定是将工业机器人的位置与绝对式编码器的位置进行对照的操作。零点标定是在出厂前进行的，但在下列情况下必须再次进行零点标定。

（1）当更换电动机、绝对式编码器后。

（2）当存储内存被删除时。

（3）当工业机器人碰撞工件，导致零点偏移时（此种情况发生的概率较大）。

（4）当电动机驱动器、绝对式编码器的电池没电时。

第5章 工业机器人编程

本章主要介绍了工业机器人编程语言的特点、基本功能及方式。通过介绍工业机器人编程的基本要求及方式，使读者直接了解工业机器人的编程语言、编程方式；通过介绍在线示教编程和自主编程的特点，使读者系统了解工业机器人的控制与编程。

知识目标

- 掌握工业机器人编程语言的特点、基本功能及方式。
- 掌握工业机器人的控制方式及硬件结构。
- 熟悉工业机器人编程的基本要求。
- 掌握工业机器人在线示教编程和自主编程的特点。

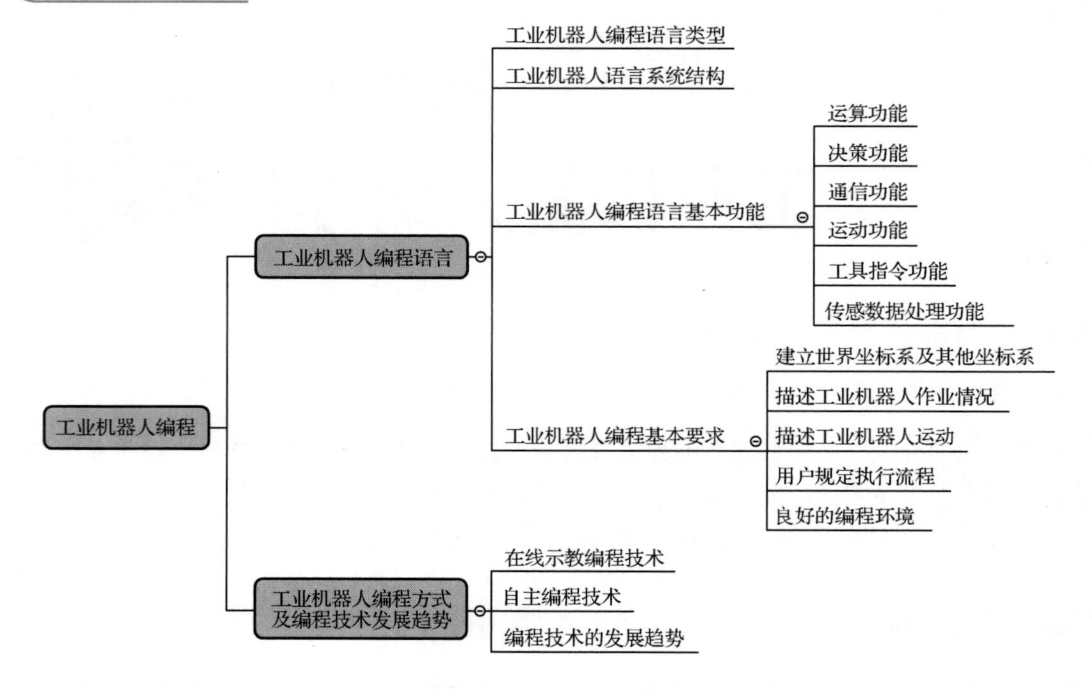

5.1 工业机器人编程语言

工业机器人要实现一定的动作和功能，除了要依靠可靠的硬件支持，还有很大部分的工作是通过编程完成的。随着工业机器人的发展，工业机器人的编程技术也得到不断完善，并成为工业机器人技术的重要组成部分。

编程就是使用某种特定的语言描述工业机器人的运动轨迹，使工业机器人按照指定的运动轨迹和作业指令完成操作人员期望的各项工作。

工业机器人机构与一般机械不同，其程序设计更有特色，在讨论工业机器人编程之前，先通过举例说明工业机器人装配工作站的工作过程。

工业机器人装配工作站由输送带、视觉系统、装配机器人、压床、送料器和工作台等组成，如图 5-1 所示。整个装配过程大致如下。

（1）工作站控制系统发出输送带启动信号，视觉系统实时检测输送带上是否存在工件，当视觉系统检测到输送带上有工件时，识别工件的位置和方向，并检查工件的缺陷。

（2）根据视觉系统的输出，末端执行器以设定的力抓取工件，如果末端执行器没有正确抓取工件，那么当末端执行器移开后视觉系统将重新执行检测任务。

（3）末端执行器把工件放到工作台的安装夹具内，这时输送带再次启动，以便输送下一个工件；末端执行器采用力控制向工件执行插入铆钉的工作，并检查铆钉是否正确安装，如果判定配件是好的，那么末端执行器将工件抓取至下一个安装夹具上并执行下一道装配工序。

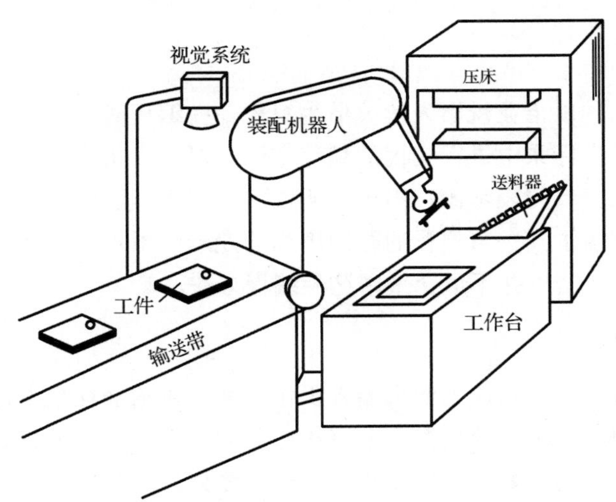

图 5-1 工业机器人装配工作站

如果下一个安装夹具已装有工件，那么操作人员会得到相应的错误信号，且末端执行器将停止工作并等待操作人员清除错误信号。

这是现有的装配机器人可能执行的作业任务，这类应用需要一种能执行上述过程的工业机器人编程语言，下面对工业机器人编程语言进行介绍。

5.1.1 工业机器人编程语言类型

随着工业机器人的发展，工业机器人编程语言也得到了发展和完善。早期的工业机器人由于功能单一、动作简单，所以可采用固定程序或者示教方式控制其运动轨迹。随着工业机器人作业动作的多样化和作业环境的复杂化，采用固定程序或示教方式已经不能满足要求，必须依靠能适应作业动作和作业环境随时变化的工业机器人编程语言才能完成工业机器人编程工作。

目前，根据作业描述水平的高低，工业机器人编程语言可分为动作级编程语言、对象级编程语言和任务级编程语言。

1）动作级编程语言

动作级编程语言是最低级的工业机器人编程语言。它以工业机器人的运动描述为主，通常一条指令只对应工业机器人的一个作业动作，表示工业机器人从一个位姿运动到另一个位姿。

动作级编程语言的优点是简单易学、编程容易；其缺点是功能有限，对于烦琐的数学运算无能为力，只能接收传感器的开关信息，与计算机之间的通信能力较差。

美国 Unimation 公司于 1979 年推出的 VAL 语言是最典型的动作级编程语言，典型的命令语句“MOVE TO <destination>”的含义是工业机器人从当前位姿运动到目标位姿。

动作级编程语言又可以分为关节级编程和末端执行器级编程。

a．关节级编程

关节级编程是一种以工业机器人的关节为对象，在编程时给出工业机器人各关节位置的时间序列，在关节坐标系中进行编程的编程方法。对于直角坐标机器人和圆柱坐标机器人其直角关节和圆柱关节的表示比较简单，所以这种编程方法较为适用；而对于具有回转关节的关节机器人，由于其关节位置的时间序列的表示较困难，即使一个简单的动作也要经过许多复杂的运算，所以并不适合采用这种编程方法。

b．末端执行器级编程

末端执行器级编程是一种在工业机器人工作空间的直角坐标系中进行编程的方法。通过在此直角坐标系中，给出工业机器人末端执行器的一系列位姿组成的位姿时间序列，连同其他辅助功能（如力觉、触觉、视觉等）的时间序列，同时确定工业机器人的作业量、作业工具等，协调地进行工业机器人动作的控制。

这种编程方法有感知功能，允许有简单的条件分支，可以选择和设定末端执行器，有时还有并行功能，数据实时处理能力强。

2）对象级编程语言

对象级编程语言是描述操作对象（作业物体本身动作）的语言。它不需要描述工业机器人末端执行器的运动，只需要编程人员用程序描述出作业本身的顺序过程和环境模型，即描述操作对象与操作对象之间的关系，工业机器人通过编译程序就能知道如何动作。

典型的对象级编程语言有 IBM 公司的 AML、AUTOPASS 等。对象级编程语言是比动作级编程语言高一级的编程语言，其不仅具有动作级编程语言的全部动作功能，还具有以下特点。

（1）较强的感知能力。对象级编程语言不仅能处理复杂的传感器信息，还可以利用传感器信息修改、更新环境的描述和模型，也可以利用传感器信息进行控制、测试和监督。

（2）良好的开放性。对象级编程语言为操作人员提供了开发平台，操作人员可以根据需要增加指令、扩展语言功能。

（3）较强的数字计算和数据处理能力。对象级编程语言可以处理浮点数，也可以与计算机进行即时通信。

3）任务级编程语言

任务级编程语言是一种比前两类编程语言更高级的编程语言，也是最理想的工业机器人高级编程语言。这类编程语言不需要用工业机器人的动作描述作业任务，也不需要描述工业机器人操作对象的中间状态的过程，只需要按照某种规则描述工业机器人操作对象的初始状态和最终目标状态，工业机器人语言系统可利用已有环境信息、知识库、数据库自动进行推理、计算，从而自动生成工业机器人的动作顺序和数据。例如，一台生产线上的装配机器人欲完成轴和轴承的装配，轴承的初始位置和装配后的目标位置已知，当生产线控制系统发出抓取轴承的命令时，装配机器人在初始位置选择恰当的姿态抓取轴承，语言系统在初始位置和目标位置之间寻找路径，在复杂的作业环境中找出一条不会与周围障碍物发生碰撞的合适路径，装配机器人沿此路径运动到目标位置。在此过程中，作业中间状态的作业方案的设计、工序的选择、动作的前后安排等一系列问题都由计算机自动完成。

任务级编程语言的结构十分复杂，需要人工智能的理论基础和大型知识库、数据库的支持，目前还不是十分完善，只是一种理想状态下的编程语言，有待进一步研究。但可以相信的是，随着人工智能技术及数据库技术的发展，任务级编程语言必将取代其他编程语言成为工业机器人编程语言的主流。

5.1.2　工业机器人语言系统结构

工业机器人语言系统包括硬件、软件和被控设备，如工业机器人编程语言、工业机器人控制柜、工业机器人、作业对象、周围环境和外围设备等。工业机器人语言系统如图 5-2 所示，图中的箭头表示信息的流向。工业机器人语言是一种操作人员与工业机器人之间记录信息或交换信息的程序语言，它作为一种专用语言，用于给出作业指示和动作指示，处理系统根据上述指示控制工业机器人系统运行，提供了一种解决人机通信问题的方法。工业机器人语言系统不仅包括语言，还包括语言的处理过程。它支持工业机器人编程，可以用于控制外围设备、传感器和人机接口，并且支持各种通信方式。

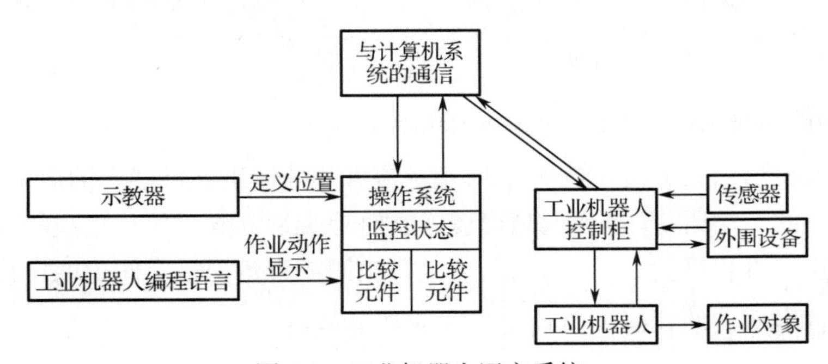

图 5-2　工业机器人语言系统

工业机器人语言操作系统包括 3 个基本操作状态：监控状态、编辑状态和执行状态。

监控状态可实现操作人员对整个系统的监督控制。在监控状态下，操作人员可以使用示教器定义工业机器人在空间中的位置、设置工业机器人的运动速度、存储或调出程序等。

编辑状态供操作人员编制或编辑程序。尽管不同语言的编辑操作不同，但均包括写入指令、修改或删除指令及插入指令等。

执行状态是工业机器人执行程序的状态，在工业机器人执行程序的过程中操作人员可通过调试程序修改错误。例如，在执行程序的过程中，某一位置的关节超过限制，工业机器人不能执行程序，工业机器人示教器显示错误信息并停止运行，此时操作人员可返回编辑状态修改程序。目前大多数工业机器人语言允许在执行程序的过程中直接返回监控状态或编辑状态。

5.1.3 工业机器人编程语言基本功能

工业机器人编程语言的基本功能包括运算功能、决策功能、通信功能等。这些基本功能都通过工业机器人系统软件实现。

1. 运算功能

运算功能是工业机器人编程语言最重要的功能之一。没有安装传感器的工业机器人，可能不需要对工业机器人程序进行运算，但是它只是一台适于编程的数控机器，安装了传感器的工业机器人可以进行的最有用的运算是解析几何运算，这些运算结果可以使工业机器人自行决定下一步把末端执行器置于何处。

2. 决策功能

工业机器人语言系统可以根据传感器的输入信息做出决策，不用进行任何运算。决策功能使工业机器人编程语言的功能更强，工业机器人通过一条简单的条件转移指令（如检验零值）就足以实现决策功能。

3. 通信功能

工业机器人控制系统与操作人员之间的通信能力，可使工业机器人从操作人员处获取需要的信息，并提示操作人员下一步要做什么，也可使操作人员知道工业机器人打算做什么。操作人员和工业机器人能够通过许多方式进行通信。

4. 运动功能

工业机器人编程语言最基本的一个功能就是可以描述工业机器人的运动。通过使用工业机器人语言中的运动语句，操作人员可以建立轨迹规划程序与轨迹生成程序之间的联系。运动语句通过规定点和目标点，可以在关节坐标空间或直角坐标空间说明定位目标的位置，运动语句可以采用关节插补运动或直角坐标插补运动。

5. 工具指令功能

工具控制指令通常是由闭合某个开关或继电器触发的，而开关和继电器又可能接通或断开电源，直接控制工具运动，或给电子控制器发送一个小功率信号，让电子控制器去控制工具。

6. 传感数据处理功能

工业机器人编程语言的一个极其重要的功能是传感数据处理功能。工业机器人语言系统可以提供一般的决策结构，如“if…then…else”、“case…”、“do…until…”和“while…do…”等，以便工业机器人语言系统根据传感器的信息控制程序的流程。

传感数据的处理在许多工业机器人程序编制中是十分重要且复杂的，尤其是采用触觉传感器、听觉传感器和视觉传感器时。例如，当应用视觉传感器获取视觉特征数据、辨识物体，以及进行工业机器人定位时，处理视觉数据的工作量往往是极大且极为费时的。

5.1.4　工业机器人编程基本要求

目前工业机器人常用的编程方法有在线示教编程、离线编程和自主编程。一般在调试阶段，可以通过示教器对编译好的程序进行逐步执行、检查、修正，等程序完全调试成功后，可正式投入使用。不管使用何种语言，都要求工业机器人的编程过程能够通过语言进行程序的编译，从而把工业机器人的源程序转换成机器码，以便工业机器人控制系统能直接读取和执行程序。在一般情况下，工业机器人编程的基本要求包括以下几点。

1. 建立世界坐标系及其他坐标系

在进行工业机器人编程时，需要描述物体在三维空间中的运动方式。为了便于描述，需要给工业机器人及其系统中的其他物体建立一个基础坐标系，这个基础坐标系被称为世界坐标系。为了方便工作，有时需要建立其他坐标系并进行编程，但是这些坐标系与世界坐标系有且仅有唯一的变换关系，这种变换关系一般由 6 个变量表示。工业机器人编程系统应具有在各种坐标系下描述物体位姿的能力。

2. 描述工业机器人作业情况

对工业机器人作业情况的描述与工业机器人环境模型、编程语言水平有关。现有的工业机器人语言需要给出作业顺序，由语法和词法定义输入语句，并由作业顺序描述整个作业过程。例如，装配作业可描述为世界模型的一系列状态，这些状态可由工作空间内所有物体的位姿给定。这些位姿也可以利用物体间的空间关系进行说明。

3. 描述工业机器人运动

描述工业机器人运动是工业机器人编程语言的基本功能之一。操作人员可以运用语言中的运动语句控制路径规划器，路径规划器允许操作人员规定路径上的点及目标点，操作人员可以决定是否采用点插补运动或直线运动，还可以控制工业机器人的运动速度或运动持续时间。

4. 用户规定执行流程

与一般的计算机编程语言相同，工业机器人编程系统允许用户规定执行流程，包括转移、循环、调用子程序、中断及程序试运行等。

5. 良好的编程环境

与计算机编程语言相同，大多数工业机器人编程语言具有中断功能，以便在程序开发和调试过程中每次只执行一条单独语句，一个良好的编程环境有助于提高程序员的工作效率。良好的编程环境应具有下列功能。

（1）在线修改和重启功能。工业机器人在作业时需要执行复杂的动作并花费较长的执行时间，当任务在某一阶段失败后，从头开始运行程序并不总是可行的，因此要求编程软件或编程语言系统必须有在线修改和重启功能。

（2）传感器输出和程序追踪功能。因为工业机器人和环境之间的实时相互作用常常不能重复，所以编程系统应具有传感器输出和程序追踪功能。

（3）仿真功能。编程系统可以在没有工业机器人实体和工作环境的情况下进行不同任务程序的模拟调试。

（4）人机接口和综合传感信号。在编程和作业过程中，工业机器人编程系统应便于操作人员与工业机器人之间的信息交换，以及在工业机器人出现故障时可以得到及时处理，确保其安全。而且，随着工业机器人作业动作和作业环境复杂程度的增加，编程系统需要提供功能强大的人机接口和综合传感信号。

5.2 工业机器人编程方式及编程技术发展趋势

目前工业机器人已经广泛应用于焊接、切割、装配、搬运、喷涂等领域，随着工作难度和复杂程度的增加，用户对产品的品质和加工效率的要求也越来越高。在这种情况下，工业机器人编程的方式、效率和质量就显得尤为重要。所以，降低编程的难度和工作量，提高编程效率，已经成为工业机器人编程技术发展的目标。

为了提高工业机器人的工作效率，出现了多种编程方式，如在线示教编程、离线编程和自主编程，它们各有优点。例如，在线示教编程能够直接针对工作站现场进行编程，切合实际情况，最符合现场环境，并且上手简单，适合初学者；离线编程适合在仿真环境下针对复杂路径进行规划与生成，节约时间、方便操作；自主编程融合了各种传感技术可以自动生成轨迹程序，与另外两程编程方式相比，自主编程更加智能。下面主要介绍在线示教编程与自主编程。

5.2.1 在线示教编程

在线示教编程通常是由操作人员通过示教器控制末端执行器到达指定位姿，记录工业机器人位姿数据并编写工业机器人运动指令，完成工业机器人在正常加工轨迹规划、位姿等关节数据信息的采集和记录。

经过示教后，工业机器人在实际运行时将使用示教过程中保存的数据，经过插补运算，就可以再现在示教点上记录的工业机器人位置。在线示教编程的用户接口是示教器键盘，操作人员通过操作示教器，向工业机器人的控制器发送控制指令，然后，控制器通过运算，完成对工业机器人的控制，最后，工业机器人的运动信息和状态信息也会通过控制器的运算显示在示教器上。操作人员利用示教器进行在线示教编程如图 5-3 所示。

图 5-3　操作人员利用示教器进行在线示教编程

5.2.2　自主编程

随着编程技术的发展，各种跟踪测量传感技术日益成熟，人们开始研究以焊缝的测量信息为反馈，由计算机控制焊接机器人进行路径规划的自主编程技术。

1）基于激光结构光的自主编程

基于激光结构光的自主编程的原理是将结构光传感器安装在焊接机器人的末端执行器上，形成“眼在手上”的工作方式。 例如，利用焊缝跟踪技术逐点测量焊缝的中心坐标，建立焊缝轨迹数据库，该数据库可以在焊接时作为焊枪的路径。基于激光结构光的自主编程如图 5-4 所示。

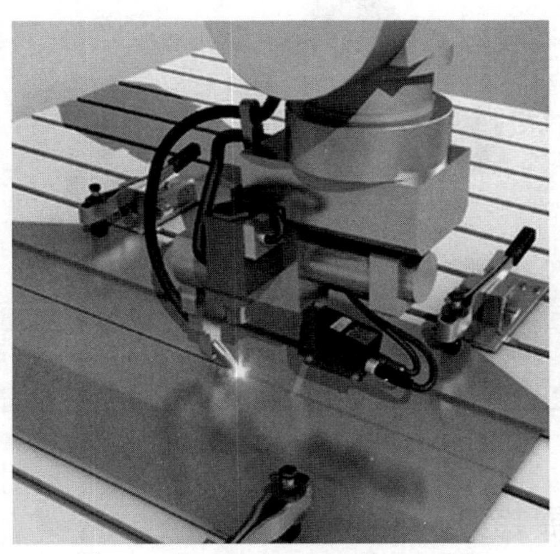

图 5-4　基于激光结构光的自主编程

2）基于双目视觉的自主编程

基于双目视觉的自主编程是实现工业机器人路径自主规划的关键技术，其主要原理是：

在一定条件下，由主控计算机通过双目视觉传感器识别工件的图像，从而得出工件的三维尺寸数据，计算出工件的空间轨迹和方位（位姿），并引导工业机器人按优化拣选要求自动生成工业机器人末端执行器的位姿参数，如图 5-5 所示。

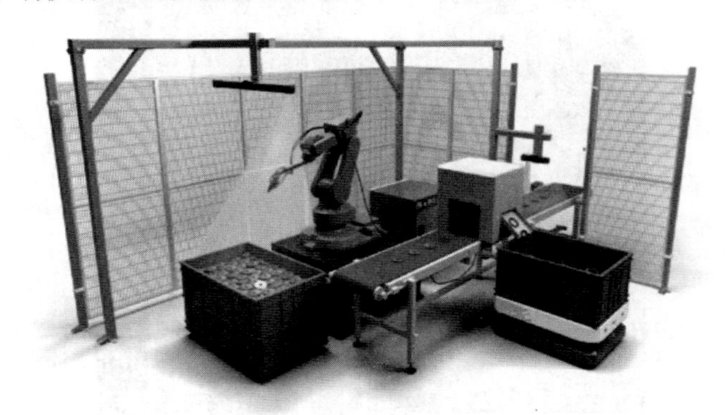

图 5-5 基于双目视觉的自主编程

3）多传感器信息融合的自主编程

多传感器信息融合的自主编程采用力传感器、视觉传感器及位移传感器构成一个高精度自动路径生成系统。该系统集成了力、视觉、位移控制，引入了视觉伺服，工业机器人可以根据传感器的反馈信息执行动作。由该系统控制的工业机器人能够根据记号笔绘制的路管自动生成工业机器人路径。位移控制器用于使工业机器人自动跟随曲线，力传感器用于保持 TCP 位置恒定。多传感器信息融合的自主编程（见图 5-6）能够根据视觉传感器、力传感器等多种传感器反馈的综合数据，规划自主轨迹，从而完成动作轨迹。

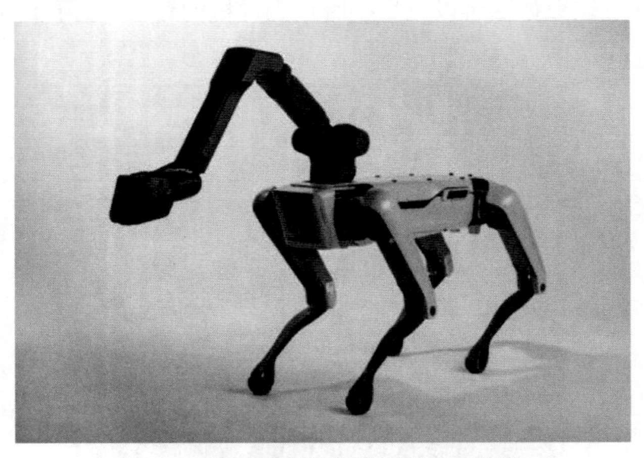

图 5-6 多传感器信息融合的自主编程

5.2.3 编程技术发展趋势

随着视觉技术、传感技术、智能控制、互联网技术、信息技术、增强现实技术及大数据技术的发展，未来工业机器人编程技术将会发生根本的变革，主要表现在以下几个方面。

（1）编程将会变得简单、快速、可视、模拟和仿真。

（2）工业机器人编程技术基于传感技术、信息技术、大数据技术可以感知、辨识、重构环境和工件等的 CAD 模型，自动获取加工路径的几何信息。

（3）工业机器人编程技术基于互联网技术将实现编程的网络化、远程化、可视化。

（4）工业机器人编程技术基于增强现实技术将实现离线编程和真实场景的互动。

（5）工业机器人编程技术根据离线编程技术和现场获取的几何信息将实现自主规划路径、自动获取焊接参数并进行仿真确认。

总之，在不远的将来传统的在线示教编程将只在少数场合得到应用，如空间探索、水下、核电等。而自主编程技术将会得到进一步发展，并与 CAD/CAM、视觉技术、传感技术、互联网技术、大数据技术、增强现实技术等深度融合。自动感知、辨识、重构工件及加工路径等，实现路径的自主规划、自动纠偏和自适应环境。

第6章 工业机器人外围设备

本章以通信方式为切入点，深入浅出地讲解了 PLC、触摸屏与工业机器人之间常用的通信协议，简单介绍了智能传感器、PLC 的功能及应用，使读者对工业机器人外围设备进行初步的认识与了解。

知识目标

- 熟悉外围设备通信技术。
- 熟悉智能传感器的功能及应用。
- 熟悉 PLC 的功能及应用。
- 熟悉触摸屏技术的应用。

6.1　外围设备通信技术

随着工业 4.0 时代的到来，从智慧工厂到智能生产，智能型工业机器人一直扮演着重要的角色。控制系统是工业机器人的核心部分，直接决定了工业机器人的性能。而传统的数字式控制系统已经无法满足现代控制系统的需求。随着嵌入式技术、传感器技术、互联网技术的发展，控制系统向着智能化、网络化、分散化的方向发展，工业机器人的现场通信总线技术正朝着网络化不断进步，网络控制系统将来有可能取代传统的数字式控制系统。

为了实现控制系统的智能化、网络化、分散化，近年来各国都对控制系统的现场通信总线技术进行了研究，成功地将以太网技术引入现场通信总线技术中，并形成了工业以太网，通过不断完善和标准化以太网技术，弥补了传统现场通信总线技术的缺陷。随着对控制系统实时性要求的不断提高，国外研究机构提出了实时工业以太网技术，该技术已成为当前工业机器人技术的一个重要发展方向。

6.1.1 控制系统中的通信

对于工业机器人来说，控制系统尤其重要，它不仅能向各执行元器件发出（如运动轨迹、动作顺序、运动速度、动作时间等）指令，还能监视自身行为，一旦发现自身有异常行为就会自检然后排查、分析产生异常的原因，并及时做出报警提示。 随着工业机器人复杂程度的提高，其控制系统的技术难度也越来越大，因此控制系统各单元之间的通信问题就变得非常重要了。

工业机器人的控制系统主要由通信接口、位置伺服、I/O 控制器及数据采集节点组成，控制系统的体系结构如图 6-1 所示。

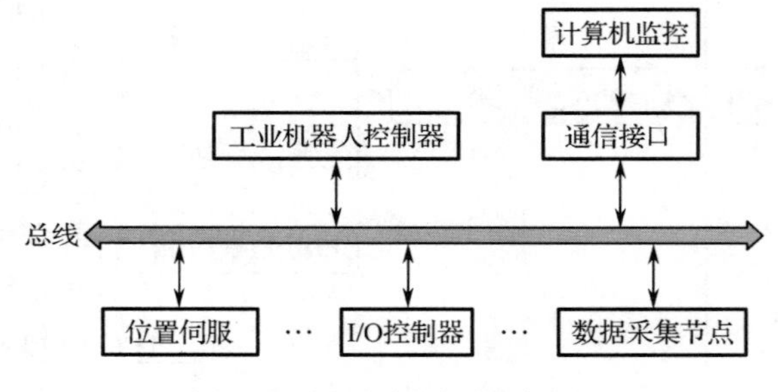

图 6-1 控制系统的体系结构

近年来，对工业机器人领域的研究不断深入，工业机器人技术已涉及传感器技术、控制技术、信息处理技术、人工智能技术和网络通信技术等方面，其功能日益强大，结构日趋复杂和完善。通信协议是在设计工业机器人通信时首先要考虑的，因为通信协议是数据传输的准则，通信协议按照物理级、连接级和应用级 3 个级别建立，后文对常见的通信协议进行了简单介绍。

6.1.2 RS-232 通信与 RS-485 通信

1. RS-232 通信

网络间的数据通信分为两种形式：串行通信和并行通信。串行通信是网络通信技术的基础，20 世纪 60 年代，国际上推出了第一个串行通信标准，即 RS-232 标准，从而出现了至今仍广泛应用的 RS-232 串行总线。按 RS-232 串行总线的最简单应用模式（远距离通信模式），用 3 根导线可进行全双工串行通信，用 2 根导线可进行半双工串行通信。全双工串行通信即信息的接收和发送可以同时进行；半双工串行通信指的是既可接收，也可发送，但二者不能同时进行。完整的 RS-232 串行总线应用模式要用到一系列的握手信号线及电源线。与并行通信相比，串行通信需要对信号进行一系列的规定，称为串行通信协议，这比并行通信只需要对引线端进行简单的定义和说明要复杂得多。

RS-232 通信端口一般是工业机器人的标准配置，最早的串行通信端口是计算机中专门用于连接调制解调器的，因此它的引脚定义与调制解调器有关。只要合理利用各引脚，工业机器人就可以与各设备进行数据传输了。常见的 9 针串口引脚定义如表 6-1 所示。

表 6-1 常见的 9 针串口引脚定义

引 脚	简 写	功 能 意 义
Pin1	CD	载波检查
Pin2	RXD	接收字符
Pin3	TXD	传送字符
Pin4	DTR	数据端就绪
Pin5	GND	地线
Pin6	DSR	数据就绪
Pin7	RTS	要求传送
Pin8	CTS	消除传送
Pin9	RI	响铃检测

ProFace 触摸屏连接 FANUC 机器人控制柜的 RS-232 接线示意图，如图 6-2 所示，需要注意的是，由于 FANUC 机器人控制柜的集成度较高，多为 20 针或 25 针的接口，所以在制作接口时要严格按照连接图进行制作，否则会连接不上。

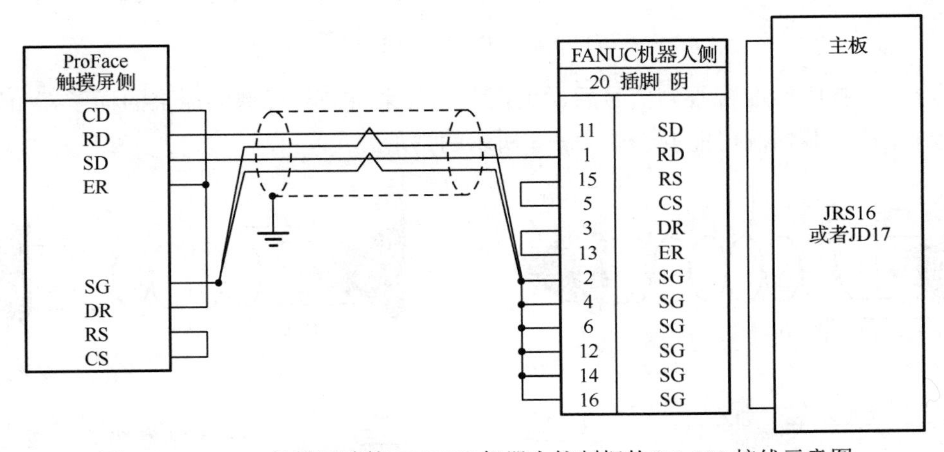

图 6-2 ProFace 触摸屏连接 FANUC 机器人控制柜的 RS-232 接线示意图

2. RS-485 通信

由于串行通信简单实用，所以在工业上得到了广泛使用，但是工业环境中通常会有噪声干扰传输线路，在使用 RS-232 进行传输时经常会受到外界的电气干扰，从而使信号发生错误。此外在不加缓冲器的情况下 RS-232 的最大通信距离只有 15m。为了解决上述问题，产生了 RS-485 的通信方式。

RS-232 在传输信号时产生噪声的示意图，如图 6-3 所示。RS-232 的信号标准以地线为参考；传输端参考接地端传送数据；接收端则参考接地端还原传输端的信号。在两个接地端同电位的情况下，传输端和接收端的信号会呈现出相同的结果，如果有噪声进入传输线路的话，可能会产生干扰信号。

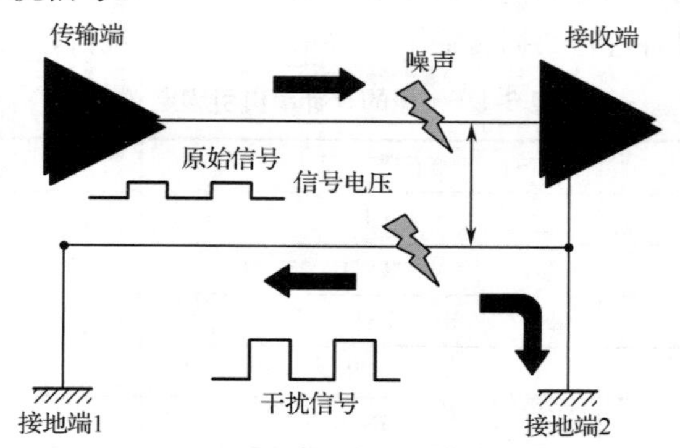

图 6-3　RS-232 的信号与噪声

干扰信号会对地线和信号产生影响，原始信号加上干扰信号后依然可以传送到接收端；而地线的信号则被干扰信号抵消了，因此信号发生扭曲，在传输过程中出现错误。

RS-485 的信号传输方式与 RS-232 不同。RS-485 的信号传输方式如图 6-4 所示。

RS-485 的信号在传送出去前被分解成正、负两条线路，当信号到达接收端后，再将信号相减还原成原始信号。如果将原始信号标注为（DT），被分解的信号分别标注为（D+）和（D−），则原始信号与分解后的信号在传输端传送出去时的运算关系为：

（DT）=（D+）-（D−）

同样地，接收端在接收到信号后，也按上述关系将信号还原为原来的样子。如果传输线路受到干扰，其情况可能变为如图 6-5 所示的情形。

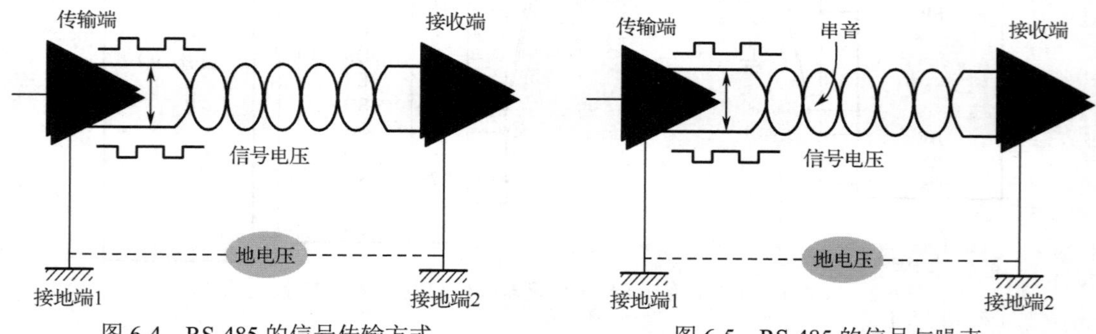

图 6-4　RS-485 的信号传输方式　　图 6-5　RS-485 的信号与噪声

此时两条传输线路上的信号分别称为（D+）+Noise 和（D−）+Noise，如果接收端接收此信号，则它必须按照一定的方式合成信号，合成信号的方程式如下：

(DT) = [(D+)+Noise]−[(D−)+Noise]

此方程式与前面分解信号的方程式的结果是一样的。所以使用 RS-485 网络可以有效防止噪声干扰，工业上使用这种串行传输方式的设备也比较多。

6.1.3 PROFIBUS

PROFIBUS 是 Process Field Bus（过程现场总线）的缩写，于 1989 年正式成为现场总线的国际标准。PROFIBUS 在多种自动化领域中占据主导地位，在全世界的设备节点数已经超过 2000 万。PROFIBUS 主要由 3 部分组成：分布式外围设备（Decentralized Periphery，PROFIBUS-DP）、过程自动化（Process Automation，PROFIBUS-PA）和现场总线报文规范（Fieldbus Message Specification，PROFIBUS-FMS）。

PROFIBUS 协议结构图如图 6-6 所示，PROFIBUS 采用混合总线存取控制方式实现信息通信。它包括 DP 主站（Master）之间的令牌（Token）传递方式和 DP 主站与 DP 从站（Slave）之间的主-从方式。DP 主站与 DP 从站之间的通信基于主-从原理，DP 主站按轮询表依次访问 DP 从站，DP 主站与 DP 从站之间周期性地交换用户数据。DP 主站与 DP 从站之间的报文循环由 DP 主站发出的请求帧（轮询报文）和 DP 从站返回的有关应答或响应帧组成。

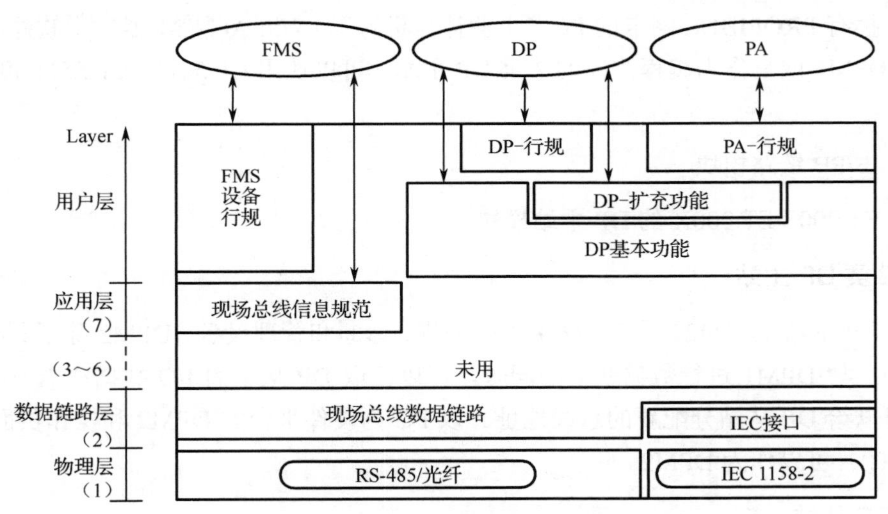

图 6-6　PROFIBUS 协议结构图

PROFIBUS-DP 是目前欧洲乃至全球应用最广泛的总线系统，它的优点是安装简单、拓扑结构多样、易于实现冗余、通信实时可靠、功能比较完善。卓越的性能使得 PROFIBUS-DP 适用于各种工业自动化领域。在工业机器人领域中，如果遇到工业机器人与外围设备进行 PROFIBUS 通信，多数情况下采用的是 PROFIBUS-DP。

PROFIBUS-DP 用于自动化系统中分布式 I/O 设备与单元级控制设备的通信。PROFIBUS-DP 使用第 1 层、第 2 层和用户层，第 3 层～第 7 层未使用，这种精简的结构确保了数据的高速传输。直接数据链路映像程序 DDLM 提供对第 2 层的访问。用户层规定了设备的应用功能、PROFIBUS-DP 系统和设备的行为特性。PROFIBUS-DP 特别适用于 PLC

与现场级分布式 I/O 设备之间的通信。DP 主站之间的通信为令牌方式，DP 主站与 DP 从站之间的通信为主-从方式，以及这两种方式的混合方式。西门子公司旗下的产品大多支持 PROFIBUS（近几年开发的属于工业以太网的 PROFINET 也被西门子广泛应用在产品中）。西门子 S7-300/400 系列 PLC 中有些配备了集成的 PROFIBUS-DP 接口，它们也可以通过通信处理器（CP）连接到 PROFIBUS-DP。下文提到的 PLC 如无特殊说明均为西门子产品。

PROFIBUS-DP 设备包括以下 3 种类型。

1．1 类 DP 主站

1 类 DP 主站（DPM1）是系统的中央控制器，DPM1 在预定的周期内与分布式站（如 DP 从站）循环地交换信息，并对总线通信进行控制和管理。DPM1 可以发送参数给 DP 从站，读取 DP 从站的诊断信息，用全局控制命令将它的运行状态告知各 DP 从站。此外，还可以将全局控制命令发送给个别 DP 从站或 DP 从站组，以实现同步输出数据和输入数据。下列设备可以作为 1 类 DP 从站。

（1）集成了 DP 接口的 PLC，如 CPU 315-2DP，CPU 313C-2DP 等。

（2）没有集成 DP 接口的 CPU 加上支持 DP 主站功能的 CP。

（3）插有 PROFIBUS 网卡的 PC（工业计算机），如 Win AC 控制器。用软件功能选择 PC 作为 DPM1 或是作为编程监控的 2 类 DP 主站，可以使用 CP 5411，CP 5511 和 CP 5611 等网卡。

（4）IE/PB 链路模块。

（5）ET 200S/ET 200X 的 DP 主站模块。

2．2 类 DP 主站

2 类 DP 主站（DPM2）是 DP 网络中的编程、诊断和管理设备。DPM2 除了具有 DPM1 的功能外，与 DPM1 进行数据通信的同时，可以读取 DP 从站的 I/O 数据和当前的组态数据，还可以给 DP 从站分配新的总线地址。以 PC 为硬件平台的 DPM2 和操作员面板/触摸屏（OP/TP）可以作为 DPM2。

3．DP 从站

DP 从站是采集输入信息和发送输出信息的外围设备，它只与组成它的 DP 主站交换用户数据，可以向该 DP 主站报告本地诊断中断和过程中断。可以作为 DP 从站的设备有很多，分布式 I/O 设备、PlC 智能 DP 从站和具有 PROFIBUS-DP 接口的其他现场设备均可以作为 DP 从站。ET 200 是西门子的分布式 I/O 设备，其中，ET 200M/B/L/X/S/is/eco/R 等都具有 PROFIBUS-DP 通信接口，可以作为 DP 网络的 DP 从站。

下面介绍一下奇瑞汽车股份有限公司中的自动冲压控制系统，此控制系统以 KUKA 机器人为基础，基于 PROFIBUS 的模块化设计，在西门子 PLC 编程软件 STEP-7 中进行网络组态，最终达到稳定系统及节约成本的目的。控制系统结构图如图 6-7 所示。

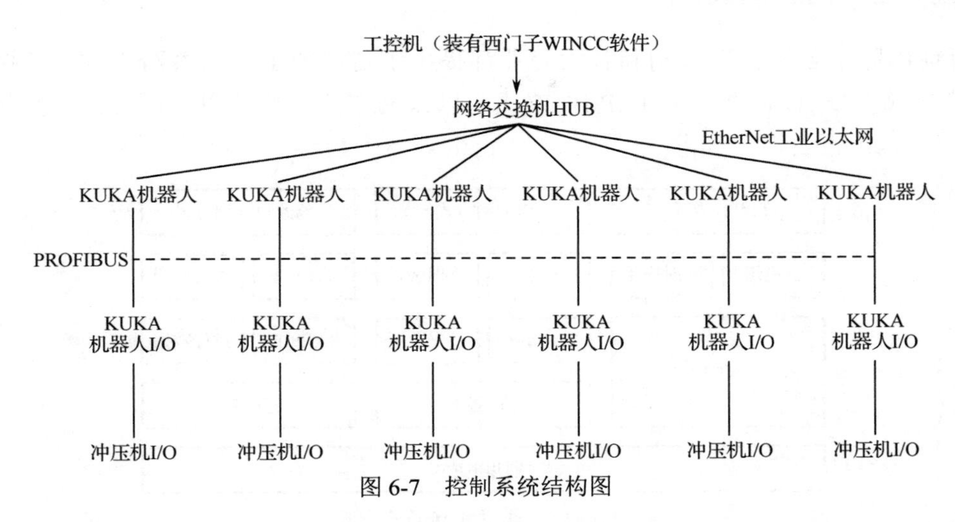

图 6-7　控制系统结构图

KUKA 机器人可以直接通过带 PCI 插槽的 PROFIBUS 卡与外围设备进行信号的传递及 I/O 的处理。对于每台 KUKA 机器人，系统均采用两级 PROFIBUS 系统。在主站回路中，以每台 KUKA 机器人控制器为中心，包括与压机的通信、与操作站的通信，以及与外围设备的通信，构成了一个总线回路。

在从站回路中，以其中一台 KUKA 机器人作为整个回路的主站，其余的 KUKA 机器人全部作为从站，这样所有 KUKA 机器人又形成了一个总线回路，KUKA 机器人之间的通信、互锁，以及工件工序的记忆便可以在这个回路中完成。

中央控制系统与所有 KUKA 机器人的通信都是通过工业以太网实现的，每台 KUKA 机器人通过工业以太网接口和网络交换机与中央控制系统连接。由于 KUKA 机器人的操作系统是基于 PC 的 Windows 操作系统，所以与工业以太网的连接非常方便，网络通信速度快，能够更好地对整个网络进行实时控制。

整个控制系统采用 PROFIBUS 贯穿，使得控制系统的结构一目了然，并且在各控制工位，采用了分布式 I/O 设备，大大简化了控制系统的线体布置结构，为后期的维护和改造工作带来了极大的方便。

6.1.4　工业以太网

传统的现场总线技术是指安装在制造和过程区域的现场装置与自动化控制装置之间的数字串行多点通信技术。自从 IEC（国际电工委员会）在 1984 年提出要制定现场总线技术标准后，经过几十年的发展，各国的大企业和研究机构制定了几十种现场总线技术标准。由于利益冲突等原因，传统的现场总线技术还没有形成统一的国际标准且不同现场总线技术的通信协议存在很大的差异，使得不同现场总线技术产品的互连存在很大困难，同时与上层管理信息系统的通信协议不兼容，难以集成。这时以太网技术开始进入工业自动化领域，并称为工业以太网。

目前国际上各种标准机构和各大企业都提出了自己的工业以太网协议。工业以太网通信方式主要有 3 种，即 TCP/IP 方式、以太网方式、修改以太网方式，如图 6-8 所示。

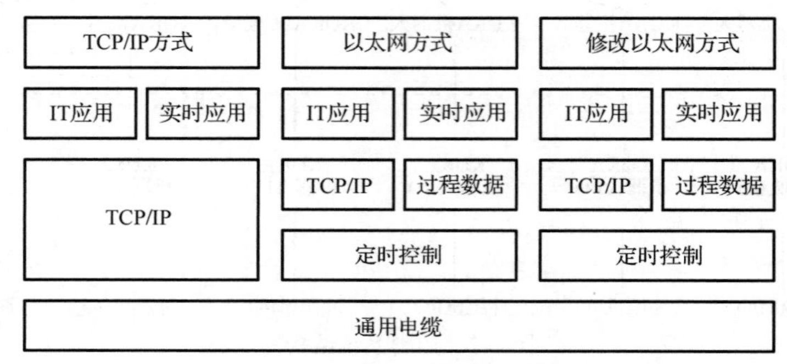

图 6-8　工业以太网通信方式

根据前面的内容可知，由 3 种工业以太网通信方式实现的通信协议有很多种。

基于 TCP/IP 方式实现的通信协议有 Modbus/TCP 和 EtherNet/IP，它们采用传统的 TCP/IP 协议进行通信，通过上层的合理控制减少数据传输过程中的不确定因素，主要应用于对实时性要求不高的工业应用场景。

基于以太网方式实现的通信协议有 Profinet RT，Powerlink，EPA 等，不采用传统的 TCP/IP 协议而采用特殊的传输协议进行通信，但仍使用传统的以太网通信硬件，响应时间为 1ms。

基于修改以太网方式实现的通信协议有 SERCOS-III，Profinet IRT 和 EtherCAT 等，采用“集总帧”的通信方式，通过修改以太网帧结构并在物理层使用总线拓扑结构提升工业以太网的实时性能，而且从站使用专门的通信硬件，响应时间小于 1ms。

下面介绍几个比较常用的通信协议。

EtherNet/IP 是一个开放的工业标准，它是由艾伦-布拉德利和 ODVA（Open DeviceNet Vendor Association）共同开发完成的。EtherNet/IP 可以在传统的以太网通信硬件上运行，可使用 TCP/IP 和 UDP/IP 传输数据。EtherNet/IP 网络通常可以实现 10ms 左右的软实时性能，而通过运用 IEEE 1588 标准定义的分布式时钟方法 CIP Sync 和 CIP Motion，以及精确的节点同步可以达到极低的循环周期和抖动，使它能够应用于对伺服电动机的控制与驱动。

Modbus/TCP 协议可以由一根信号线实现半双工应答通信，支持 RS-232 和 RS-485 接口通信，二者最快的通信速度分别为 250kbit/s 和 115.2kbit/s。传统的现场总线技术采用 ASCII 和 RTU 两种传输方式，数据帧从寻址到设备需要一个查询回应周期，包括 16 位 CRC 检测，但不允许独立终端设备之间进行数据通信。

Profinet RT 是由国际组织 PI（PROFIBUS International）提出的工业以太网 PROFINET 的同步实时通信版本，采用时间片处理机制，将时间片分成实时通道和 TCP/IP 通道，实时通道用于传输实时 I/O 数据，TCP/IP 通道用于传输非周期的开放性数据。

EtherCAT 是德国倍福自动化有限公司提出的实时工业以太网技术。主站在周期内向所有节点发送一个数据帧，该数据帧采用环型拓扑结构传输，并采集节点的响应数据，最后回到主站。在传输过程中，数据被提取或插入，数据包不会在从站协议栈停留，从而减少了从站协议对实时性的影响。EtherCAT 通过特殊的寻址方式，在帧内有 32 位地址空间，可以搭载 65 535 个节点。

与其他实时工业以太网技术相比，EtherCAT 具有良好的优势，它突破了传统总线数据交换的速度限制，可以采用多种联网方式，可以将因特网技术嵌入简单设备中，并且该协议可以对外开放，便于第三方产品开发。EtherCAT 具有拓扑灵活、成本低廉、安全性能高、效率高、性能卓越、交互便捷等特点。EtherCAT 处理帧的独特方式使它成为通信速度最快的工业以太网技术。EtherCAT 在网络拓扑方面没有任何限制，几乎不限数量的节点可以组成总线型拓扑、星型拓扑、树型拓扑，以及任何拓扑的组合。EtherCAT 布线简单、维护方便、成本低廉，基于这些特点，EtherCAT 在工业机器人领域得到了越来越广泛的应用。

1．EtherCAT 通信简介

EtherCAT 系统由两部分组成，即主站和从站，采用标准的以太网介质访问控制，支持工业以太网的全双工特性。EtherCAT 网络通信原理的关键是从站处理以太网数据帧的方式：在数据帧向下游传输的过程中，每个节点读取从寻址到该节点的数据，并将它的反馈数据写入数据帧中，然后转发到下一个节点。

EtherCAT 的从站需要同时实现数据通信和过程控制两部分功能，数据通信可以采用专门的控制芯片 ESC（Ether CAT Slave Controller）实现，主要负责 EtherCAT 数据帧的收发和数据交换，过程控制由其他微处理器实现。

EtherCAT 主要通过以下两种措施提高通信效率和实时性。首先是简化以太网协议，MAC 层协议的解析由纯硬件完成，其他协议由软件进行解析，避免 CPU 的负载在不同时段的不确定性加大相应的处理时间偏差，提高对数据的处理速度，使时间更加精确。其次是修改以太网协议，即将现有的以太网帧中的数据区域设置为 EtherCAT 的数据报文区，并将数据报文区分割为若干个子报文区，其中，每个子报文区可与从站设备或者与从站的某地址区域一一对应。这种帧结构满足了工业机器人应用中每次通信的数据量小和实时要求高的特点，充分提高了数据帧的带宽利用率，为主站控制各从站提供了更大的灵活性。

EtherCAT 具有灵活的拓扑结构，并支持所有的拓扑结构，如图 6-9 所示。这使得带有成百上千个节点的纯总线型拓扑结构或线型拓扑结构成为可能，不受限于物理设备。整个 EtherCAT 网络可以连接多达 65535 个设备，其网络容量几乎不受限制，由此可以将模块化的 I/O 设备设计为每个 I/O 片都是一个独立的 EtherCAT 从站。

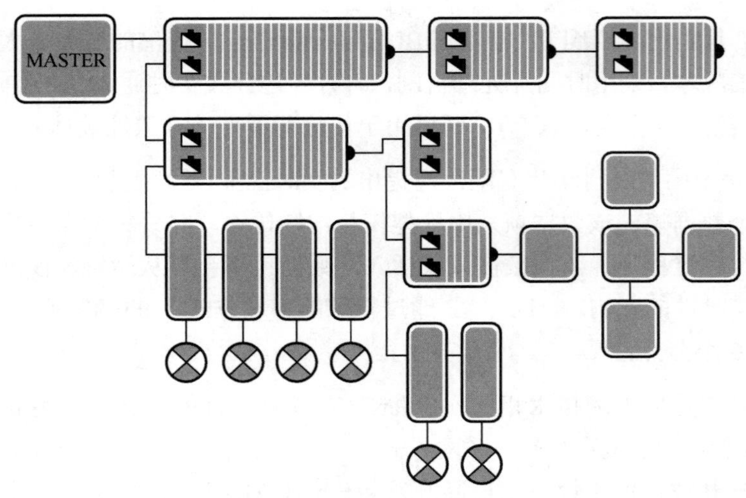

图 6-9　EtherCAT 拓扑结构

1）运行原理

以线型拓扑结构为例，EtherCAT 网络通信原理如图 6-10 所示。EtherCAT 主站发送一个报文，报文经过所有 EtherCAT 从站。EtherCAT 从站设备直接处理接收到的数据帧，读取从寻址到该节点的数据，并将它的反馈数据写入数据帧，再向下游 EtherCAT 从站转发数据帧，数据帧经过所有 EtherCAT 从站后返回，最后由第一个 EtherCAT 从站将数据帧传递给 EtherCAT 主站。这个过程主要利用了工业以太网的全双工原理。与其他工业以太网相比，EtherCAT 最大的特点是在接收工业以太网数据的同时不用进行解码，只是在物理层进行解析和数据交换，然后直接将数据包转发到下一个节点。

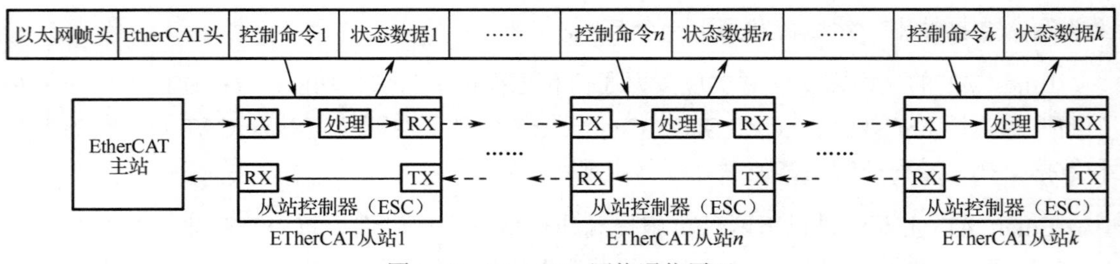

图 6-10　EtherCAT 网络通信原理

EtherCAT 主站采用标准的以太网介质访问控制技术，可以发出最大有效长度为 1498 字节的数据帧，该以太网帧压缩了大量的设备过程数据，可用数据率可超过 90%。由于 EtherCAT 具有全双工特性，所以有效数据利用率可以达到 100Mbit/s。

2）数据帧

EtherCAT 通信协议规定在以太网数据帧的数据区域定义 EtherCAT 数据报文格式，并以多个子报文的方式传输数据，最后形成标准的以太网数据帧，这便于与遵循其他以太网协议的数据帧在同一个网络中传输，数据帧结构如图 6-11 和表 6-2 所示。

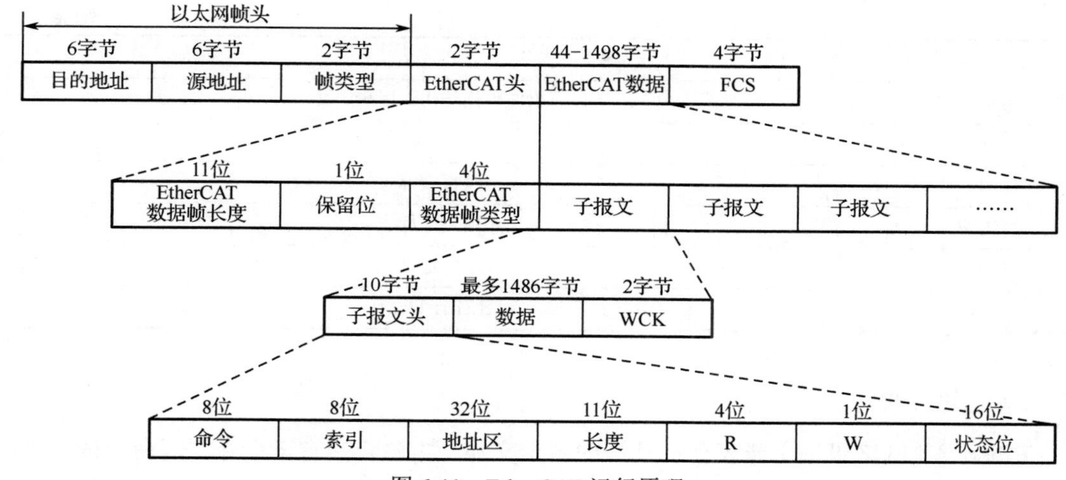

图 6-11　EtherCAT 运行原理

表 6-2　EtherCAT 数据帧格式

名　　称	含　　义
目的地址	接收方 MAC 地址
源地址	发送方 MAC 地址
帧类型	0X88A4
EtherCAT 头：数据帧长度	所有子报文长度总和
EtherCAT 头：数据帧类型	1：表示与从站通信；其余保留
FCS（Frame Check Sequence）	帧校验序列

以太网帧头部分的 2 字节帧类型主要用于判断该数据帧是否为 EtherCAT 数据帧。EtherCAT 数据帧包括 EtherCAT 头和 EtherCAT 数据两部分，EtherCAT 头记录了 EtherCAT 数据帧长度和 EtherCAT 数据帧类型，该类型表示是否进行从站通信。EtherCAT 数据部分由一个或多个子报文组成，每个单元拥有独立的子报文头，子报文头包含了一个 32 位的地址，该地址对应一个独立的设备或者从站，或者从站的某一存储区域。

EtherCAT 子报文定义了一个 2 字节的工作计数器（Working Counter，WKC），主站利用该 WKC 判断子报文是否被从站正确处理，如图 6-11 和表 6-3 所示。主站发送数据帧，定义 WKC 的初始值为 0，当子报文经过节点并且被正确处理后，WKC 值会有相应的变化，在子报文返回主站后，主站对实际的 WKC 值和预期的 WKC 值进行比较，如果 WKC 值不相同则子报文没有被某些节点正确处理。

表 6-3　EtherCAT 子报文结构定义

名　　称	含　　义
命令	寻址方式及读写方式
索引	帧编码
长度	报文数据区长度

续表

名　　称	含　　义
数据位	子报文数据结构，用户定义
R	保留位
M	后续报文标志
状态位	中断到来标志
地址区	从站地址
WKC	工作计数器

3）网络寻址

EtherCAT 网络寻址主要表现在从站的数据交换。主站将带有读命令、写命令或者读写命令的数据帧发送给从站，每个从站根据相关命令对从寻址到该节点的数据进行相应的读写操作，从站根据不同的命令和不同的寻址方式进行不同的通信服务。

EtherCAT 根据以太网数据帧头的 MAC 地址找到相应的网段寻址，再根据子报文中的地址数据找到具体的从站节点，如图 6-12 所示。在设备寻址时，每个子报文只寻址唯一的从站。逻辑寻址主要以多播方式实现，同一个子报文可以被多个从站节点读写。

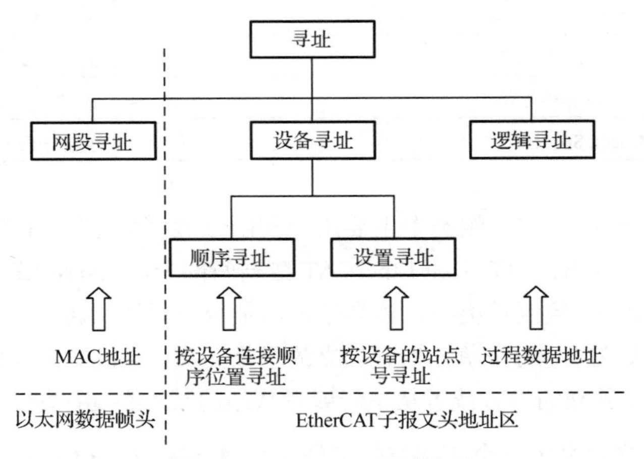

图 6-12　EtherCAT 寻址模式

EtherCAT 网络在进行顺序寻址时，通常用负数表示其地址信息，并由所在网络中的链接顺序决定寻址顺序。主站在启动阶段需要对各从站节点进行配置，主要发送顺序寻址数据帧，数据帧遍历所有从站节点，每通过一个从站节点，数据帧子报文头中的地址位加 1，那么当地址位为 0 时，就表明寻址到了该节点的报文。

当进行设置寻址时，从站的地址可以通过主站进行配置或者从自己的配置数据存储区装载。主站通过发送顺序寻址数据帧获取从站的设置地址，供后续使用。

从站节点的现场总线内存管理单元（Fieldbus Memory Management Unit，FMMU）是实现逻辑寻址的核心，它将本地的物理地址与子报文中的 32 位逻辑地址进行一一对应，如

图 6-13 所示。从站的 FMMU 由主站在数据链路的启动过程中进行配置，最后传递给各从站的节点。

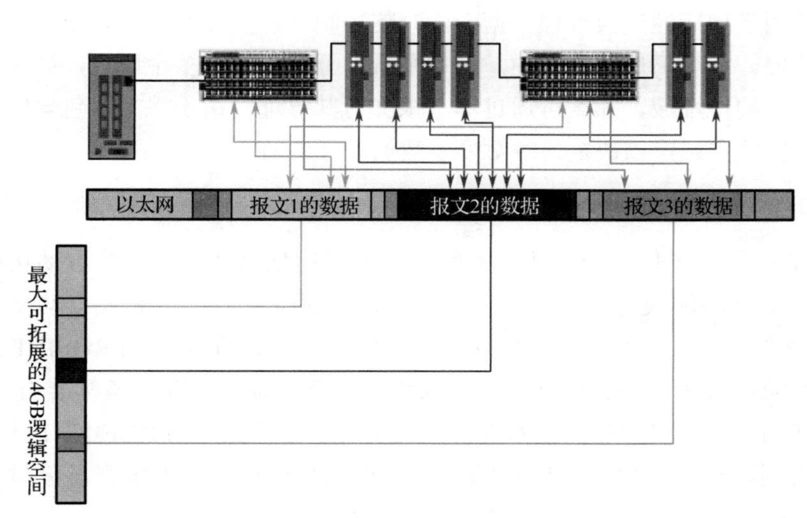

图 6-13 FMMU 原理图

FMMU 的配置信息如表 6-4 所示。逻辑地址映射到从站设备内存地址的实例，如图 6-14 所示。逻辑地址区是从 0x00015231 第 4 位开始的 6 位地址，而从站设备内存地址是从 0x0D02 第 1 位开始的 6 位地址，从逻辑地址读取数据到从站设备内存地址。

表 6-4 FMMU 的配置信息

FMMU 配置寄存器	数 值
数据逻辑起始地址	0x00015231
数据长度（字节数，按跨字节计算）	2
数据逻辑起始位	4
数据逻辑终止位	1
从站物理内存起始地址	0x0D02
物理内存起始位	1
操作类型（1 代表只读，2 代表只写，3 代表读写）	1
激活（使能）	1

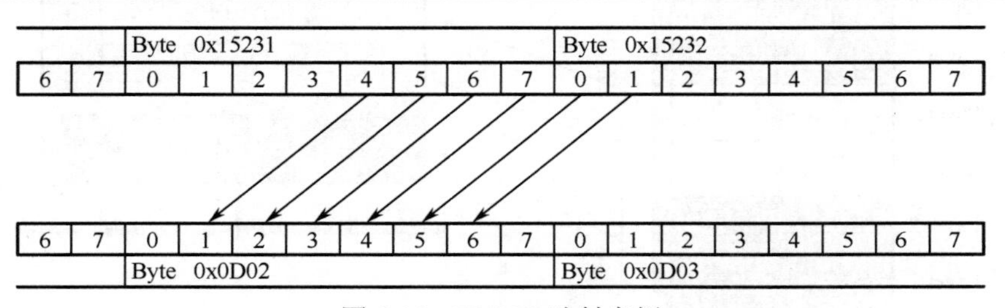

图 6-14 FMMU 映射实例

当主站发送逻辑寻址的 EtherCAT 报文经过从站节点时，从站节点需要查询子报文中的地址区是否与自己FMMU寄存器中的逻辑起始地址一致。如果一致，就根据操作类型把映射到本地内存的数据写入数据帧，或者从数据帧读取数据到映射的本地内存中。这种寻址方式主要应用于周期性交换过程数据，同时使控制系统更加灵活，系统结构更加优化。在网络启动阶段，在全局地址空间中，为每个从站分配一个或多个地址，如果多个从站设备被分配到相同的地址域，那么可通过单个报文对其寻址。由于报文中包含所有访问数据的相关信息，因此主站可以决定何时对哪些数据进行访问。

2．PROFINET通信简介

PROFINET 是新一代基于工业以太网技术的自动化总线技术，为自动化通信领域提供了一个完整的网络解决方案，包括工业以太网、运动控制、分布式自动化、故障安全及网络安全等当前自动化领域的研究热点。作为跨供应商的技术，PROFINET 可以与传统的工业现场总线技术实现无缝连接，从而保护现有投资。目前，该标准由 PI（全球最大的现场总线组织）推出并提供技术支持，至今全球已有 28 个 PROFINET 应用中心，它们共同努力为用户解答各种与 PROFINET 相关的问题。FROFINET 在各领域中的应用如图 6-15 所示。

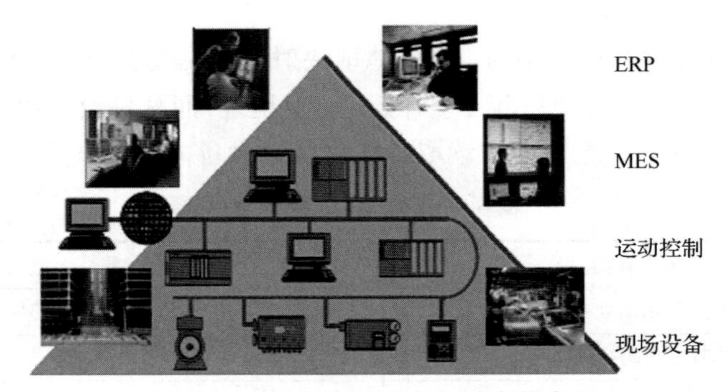

图 6-15　PROFINET 在各领域中的应用

PROFINET 是一个完整的通信标准，可以满足在工业控制行业中对网络通信的所有要求。PROFINET 与 ISO/OSI 七层模型之间的对应关系如图 6-16 所示。

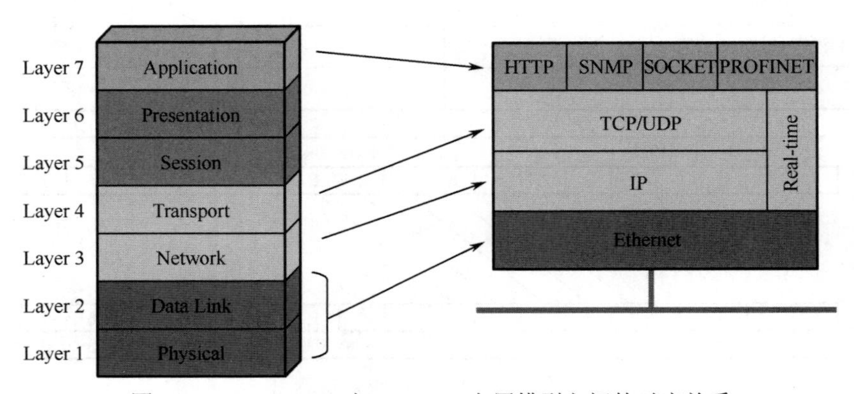

图 6-16　PROFINET 与 ISO/OSI 七层模型之间的对应关系

其中，PROFINET 的 Ethernet 层相当于 ISO/OSI 七层模型的 Data Link 层和 Physical 层，

通信标准采用 IEEE 802.3 协议；IP 层相当于 ISO/OSI 七层模型的 Network 层，主要用于大量的数据传送，建立网络连接，以及为上层提供服务；TCP/UDP 层相当于 ISO/OSI 七层模型的 Transport 层，主要用于传输对时间要求不苛刻的数据；HTTP/SNMP/SOCKET/PROFINET 等 IT 应用层相当于 ISO/OSI 七层模型的 Application 层，主要用于应用程序。PROFINET 各层的应用模型如图 6-17 所示。

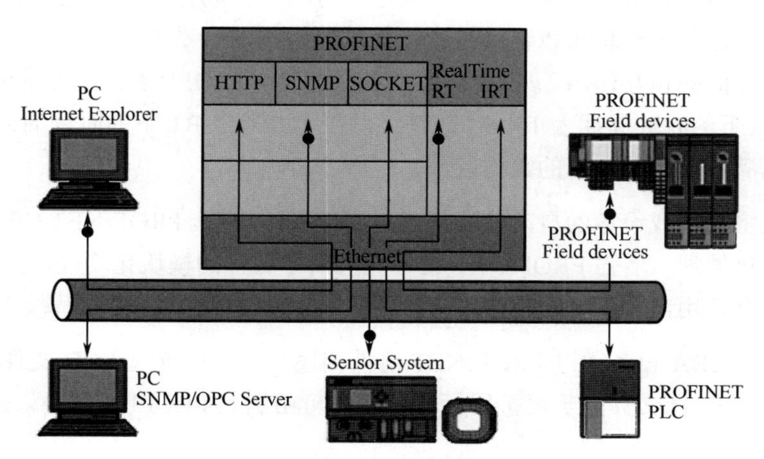

图 6-17　PROFINET 各层的应用模型

为了给不同类型的应用提供最佳支持，并满足工业通信不同的使用特点和应用领域，PROFINET 提供了两种技术解决方案：PROFINET 支持用以太网通信的简单分散式现场设备和苛求时间的应用集成 PROFINET IO，以及基于组件的分布式自动化系统的集成 PROFINET CBA（Component Based Automation，基于组件的自动化）。

（1）PROFINET IO 支持分散式现场设备直接连入互联网，如图 6-18 所示。PROFINET IO 规定了 I/O 控制器和 I/O 设备之间的所有数据交换方式。例如，在传输层，PROFINET IO 采用用户数据报文协议 UDP。同时 PROFINET IO 规定了 I/O 控制器和 I/O 设备的参数化方法和诊断方法，它基于生产者/消费者通信模式进行快速数据交换。通过采用实时通信交换过程数据，PROFINET IO 的时钟周期为 10ms 数量级，非常适合工厂自动化的分布式 I/O 通信系统。而采用等时同步通信 IRT 的 PROFINET IO 能够使时钟周期达到 1ms 数量级，适用于运动控制。

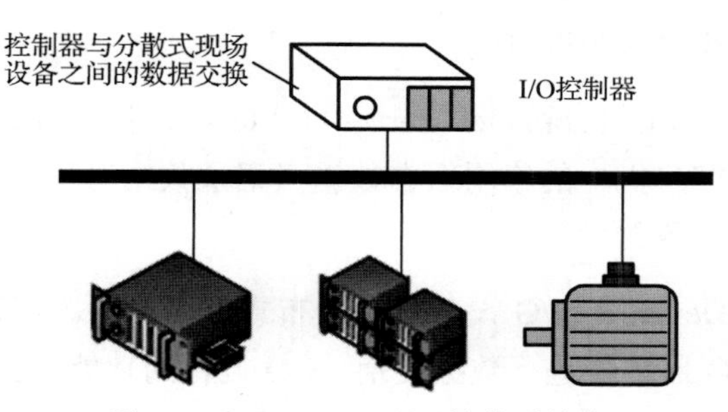

图 6-18　PROFINET IO 的体系结构

PROFINET IO 设备由通用设备描述文件即 GSD 文件描述。该文件基于可扩展标记语言，采用通用站点描述文件标记语言，即 GSDML 语言，对 PROFINET IO 设备的名称、特性、插入模块的类型与数量，以及各模块的组态数据等进行描述。

（2）PROFINET CBA 描述了未来自动化车间的图景，它是一种通过预先确定组件实现模块化和分布式自动化解决方案的技术。典型的分布式自动化系统由几个子单元组成，这些子单元作为工艺技术模块可以自动运行，通过可管理的一系列同步化、顺序控制和信息交换信号协调它们的相互作用。与 PROFINET IO 相比，PROFINET CBA 的通信速率较低，在 TCP/IP 协议下的时钟周期为 100ms 数量级，在实时通信 RT 下的时钟周期为 10ms 数量级，完全可以满足控制器之间的数据通信。

组件模型将机器或设备的自动模块描述为工艺技术模块。PROFINET CBA 系统对制造系统进行模块化处理，增强 PROFINET 设备和机器零部件的模块化功能，使其能够合理地进行拆装并组合使用，从而优化设备和机器零部件在自动化系统中的配置，减小生产成本。

PROFINET CBA 设备通过 PROFINET 组件描述文件，即通过 PCD 文件进行描述。同 GSD 文件一样，PCD 文件基于可扩展标记语言，可由满足 PROFINET 协议规范的 PCD 文件编辑器产生。

（3）PROFINET IO 的设备类型。

与现场总线 PROFIBUS DP 应用一致，PROFINET IO 应用包括可编程逻辑控制器、监控设备、分布式现场设备及远程 I/O 设备。PROFINET IO 网络共有 4 种不同的设备类型。

① I/O 控制器（I/O Controller）。I/O 控制器是一个控制设备，用于执行自动化程序，它与一个或多个 I/O 设备（现场设备）相关联。一个 PROFINET IO 以太网中至少包括一个 I/O 控制器，最具代表意义的控制器就是 PLC。

I/O 控制器可执行的功能有：与相关 I/O 设备交换 I/O 数据；进行 I/O 设备的组态；向 I/O 设备写入参数数据（启动或应用参数）；通过上下关系管理与 I/O 设备建立上下关系；非循环访问 I/O 设备的数据记录；读取 I/O 设备的诊断并向 I/O 设备发送警报等。

② I/O 监视器（I/O Monitor）。I/O 监视器是一个工程设备，负责提供组态数据（参数集），以及采集 I/O 控制器数据或 I/O 设备诊断数据，通常为 PC、人机界面或者编程器，用于 I/O 控制器或 I/O 设备的诊断和调试。

③ I/O 参数服务器（I/O Parameter Server）。I/O 参数服务器是一个服务器站，它用于储存和装载 I/O 设备（客户机）的应用组态数据（记录数据对象）。PROFIBUS DP 网络中没有与 I/O 参数服务器一致的设备。

④ I/O 设备（I/O Device）。I/O 设备，即分布式现场设备。该设备通过 PROFINET IO 网络与 I/O 控制器或 I/O 监视器进行数据交换。I/O 设备的功能相当于 PROFIBUS DP 网络中的从站功能，且一个 PROFINET IO 网络中必须有一个 I/O 设备。

I/O 设备可执行的功能有：与指定的一个或多个 I/O 控制器循环交换 I/O 数据；与相关

I/O 设备交换 I/O 数据；处理 I/O 控制器的组态请求；为 I/O 控制器提供对记录数据的非循环访问；处理参数（启动参数或应用参数）；处理工程设备的组态请求和诊断请求；提供诊断数据；处理来自 I/O 控制器的警报并向 I/O 控制器发送警报等。

此外，I/O 控制器和 I/O 设备还可以执行通用功能，包括处理冗余、动态重新组态、等时同步操作、I/O 控制器与 I/O 设备之间的生产者/消费者通信及时钟同步化等功能。

6.1.5　其他新型通信技术

1. RFID 技术

物联网（Internet of Things，IOT）被称为是继计算机、互联网之后世界信息产业发展的第三次浪潮，将指引信息技术的发展方向。在 1999 年，麻省理工学院建立了“自动识别中心（Auto-ID）”，提出了“世间万物都可通过网络互联”的概念，并阐明了物联网的基本含义。早期的物联网主要是指基于 RFID 技术的物流网络，即物联网是以 RFID 技术为主的传感技术与互联网技术的融合。基本的物联网体系结构如图 6-19 所示。

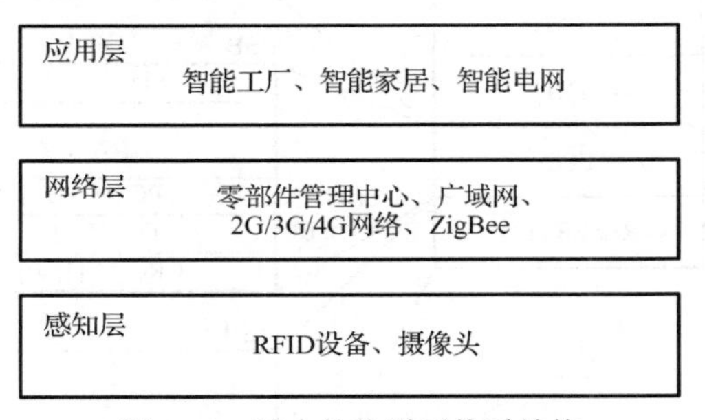

图 6-19　基本的物联网体系结构

RFID 的全称是 Radio Frequency Identification，即射频识别或者电子标签，是一种无线通信技术，可以在识别系统与目标无机械接触或者无光学接触的情况下对目标进行数据读写操作。一套完整的 RFID 系统（见图 6-20），由读写器、电子标签及计算机系统 3 部分组成，其基本工作流程为：当电子标签进入感应范围时，读写器通过天线发送特定频率的射频信号，获取感应电流产生激活能量，然后电子标签就将自身的信息返回。读写器获得信息后，通过一系列的解调、解码等操作识别电子标签的数据及其合法性。

图 6-20　RFID 系统的基本工作原理

在使用读写器进行信息读取之前，需要对其相关属性进行配置，包括网络属性、读写模式等。在配置成功后就可以根据设定的模式对电子标签进行搜索：Dual Target 模式（循环扫描电子标签）或者 Single Target with Suppression 模式（对所有电子标签只读取一次）。对于这些被搜索到的电子标签，就可以获取电子标签中的数据，然后就可以提取需要的信息用于进一步操作。

电子标签内存格式如图 6-21 所示，主要包括用户（USER）、标签号（TID）、电子产品编码（Electronic Product Code，EPC）和保留字段（RESERVED）4 个部分。其中 EPC 字段是主要关注的对象，制作电子标签的过程主要就是修改电子标签信息，即存储产品信息的 EPC 字段。采用该方法标记的对象数量远远超过世界上最大消费品生产商的生产能力。例如，在对某批 LED 灯尺寸的组件设置编码方式时，可以通过修改最后几位序列号的方式，将序列号进行如下分段设置：前面 4 位用于标识产品的颜色，中间 16 位用于标识产品的组件类别，最后 16 位用于标识产品的尺寸。

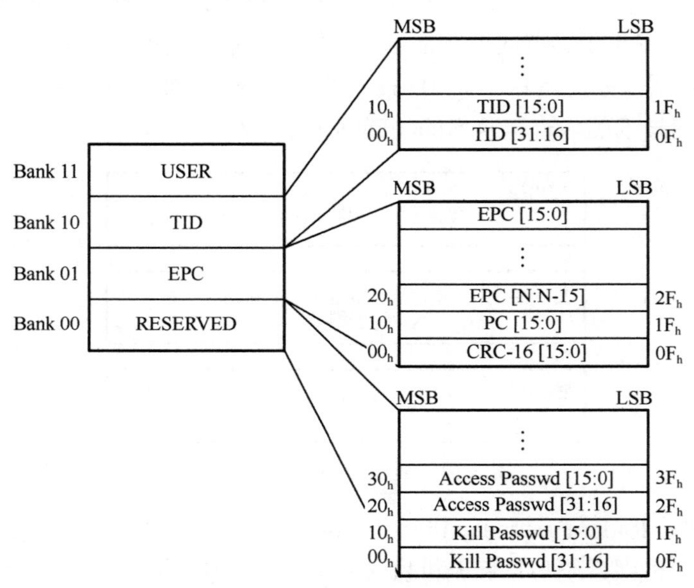

图 6-21　电子标签内存格式

目前，RFID 技术在工业机器人中的应用主要在智能车间等领域，通过信息管理中心的整体调配，提高工业机器人及整个车间的生产效率。

2. 蓝牙技术

蓝牙（Buletooth）技术是一种短距离无线通信技术，具有体积小、功耗低、抗干扰能力强、实时性高和安全可靠等特点，而且可以集成到几乎所有的数字设备中，蓝牙的传输距离一般为 10cm～10m（0dBm）。如果增加功率，蓝牙的传输距离可以达到 100m（20dBm）。同时，蓝牙采用了抗干扰能力强的跳频扩谱（Frequency Hopping Spread Spectrum）技术，支持上行速率为 57.6kbit/s 及下行速率为 723.2kbit/s 的非对称异步数据传输通道或速率为 433.9kbit/s 的对称异步数据传输通道，也支持速率为 64kbit/s 的同步语音传输通道。

蓝牙的组网特性十分符合多工业机器人系统的通信需求，既可以进行一对一通信，又可以实现一对多通信，主要包括 Piconet 和 Scatternet 两种模式。如图 6-22 所示，Piconet 是指由一台主设备和 k（$k \leqslant 7$）台从设备构成的主/从式无线网络，适用于小型娱乐机器人系统的主-从式通信；Scatternet 通过将 Piconet 桥连接起来，形成了更复杂的散射网，适用于大型多工业机器人系统，并且可为工业机器人提供平等通信。

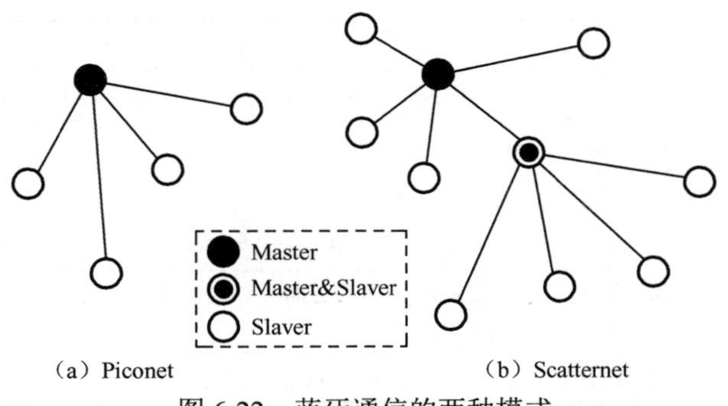

（a）Piconet　　（b）Scatternet

图 6-22　蓝牙通信的两种模式

目前，蓝牙技术在小型娱乐机器人领域的应用较广，在工业机器人中的大型多机器人系统通信中发挥着重要作用。

3. 无线技术

工业控制离不开网络通信技术的发展，网络是获取信息的途径。随着网络技术的不断发展，无线技术得到了越来越广泛的应用。无线技术具有灵活多变、简单易行的特点，对工业现场数据通信具有很好的补充作用。目前，可选的适用于工业现场嵌入式应用的无线接入方案主要有：GPRS，IEEE 802.11b，蓝牙和红外 IrDA。GPRS 需要缴纳一定的流量费用；蓝牙是一种短距离无线接入方案，数据速率低、传输距离短，一般不超过 100m；红外 IrDA 只能进行点对点近距离传输，一般不超过几十厘米。

与其他 3 种无线接入方案相比，对于中短距离的无线接入，IEEE 802.11b 无线局域网是一个理想方案，它的传输距离可以达到 300m，可以通过增加接入点 AP 扩大覆盖范围，更重要的是 IEEE 802.11b 的具体应用可以通过标准的网络协议接口实现，现有的基于 SOCKET 的应用程序都可以通过 IEEE 802.11b 无线网卡传输数据，最大限度地降低了在软件方面的投资。它还具有可伸缩性、灵活性、安装容易、使用简便、组网灵活、投资费用低等优点。

IEEE 802.11b 无线局域网在开放的 ISM 2.4GHz 频段工作，不需要申请，采用 CCK 调制方式和 DSSS（Direct Sequence Spread Spectrum）扩展频率技术，其最高传输速率可达 11Mbit/s，具有足够高的传输速率和很好的可靠性，媒体访问控制层的动态时间分配轮询技术完全避免了网络冲突的发生，可以获得比 CSMA/CA 更好的实时性。IEEE 802.11b 的这些特性使其在一定范围内能够满足工业控制的需要。另外，基于 IEEEE 802.11b 的无线产品的种类众多且易于购买、价格较低、技术成熟、占据主流地位，而基于其他标准（如 802.11a，802.11g）的无线产品还比较少。现场设备嵌入 802.11b 无线技术，结合各种基于

802.11b 的无线局域网网桥，就可以实现无线局域网技术在工业控制网络中的应用。

IEEE 802.11 是第一代无线局域网标准之一，该标准规定了 OSI/RM 模型的物理层和 MAC 层，IEEE 802.11b 标准从属 IEEE 802.11 家族，其主要内容如表 6-5 所示。

表 6-5 IEEE 802.11b 标准的主要内容

内 容	简 介
传输速率	最高可达 11Mbit/s，可根据实际情况采用 5.5Mbit/s、2Mbit/s 和 1Mbit/s，实际传输速率约为 5Mbit/s
频段	开放的 ISM2.4GHz 频段，不需要申请
组网	可以作为有线网络的补充，也可独立组网
原理	引入载波侦听/冲突避免技术，避免了网络冲突的发生，大幅提高了网络效率
距离	传输距离为 100～400m，采用更高功率的发送器可以延长覆盖距离，室外可达 40km 以上，但安全规则又要求限制发送功率，影响传输距离
安全	采用标准安全协议 WEP、TKIP 和基于 802.11x 的认证组件

IEEE 802.11b 标准采用直接序列扩展频率技术 DSSS，DSSS 使用 11 位的 Chipping—Barker 码片序列（Barker）对数据进行编码并发送，每个 11 位的码片序列代表一个一位的数字信号 1 或者 0，这个码片序列被转化成波形（称为一个 Symbol），然后在空气中传播。DSSS 系统组成框图和原理图如图 6-23 和图 6-24 所示。

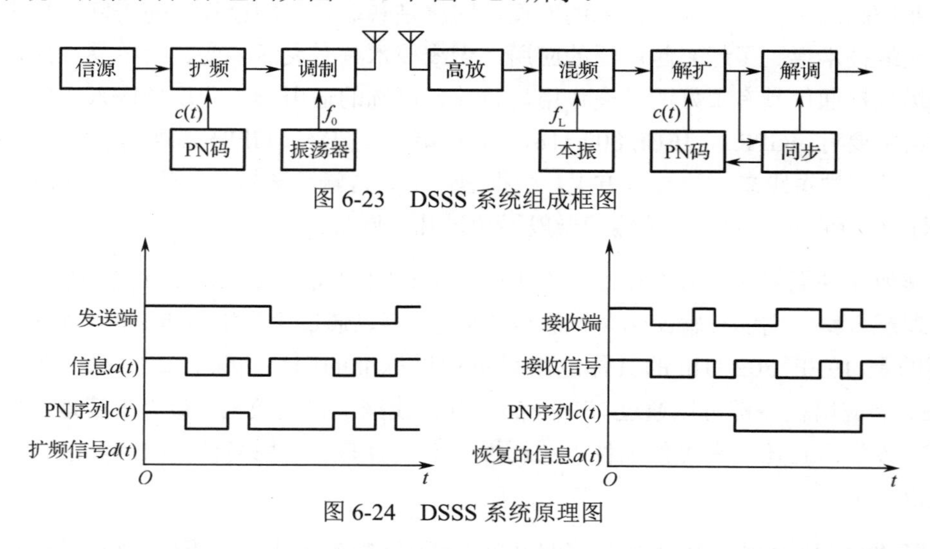

图 6-23 DSSS 系统组成框图

图 6-24 DSSS 系统原理图

工业控制中，需要实时无差错地传送数据，无线传输必须考虑恶劣的电磁干扰，DSSS 扩展频率通信技术具有较强的抗干扰能力，能够消除多径效应的影响，同时具有低功率密度谱的特点，对其他通信设备的干扰较小，大大降低了电磁对环境的干扰。因此，IEEE 802.11b 标准能够应用到工业控制环境中。

现阶段，无线技术在工业机器人中的应用是工业机器人之间数据的传输、多机器人系统中主/从式的控制等。

6.2　智能传感器技术应用

传感器技术同计算机技术和通信技术一起被称为信息技术的三大支柱。从物联网角度看，传感器技术是衡量一个国家信息化程度的重要标准。传感器技术是一门从自然信源获取信息，并对之进行处理（变换）和识别的多学科交叉的现代科学与工程技术，它涉及传感器（又称换能器）、信息处理和识别的规划设计、开发、制/建造、测试、应用及评价改进等活动。

6.2.1　智能传感器概述

智能传感器是一种对被测对象的某一信息具有感受和检出功能，能够学习、推理、判断、处理信号，并具有通信及管理功能的新型传感器。智能传感器具有自动校零、标定、补偿、采集数据等能力。其能力决定了智能传感器还具有较高的精度和分辨率、较高的稳定性及可靠性、较好的适应性，与传统传感器相比它还具有非常高的性价比。

早期的智能传感器将传感器的输出信号处理和转化后由接口输送到微处理机进行运算处理。在 20 世纪 80 年代，智能传感器主要以微处理器为核心，把传感器信号调节电路、微电子计算机存储器及接口电路集成到一块芯片上，使传感器具有一定的人工智能。20 世纪 90 年代智能化测量技术得到进一步提高，传感器实现了微型化、结构一体化、阵列式、数字式，具有使用方便、操作简单等优点，并具有自诊断功能、记忆与信息处理功能、数据存储功能、多参量测量功能、联网通信功能、逻辑思维及判断功能。

1．智能传感器的结构组成

智能传感器主要由传感器、微处理器及相关电路组成，如图 6-25 所示。传感器将测得的物理量、化学量转换成相应的电信号，再将电信号输送到信号调制电路中，经过滤波、放大、A/D 转换后送达微处理器。微处理器对接收到的信号进行计算、存储、数据分析处理后，一方面通过反馈回路对传感器与信号调制电路进行调节，以实现对测量过程的调节和控制；另一方面将处理的结果传输到输出接口，经接口电路处理后按输出格式和界面定制输出数字化的测量结果。微处理器是智能传感器的核心，它充分发挥了各种软件的功能，使传感器智能化，并大大提高了智能传感器的性能。

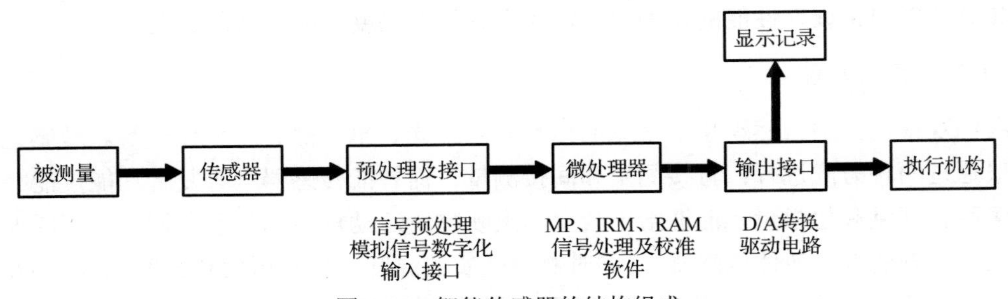

图 6-25　智能传感器的结构组成

2. 智能传感器的特点

1）精度高

智能传感器可通过自动校零去除零点，与标准参考基准进行实时对比，自动进行整体系统标定、非线性等系统误差的校正，实时采集大量数据进行分析处理，消除偶然误差对精度的影响，保证智能传感器的高精度。

2）高可靠性与高稳定性

智能传感器可以自动补偿因工作条件与环境参数发生变化而引起的系统特性的漂移，如，环境温度、系统供电电压波动产生的零点和灵敏度的漂移。在被测参数发生变化后智能传感器可以自动变换量程，实时进行系统自我检验，分析、判断采集数据的合理性，并自动进行异常情况的应急处理。

3）高信噪比与高分辨力

智能传感器具有数据存储、记忆与信息处理功能，通过数字滤波等相关分析处理，可去除输入数据中的噪声，自动提取有用数据；通过数据融合、神经网络技术可消除多参数状态下交叉灵敏度的影响。

4）强自适应性

智能传感器具有判断、分析与处理功能，它可以根据系统工作情况决策各部分的供电情况，以及与高/上位计算机的数据传输速率，使系统在最优低功耗状态下工作并优化传输效率。

5）较高的性价比

智能传感器具有的高性能不是像传统传感器那样，通过追求传感器本身的完善、对传感器的各环节进行精心设计与调试、进行“手工艺品”式的精雕细琢获得的，而是通过与微处理器/微计算机结合，采用廉价的集成电路工艺和芯片及强大的软件实现的，所以智能传感器具有较高的性价比。

3. 智能传感器的主要功能

智能传感器的主要功能是通过模拟人类的感官和大脑的协调动作，结合长期以来测试技术的研究成果和实际经验提出的。智能传感器是一个相对独立的智能单元，它的出现减轻了传感器对原来硬件性能的苛刻要求，而靠软件大幅度提高传感器的性能。

1）复合敏感功能

我们观察周围的自然现象，常见的信号有声、光、电、热、力和化学等。敏感元件测量一般通过两种方式进行：直接测量和间接测量。而智能传感器具有复合功能，能够同时测量多种物理量和化学量，能够给出较全面反映物质运动规律的信息。例如，美国加利福尼亚大学研制的复合液体传感器，可同时测量介质的温度、流速、压力和密度；美国 EG&GIC Sensors 公司研制的复合力学传感器，可同时测量物体在某一点的三维振动加速度、速度、位移等。

2）自适应功能

智能传感器在条件变化的情况下，可在一定范围内使自己的特性自动适应这种变化。由于采用自适应技术可以补偿老化部件引起的参数漂移，所以自适应技术可延长器件或装置的寿命。因为智能传感器能自动适应不同的条件，所以可扩大其工作领域。自适应技术提高了智能传感器的重复性和准确度，因为其校正和补偿数值已不再是一个平均值，而是测量点的真实修正值。

3）自检、自校、自诊断功能

传统的传感器需要定期进行检验和标定，以保证它在正常使用时具有足够的准确度，这些工作一般要求将传感器从使用现场拆卸后送到实验室或检验部门进行，如果在线测量传感器出现异常，则不能及时进行诊断。当采用智能传感器时，这种情况则大有改观。首先，自诊断功能在电源接通时进行自检、诊断测试以确定组件有无故障；其次，智能传感器可根据使用时间在线进行校正，微处理器利用存储在 E2PROM 的计量特性数据进行对比和校对。

4）信息存储功能

智能传感器可以存储大量信息，用户可随时查询。这些信息包括装置的历史信息。例如，智能传感器已工作多少个小时，更换了多少次电源等。也包括智能传感器的全部数据和图表，还包括组态选择说明等。此外还包括串行数、生产日期、目录表和最终出厂测试结果等。存储信息的内容可以无限，只受智能传感器本身存储容量的限制。智能传感器除了增加了过程数据处理、自诊断、组态和信息存储 4 个方面的功能外，还提供了数字通信功能和自适应功能。

5）数据处理功能

过程数据处理是一项非常重要的任务，智能传感器本身就提供了该功能。智能传感器不但能放大信号，还能使信号数字化，再利用软件实现信号调节。通常，传统的传感器不能给出线性信号，而过程控制却把线性度作为重要的追求目标。智能传感器通过查表方式可使非线性信号线性化。当然要针对每个智能传感器单独编制这种数据表。智能传感器过程数据处理的另一个实例是通过数字滤波器对数字信号进行滤波，从而减小噪声或其他相关效应的干扰。而且用软件研制复杂的滤波器要比用分立电子电路容易得多。

环境因素补偿也是数据处理的一项重要任务。微处理器能帮助提高信号检测的精确度。例如，通过测量基本检测元件的温度可获得正确的温度补偿系数，从而实现对信号的温度补偿。用软件也能实现非线性补偿和其他更复杂的补偿，这是因为查询表几乎能产生任意形状的曲线。有时必须测量和处理几个不同的物理量，这样将给出几个物理量各自的数据。智能传感器的微处理器使用户很容易实现多个信号的加、减、乘、除运算。在过程数据处理方面，智能传感器可以大显身手。

此外，智能传感器将这些操作从中心控制室下放到接近信号产生点也是大有好处的。首先，把附加信号发送给控制室花费的成本很高，而智能传感器省去了附加传感器和引线的成本。其次，由于附加信号是在信息的应用点检测到的，这样就大大降低了由长距离传输引入的负效应（如噪声、电位差等），从而使信号更准确。最后，智能传感器将这些操作从中心控制室下放到接近信号产生点可以简化主控制器中的软件，提高控制环的速度。

6）组态功能

智能传感器的另一个主要特性是组态功能。信号应该放大多少倍？温度传感器是以摄氏度还是华氏度输出温度的？智能传感器用户可随意选择需要的组态。例如，检测范围、可编程通/断延时、选组计数器、常开/常闭、8/12 位分辨率选择等。这只不过是当今智能传感器无数组态中的几种。灵活的组态功能大大减少了用户需要研制和更换必备的不同传感器的类型和数目。利用智能传感器的组态功能可使同一类型的传感器在最佳状态工作，并且可以在不同场合从事不同的工作。

7）数字通信功能

如上所述，由于智能传感器会产生大量数据，所以使用传统的传感器的单一连线无法为装置的数据提供必要的输入和输出。但也不能针对每个信息用一根引线，因为这样会使系统非常庞杂。因此它需要一种灵活的串行通信系统。在过程工业中，通常看到的是点与点串接及串联网络。因为智能传感器本身带有微处理器，是属于数字式的，所以它自然能配置与外部连接的数字串行通信。因为串行通信抗环境影响（如电磁干扰）的能力比普通模拟信号强得多。把串行通信系统配接到装置上，可以有效管理信息的传输，使数据只在需要时才输出。

6.2.2 机器视觉系统应用

1. 机器视觉系统的组成

机器视觉系统是指通过机器视觉产品（图像采集装置）获取图像，然后将获得的图像传送至处理单元，通过数字化图像处理进行目标尺寸、形状、颜色等的判别，进而根据判别结果控制现场设备。一个典型的机器视觉系统涉及多个领域的技术交叉与融合，包括光源照明技术、光学成像技术、传感器技术、数字图像处理技术、模拟与数字视频技术、机械工程技术、控制技术、计算机软/硬件技术、人机接口技术等。

机器视觉系统由获取图像信息的图像测量子系统与决策分类或跟踪对象的控制子系统组成。图像测量子系统又可分为图像获取和图像处理两部分。图像测量子系统包括照相机、摄像系统和光源设备等。例如，观测微小细胞的显微图像摄像系统，考察地球表面的卫星多光谱扫描成像系统，在工业生产流水线上的工业机器人监控视觉系统，医学层析成像系统（CT）等。图像测量子系统使用的光波段可以是可见光、红外线、X 射线、微波、超声波等。从图像测量子系统获取的图像可以是静止图像，如文字、照片等；也可以是动态图像，如视频图像等；可以是二维图像，也可以是三维图像。图像处理就是利用数学计算机或其他高速、大规模集成数字硬件设备，对从图像测量子系统获取的信息进行数学运算和处理，进而得到人们要求的效果。决策分类或跟踪对象的控制子系统主要由对象驱动机构和执行机构组成，它根据对图像信息处理的结果实施决策控制。例如，在线视觉测控系统对产品 NG 判定分类的去向控制、对自动跟踪目标动态视觉测量系统的实时跟踪控制，以及对工业机器人视觉的模式控制等。

目前市场上的机器视觉系统可以按结构类型分为两大类：基于 PC 的机器视觉系统和嵌入式机器视觉系统。基于 PC 的机器视觉系统采用传统的结构类型，其硬件包括 CCD 相机、视觉采集卡和 PC 等，目前居于市场应用的主导地位，但价格较贵，对工业环境的适应性较弱。嵌入式机器视觉系统将需要的大部分硬件如 CCD、内存、处理器及通信接口等压缩在一个“黑箱”式的模块里，又称为智能相机，其优点是结构紧凑、性价比高、使用方便、对环境的适应性强，是机器视觉系统的发展趋势。典型机器视觉系统硬件结构如图 6-26 所示。

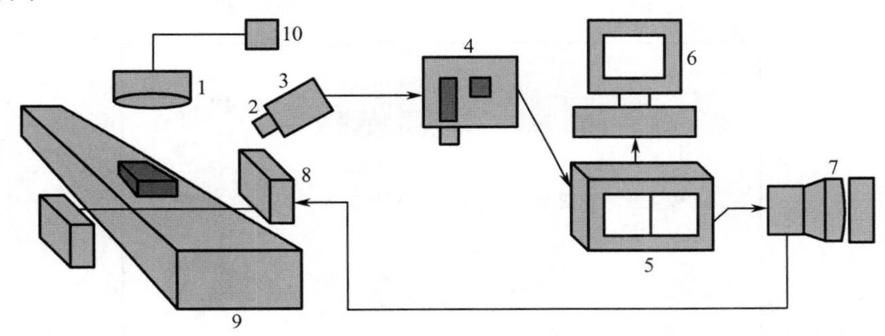

1—光源，分为前光源和后光源等；2—光学镜头，完成光学聚焦或放大功能；3—摄像机，分为模拟摄像机和数字摄像机，智能相机包括 3、4、5；4—图像采集卡，完成帧格式图像采集及数字化；5—图像处理系统，PC 或嵌入式计算机；6—显示设备，显示检测过程与结果；7—驱动单元，控制执行机构的运动方式；8—执行机构，执行目标动作；9—测试台与被测对象；10—光源电源

图 6-26　典型机器视觉系统硬件结构

在机器视觉系统中，良好的光源与照明方案往往是整个系统成功的关键。光源与照明方案的配合应尽可能地突出被测物体的特征参量，在增加图像对比度的同时，应保证足够的整体亮度；被测物体位置的变化不能影响成像的质量。光源的选择必须符合照明方案的几何形状、照明亮度、均匀度、发光的光谱特性等，同时还要考虑光源的发光效率和使用寿命。照明方案应充分考虑光源和光学镜头的相对位置、物体表面的纹理、被测物体的几何形状及背景等要素。

摄像机和图像采集卡共同完成对目标图像的采集与数字化，是整个机器视觉系统成功的另一个关键。高质量的图像信息是系统正确判断和决策的原始依据。在当前的机器视觉系统中，CCD 摄像机以其体积小巧、性能可靠、清晰度高等优点得到了广泛使用。

2．机器视觉系统的应用

在机器视觉系统的应用中，第一步都是采用图案匹配技术定位相机视场内的物体或其特征。物体的定位往往决定机器视觉系统应用的成败。如果图案匹配软件工具无法精确定位图像中的元件，那么，它将无法引导、识别、检验、计数或测量元件。在实际生产过程中，元件外观的差异及形变会导致对元件的定位变得困难（见图 6-27 和图 6-28）。

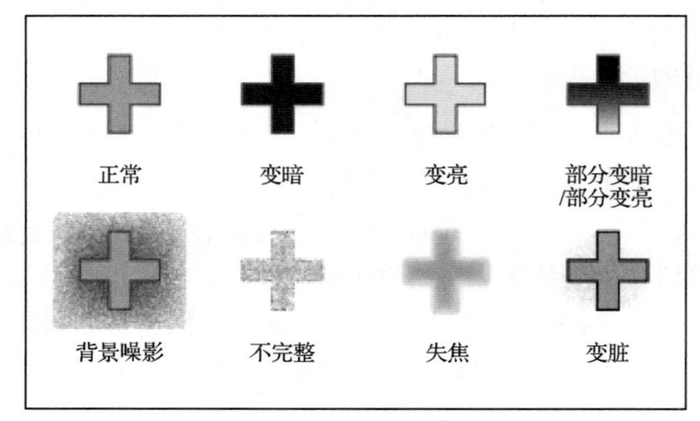

图 6-27　元件因照明或遮挡出现的外观变化

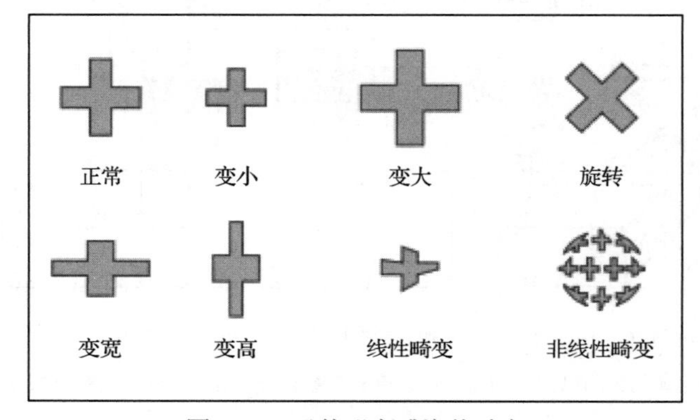

图 6-28　元件形变或姿势畸变

要得到精确、可靠、可重复的测量结果，机器视觉系统的元件定位工具必须足够智能化，能够快速、精确地将训练图案与生产线上输送过来的实际物体进行比较（图案匹配）。机器视觉系统的主要应用包括引导、识别、测量和检验元件，对元件进行定位是非常关键的一步。

1）引导

引导是指在机器视觉系统定位元件的位置和方向后，输出元件的位置参数，引导执行机构完成下一个动作（如工业机器人进行抓取、激光进行切割等）。

机器视觉系统引导在许多任务中都能够实现比人工定位高得多的速度和精度。例如，将元件放入货盘或从货盘中拾取元件；对输送带上的元件进行包装；对元件进行定位和对位，以便将其与其他部件装配在一起；将元件放置到工作架上；将元件从箱子中移走。机器视觉系统引导使用的图像实例如图 6-29 所示。

2）识别

识别是指机器视觉系统通过读取条形码、二维码，直接将部件标志（DPM）及元件、标签和包装上印刷的字符数据识别出来，如图 6-30 所示。

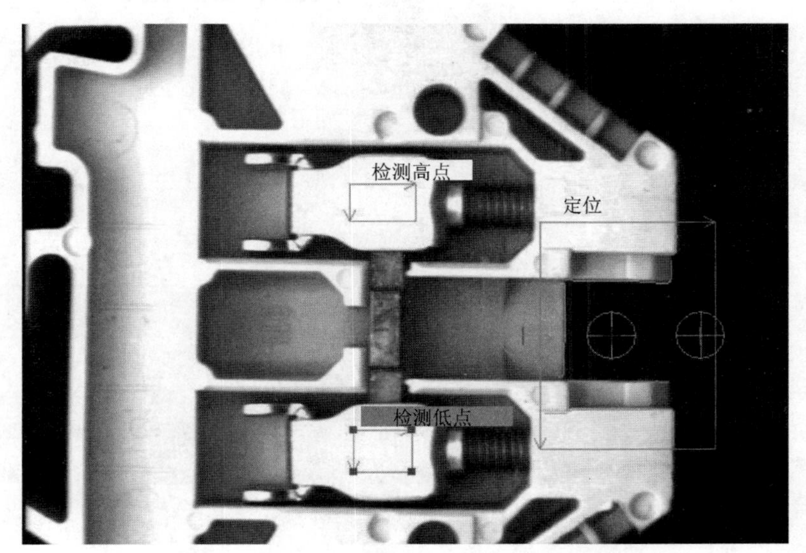

图 6-29　机器视觉系统引导使用的图像实例

图 6-30　图像识别

3）测量

测量是指机器视觉系统通过计算物体上两个或两个以上的点或者几何位置之间的距离进行测量，然后确定这些测量结果是否符合规格。如果测量结果不符合规格，那么机器视觉系统将向机器控制器发送一个未通过信号，进而触发生产线上的不合格产品剔除装置，将该产品从生产线上剔除。

在实际生产过程中，当元件经过相机视场时，固定式相机将会采集该元件的图像，然后，机器视觉系统将使用软件计算图像中不同点之间的距离。由于许多机器视觉系统在测量物体特征时能够将公差保持在 0.03mm 以内，所以它们能够解决许多传统方式利用接触式测量无法解决的问题。机器视觉系统测量如图 6-31 所示。

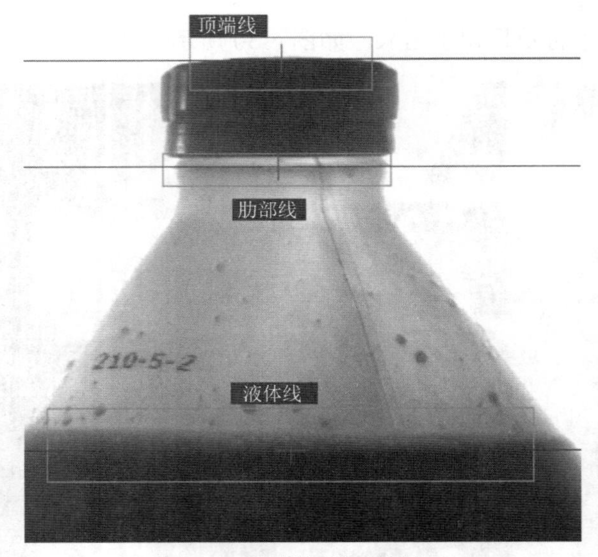

图 6-31　机器视觉系统测量

4）检验

检验是指机器视觉系统通过检测产品是否存在缺陷、污染物、功能性瑕疵和其他不合规之处进行产品检验，如图 6-32 所示。

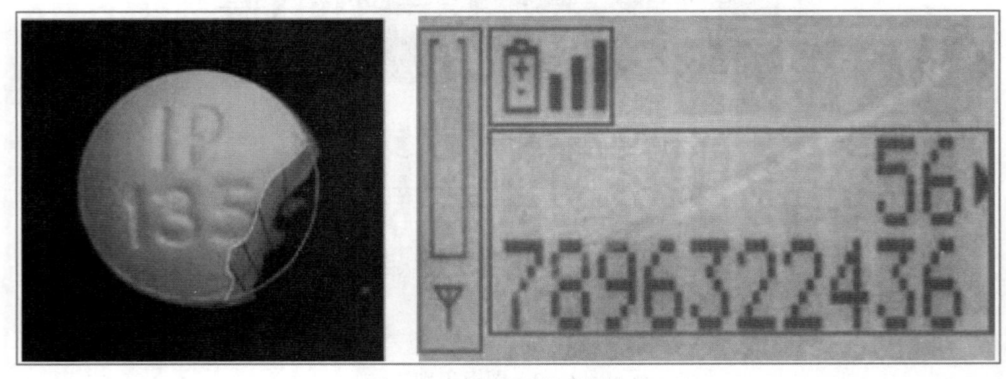

图 6-32　机器视觉系统检验

机器视觉系统检验的应用实例包括检验片剂式药品是否存在缺陷；检验显示屏，验证图标的正确性或确认像素的存在性；检验触摸屏，测量背光对比度水平。机器视觉系统还能够检验产品的完整性。例如，在食品和医药行业，机器视觉系统用于确保产品与包装的匹配性，以及检查包装瓶上的安全密封垫、封盖和安全环是否存在。

6.2.3　力觉系统应用

多维力传感器是力觉系统中比较常用的传感器，本节将以多维力传感器为例进行讲解。

1. 多维力传感器简介

多维力传感器（见图6-33）能同时检测三维空间的3个力/力矩信息，通过它的控制系统不但能检测和控制工业机器人抓取物体的握力，还可以检测待抓取物体的质量，以及在抓取操作过程中是否有滑动、振动等。

图6-33 多维力传感器

2. 多维力传感器的应用

打磨是一种表面改性的工艺技术，应用非常广泛。常规的打磨方案采用人工打磨，生产效率低、工作周期长，而且精度不高、产品均一性差。尤其是打磨现场的噪声和粉尘污染对工人的伤害特别大。

打磨机器人系统由打磨机器人本体、控制柜、路径规划计算机、打磨工具、六维力-力矩传感器及打磨工作台等组成，如图6-34所示。

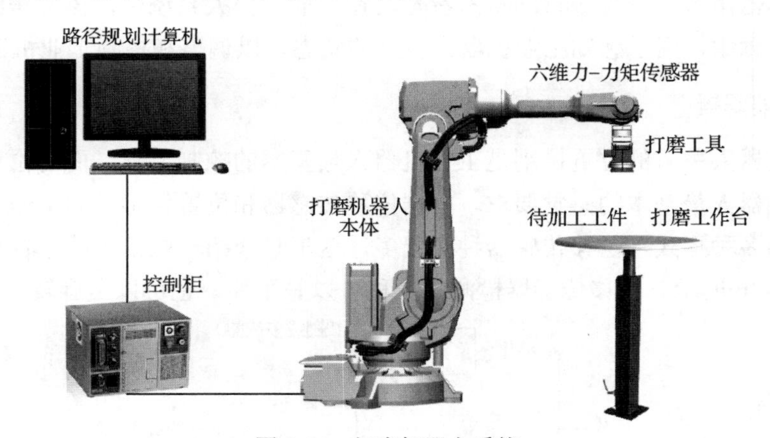

图6-34 打磨机器人系统

六维力-力矩传感器安装在打磨机器人的六轴末端的法兰盘上，用于测量待加工工件在传感器坐标系中X、Y、Z方向受到的力和力矩的大小。打磨工具通过连接件安装在六维力-力矩传感器的测量面。路径规划计算机用于规划打磨工具在待加工工件上的打磨路径，其输出端和控制柜相连。打磨机器人的加工过程为：路径规划计算机先对打磨工具在工件上的打磨路径进行规划，并将规划完成的打磨机器人的位置信息传递给打磨机器人位置控制器，打磨机器人位置控制器驱动打磨机器人到达相应位置开始打磨，六维力-力矩传感器测量打磨工具和待加工工件之间力的大小，再将测量信息传递给力控制器，力控制器对打磨机器人进行调节以保持打磨工具和待加工工件之间的力相对恒定，从而保证打磨效果。

对不同型号的工件或多种工件同时作业时，还可以通过视觉系统与力觉系统的结合，实现不同工件间打磨的自动切换。采用视觉系统和力觉系统结合的打磨工作站如图 6-35 所示，该打磨工作站可进行两种工件的打磨作业，当作业开始时，先通过视觉系统确定第一种工件的位置，然后更换带有恒力装置的打磨头进行打磨作业。当进行第二种工件的作业时，再次更换相机，拍照确定工件位置后进行打磨作业。

图 6-35　视觉系统和力觉系统结合的打磨工作站

6.2.4　位置传感器应用

位置传感器用于测量设备移动状态参数。在工业机器人系统中，该类传感器安装在工业机器人坐标轴中，用于感知工业机器人自身的状态，以调整和控制工业机器人的行动。

1. 光电编码器

对工业机器人关节的位置控制是工业机器人最基本的控制要求，而对位移和位置的检测也是工业机器人最基本的感觉要求。根据位移传感器和位置传感器的工作原理和组成的不同将其分为多种形式。位移传感器种类繁多，这里只介绍一些常用的。各种类型的位移传感器如图 6-36 所示。位移传感器检测的位移可以是平移，也可以是旋转。

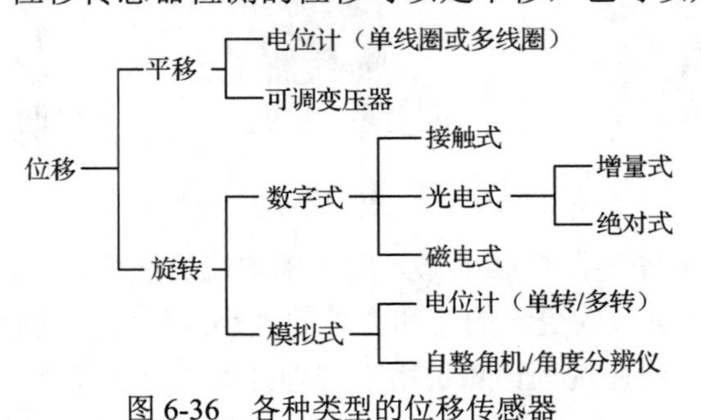

图 6-36　各种类型的位移传感器

光电编码器是集光、机、电技术于一体的数字化传感器，它利用光电转换原理将旋转信息转换为电信息，并以数字代码形式输出，可以高精度地测量旋转角度或直线位移。光电编码器具有测量范围大、检测精度高、价格低廉等优点，在工业机器人的位置检测及其他工业领域都得到了广泛应用，本节主要介绍光电编码器的内容。一般把光电传感器装在工业机器人各关节的旋转轴上，用于测量各关节旋转轴转过的角度，如图 6-37 所示。

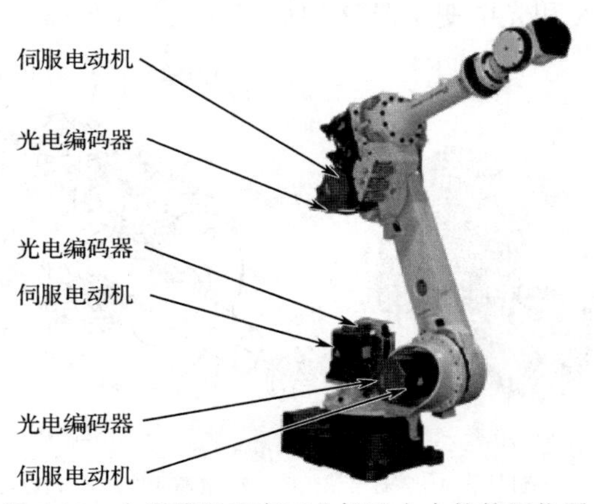

图 6-37　电光编码器在工业机器人中的使用位置

光电编码器分为增量式光电编码器和绝对式光电编码器。增量式光电编码器具有结构简单、体积小、价格低、精度高、响应速度快、性能稳定等优点，所以其应用更为广泛。在高分辨率和大量程角速率/位移测量系统中，增量式光电编码器更具优越性。绝对式光电编码器可以直接给出对应于每个旋转角度的数字信息，便于计算机进行处理，但当进给数大于一转时，必须进行特殊处理，而且必须用减速齿轮将两个以上的绝对式光电编码器连接起来，组成多级检测装置，因此其结构复杂、成本高。

1）增量式光电编码器

a．增量式光电编码器的结构

增量式光电编码器是指随旋转轴旋转的光电码盘给出一系列脉冲，然后根据光电码盘的旋转方向使用计数器对这些脉冲进行加减计数，以此表示旋转轴转过的角位移量。增量式光电编码器结构示意图如图 6-38 所示。光电码盘与旋转轴连在一起。光电码盘可采用玻璃材料制备，在其表面镀上一层不透光的金属铬，然后在边缘制成向心的透光狭缝。透光狭缝在电光码盘圆周边缘等分，数量从几百条到几千条不等。这样，整个光电码盘圆周边缘就被等分成 n 个透光槽。增量式光电编码器的光电码盘也可采用不锈钢薄板制备，然后在其圆周边缘切割出均匀分布的透光槽。

b．增量式光电编码器的工作原理

增量式光电编码器的工作原理如图 6-39 所示。它由主码盘（光电盘）、鉴向盘、光学系统和光电变换器组成。主码盘的圆周上刻有间距相等的辐射状窄缝，形成均匀分布的透明区和不透明区。鉴向盘与主码盘平行，并刻有 a、b 两组透明检测窄缝，它们彼此错开

1/4 间距，以使 A、B 两个光电变换器的输出信号在相位上相差 90°。在工作时，鉴向盘静止不动，主码盘与旋转轴一起转动，光源发出的光投射到主码盘与鉴向盘上。当主码盘上的不透明区正好与鉴向盘上的透明窄缝对齐时，光线全部被遮住，光电变换器的输出电压最小；当主码盘上的透明区正好与鉴向盘上的透明窄缝对齐时，光线全部通过，光电变换器的输出电压最大。主码盘每转过一个刻线周期，光电变换器将输出一个近似的正弦波电压，而且光电变换器 A 和光电变换器 B 的输出电压的相位差为 90°。

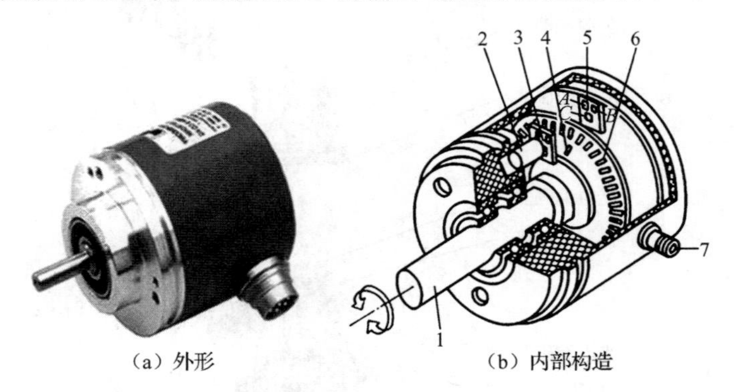

（a）外形　　（b）内部构造

1—旋转轴；2—发光二极管；3—光栏板；4—零标志位光槽；5—光敏元件；6—光电码盘；7—电源及信号线链接座

图 6-38　增量式光电编码器结构示意图

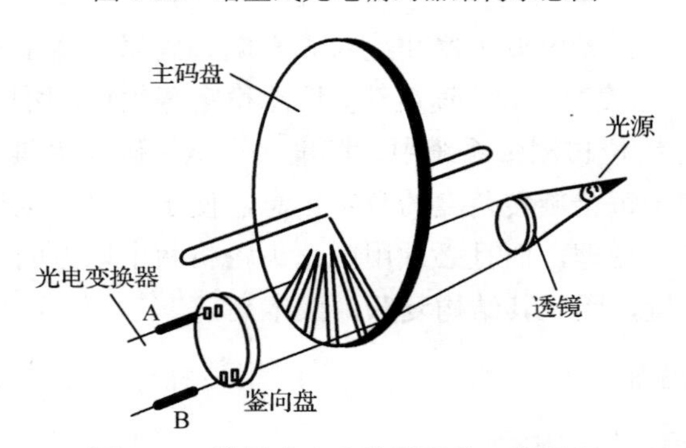

图 6-39　增量式光电编码器的工作原理

当光电码盘随旋转轴一起转动时，光线透过光电码盘和光栏板狭缝，形成忽明忽暗的光信号。光敏元件把此光信号转换成电脉冲信号，电脉冲信号通过信号处理电路后，向数控系统输出脉冲信号，也可由数码管直接显示位移量。

光电编码器的测量准确度与光电码盘圆周上的透光槽数 n 有关，能分辨的角度 α 为 360°/n，分辨率为 1/n。例如：光电码盘圆周的透光槽数为 1024 个，则能分辨的最小角度为 α=360°/1024=0.352°。

为了判断光电码盘的旋转方向，必须在光栏板上设置两个狭缝，其距离是光电码盘上两个狭缝距离的（m+1/4）倍（m 为正整数），并设置两组对应的光敏元件，如图 6-39 中的 A、B 光敏元件，有时也称为 cos 元件、sin 元件。当检测对象旋转时，同轴或关联安装的光电编码器便会输出 A、B 两路相位相差为 90° 的数字脉冲信号。光电编码器的输出波形如图 6-40 所示。为了得到光电码盘转动的绝对位置，还需要设置一个基准点，如图 6-38 所示的零标志位光槽。光电码盘每旋转一圈，零标志位光槽对应的光敏元件产生一个脉冲，称为“一转脉冲”，如图 6-40 所示的 C_0 脉冲。

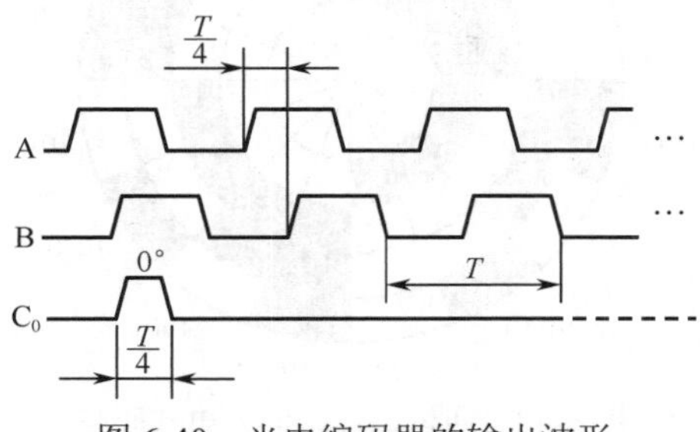

图 6-40　光电编码器的输出波形

当光电编码器正向旋转和反向旋转时 A、B 信号的波形及其时序关系，如图 6-41 所示。当光电编码器正向旋转时 A 信号的相位比 B 信号超前 90°，如图 6-41（a）所示；当光电编码器反向旋转时 B 信号的相位比 A 信号超前 90°，如图 6-41（b）所示。A 和 B 输出的脉冲个数与被测角位移变化量成线性关系，因此，通过对脉冲个数进行计数就能计算出相应的角位移。根据 A 和 B 之间的这种关系能正确地解调出的被测机械的旋转方向和旋转角位移/速率就是所谓的脉冲辨向和计数。脉冲的辨向和计数既可用软件实现也可用硬件实现。

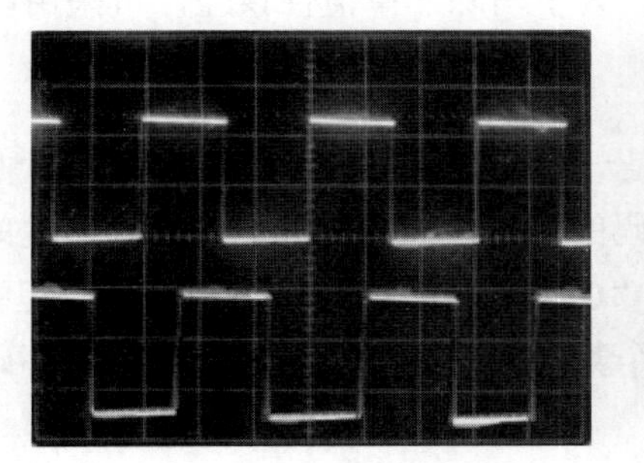

（a）A 超前于 B，判断为正向旋转

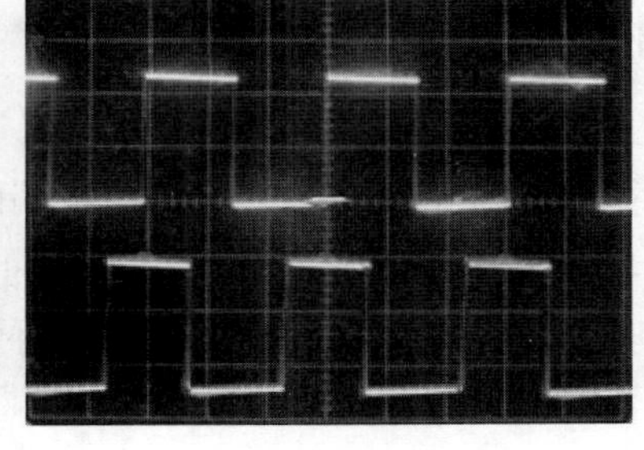

（b）A 滞后于 B，判断为反向旋转

图 6-41　光电编码器的正向旋转和反向旋转波形

2）绝对式光电编码器

绝对式光电编码器是通过读取光电码盘上的图案信息直接把被测角位移转换成相应代码的检测元件。码盘有光电式码盘、接触式码盘和电磁式码盘 3 种。

光电式码盘目前应用较多，它在透明材料的圆盘上精确地印制上二进制编码。四位二进制的光电式码盘如图 6-42 所示，光电式码盘上各圈圆环分别代表一位二进制的数字码道，在同一圈数字码道上印制黑白等间隔图案，形成一套编码。黑色不透光区和白色透光区分别代表二进制的“0”和“1”。在一个四位光电式码盘上，有 4 圈数字码道，每一圈数字码道表示二进制的一位，里侧是高位，外侧是低位，在 360° 范围内可编数码数为 2^4=16 个。

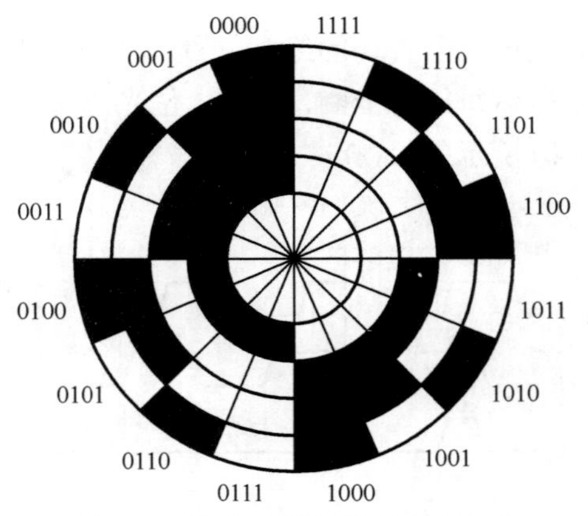

图 6-42　四位二进制的光电式码盘

在工作时，光电式码盘的一侧放置电源，另一侧放置光电接收装置，每圈数字码道都对应一个光电管及放大电路、整形电路。当光电式码盘旋转到不同位置时，光电元件接收光信号，并将其转换成相应的电信号，经放大整形后，成为相应的数码电信号。由于受制造和安装精度的影响，在两码段交替过程中码盘旋转会产生读数误差。例如，当码盘顺时针方向旋转，由位置“0111”变为“1000”时，这四位数要同时变化，可能将数码误读成16种代码中的任意一种，如读成1111、1011、1101、…、0001等，这会产生很大的无法估计的数值误差，这种误差称为非单值性误差。为了消除非单值性误差，可采用以下方法。

a．循环码盘（或称格雷码盘）

循环码盘习惯上又称为格雷码盘，它也是一种二进制编码，只有“0”和“1”两个数。四位二进制循环码盘如图6-43所示。这种编码的特点是任意相邻的两个代码之间只有一位代码有变化，即“0”变为“1”或“1”变为“0”。因此，在两个数的变换过程中，产生的读数误差最多不超过 1，只可能读成相邻两个数中的一个数。所以，使用循环码盘是一种消除非单值性误差的有效方法。

b．带判位光电装置的二进制循环码盘

这种码盘是在四位二进制循环码盘的最外圈再增加一圈信号位。带判位光电装置的二进制循环码盘如图6-44所示。该码盘最外圈上信号位的位置正好与状态交线错开，只有当信号位的光电元件有信号时才读数，这样就不会产生非单值性误差。

c．工业机器人中使用的光电编码器

在工业机器人系统中，由于受机械机构的限制，不可能在末端执行器处安装位置传感器直接检测手部在空间中的位姿，所以都利用安装在伺服电动机处的光电编码器读出关节的旋转角度，然后利用运动学求出手部在空间的位姿。而工业机器人通电或复位后不允许找零，必须知道机身当前所处的状态，因此绝对式光电编码器是必需的。由于绝对式光电编码器只能在伺服电动机旋转一圈内进行记忆，而工业机器人关节的伺服电动机不可能只在一圈内转动，很显然绝对式光电编码器是不合适的。解决该问题采用的方法是采用增量式光电编码器内置电池，通过电池供电解决增量式光电编码器断电后不能记忆的问题，其代码由电池记忆而成为绝对值，且并非每个位置都有一一对应的代码表示，因此这种编码器也称为伪绝对式光电编码器。

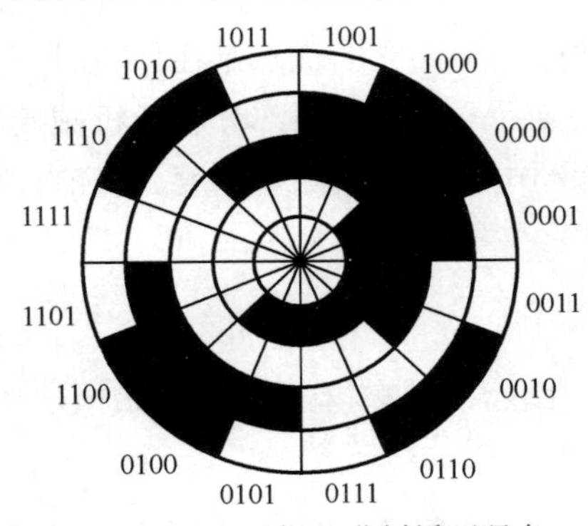

图 6-43 四位二进制循环码盘

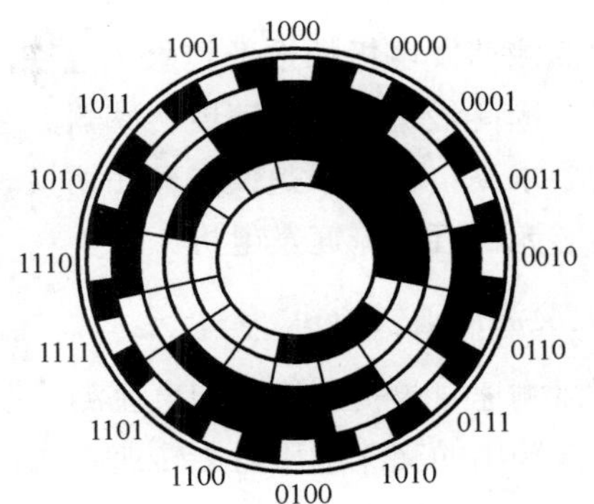

图 6-44 带判位光电装置的二进制循环码盘

2. 速度传感器

速度传感器是工业机器人中较重要的内部传感器之一。由于在工业机器人中主要测量的是工业机器人关节的运动速度，所以这里仅介绍角速度传感器。除了使用前述的光电编码器外，测速发电机也是广泛使用的角速度传感器。测速发电机可分为两种：直流测速发电机和交流测速发电机。

1）直流测速发电机

直流测速发电机是一种用于检测机械转速的电磁装置，它能把机械转速变换为电压信号，其输出电压与输入的转速成正比，其实质是一种微型直流发电机，它的绕组和磁路经过精确设计，其结构原理如图 6-45 所示。

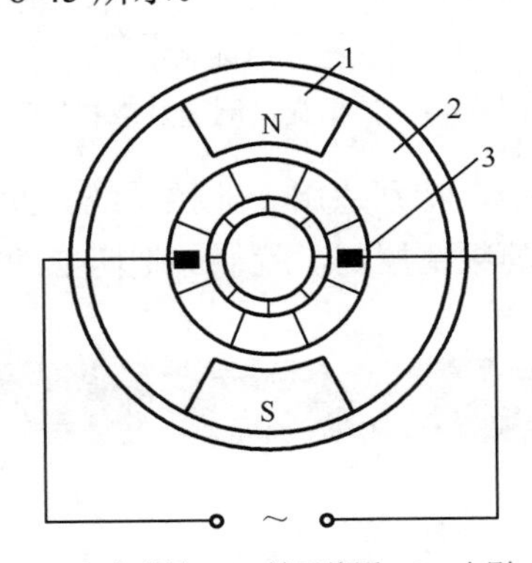

1—永久磁铁；2—转子线圈；3—电刷

图 6-45 直流测速发电机结构原理

当直流测速发电机改变旋转方向时，输出电动势的极性发生相应改变。当被测机构与直流测速发电机同轴连接时，只要检测出输出电动势，就能获得被测机构的转速，故直流测速发电机又称为速度传感器。直流测速发电机广泛应用于各种速度或位置控制系统。在自动控制系统中，直流测速发电机作为检测速度的元件，通过调节电动机转速或反馈提高控制系统的稳定性和精度；在检测装置中既可作为微分、积分元件，也可作为加速或延迟信号，或用于测量各种运动机械在摆动、转动或直线运动时的速度。

直流测速发电机的定子是永久磁铁，转子是线圈绕组，它的优点是在停机时不产生残留电压，因此最适宜用作速度传感器。它有两个缺点：一个是电刷部分属于机械接触，对维修的要求高；另一个是换向器在切换时产生的脉动电压会降低测量精度。目前，市场上也出现了无刷直流测速发电机。

2）交流测速发电机

交流测速发电机的构造和直流测速发电机正好相反，它在转子上安装多磁极永久磁铁，定子线圈输出的交流电压与旋转速度成正比。

二相交流测速发电机是交流测速发电机中的一种，其原理如图 6-46 所示。转子由铜、铝等材料组成，定子由相互分离的、空间位置成 90° 的励磁线圈和输出线圈组成。在励磁线圈上施加一定频率的交流电压产生磁场，使转子在磁场中旋转产生涡流，而涡流产生的磁场又反过来使交流磁场发生偏转，于是合成的磁场在输出线圈中感应出与转子旋转速度成正比的电压。

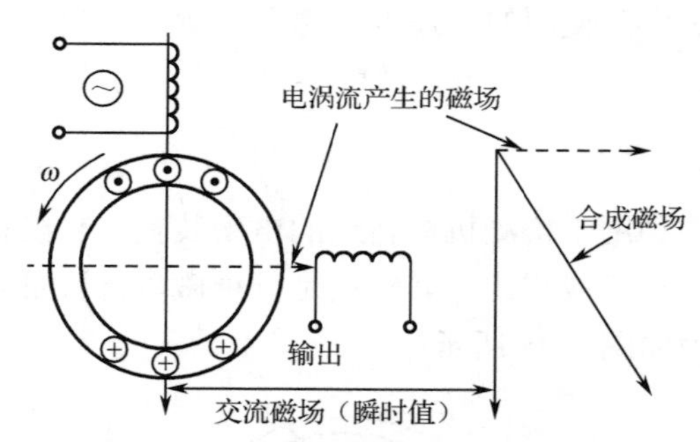

图 6-46　二相交流测速发电机原理

交流测速发电机的应用较少，特别适用于遥控系统。此外，当它与可调变压器式位置传感器连用时，只要通过相同的频率控制，就能够把两者的输出信号结合起来。

6.3　PLC 技术应用

6.3.1　PLC 概述

可编程序控制器，英文名称为 Programmable Controller，简称 PC。但由于 PC 容易和个人计算机（ Personal Computer）混淆，故人们仍习惯用 PLC 作为可编程序控制器的缩写。它是一个以微处理器为核心的数字运算操作的电子系统装置，专门为了在工业现场应用而设计，它采用可编程序的存储器，因此可以在其内部存储执行逻辑运算、顺序控制、定时/计数和算术运算等操作指令，并通过数字式或模拟式的输入、输出（I/O）接口，控制各种类型的机械或生产过程。PLC 是微机技术与传统继电接触控制技术相结合的产物，它克服了继电接触控制技术中的机械触点的接线复杂、可靠性低、功耗高、通用性和灵活性差的缺点，既充分利用了微处理器的优点，又照顾到了现场电气操作人员的技能与习惯， 特别是 PLC 的程序编制，不需要专门的计算机编程语言知识，而采用了一套以继电器梯形图为基础的简单指令形式，使用户程序编制形象、直观、方便易学；调试与查错也很方便。用户在购买到需要的 PLC 后，只需要按照说明书的提示进行少量的接线和简易的用户程序编制工作，就可以将 PLC 应用于生产实践。

1．PLC 的结构及各部分的作用

PLC 的类型繁多，功能和指令系统也不尽相同，但其结构与工作原理则大同小异，通常由主机、I/O 接口、电源扩展器接口和外部设备接口等几个主要部分组成。PLC 的硬件系统结构如图 6-47 所示。

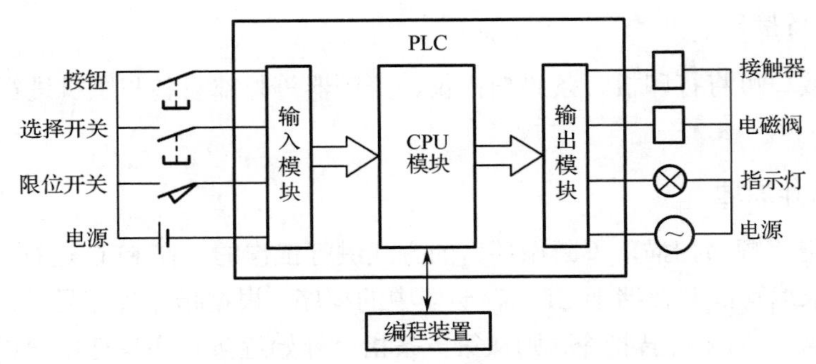

图 6-47　PLC 的硬件系统结构

1）主机

主机部分包括中央处理器（CPU）、系统程序存储器和用户程序及数据存储器。CPU 是 PLC 的核心，它用于运行用户程序、监控 I/O 接口状态、进行逻辑判断和数据处理，即读取输入变量、完成用户指令规定的各种操作，将结果输送到输出端，并响应外部设备（如计算机、打印机等）的请求及进行各种内部判断等。PLC 的内部存储器有两类，一类是系统程序存储器，主要存储系统管理和监控程序及对用户程序进行编译处理的程序，系统程序存储器由厂家固定，用户不能更改；另一类是用户程序及数据存储器，主要存储用户编制的应用程序及各种暂存数据和中间结果。

2）I/O 接口

I/O 接口是 PLC 与 I/O 设备连接的部件。输入接口接收输入设备（如按钮、传感器、触点、行程开关等）的控制信号。输出接口是将经主机处理后的结果通过功放电路驱动输出设备（如接触器、电磁阀、指示灯等）。I/O 接口一般采用光电耦合电路，以减少电磁干扰，提高可靠性。I/O 点数即 I/O 端子数是 PLC 的一项重要技术指标，通常小型机有几十个点，中型机有几百个点，大型机超过千个点。

3）电源

电源是指为 CPU、存储器、I/O 接口等内部电子电路工作配置的直流开关稳压电源，通常也为输入设备提供直流电源。

4）编程

编程是指用户利用外部设备输入、检查、修改、调试 PLC 程序或监控 PLC 的工作情况。通过专用的 PC/PPI 电缆将 PLC 与计算机进行连接，并利用专用的软件进行计算机编程和监控。

5）I/O 扩展接口

I/O 扩展接口用于将扩充外部 I/O 端子数的扩展单元与基本单元（主机）连接在一起。

6）外部设备接口

外部设备接口可将打印机、条码扫描仪、变频器等外部设备与主机进行连接，以完成相应的操作。

2. PLC 工作原理

PLC 是采用“顺序扫描，不断循环”的方式进行工作的。在 PLC 运行时， CPU 根据用户按控制要求编写好并存储于 CPU 存储器中的程序，根据指令步序号（或地址号）进行周期性循环扫描， 如无跳转指令，则从第一条指令开始逐条顺序执行用户程序，直至程序结束。然后重新返回第一条指令，开始下一轮扫描。在每次扫描过程中，还要完成对输入信号的采样和对输出状态的刷新等工作。

PLC 的一个扫描周期必经输入采样、程序执行和输出刷新 3 个阶段。

在程序执行阶段，PLC 按用户程序指令存储的先后顺序扫描执行每条指令，经过相应的运算和处理后，再将结果写入输出状态寄存器中，输出状态寄存器中所有的内容随着程序的执行而改变。

在输出刷新阶段，当所有指令执行完毕后，输出状态寄存器的通断状态在输出刷新阶段输送至输出锁存器中，并通过一定的方式（继电器、晶体管或晶闸管）输出，驱动相应的输出设备工作。

3. PLC 的程序编制

1）编程元件

PLC 是采用软件编制程序实现控制要求的。在编程时需要使用各种编程元件，它们可以提供无数个动合触点和动断触点。编程元件是指输入寄存器、输出寄存器、位存储器、定时器、计数器、通用寄存器、数据寄存器及特殊功能存储器等。

PLC 内部这些存储器的作用和继电接触控制系统中使用的继电器十分相似， 也有“线圈”与“触点”，但它们不是“硬”继电器，而是 PLC 存储器的存储单元。当写入该单元的逻辑状态为“1”时，则表示相应继电器线圈得电，其动合触点闭合，动断触点断开。所以，将这些内部的继电器称为“软”继电器。

2）编程语言

所谓程序编制，就是用户根据控制对象的要求，利用 PLC 厂家提供的程序编写语言，将一个控制要求描述出来的过程。PLC 最常用的编程语言是梯形图（语言）和指令语句表（语言），且两者常常联合使用。

a．梯形图

梯形图是一种由继电接触控制电路图演变而来的图形语言。它借助类似于继电器的动合触点、动断触点、线圈，以及串联、并联等术语和符号，根据控制要求连接而成，是表示 PLC 输入和输出之间逻辑关系的图形，直观易懂。

梯形图常用图形符号分别表示 PLC 编程元件的动合触点和动断触点；用“(　)”表示它们的线圈。梯形图中编程元件的种类用图形符号及标注的字母或数字加以区别。触点和线圈等组成的独立电路称为网络，用编程软件生成的梯形图和指令语句表程序中有网络编号，允许以网络为单位对梯形图进行注释。

梯形图的设计应注意以下 3 点。

（1）梯形图按从左到右、从上到下的顺序排列。每一逻辑行（或称梯级）起始于左母线，然后进行触点的串联、并联，最后是线圈。

（2）梯形图中每个梯级流过的不是物理电流，而是概念电流，从左流向右，其两端没有电源。这个概念电流只用于形象地描述用户程序执行中应满足线圈接通的条件。

（3）输入寄存器用于接收外部输入信号，而不能由 PLC 内部其他继电器的触点驱动。因此，梯形图中只出现输入寄存器的触点，而不出现其线圈。输出寄存器则将程序执行结果输送给外部输出设备，当梯形图中的输出寄存器线圈得电时，就有信号输出，但不是直接驱动输出设备，而要通过输出接口的继电器、晶体管或晶闸管才能驱动输出设备。输出寄存器的触点也可供内部编程使用。

b．指令语句表

指令语句表是一种用指令助记符编制 PLC 程序的语言，它类似于计算机的汇编语言，但比汇编语言易懂易学，由若干条指令组成的程序就是指令语句表。一条指令语句由步序、指令语和作用器件编号 3 部分组成。

6.3.2　PLC 应用

PLC 已广泛应用于钢铁、石油、化工、电力、建材、机械制造、汽车、轻纺、交通运输、环保及文化娱乐等领域。PLC 的应用可大致归纳为如下几类。

1）开关量的逻辑控制

这是 PLC 最基本、最广泛的应用领域，它取代传统的继电器电路，实现了逻辑控制、顺序控制，既可用于对单台设备的控制，也可用于多机群控及对自动化流水线控制。例如，注塑机、印刷机、订书机械、组合机床、磨床、包装生产线、电镀流水线等

2）模拟量控制

在工业生产过程中，有许多连续变化的量，如温度、压力、流量、液位和速度等都是模拟量。PLC 在处理模拟量时，必须实现模拟量（Analog）和数字量（Digital）之间的 A/D 转换及 D/A 转换。PLC 厂家都生产配套的 A/D 转换模块和 D/A 转换模块，使 PLC 用于模拟量控制。

3）运动控制

PLC 可以用于圆周运动或直线运动的控制，广泛用于各种机械、机床、机器人、电梯等场合。

4）过程控制

过程控制是指对温度、压力、流量等模拟量的闭环控制。PID 调节是一般闭环控制系统中用得较多的调节方法。大中型 PLC 都有 PID 模块，目前许多小型 PLC 也具有此模块。过程控制在冶金、化工、热处理、锅炉控制等场合有非常广泛的应用。

5）数据处理

现代 PLC 具有数学运算（含矩阵运算、函数运算、逻辑运算）、数据传送、数据转换、排序、查表、位操作等功能，可以完成数据的采集、分析及处理等任务。这些可以将数据与存储在存储器中的参考值进行比较，完成一定的控制操作，也可以利用通信功能传送到其他的智能装置，如造纸、冶金、食品工业中的一些大型控制系统。

6）通信及联网

PLC 通信包括 PLC 之间的通信及 PLC 与其他智能设备之间的通信。随着计算机控制技术的发展，工厂自动化网络发展得很快，各 PLC 厂商都十分重视 PLC 的通信功能，纷纷推出各自的网络系统。最近生产的 PLC 都具有通信接口，通信非常方便。

6.4 触摸屏技术应用

触摸屏是一种可编程控制的人机界面产品，如图 6-48 所示，适用于现场控制，具有可靠性高、编程简单、使用和维护方便的优点。在工艺参数较多又需要人机交互时使用触摸屏，可使整个生产的自动化控制的功能得到加强。

图 6-48　触摸屏

6.4.1　触摸屏主要结构

一个基本的触摸屏是由触摸传感器、控制器和软件驱动器 3 个主要组件组成的。在与 PLC 等终端连接后，可组成一个完整的监控系统。

随着物联网等通信技术的发展，触摸屏可以支持越来越多的通信协议，这也使得触摸屏可连接的终端越来越丰富。常见触摸屏接口如图 6-49 所示。

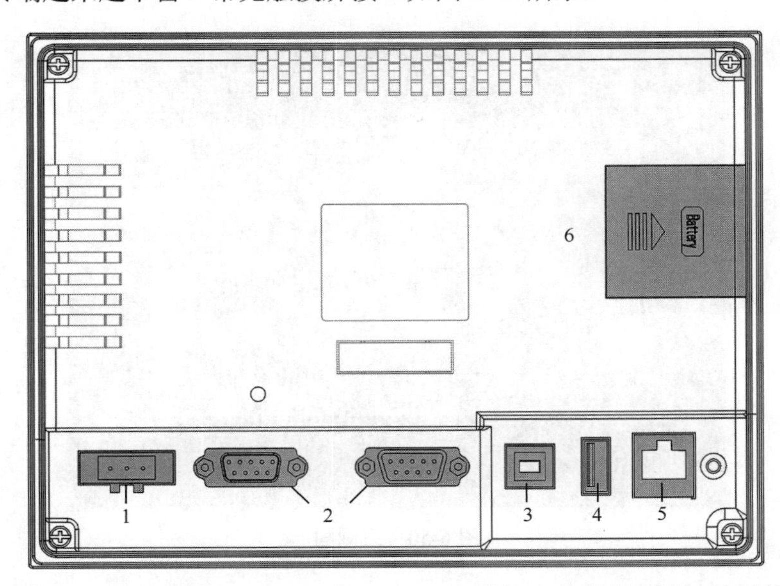

1—电源接口；2—串行通信接口；3—USB 接口 1；4—USB 接口 2；5—以太网接口；6—SIM 卡插座

图 6-49　常见触摸屏接口

这些接口不仅能够支持更多的终端设备，也使触摸屏的集成越来越简单。

（1）电源接口：用于触摸屏的供电，供电电压通常为直流 24V。

（2）串行通信接口：触摸屏与 PLC 的通信接口。

（3）USB 接口 1：可用于 PC 下载、调试用户程序。

（4）USB 接口 2：U 盘的数据读写，可连接鼠标、打印机等设备。

（5）以太网接口：可支持基于以太网的通信协议，可用于访问具有以太网接口的 PLC，或 PC 等设备。

（6）SIM 卡插座：可通过 SIM 卡，使移动基站与服务器建立无线通信，进行数据传输。

6.4.2 触摸屏画面设计原则

触摸屏画面由专用软件进行设计，先通过仿真调试，认为画面正确后再下载到触摸屏。触摸屏画面总数应在其存储空间允许的范围内，各画面之间尽量做到可相互切换。

1．主画面的设计

在一般情况下，可用欢迎画面或被控系统的主系统画面作为主画面，该画面可进入各分画面。各分画面均能一步返回主画面。若是将被控系统画面作为主画面，则应在主画面中显示被控系统的主要参数，以便在此画面上对整个被控系统进行大致了解，如图 6-50 所示。在主画面中，可以使用按钮、图形、文本框、切换画面等控件实现信息提示、画面切换等功能。

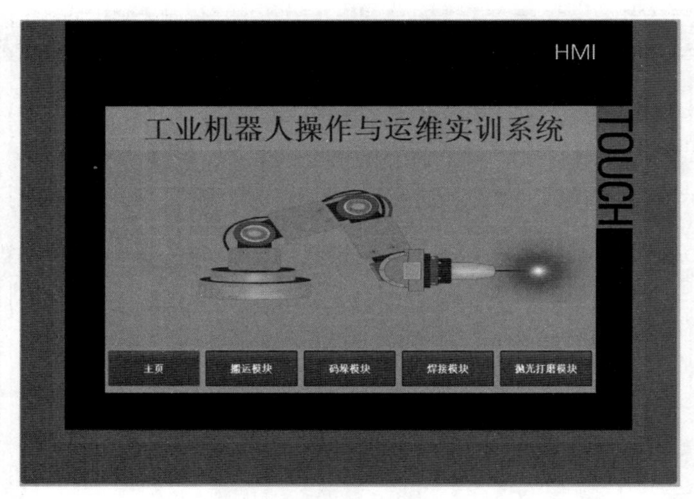

图 6-50　主画面

2．控制画面的设计

控制画面主要用于控制被控设备的启动和停止及显示 PLC 的内部参数，也可将 PLC 参数的设定设计在控制画面中。控制画面的数量在触摸屏画面中占得最多，其具体画面数量由实际被控设备决定。在控制画面中，可以通过图形控件、按钮控件，采用连接变量的方式改变图形的显示形式，从而反映出被控设备的状态变化，如图 6-51 所示。

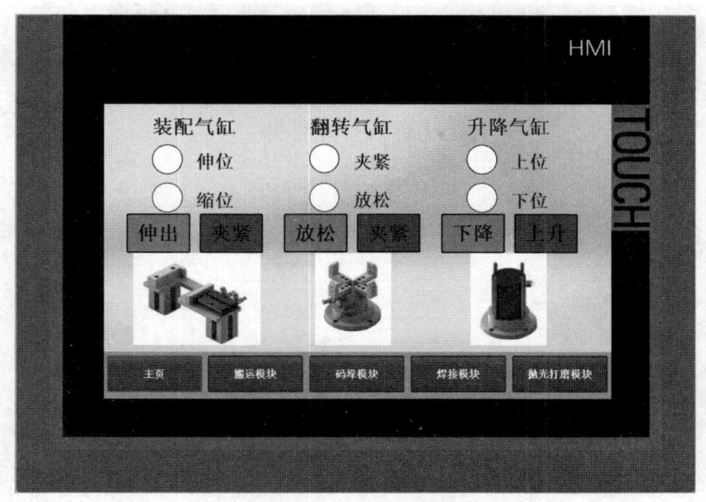

图 6-51　控制画面

3．参数设置页面的设计

参数设置页面主要用于对 PLC 的内部参数进行设定，同时还应显示参数设定的完成情况。在实际设计时还应考虑加密的问题，避免因闲散人员随意改动参数，对生产造成不必要的损失。在参数设置页面中，可以通过文本框、输入框等控件，方便快捷地监控和修改设备的参数，如图 6-52 所示。

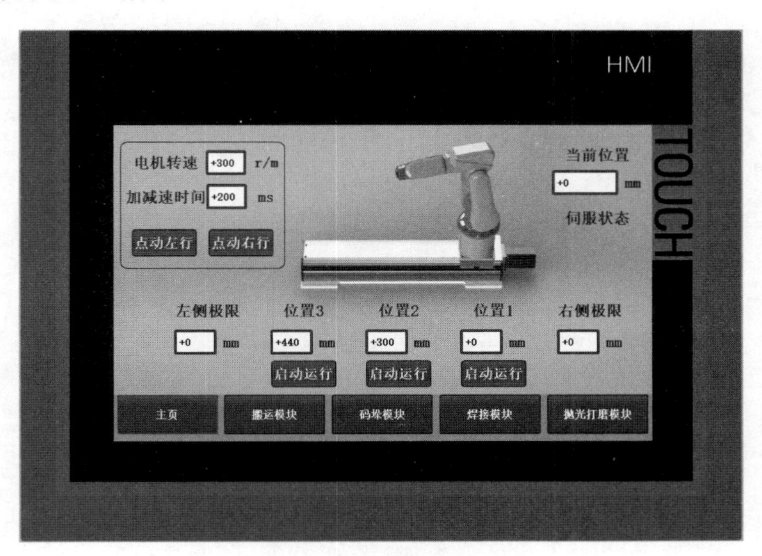

图 6-52　参数设置页面

4．实时趋势页面的设计

实时趋势页面主要是以曲线记录的形式显示被控值、PLC 模拟量的主要工作参数（如输出变频器频率等）的实时状态。在该页面中常常使用趋势图控件或者柱形图控件，将被测变量数值图形化，方便直观地观察待测参数的变化量，如图 6-53 所示。

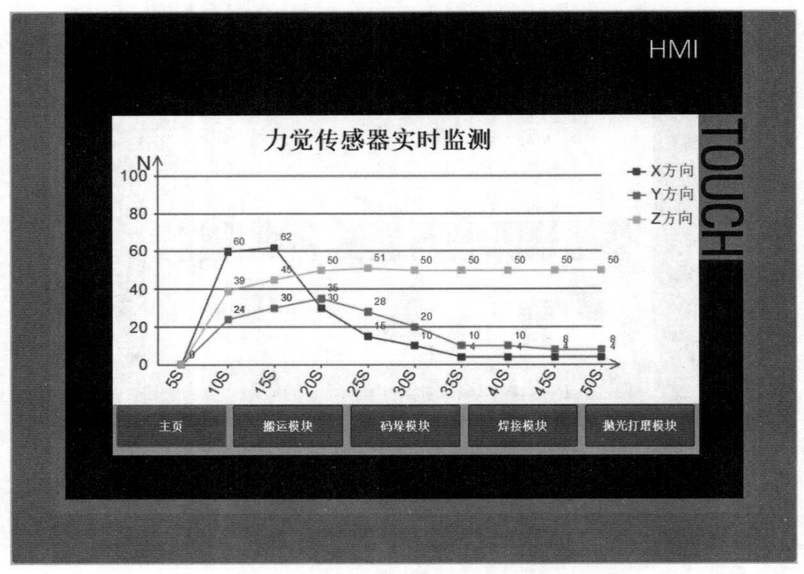

HMI
TOUCH
力觉传感器实时监测
N
100
80
60
40
20
0
X方向
Y方向
Z方向
5S
10S
15S
20S
25S
30S
35S
40S
45S
50S
主页
搬运模块
码垛模块
焊接模块
抛光打磨模块

图 6-53 实时趋势页面

第7章 工业机器人系统维护与维修

本章主要介绍工业机器人系统在使用过程中的日常检修及维护注意事项，工业机器人系统常见故障及分类，在排除故障时应遵循的原则、思路及基本方法，使读者初步了解工业机器人系统维护保养制度和工业机器人系统故障检修。

知识目标

- 熟悉工业机器人系统的维护保养注意事项。
- 熟悉工业机器人系统的维护保养制度。
- 掌握工业机器人系统的故障检修注意事项。
- 掌握工业机器人系统的故障排除应遵循的原则。
- 掌握工业机器人系统的故障诊断与排除的基本方法。

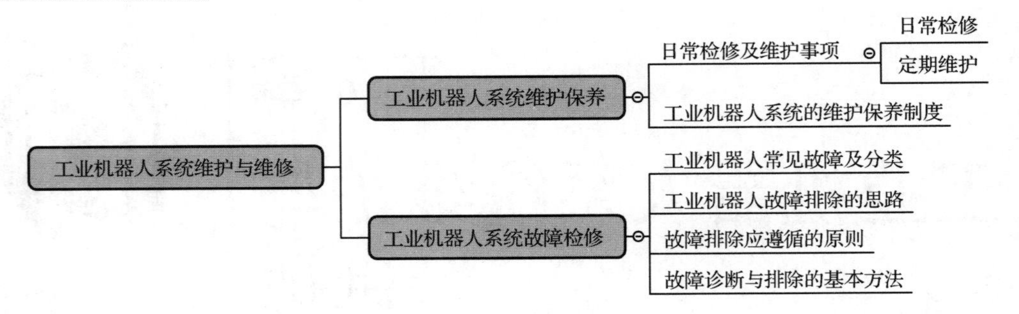

7.1 工业机器人系统维护保养

7.1.1 日常检修及维护事项

1. 日常检修

通过检修和维修，可以将工业机器人的性能保持在稳定的状态。在每天运行系统时，应就下列项目随时进行检修。

1）渗油的确认

检查是否有油分从工业机器人的各关节部位渗出。若有油分渗出，应将其擦拭干净。工业机器人渗油的检查部位如图 7-1 所示。

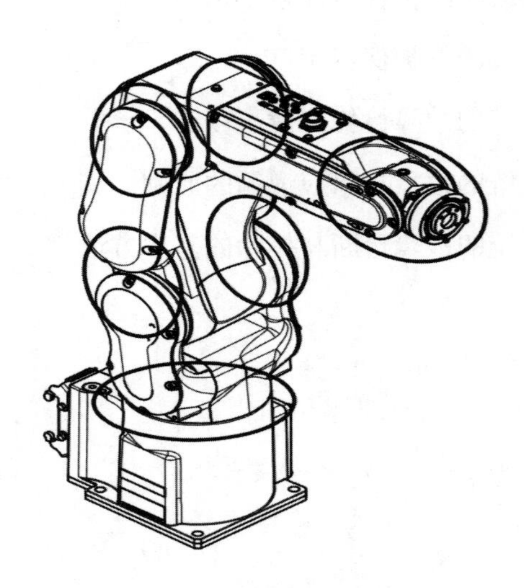

图 7-1　工业机器人渗油的检查部位

解决措施：

（1）根据动作条件和周围环境，油封的油唇外侧可能有油分渗出（微量附着）。当该油分由于累积而成为水滴状时，根据动作情况可能会滴下。在运转前通过清扫油封部下侧的油分，就可以防止油分的累积。

（2）如果驱动部变成高温，润滑脂槽内压可能会上升。在这种情况下，在运转刚刚结束时，打开一次排脂口，就可以恢复润滑脂槽内压。

（3）如果擦拭油分的频率很高，通过开放排脂口恢复润滑脂槽内压，渗油现象也得不到改善，那么铸件上很可能发生了龟裂等情况，润滑脂疑似泄露，作为应急措施，可用密封剂封住裂缝防止润滑脂泄漏。但是，因为裂缝有可能进一步扩大，所以必须尽快更换部件。

2）空气2点套件或者气压组件的确认

当带有空气2点套件或者气压组件时，请进行以下项目的检修，如表7-1所示。

表7-1　检修项目及检修要领

项	检修项目		检修要领
1	带有空气2点套件	气压的确认	通过如图7-2（a）所示的空气2点套件的压力表进行确认。若压力没有处于规定压力0.49MPa（5kgf/cm²），则通过压力调整旋钮进行调节
2		配管有无泄漏	检查接头、软管等是否有泄漏。当有故障时，拧紧接头，或更换部件
3		泄水的确认	检查泄水，并将其排出。在泄水量显著的情况下，请在空气供应源一侧设置空气干燥器
4	带有气压组件	确认供应压力	通过如图7-2（b）所示的气压组件的压力表确认供应压力。若压力没有处于规定压力10kPa（0.1kgf/cm²），则通过压力调整旋钮进行调节
5		确认干燥器	确认露点检验器的颜色是否为蓝色。若露点检验器的颜色发生变化，应弄清原因并采取对策，同时更换干燥器
6		泄水的确认	检查泄水。在泄水量显著的情况下，请在空气供应源一侧设置空气干燥器

3）异常振动、响声的确认

如发生异常振动、响声，解决措施如下。

（1）当螺栓松动时，使用防松胶，以适当的力矩拧紧螺栓。改变地装底板的平面度，使工业机器人底部落在公差范围内。确认是否夹杂异物，如有异物，将其除去。

（2）加固架台、地板面，提高其刚性。当难于加固架台、地板面时，应通过改变动作程序减缓振动。

（3）确认工业机器人的负载允许值。当超过负载允许值时，减少负载，或者改变动作程序。可通过降低速度、降低加速度等方法，将总体循环时间带来的影响控制在最小限度，通过改变动作程序减缓特定部分的振动。

（4）使工业机器人的每个轴单独动作，确认是哪个轴产生的振动。需要拆下电动机，更换齿轮、轴承、减速器等部件。不在过载状态下使用工业机器人，可以避免驱动系统发生故障。按照规定的时间间隔补充指定的润滑脂，可以防止故障的发生。

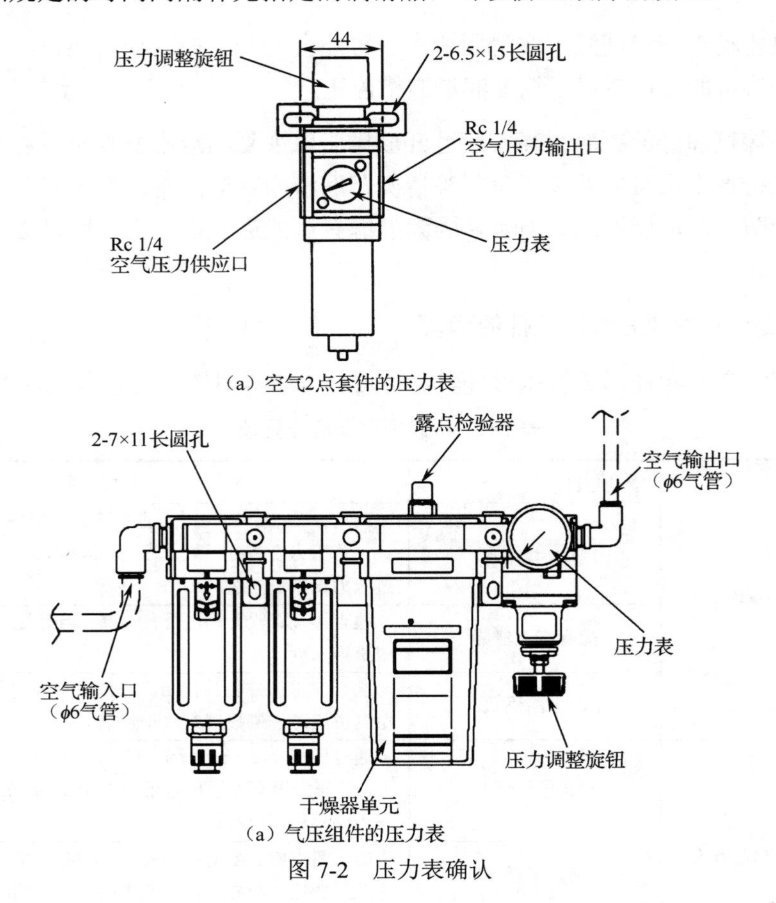

图 7-2 压力表确认

（5）有关控制装置、放大器的常见问题处理方法，请参阅控制装置维修说明书。对于更换了振动轴的电动机，应确认该电动机是否还振动。若工业机器人仅在特定姿势下振动，其原因可能是机构部内电缆断线。确认机构部和控制装置连接电缆上是否有外伤，若有外伤，则更换连接电缆，确认是否继续振动。确认电源的电缆上是否有外伤，若有外伤，则更换电源电缆，确认工业机器人是否继续振动。确认电压是否正常。确认动作控制变量是否正确，如果有错误，则重新输入控制变量。

（6）切实连接地线，避免接地碰撞，防止电气噪声从其他地方混入。

4）定位精度的确认

检查工业机器人的运动位置是否偏离，停止位置是否出现偏离等。

解决措施：

（1）当定位精度不稳定时，请参照振动、异常响声、松动项排除机构部的故障。当定位精度稳定时，请修改示教程序。只要不再发生碰撞，就不会发生位置偏移。在脉冲编码器异常的情况下，请更换电动机。

（2）请改变外围设备的设置位置，修改示教程序。

（3）重新输入以前正确的零点标定数据。当不明确正确的零点标定数据时，请重新进行零点标定。

5）外围设备的动作确认

确认是否基于工业机器人、外围设备发出指令动作。

6）各轴制动器的动作确认

确认当断开电源时末端执行器安装面的落下量在 2mm 以内。

7）警告的确认

确认在示教器的警告画面上是否出现出乎意料的警告。

2．定期维护

对于这些检修项目，以规定的运转期间或者运转累计时间中较短一项作为标准进行如表 7-2 所示项目的检修、整备和维修作业。检修项目表如表 7-2 所示，定期检修卡片如图 7-3 所示。

表 7-2　检修项目表

检修・维修周期（期间、运转累计时间）					检修・维修项目	检修要领、整备和维修要领	定期检修表 NO.
1 个月（320h）	3 个月（960h）	1 年（3840h）	3 年（11560h）	4 年（15360h）			
□	□				控制装置通风口的清洁	请确认控制装置的通风口上是否粘附大量灰尘，如有请将其清除	13
	□				外伤、油漆脱落的确认	请确认工业机器人是否有跟外围设备发生干涉而造成的外伤或者油漆脱落。如果有发生干涉的情况，要排除原因。另外，如果由干涉产生的外伤比较严重甚至影响使用，则需要对相应部件进行更换	1
	□				沾水的确认	请检查工业机器人上是否沾上水或者切削油等液体。如果沾上水或者切削油，则需要排除原因，擦掉液体	2
	□	□			示教器、操作箱连接电缆、工业机器人连接电缆有无损坏的确认	请检查示教器、操作箱、连接电缆、工业机器人连接电缆是否过度扭曲，有无损坏。如果有损坏，应对该电缆进行更换	12

续表

检修·维修周期（期间、运转累计时间）					检修·维修项目	检修要领、整备和维修要领	定期检修表NO.
1个月（320h）	3个月（960h）	1年（3840h）	3年（11560h）	4年（15360h）			
	□	□			末端执行器电缆有无损坏的确认	请检查末端执行器电缆是否过度扭曲，有无损坏。如果有损坏，应对该电缆进行更换	8
	□	□			外露的连接器有无松动的确认	请检查外露的连接器是否松动	3
	□	□			末端执行器安装螺栓的紧固	请拧紧末端执行器的安装螺栓	4
	□	□			外部主要螺栓的紧固	请紧固工业机器人安装螺栓，检修松动的螺栓和露在工业机器人外部的螺栓。有的螺栓上涂有防松接合剂。如果用建议拧紧力矩以上的力矩进行紧固，可能会导致防松接合剂剥落，所以务必使用建议拧紧力矩进行紧固	5
	□	□			机械式制动器的确认	检查JL/J3轴机械式制动器的弹簧销有无变形，若有变形，应将其进行更换	6
	□	□			飞溅、切削屑、灰尘等的清除	请检查工业机器人本体是否有飞溅、切削屑、灰尘等的附着或者堆积。如果有堆积物应进行清洁。工业机器人的可动部位（各关节）应特别注意清除杂物	7
		□			机构部电池的更换	请对机构部电池进行更换	9
			□（*）	□（*）	补充减速器的润滑脂	请对各轴减速器的润滑脂进行补充	10
				□	机构部内电缆的更换	请对机构部内电缆进行更换	11
				□	控制装置电池的更换	请对控制装置电池进行更换	14

检修和更换项目 \ 运转累计时间（h）			检修时间	供脂量	首次检修 320	3个月 960	6个月 1920	9个月 2880	1年 3840	4800	5760	6720	2年 7680	8640	9600	10560
机构部	1	外伤、油漆脱落的确认	0.1h	—		○	○	○	○	○	○	○	○	○	○	○
	2	沾水的确认	0.1h	—		○	○	○	○	○	○	○	○	○	○	○

图7-3　定期检修卡片

续表

检修和更换项目＼运转累计时间（h）			检修时间	供脂量	首次检修 320	3 个月 960	6 个月 1920	9 个月 2880	1 年 3840	4800	5760	6720	2 年 7680	8640	9600	10560
机构部	3	外露的连接器是否松动的确认	0.2h	—		○			○				○			
	4	末端执行器安装螺栓的紧固	0.2h	—		○			○				○			
	5	外部主要螺栓的紧固	2.0h	—		○			○				○			
	6	机械式制动器的确认	0.1h			○			○				○			
	7	飞溅、切削屑、灰尘等的清除	1.0h	—		○	○	○	○	○	○	○	○	○	○	○
	8	末端执行器电缆有无损坏的确认	0.1h			○			○				○			
	9	机构部电池的更换	0.1h	—					●				●			
	10	补充减速器的润滑脂	0.5h	14ml (*1) 12ml (*2)												
	11	机构部内电缆的更换	4.0h	—												
控制装置	12	示教器、操作箱连接电缆、工业机器人连接电缆有无损坏的确认	0.2h	—		○			○				○			
	13	控制装置通风口的清洁	0.2h	—	○	○	○	○	○	○	○	○	○	○	○	○
	14	控制装置电池的更换	0.1h	—												

图 7-3　定期检修卡片（续）

7.1.2　工业机器人系统的维护保养制度

（1）操作人员应以主人翁的心态，做到正确使用、精心维护，用严肃的态度和科学的方法维护好设备，坚持维护与检修并重，以维护为主的原则，严格执行岗位责任制，确保在用设备状态完好。

（2）通过岗位练兵和学习技术，操作人员对使用的设备应做到“四懂、三会（懂结构、懂原理、懂性能、懂用途；会使用、会维护保养、会排除故障）”，并有权制止他人私自动用自己岗位的设备；对未采取防范措施或未经主管部门审批，超负荷使用的设备，有权停止使用；若发现设备运转不正常、超期未检修、安全装置不符合规定，应立即上报，如不立即处理和采取相应措施，立即停止使用。

（3）操作人员，必须做好下列各项主要工作。

① 正确使用设备，严格遵守操作规程，启动前认真准备，启动中反复检查，停止后

妥善处理，运行中做好观察，认真执行操作指标，不准超温、超压、超速和超负荷运行设备。

② 精心维护、严格执行巡回检查制度，定时按巡回检查路线对设备进行仔细检查，若发现问题，应及时解决，排除隐患，若无法解决应及时上报。

③ 做好设备清洁、润滑工作，保持零件、附件及工具完整无缺。

④ 掌握设备故障的预防、判断和紧急处理措施，保证安全防护装置完整好用。

⑤ 设备按计划运行，定期切换，配合检修维修人员做好设备的检修维修工作，使其保持完好状态，保证随时可启动，定时检查备用设备，做好防冻和防凝等工作。

⑥ 认真填写设备运行记录及操作日记。

⑦ 维持设备和环境的清洁卫生。

7.2 工业机器人系统故障检修

7.2.1 工业机器人常见故障及分类

工业机器人故障发生的原因一般比较复杂，这给故障的诊断和排除带来不少困难。为了便于对故障进行分析和处理，这里按发生故障的部件、故障性质及故障原因等对常见故障进行了分类。

1）按工业机器人系统发生故障的部件分类

按发生故障的部件不同，工业机器人故障可分为机械故障和电气故障。

a．机械故障

机械故障主要发生在工业机器人的本体部分，如各关节、电动机、减速器、末端执行器等。

常见的机械故障有：因机械安装、调试及操作不当等原因引起的机械传动故障。通常表现为各轴处有异响，动作不连贯等。例如，电动机或减速器被撞坏、皮带或齿轮有磨损、电动机或减速器参数设置不当等原因均可造成以上故障。

尤其应引起重视的是，工业机器人各轴标明的注油点（注油孔）需要定时、定量加注润滑油（脂），这是工业机器人正常运行的保障。

b．电气故障

电气故障可分为弱电故障与强电故障。

弱电故障主要指主控制器、伺服单元、安全单元、输入/输出装置等电子电路发生的故障。它又可分为硬件故障与软件故障。硬件故障是指上述各装置的集成电路芯片、分立元件、接插件及外部连接组件等发生的故障。软件故障主要是指加工程序出错、系统程序和参数改变或丢失、系统运算出错等。

强电故障是指继电器、接触器、开关、熔断器、电源变压器、电磁铁、外围行程开关等元器件，以及由这些元器件组成的电路发生的故障。这部分故障十分常见，必须引起足够的重视。

2）按工业机器人发生故障的性质分类

按发生故障的性质不同，工业机器人故障可分为系统性故障和随机性故障。

a．系统性故障

系统性故障是指当满足一定的条件或超过某一设定时，工作中的工业机器人必然会发生的故障。这一类故障极为常见。例如，当电池电量不足或电压不够时，必然会发生控制系统故障报警；当润滑油（脂）需要更换时，导致工业机器人关节转动异常；当工业机器人检测到力矩等参数超过理论值时，必然会发生故障报警；工业机器人在工作时力矩过大，或在焊接时电流过高超过某一限值，必然会引发末端执行器功能的故障报警。因此，正确使用与精心维护工业机器人是杜绝或避免这类系统性故障的切实保障。

b．随机性故障

随机性故障是指工业机器人在同样的条件下工作时偶然发生的一次或两次故障。有的文献上将此称为“软故障”。由于随机性故障是在条件相同的状态下偶然发生的，所以其原因分析与故障诊断较为困难。一般而言，这类故障的发生往往与安装质量、参数设定、元器件品质、操作失误、维护不当及工作环境等因素有关。例如，连接插头没有拧紧、在制作插头时出现虚焊、线缆没有整理好或线缆质量不过关等原因都会引起随机性故障。

另外，工作环境温度过高或过低、湿度过大、电源波动、机械振动、有害粉尘与气体污染等原因也会引发随机性故障。加强数控系统的维护检查、确保电柜门的密封、严防工业粉尘及有害气体的侵袭等，均可避免此类故障的发生。

3）按机器人发生故障的原因分类

按发生故障的原因不同，工业机器人故障可分为工业机器人自身故障和工业机器人外部故障。

a．工业机器人自身故障

工业机器人自身故障是由工业机器人自身原因引起的，与外部使用环境无关。工业机器人发生的绝大多数故障均属于该类故障，主要指的是工业机器人本体、控制柜、示教器发生的故障。

b．工业机器人外部故障

工业机器人外部故障是由外部原因造成的。例如，工业机器人的供电电压过低、电压波动过大、电压相序不对或三相电压不平衡；环境温度过高；有害气体、潮气、粉尘侵入数控系统；外来振动和干扰等均有可能使工业机器人发生故障。

人为因素也可造成这类故障。例如，操作不当、发生碰撞后过载报警；操作人员不按时按量加注润滑油（脂），造成传动噪声等。据有关资料统计，当首次使用工业机器人或由技能不熟练的工人操作工业机器人时，在第一年内，由于操作不当造成的外部故障要占 1/3 以上。

除上述常见分类外，工业机器人故障还可按故障发生时有无破坏性分为破坏性故障和非破坏性故障；按故障发生的部位不同分为工业机器人本体故障、控制系统故障、示教器故障、外围设备故障等。

7.2.2 工业机器人故障排除的思路

工业机器人发生故障后，其诊断与排除思路大体是相同的，主要遵循以下几个步骤。

1）调查故障现场，充分掌握故障信息

当工业机器人发生故障时，维护、维修人员对故障的确认是很有必要的，特别是在操作人员不熟悉工业机器人的情况下。此时，不应该也不能让非专业人士随意启动工业机器人，以免故障进一步扩大。

在工业机器人出现故障后，维护、维修人员也不要急于动手处理。首先，要查看故障记录，向操作人员询问故障出现的全过程；其次，在确认通电不会对工业机器人系统产生危险的情况后，再通电亲自观察。需要特别注意以下故障信息。

（1）在故障发生时，报警号和报警提示是什么？有哪些指示灯和发光管报警？

（2）如无报警，工业机器人处于何种工作状态？工业机器人的工作方式和诊断结果如何？

（3）故障发生在哪个功能下？故障发生前进行了哪种操作？

（4）在故障发生时，工业机器人在哪个位置上？姿态有无异常？

（5）以前是否发生过类似故障？现场有无异常现象？故障是否会重复发生？

（6）观察工业机器人的外观、内部各部分是否有异常之处？

2）根据掌握的故障信息，明确故障的复杂程度

列出故障部位的全部疑点，在充分调查和现场掌握第一手材料的基础上，把故障部位的全部疑点正确地罗列出来。俗话说，能够把问题说清楚，就已经解决了问题的一半。

3）分析故障原因，制定排除故障的方案

在分析故障原因时，维修人员不应局限于某一部分，而要对工业机器人的机械、电气、软件系统等方面都进行详细的检查，并进行综合判断，制定出故障排除的方案，以达到快速确诊和高效率排除故障的目的。

4）检测故障，逐级定位故障部位

根据预测的故障原因和预先确定的排除方案，通过实验进行验证，逐级定位故障部位，最终找出发生故障的真正部位。为了准确、快速地定位故障，应遵循“先方案后操作”的原则。

5）故障的排除

根据故障部位及发生故障的准确原因，采用合理的故障排除方法，高效、高质量地修复工业机器人系统，尽快让工业机器人投入生产。

6）解决故障后资料的整理

当故障排除后，应迅速恢复工业机器人现场，并做好相关资料的整理、总结工作，以便提高自己的业务水平，方便工业机器人的后续维护和维修。

7.2.3　故障排除应遵循的原则

在检测故障的过程中，应充分利用控制系统的自诊断功能，如系统的开机诊断、运行诊断、实时监控功能等，根据需要随时检测有关位置的工作状态和接口信息。在检测、排除故障的过程中还应掌握以下基本原则。

1）先静后动

当遇到工业机器人发生故障后，维修人员本身要做到先静后动，不可盲目动手，先询问操作人员故障发生的过程及状态，阅读说明书、图样资料，然后动手查找和处理故障。如果一上来就碰这敲那，连此断彼，徒劳的结果也许尚可容忍，若现场的破坏导致误判，或引入新的故障，或导致更严重的后果，则会后患无穷。

对有故障的工业机器人也要秉承“先静后动”的原则，先在工业机器人断电的静止状态下，通过观察、测试、分析，确认故障为非恶性循环性故障或非破坏性故障后，方可给工业机器人通电，在运行情况下，进行动态的观察、检验和测试，查找故障。对恶性循环性故障、破坏性故障，必须先排除危险方可通电，在运行工况下进行动态诊断。

2）先软件后硬件

当给发生故障的工业机器人通电后，应先检查控制系统的工作是否正常，因为有些故障可能是因为系统中参数的丢失，或者是操作人员的使用方式、操作方法不当造成的。切忌一上来就大拆大卸，以免造成更严重的后果。

3）先外部后内部

工业机器人是机械、电气一体化的设备，故其故障必然要从机械、电气这两个方面综合反映。在检修工业机器人时，要求维修人员遵循“先外部后内部”的原则，即当工业机器人发生故障后，维修人员应先采用问、看、听、触、嗅等方法，由外向内逐一进行检查。

另外，尽量避免随意启封、拆卸工业机器人，不正确地大拆大卸，往往会扩大故障，使工业机器人丧失精度，降低性能。

4）先机械后电气

由于工业机器人是一种自动化程度高、技术比较复杂的先进设备，一般来说，机械故障较易察觉，而对控制系统的故障诊断难度要大些。“先机械后电气”的原则是指在工业机器人的检修过程中，先检查机械部分，确定无误后再检查控制系统。从经验看，机械部分的检修比较直接，现象比较明显，所以在故障检修时应先排除机械性的故障，这样可以达到事半功倍的效果。

5）先公用后专用

公用性的问题往往会影响到全局，而专用性的问题只影响局部。例如，当工业机器人的多个轴或全部轴都不能运动时，应先检查各轴公用的主控制板、急停部分、电源等并排除故障，然后再设法进行某轴局部问题的解决。只有先解决影响面大的主要矛盾，局部的矛盾、次要的矛盾才可能迎刃而解。

6）先简单后复杂

当出现多种故障相互交织掩盖、一时无法下手时，应先解决简单的问题，后解决复杂的问题。常常在解决简单故障的过程中，复杂问题也可能变得容易，或者在排除简单故障时受到启发，对复杂故障的认识更为清晰，从而得到解决办法。

7）先一般后特殊

在排除某一故障时，应先考虑最常见的可能原因，然后再分析很少发生的特殊原因。例如，当工业机器人运动轨迹出现整体偏差时，先检查工业机器人的零点数据是否发生了变化，再检查脉冲编码器、主控制板等其他环节。

总之，当工业机器人出现故障后，要视故障的难易程度及故障是否属于常见性故障等具体情况，合理采用不同的分析问题和解决问题的方法。

7.2.4 故障诊断与排除的基本方法

由于工业机器人的故障千变万化，其原因往往比较复杂，同时，工业机器人的自诊断能力还有待提高，一个报警信号指示出众多的故障原因，使人难以下手。因此，要迅速诊断故障原因，及时排除故障，需要总结出一些行之有效的方法。

下面介绍几种常用的故障诊断方法。

1）观察检查法

a．直观检查（常规检查）

直观检查是指依靠人的感觉器官并借助一些简单的仪器寻找工业机器人故障原因的方法。这种方法在维修中是最常用的，也是首先采用的。有些故障采用这种方法可迅速找到故障原因。

问：向工业机器人操作人员了解工业机器人开机和工作是否正常，故障前后工业机器人的具体表现是什么，工业机器人何时进行保养检修等内容。

看：用肉眼观察有无保险丝烧断、元器件烧焦、开裂等现象，有无断路现象，以此判断控制板内有无过流、过压、短路的问题；同时观察工业机器人运动是否正常，各轴有无晃动、变形等。

听：用听觉探测到工业机器人因故障而产生的各种异响，电气部分常见的有变压器等因为铁芯松动等原因引起的铁片振动的吱吱声；继电器、接触器等因为磁回路间隙过大、短路环断裂、线圈欠压运行等引起的电磁嗡嗡声；元器件因过流或过压运行失常引起的击穿爆裂声等。机械部分常发生的异响主要为机械的摩擦声、振动声和撞击声等。

触：这种方法主要靠敲、捏等检查由虚焊、插头松动等原因引起的时好时坏的故障。例如，工业机器人本体上由编码器插头松动引起的无法运动等。在使用这种方法时应注意力度要适当，并且应由弱到强，防止造成新的故障。

嗅：在诊断电气设备或故障后产生特殊异味时采用此方法效果比较好。例如，当因剧烈摩擦、电气元件绝缘处破损短路，使可燃物质发生氧化蒸发或燃烧从而产生烟气、焦糊味时，使用这种方法可快速判断故障类型和发生故障的部位。

通过直观检查找出上述故障花费的时间，要比用仪器测试少得多，在很多情况下，可以起到事半功倍的效果。

b．预检查

预检查是指维修人员根据自身经验，判断最有可能发生故障的部位，然后进行故障检查，进而排除故障。若能在预检查阶段就能确定故障部位，可显著缩短故障诊断时间，有一些常见故障在预检查中即可被发现并及时排除。

c．电源、接地、插头连接检查

我国工业用电的电网波动较大，而电源是控制系统能源的主要供应部分，若电源不正常，则控制系统的工作必然发生异常。

工业机器人中所有的电缆在维修前应进行严格检查，看其屏蔽、隔离是否良好；按工业机器人技术手册对接地情况进行严格测试；检查各电路板之间的连接是否正确；接口电缆是否符合要求。

2）参数检查法

工业机器人系统中有很多参数变量，这些是经过理论计算并通过一系列实验、调整获得的重要数据，是保证工业机器人正常运行的前提条件。各参数变量一般存储于工业机器人的存储器中，当电池电量不足或受到外界的干扰时，可能会导致部分参数变量丢失或变化，使工业机器人无法正常工作。因此，检查和恢复工业机器人的参数，是维修过程中行之有效的方法。

3）部件替换法

现代工业机器人系统大都采用模块化设计，按功能不同划分为不同的模块。电路的集成规模越来越大，技术也越来越复杂，按照常规的方法，很难将故障定位在一个很小的区域。在这种情况下，利用部件替换法可快速找到故障，缩短停机时间。

部件替换法是在大致确认故障范围，并确认外部条件完全相符的情况下，利用相同的电路板、模块或元器件替代怀疑目标。如果故障现象仍然存在，则说明故障与怀疑目标无关；若故障消失或转移，则说明怀疑目标正是故障所在。

部件替换法是电气修理中常用的方法，其主要优点是简单易行，能把故障范围缩小到相应的部件上，但如果使用不当，也会带来很多麻烦，造成人为故障，因此，正确使用部件替换法可提高维修工作效率，以及避免人为故障。

除了上面介绍的 3 种故障诊断方法，维修方法还有隔离法、升降温法、测量对比法等方法，维修人员在实际应用时应根据不同的故障现象灵活应用，逐步缩小故障范围，最终排除故障。